嵌入式系统设计与实践
——Linux 篇

主 编 刘加海 厉晓华

副主编 胡 珺 鲍福良

浙江大学出版社

前　　言

嵌入式系统已经成为目前最热门的领域之一，已逐渐由原来仅限于工业用计算机拓展到所有的智能终端与智能应用中，例如物联网应用中的各种智能终端。嵌入式系统广泛应用于国防、工控、家用、商用、办公、医疗等领域。

嵌入式系统的开发环境有很多，但大多数采用 Linux 系统。Linux 操作系统从第一个内核诞生到现在，以其开放、安全、稳定的特性得到越来越多用户的认可。其应用领域逐步扩展，从最早的 Web、FTP、邮件服务开始，逐步扩展到诸如个人桌面应用、网络安全、电子商务、远程教育、集群运算、网格运算、嵌入式系统等各个领域。

嵌入式系统的学习一定要借助于具体的嵌入式开发设备，而不同的厂家在学习中不尽相同，很难有一本教材与哪个厂家的嵌入式开发板相匹配，这给初学者带来不少的困难。笔者多年前曾给浙江大学软件学院研究生、浙江大学计算机学院的学生、浙江大学城市学院的本科生及给全国部分高校的教师培训开设此类课程。在教学中希望并想像能有一本嵌入式系统的入门书，此书不太依赖某厂家的嵌入式开发设备，又能让读者基本掌握与领会基本的嵌入式开发的知识与技能。本教材的编写就是在这样情况下的一种探索。

本书内容包括二大部分，第一部分的主要内容为：

在嵌入式系统概述中论述了嵌入式微处理器与嵌入式操作系统、嵌入式开发流程，分析了嵌入式最小系统与 S3C2410 开发板、ARM 处理器指令、ARM9 的 S3C2410 主要部件及参数设置，论述了嵌入式系统开发环境的构建、嵌入式 Linux 引导程序、内核定制与根文件系统制作、嵌入式图形环境的设置与编程初步、嵌入式 Web 环境的设置、设备驱动程序设计基础、步进电机驱动的设计、数码驱动程序设计、LCD 驱动参数的配置与编译、SD 卡驱动参数的配置与编译、嵌入式系统设计分析。

第二部分主要安排了十四个 Linux 环境下嵌入式系统实验设计，这些实验大多不依赖于某个厂家的嵌入式开发板，具体的实验有：

实验 1　嵌入式 Linux 系统硬件环境的搭建

实验 2　ADS 安装与环境设置及 C 程序调试

实验 3　ARM 汇编程序及 C 程序混合调试

实验 4　嵌入式 GPIO 驱动程序设计

实验 5　嵌入式串口驱动程序设计

实验 6 基于虚拟机的 Linux 操作系统安装及常用命令操作

实验 7 Linux 环境下嵌入式软件环境的设置

实验 8 使用 Busybox 构造 cramfs 根文件系统

实验 9 Linux 内核定制与编译

实验 10 嵌入式图形环境 MiniGUI 的安装与设置

实验 11 嵌入式图形环境 QT 的设置

实验 12 基于 thttpd 嵌入式 Web 服务器设置

实验 13 驱动程序的加载与卸载

实验 14 LCD 驱动参数的配置与编译

本书由浙江大学刘加海教授、浙江大学信息中心厉晓华高级工程师主编，浙江外国语学院胡珺老师、浙江大学城市学院鲍福良老师为副主编，参与编写的有浙江大学软件学院赵斌、上海锐极电子有限公司李道流、浙江大学宁波理工学院唐云廷、浙江商业职业技术学院孔美云、张峰、王群华等。本书编写过程中参阅和借鉴了许多文献，这些成果对本书的形成功不可没，在此对这些文献的作者表示衷心的感谢！由于时间仓促及作者水平有限，书中难免存在疏漏和不妥之处，敬请广大读者批评指正。批评与建议请发邮件到 Liujh@zucc.edu.cn，以便及时修订。

目　录

CONTENTS

第 1 章　嵌入式系统概述 ·· 1

1.1　嵌入式系统概述 ··· 2
1.1.1　嵌入式系统定义 ·· 2
1.1.2　嵌入式系统的特点 ·· 2
1.2　嵌入式微处理器 ··· 3
1.2.1　嵌入式微处理器组成 ··· 3
1.2.2　嵌入式微处理器分类 ··· 4
1.2.3　嵌入式微处理器系统架构 ·· 5
1.3　嵌入式操作系统 ··· 6
1.3.1　DOS ··· 6
1.3.2　Windows CE ·· 7
1.3.3　Palm OS ·· 7
1.3.4　EPOC ·· 7
1.3.5　VxWorks ··· 7
1.3.6　μC/OS ·· 7
1.3.7　ucLinux ·· 7
1.3.8　Linux ··· 8
1.4　嵌入式应用 ·· 9
1.4.1　消费电子 ·· 10
1.4.2　信息家电 ·· 10
1.4.3　汽车电子 ·· 10
1.4.4　工业控制 ·· 10
1.4.5　通信网络 ·· 11
1.4.6　医疗电子 ·· 11
1.4.7　商业金融 ·· 11

1.5 嵌入式设备的构成 ………………………………………………………… 12
　　1.5.1 嵌入式硬件系统 …………………………………………………… 13
　　1.5.2 嵌入式软件系统 …………………………………………………… 13
　　1.5.3 嵌入式外围设备 …………………………………………………… 13
　　1.5.4 家庭安防系统 ……………………………………………………… 14
1.6 嵌入式系统的开发流程 …………………………………………………… 15
　　1.6.1 建立开发环境 ……………………………………………………… 15
　　1.6.2 配置开发主机的参数 ……………………………………………… 15
　　1.6.3 建立引导装载程序 BOOTLOADER …………………………… 15
　　1.6.4 下载已经移植好的 Linux 操作系统内核 ………………………… 15
　　1.6.5 建立根文件系统 …………………………………………………… 16
　　1.6.6 建立应用程序的 FLASH 磁盘分区 ……………………………… 16
　　1.6.7 开发应用程序 ……………………………………………………… 16
　　1.6.8 烧写内核、根文件系统和应用程序，发布产品 ………………… 16

第 2 章　嵌入式最小系统与 S3C2410 开发板 ………………………………… 19

2.1 嵌入式系统硬件模块分析 ………………………………………………… 20
2.2 ARM 微处理器概述 ……………………………………………………… 23
　　2.2.1 ARM9 微处理器特点 ……………………………………………… 25
　　2.2.2 ARM 选型原则 …………………………………………………… 26
2.3 嵌入式最小系统 …………………………………………………………… 27
2.4 S3C2410 处理器概述 ……………………………………………………… 29
　　2.4.1 S3C2410 芯片的功能单元 ………………………………………… 30
　　2.4.2 S3C2410 芯片的系统管理 ………………………………………… 30
　　2.4.3 S3C2410 芯片的启动模式 ………………………………………… 31
　　2.4.4 S3C2410 系统结构 ………………………………………………… 31
　　2.4.5 S3C2410 的引脚分布及信号描述 ………………………………… 32
　　2.4.6 S3C2410 芯片与端口相关的寄存器 ……………………………… 34
　　2.4.7 端口 A 引脚定义及功能设置 ……………………………………… 34
　　2.4.8 端口 B-H 引脚定义及功能设置 …………………………………… 35
2.5 嵌入式开发板 ……………………………………………………………… 40
2.6 嵌入式系统中常用硬件模块 ……………………………………………… 41

第 3 章　ARM 处理器指令概述 ………………………………………………… 58

3.1 ARM 微处理器的指令的分类与格式 …………………………………… 59
3.2 ARM 指令的寻址方式 …………………………………………………… 59
　　3.2.1 立即寻址 …………………………………………………………… 59

3.2.2 寄存器寻址	60
3.2.3 寄存器间接寻址	60
3.2.4 基址寻址	61
3.2.5 变址寻址	61
3.2.6 多寄存器寻址	62
3.2.7 相对寻址	62
3.2.8 堆栈寻址	62

3.3 常用 ARM 指令 ·· 63
   3.3.1 内存访问指令 ·· 63
   3.3.2 算术运算指令 ·· 63
   3.3.3 逻辑运算指令 ·· 64
   3.3.4 mov 指令 ·· 64
   3.3.5 比较指令 ·· 64
   3.3.6 跳转指令 ·· 64
   3.3.7 条件执行指令 ·· 65

3.4 汇编语言的程序结构及在 ADS 环境下调试 ·· 66
   3.4.1 汇编语言程序结构 ·· 66
   3.4.2 汇编语言编辑、运行与调试 ·· 67

3.5 汇编语言与 C/C++的混合编程 ·· 73
   3.5.1 C 语言程序调用汇编语言程序 ·· 74
   3.5.2 汇编程序调用 C 语言程序 ·· 79

第 4 章 S3C2410 主要部件及参数设置 ·· 86

4.1 NAND FLASH 控制器 ·· 87
   4.1.1 NOR FLASH 和 NAND FLASH 比较 ·· 87
   4.1.2 S3C2410 NAND FLASH 控制器 ·· 87
   4.1.3 NAND FLASH 启动过程 ·· 88
   4.1.4 NAND FLASH 存储器接口 ·· 89
   4.1.5 NAND FLASH 寄存器参数描述 ·· 90

4.2 中断控制器 ·· 94
4.3 系统定时器 ·· 98
4.4 异步串行口 ·· 106
4.5 IIC 总线接口 ·· 109
4.6 A/D 转换控制器 ·· 111

第 5 章 嵌入式系统开发环境构建 ·· 115

5.1 嵌入式 Linux 开发环境的硬件连接 ·· 116

  5.1.1 嵌入式硬件系统……………………………………………………………116
  5.1.2 PC 宿主机与嵌入式硬件设备的连接……………………………………116
 5.2 嵌入式 Linux 开发环境设置………………………………………………………117
  5.2.1 嵌入式开发环境配置流程………………………………………………118
  5.2.2 关闭防火墙………………………………………………………………119
  5.2.3 minicom 端口配置及使用………………………………………………119
  5.2.4 TFTP 服务配置及使用…………………………………………………125
  5.2.5 NFS 服务的配置…………………………………………………………129
 5.3 交叉编译器的安装…………………………………………………………………130
  5.3.1 安装交叉编译器…………………………………………………………131
  5.3.2 用交叉编译器编译源程序………………………………………………132
  5.3.3 简单测试嵌入式程序……………………………………………………132
 5.4 GDBServer 调试器…………………………………………………………………133
  5.4.1 GDBServer 调试环境搭建………………………………………………134
  5.4.2 GDB 程序调试举例………………………………………………………135
 5.5 make 工程管理器……………………………………………………………………139
  5.5.1 Makefile 工程文件的编写………………………………………………139
  5.5.2 Makefile 变量的使用……………………………………………………144
  5.5.3 Makefile 文件对其他 Makefile 文件的引用……………………………148
  5.5.4 Makefile 中的函数………………………………………………………148
  5.5.5 运行 make…………………………………………………………………150

第 6 章 嵌入式 Linux 引导程序………………………………………………………154

 6.1 BootLoader 概述……………………………………………………………………155
 6.2 BootLoader 主要程序段分析………………………………………………………157
  6.2.1 阶段 1——汇编代码分析………………………………………………157
  6.2.2 阶段 2——C 语言函数功能介绍………………………………………161
 6.3 U-BOOT 的移植过程………………………………………………………………162

第 7 章 内核定制与根文件系统制作…………………………………………………166

 7.1 Linux 内核移植………………………………………………………………………167
  7.1.1 内核移植的基本概念……………………………………………………167
  7.1.2 内核移植的准备…………………………………………………………167
  7.1.3 内核移植的基本过程……………………………………………………168
  7.1.4 内核移植的具体操作……………………………………………………169
 7.2 Linux 根文件系统的制作…………………………………………………………177
  7.2.1 根文件系统概述…………………………………………………………177

7.2.2 建立根文件系统 …………………………………………………… 178

第8章 嵌入式图形环境的设置与编程初步 …………………………… 186

8.1 MiniGUI 图形环境的设置 …………………………………………… 188
8.1.1 MiniGUI 的特点 ………………………………………………… 188
8.1.2 MiniGUI 开发环境 ……………………………………………… 188
8.1.3 MiniGUI 的配置和交叉编译 …………………………………… 188
8.1.4 实例程序的编译安装 …………………………………………… 189
8.1.5 板载 Linux 的图像显示环境配置 ……………………………… 190
8.1.6 一个简单的 MiniGUI 程序 …………………………………… 190

8.2 Qt 图形环境的设置 ………………………………………………… 197
8.2.1 Qt 的特点 ……………………………………………………… 197
8.2.2 Qt 的开发环境 ………………………………………………… 198
8.2.3 Qt 集成开发工具的使用 ……………………………………… 200
8.2.4 Qt 应用实例分析 ……………………………………………… 205

第9章 嵌入式 Web 环境的设置 ……………………………………… 213

9.1 Linux 环境下 Web 服务器 ………………………………………… 214
9.1.1 CGI 通用网关接口技术 ………………………………………… 214
9.1.2 Web 动态服务的流程 …………………………………………… 215

9.2 Linux 环境下基于 thttpd 动态服务器的实现过程 ……………… 215

9.3 Linux 环境下基于 Boa 的动态服务器实现 ……………………… 218
9.3.1 应用 Boa 软件实现动态 Web 服务器的方法 ………………… 218
9.3.2 通过动态 Web 页面访问远程温度传感器的例子 …………… 222

9.4 用 DMF 实现 Linux 下的动态 Web 服务器 ……………………… 223
9.4.1 Web 服务器的配置 …………………………………………… 223
9.4.2 动态 Web 页面的访问 ………………………………………… 225

第10章 设备驱动程序设计基础 ……………………………………… 228

10.1 设备驱动程序的概念 ……………………………………………… 229
10.2 驱动程序的设计流程 ……………………………………………… 231
10.2.1 字符驱动程序设计流程 ……………………………………… 231
10.2.2 驱动程序流程设计举例 ……………………………………… 233
10.3 Linux 字符设备驱动程序设计 …………………………………… 235
10.3.1 字符设备驱动程序数据结构 ………………………………… 235
10.3.2 字符设备驱动程序的基本框架 ……………………………… 240
10.4 字符设备驱动程序实例——虚拟字符设备 ……………………… 242

10.4.1	结构体设计	243
10.4.2	设备驱动读、写函数的设计	243
10.4.3	字符设备驱动程序设计步骤	245
10.4.4	字符设备驱动程序测试	248

10.5 字符设备驱动程序实例——GPIO 的驱动程序设计 249
    10.5.1 S3C2410 可编程输入、输出 GPIO 249
    10.5.2 S3C2410 的 GPIO 设置 250

第 11 章 步进电机驱动的设计 264

11.1 步进电机概述 265
11.2 嵌入式 Linux 步进电机驱动程序设计流程 266
11.3 步进电机驱动程序需求分析 267
11.4 步进电机驱动的设计 268
    11.4.1 步进电机驱动程序设计过程 268
    11.4.2 步进电机应用程序设计 271
    11.4.3 步进电机驱动程序编译与调试 273

第 12 章 数码驱动程序设计 279

12.1 数码驱动原理 280
12.2 LED 数码管 281
    12.2.1 LED 驱动电路相关器件的功能特性 281
    12.2.2 驱动电路中显示模块 282
12.3 数码驱动程序设计实例 282
    12.3.1 系统分析 282
    12.3.2 系统硬件设计 284
    12.3.3 系统软件设计 285
12.4 系统设计操作步骤 289
    12.4.1 键盘驱动程序设计步骤 289
    12.4.2 LED 驱动程序设计步骤 294
12.5 LED 数码显示测试程序设计 299

第 13 章 LCD 驱动参数的配置与编译 305

13.1 LCD 概述 306
    13.1.1 液晶显示器原理 306
    13.1.2 液晶显示器种类 306
13.2 S3C2410 内置 LCD 控制器 307
    13.2.1 S3C2410 LCD 控制器特性 307

13.2.2　TFT 屏与 S3C2410 内部 LCD 控制器 …………………………… 307

13.3　LCD 驱动程序设置流程 ………………………………………………… 309

第 14 章　SD 卡驱动参数的配置与编译 ………………………………… 314

14.1　SD 卡概述 ………………………………………………………………… 315
14.1.1　SD 卡应用 …………………………………………………………… 315
14.1.2　SD 卡的辨别 ………………………………………………………… 315
14.1.3　SD 卡的接口定义及管脚功能 ……………………………………… 316
14.1.4　SD 卡的寄存器 ……………………………………………………… 317
14.1.5　S3C2410 与 SD 卡的连接 …………………………………………… 318

14.2　SD 卡驱动参数的配置 …………………………………………………… 319
14.2.1　SD 卡驱动参数的配置流程 ………………………………………… 319
14.2.2　SD 卡配置步骤 ……………………………………………………… 319

14.3　生成 cramfs 文件系统 …………………………………………………… 324

14.4　SD 卡读写校验 …………………………………………………………… 326

第 15 章　嵌入式系统设计概述 …………………………………………… 328

15.1　嵌入式 Linux 下 IC 卡接口设计与驱动开发 ………………………… 329
15.1.1　IC 卡设备触点硬件电路介绍 ……………………………………… 329
15.1.2　IC 卡读卡电路简介 ………………………………………………… 329
15.1.3　IC 卡设备驱动模块的实现详解 …………………………………… 330
15.1.4　驱动模块开发的编译调试 ………………………………………… 333
15.1.5　驱动模块的静态编译进内核 ……………………………………… 333

15.2　嵌入式 GPS 导航系统的设计 …………………………………………… 334
15.2.1　与 GPS 相关的一些概念 …………………………………………… 334
15.2.2　嵌入式 GPS 导航系统 ……………………………………………… 336
15.2.3　嵌入式 GPS 导航系统的硬件设计 ………………………………… 337
15.2.4　嵌入式 GPS 导航系统的软件设计概述 …………………………… 338
15.2.5　嵌入式 GPS 导航系统的应用 ……………………………………… 339

15.3　嵌入式 Linux 系统中触摸屏控制的研究与实现 ……………………… 339
15.3.1　Linux 下的设备驱动 ………………………………………………… 339
15.3.2　嵌入式 Linux 系统下的驱动程序 …………………………………… 340
15.3.3　触摸屏的应用程序 …………………………………………………… 341

15.4　嵌入式智能家居系统分析 ……………………………………………… 343
15.4.1　智能家居系统概况 …………………………………………………… 343
15.4.2　智能家居系统的实现技术与方式 …………………………………… 344
15.4.3　中心控制系统 ………………………………………………………… 346

15.4.4 系统软件设计……346
15.4.5 客户端软件设计……347
15.5 数字视频监控终端在 linux 环境下的设计与实现……347
15.5.1 数字视频监控终端概况……348
15.5.2 视频监控系统解决方案……348
15.5.3 视频监控系统的研究热点……349
15.5.4 视频监控系统的研究方案……349

Linux 环境下嵌入式系统实验设计……352

附 录……468

第 1 章 嵌入式系统概述

本章重点

1. 嵌入式系统。
2. 嵌入式处理器。
3. 嵌入式操作系统。
4. 嵌入式应用。
5. 嵌入式设备的构成。
6. 嵌入式系统的开发流程。

本章导读

本章对嵌入式系统做了简单的论述，对嵌入式处理器做了较为全面的介绍，对嵌入式操作系统做了简要概述，论述了嵌入式硬件与外围电路的构成，请重点关注嵌入式软件系统的构成、嵌入式系统的开发流程，并对嵌入式系统的应用有所了解。

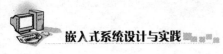

1.1 嵌入式系统概述

嵌入式系统的研究与应用已经成为最热门的领域之一，逐渐由原来仅限于工业用计算机自动控制领域扩展到家电领域及所有的智能终端。这类系统具有特定的功能、占用空间小、稳定性强、没有外接的零配件等特点。

1.1.1 嵌入式系统定义

嵌入式系统是以嵌入式计算机技术为核心，面向用户、面向产品、面向应用，软硬件可裁减，适用于对功能、可靠性、成本、体积、功耗等综合性能有严格要求的专用计算机系统。嵌入式系统有三个要素，首先是一个计算机系统，并具有嵌入性与专用性。

1.1.2 嵌入式系统的特点

1. 可裁剪性

通过裁剪的嵌入式系统内核小、专用性强、系统精简。嵌入式操作系统与功能软件集成于计算机硬件系统中，具有软件代码短、高效、高自动化，软件是嵌入式系统的主体。

2. 高可靠性

在恶劣的环境或突然断电的情况下，系统仍然能够正常工作。嵌入式系统与具体的应用紧密联系，要满足应用对象的最小硬/软件、高可靠性、低功耗等要求，它是一个专用的计算机系统。

3. 实时性

许多嵌入式应用要求实时性，这就要求嵌入式操作系统具有实时处理能力。

4. 专门的开发环境

嵌入式系统的开发需要有专门的开发工具和开发环境。通常情况下嵌入式开发环境由嵌入式开发板、嵌入式操作系统、交叉编译器等组成。

嵌入式系统和具体应用有机地结合在一起，它的升级换代也是和具体产品同步进行；嵌入式系统中的软件代码要求高质量、高可靠性，一般都固化在只读存储器中或闪存中，也就是说软件要求固态化存储，而不是存储在磁盘等载体中。

在新兴的嵌入式系统产品中，常见的有手机、PDA、GPS、机顶盒、嵌入式服务器（embedded server）及瘦客户机（thin client）等。全世界的厂商都看好这一块市场，并且都投入大量人力、物力、财力进行研发。事实上，嵌入式系统的定义将会越来越模糊，但仍会一点一滴地融入人们的日常生活中。

随着芯片技术和电子产品智能化应用的飞速发展，嵌入式技术越来越受到人们的关注，应用领域遍及几乎所有的电子产品领域，如智能机器人、网络通信、军用设备、汽车导航、环境保护、智能仪器及多媒体处理等。

嵌入式系统与嵌入式设备是有区别的，如手机是嵌入式设备，在手机内部含有嵌入式系统。

1.2 嵌入式微处理器

嵌入式计算机技术的应用已影响到我们生活的方方面面，几乎无处不在，在移动电话、家用电器、汽车等无不有它的踪影。嵌入式技术将使日常使用的设备具有智能，变得聪明。在一些发达国家，人均占有 32 位嵌入式微控制器的数量已超过 15 个。

1.2.1 嵌入式微处理器组成

微处理器是整个系统的核心，通常由 3 大部分组成：控制单元、算术逻辑单元和寄存器，如图 1.1 所示。

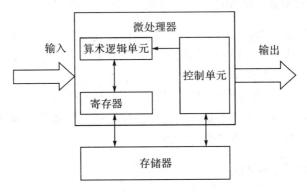

图 1.1 微处理器基本结构

1. 控制单元

主要负责取指、译码和取操作数等基本动作，并发送主要的控制指令。控制单元中包括两个重要的寄存器：程序计数器（PC）和指令寄存器（IR）。程序计数器用于记录下一条程序指令在内存中的位置，以便控制单元能到正确的内存位置取指；指令寄存器负责存放被控制单元所取的指令，通过译码，产生必要的控制信号送到算术逻辑单元进行相关的数据处理工作。

2. 算术逻辑单元

算术逻辑单元分为两部分，一部分是算术运算单元，主要处理数值型的数据，进行数学运算，如加、减、乘、除或数值的比较；另一部分是逻辑运算单元，主要处理逻辑运算工作，如 AND、OR、XOR 或 NOT 等运算。

3. 寄存器

用于存储暂时性的数据。主要是将从存储器中所得到的数据送到算术逻辑单元中进行处理，然后将算术逻辑单元中处理好的数据再进行算术逻辑运行或存入到存储器中。

1.2.2 嵌入式微处理器分类

嵌入式系统的核心部件是各种类型的嵌入式处理器，据不完全统计，全世界嵌入式处理器的品种已达到至少 100 个系列 1200 多种机型，流行体系结构有 30 多个系列，其中 8051 体系的占有一半。根据其现状，嵌入式计算机技术的应用按照所使用处理器的不同可分为：

1. 嵌入式微处理器系统 EMPU

在应用中，将微处理器装配在专门设计的电路板上，只保留和嵌入式应用有关的母板功能，这样可以大幅度减小系统体积和功耗。为了满足嵌入式应用的要求，嵌入式微处理器和标准微处理器虽然在功能上基本一致，但在工作温度、抗电磁干扰、可靠性等方面有所增强。

2. 嵌入式微控制器系统 MCU

嵌入式微控制器又称单片机。一个系列的嵌入式微控制器具有多种衍生产品，每种衍生产品的处理器内核都是一样的，不同的是存储器和外设的配置及封装。这样可以使嵌入式微控制器最大限度地和应用需求相匹配，功能不多不少，从而减少功耗和成本。和嵌入式微处理器相比，微控制器的最大特点是单片化，从而使体积减小，功耗和成本下降，可靠性提高，片内资源一般比较丰富，只要外部配上适当的外围器件就可以构成各种控制系统及设备，是目前嵌入式系统工业的主流。

3. 嵌入式处理器系统 DSP

嵌入式 DSP 处理器对系统结构和指令进行了特殊设计，使其适合于执行 DSP 算法，编译效率较高，指令执行速度也较高。在数字滤波、FFT、谱分析等方面 DSP 算法正在大量进入嵌入式领域。

4. 嵌入式片上系统 SoC

随着 EDI 的推广和 VLSI 设计的普及化及半导体工艺的迅速发展，在一个硅片上实现一个更为复杂的系统的时代已来临，这就是 SoC。

微处理器和嵌入式微控制器已成为现代电子系统的必备部件。高技术电子产品的竞争往往就集中在对微处理器和嵌入式控制器的应用上，而产品性能在很大程度上就取决于微处理器和嵌入式控制器的设计应用水平上。

通常谈到嵌入式系统所执行的硬件平台，都会以 CPU 种类来论，提到 CPU 就会联想到 PC，但事实上 CPU 的应用领域、范围及采用的数量都远远超过 PC 的范畴。以数量上来看 x86 的 CPU，包含 Intel 及 AMD 公司所生产的 PC 机的 CPU，加起来也抵不过其他种类 CPU 总消耗量的 0.1%，其中应用数量最大的是在嵌入式系统。数量之大说明了嵌入式系统应用的范围之广，这也意味着没有什么所谓典型的嵌入式系统应用。

1.2.3 嵌入式微处理器系统架构

一般用于嵌入式微处理器系统的 CPU 有以下几种架构。

1. x86 架构

这里指的 x86 系列 CPU 是针对嵌入式系统，所以并不是每天都接触到的 Intel Pentium 系列或 AMD 公司的 Athlon CPU，而是如美国国家半导体公司的 Geode 系列 CPU。

相对于一般 PC 而言，嵌入式的 x86 架构 CPU 并不需要那么强大的运算功能，因为嵌入式系统的硬件需求较低，且目前这类的 CPU 主要用于机顶盒上。

2. ARM 架构

ARM 是 Advanced RISC Machines Limited 的英文缩写，目前世界上前五大半导体公司全部使用了 ARM 的技术授权，而前十大半导体公司有 9 家使用。ARM 系列 CPU 中最常见的是 Intel 公司的 StrongArm 系列和 Samsung 公司的 ARM 系列。ARM 架构现阶段被广泛应用在掌上电脑中，如惠普 iPAQ 系列掌上电脑。

3. MIPS 架构

MIPS 系列 CPU 中以 NEC 公司生产的 NEC VR 系列最出名，采用 NEC VR 系列 CPU 的有 CASIO 的 CASIO Cassiopeia E-115 等。

4. PowerPC 架构

PowerPC 系列 CPU 中当推 Palm 所采用的 Motorola 公司的 Dragon Ball 系列 CPU，Palm 的兼容机种应该是大家最耳熟能详的，如 Palm V 系列、m 系列，Handspring 的 Visor 系列，还有令人惊艳的 Sony CLIE PEG 系列等。

5. 其他

其他还有一些功能比较简单的芯片，如 m68k、8051 等。这类芯片比较常用在工业工程中，如机械手臂控制。

ARM 主要用在手机等便携式设备领域，MIPS 主要用在住宅网关、线缆调制解调器、线缆机顶盒等领域。ARM 采用硬核授权；MIPS 采用软核授权，用户可以自己配置，做自己的产品。未来发展中，ARM 的下一代走向多内核结构，而 MIPS 公司的下一代核心则转向硬件多线程功能。

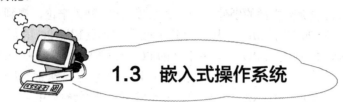

1.3 嵌入式操作系统

嵌入式操作系统 EOS（Embedded Operating System）是一种用途广泛的系统软件，过去它主要应用于工业控制和国防系统领域。EOS 负责嵌入式系统的全部软、硬件资源的分配、调度，控制、协调并发活动；它必须体现其所在系统的特征，能够通过装卸某些模块来达到系统所要求的功能。目前，已推出一些应用比较成功的 EOS 产品系列。随着 Internet 技术的发展、信息家电的普及应用及 EOS 的微型化和专业化，EOS 开始从单一的弱功能向高专业化的强功能方向发展。嵌入式操作系统在系统实时高效性、硬件的相关依赖性、软件固化以及应用的专用性等方面具有较为突出的特点。相对于一般操作系统而言，EOS 除具备了一般操作系统最基本的功能，如任务调度、同步机制、中断处理、文件处理等外，还有以下特点：

（1）可装卸性。开放性、可伸缩性的体系结构。

（2）强实时性。EOS 实时性一般较强，可用于各种设备控制当中。

（3）接口统一。统一的接口，提供各种设备驱动接口。

（4）图形界面。操作方便、简单、提供友好的图形 GUI，易学易用。

（5）强大的网络功能。支持 TCP/IP 协议及其他协议，提供 TCP/UDP/IP/PPP 协议支持及统一的 MAC 访问层接口，为各种移动计算设备预留接口。

（6）强稳定性，弱交互性。嵌入式系统一旦开始运行就不需要用户过多的干预，这就要负责系统管理的 EOS 具有较强的稳定性。嵌入式操作系统的用户接口一般不提供操作命令，它通过系统的调用命令向用户程序提供服务。

（7）固化代码。在嵌入式系统中，嵌入式操作系统和应用软件被固化在嵌入式系统计算机的 ROM 中。辅助存储器在嵌入式系统中很少使用，因此，嵌入式操作系统的文件管理功能应该能够很容易地拆卸，而用各种内存文件系统。

（8）更好的硬件适应性，也就是良好的移植性。

国际上用于信息电器的嵌入式操作系统有 40 种左右。现在，市场上非常流行的 EOS 产品，包括 3Com 公司下属子公司的 Palm OS，全球占有份额达 50%，而 Microsoft 公司的 Windows CE（简称 Win CE）不过 29%。在美国市场，Palm OS 更以 80%的占有率远超 Win CE。这都归功于开放源代码的 Linux 很适于做信息家电的开发。

1.3.1 DOS

微软一开始选用了以帕特森的 Q-DOS（Quick and Disk Operating System）为基础再扩充功能而成的 MS-DOS，主要采用由 IBM 公司提供的使用 8088 微处理器的计算机作开发平台。它是单用户单任务操作系统，由于系统小所以特别适合一些功能简单的装置使用，如 LED 看板。

1.3.2 Windows CE

虽然微软 Windows 系统已经称霸了 PC 桌面环境，但是对于嵌入式系统这块大饼，微软也是垂涎已久。桌面 Windows 操作系统对于嵌入式系统来说自然是太过于庞大，于是微软推出精简版的 Windows CE 作为进攻嵌入式系统的主力。但是跟微软一系列 Windows 系统一样，Windows CE 也承袭了原有的缺点：太耗系统资源、不稳定、效率不佳等。不过新版本整个架构重新改写后的确改进了不少缺点。目前 Windows CE 多数用于 PDA、Thin Client 等。

1.3.3 Palm OS

Palm Computing 公司的嵌入式操作系统，目前最主要应用在 PDA，是市场占有率较高的 PDA 操作系统。Palm 操作系统架构非常简洁，因裁减很多功能，如内存管理、多任务等，使得 Palm 可以几乎不耗系统资源，硬件需求低，整体耗电量可压缩到非常低，因此采用 Palm 操作系统的 PDA 具有待机时间长的优点。

1.3.4 EPOC

它是由英国手持装置大厂 Psion 所开发，常用于 PDA 与手机结合的场合。最有名的例子是 Nokia 9110 系列手机，它就是采用 EPOC 系统。

1.3.5 VxWorks

VxWorks 操作系统是美国 WindRiver 公司于 1983 年设计开发的一种嵌入式实时操作系统（RTOS），是嵌入式开发环境的关键组成部分。其拥有良好的持续扩展能力、高性能的内核以及友好的用户开发环境，在嵌入式实时操作系统领域占据一席之地。它以其良好的可靠性和卓越的实时性被广泛地应用在通信、军事、航空、航天等高精尖技术及实时性要求极高的领域中，如卫星通信、军事演习、弹道制导、飞机导航等。在美国的 F-16、FA-18 战斗机、B-2 隐形轰炸机和爱国者导弹上，甚至连 1997 年 4 月在火星表面登陆的火星探测器上也使用到了 VxWorks。

1.3.6 μC/OS

μC/OS 简单易学，提供了嵌入式系统的基本功能，其核心代码短小精悍，如果针对硬件进行优化，还可以获得更高的执行效率。但是 μC/OS 相对商用嵌入式系统来说还是过于简单，而且存在开发调试困难的问题。

μC/OS 的出现和应用也只是近年来的事，其迅猛的发展证明了开放源码软件的巨大生命力。相信经过广大用户的不断丰富和完善，μC/OS 的功能将日趋成熟，应用也会更加广阔。

1.3.7 ucLinux

ucLinux 是免费软件运动的产物，包含丰富的功能，包括文件系统、各种外调驱动程序、通讯模块、TCP/IP、PPP、HTTP，甚至WEB服务器的代码。在INTERNET上流传的ucLinux已经被移植到当前几乎所有的硬件平台上，功能与PC机上运行的Linux不相上下，其代码十分复杂，要完全移植没有必要也十分困难。但ucLinux的代码经过世界范围内的优化，稳定可靠而且高效，所有模块的代码都可以从INTERNET上获得，可以进行模块移植。

1.3.8　Linux

Linux操作系统不仅应用于网络服务器与集群系统，并占嵌入式市场50%以上的份额，那么究竟Linux操作系统有怎样独特的特点呢？

1. 开放源代码、模块化设计

Linux采用GPL授权，除了把源代码公开以外，任何人都可以自由使用、修改、散布，而Linux核心本身采用模块化设计，让人很容易增减功能，例如若平台并不需要蓝牙的功能，只要不把这项功能加入即可，什么时候需要蓝牙功能，则把该功能模块加入，重新编译内核即可。由于这样的高弹性，就可以配置出最适合硬件平台的核心来。与Linux相比，Windows是走封闭源代码的路线，所以完全无法得知或修改它的核心部分。另外因为Linux是采用GPL授权自然就没有什么授权费或保密协议的约束。

2. 稳定性

Linux不属于任何一家公司，但是它的开发人员却是全世界最多的，每天在全球都有无数的人参与Linux Kernel的改进、除错、测试，这样严苛的条件造就了高度稳定性的Linux。就因为如此，Linux虽不是商业的产物但是质量却不逊于商业产品。

3. 网络功能强大

Linux的架构是参照UNIX系统而来，因此Linux也承袭了UNIX强大的网络功能。在这个每样事情都讲究网络的时代下，只能说是Linux大放异彩的年代。未来可能家里的电冰箱、冷气、电视机都会连上网络。如何增强这些家电的网络功能？Linux可以办到。

4. 跨平台

Linux一开始是基于Intel 386机器而设计的，但是随着网络的普及，各式各样的需求涌现，因此就有许多工程师致力于各式平台的移植，造成了Linux可以在x86、MIPS、ARM、PowerPC、Motorola 68k、Hitachi SH3/SH4、Transmeta等平台上运作的盛况。这些平台几乎涵盖了所有嵌入式系统所需的CPU，因此选择Linux就可以把更多的硬件平台纳入考虑的范围。

嵌入式环境不如x86的PC机那样单纯，嵌入式环境所采用的CPU架构很多，使用Linux开发，就等于有更多硬件的选择。硬件成本是商业公司考虑的一大重点，选择多自然可以找到最合适的硬件，对于公司的竞争力是有极大帮助的。

5. 应用软件众多

自由软件世界里有个很大的特色就是软件相当多，而且几乎都是符合GPL标准，换句话说,大家都可以自由取用,因为这些软件多半是由工程师业余空暇时间所开发,而且不以营利为目的,因此也不能保证这些软件完全没有 BUG,但是仍旧有许多杀手级的软件出现,大家熟知的 KDE 与 GNOME 便是很好的证明,当然也有与嵌入式系统较为相关的,如 arm-linux-gcc 编译器、Kdevelop 整合式开发环境等。

应用软件通常都会先在 PC 端模拟出嵌入式的环境,并直接在上面开发,因此用的工具也都与开发一般桌面软件类似,良好的工具能够提高开发的速度。

6.选择多样

多数公司有能力自己制作嵌入式 Linux 系统,因为程序代码全部都开放在那里,可以随心所欲地设计出自己想要的 Embedded Linux 系统,但是有更多的公司的业务重点不在于此,这时也可以选择购买商业版的 Embedded Linux 系统,如有名的 Redhat 公司、Lineo、MontaVista 等,这些都是商业的 Linux 公司,购买他们的产品就可以得到完整的服务,因此商业或非商业取决于你的需求。

1.4 嵌入式应用

嵌入式系统可以说是未来生活的一个基础平台,将会大大地影响人们的生活方式。它的应用涉及各行各业的所有智能化部门,如图 1.2 所示。

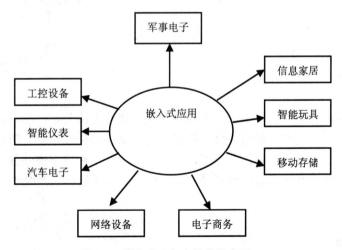

图 1.2 嵌入式在各个行业的应用

嵌入式系统的热门生活应用有 MP3 播放机、机顶盒、数字视讯录像机、游戏机、家庭网络网关器、网络电话(VoIP)、智能手机及掌上电脑等。

从大的方面讲主要有以下几个领域的应用。

1.4.1 消费电子

消费电子是指围绕着消费者应用而设计的与生活、工作娱乐息息相关的电子类产品，最终实现消费者自由选择资讯、享受娱乐的目的。消费电子主要侧重于个人购买并用于个人消费的电子产品，比如掌上电脑、MP3、MP4、数码相机、可视电话等。

1.4.2 信息家电

信息家电应该是一种价格低廉、操作简便、实用性强、带有 PC 主要功能的家电产品，其是利用计算机、电信和电子技术与传统家电相结合的创新产品，包括白色家电中的电冰箱、洗衣机、微波炉等和黑色家电中的电视机、录像机、音响、VCD、DVD 等，是为数字化与网络技术更广泛地深入家庭生活而设计的新型家用电器。信息家电包括 PC、如图 1.3 所示的机顶盒、HPC、DVD、超级 VCD、无线数据通信设备、视频游戏设备、WebTV、Internet、电话等。所有能够通过网络系统交互信息的家电产品，都可以称之为信息家电。一方面，目前音频、视频和通信设备是信息家电的主要组成部分。另一方面，信息家电是在目前的传统家电的基础上，将信息技术融入传统家电中，使其功能更加强大，使用更加简单、方便和实用，为家庭生活创造更高品质的生活环境，比如模拟电视发展成数字电视，VCD 变成 DVD，电冰箱、洗衣机、微波炉等也将会变成数字化、网络化、智能化的信息家电。

图 1.3 机顶盒

1.4.3 汽车电子

汽车电子简而言之就是半导体和汽车的结合，主要分为两类。一类是汽车电子控制装置，要和机械系统配合使用，如电子燃油喷射系统、制动防抱死控制、防滑控制、悬架控制、动力转向等。另一类是车载汽车电子装置，它是在汽车环境下能够独立使用的电子装置，和汽车本身性能无直接关系，包括导航、娱乐系统及车载通信系统等，如图 1.4 所示的 GPS 车载导航系统。

1.4.4 工业控制

嵌入式系统在工业控制中的应用是最为广泛的，包括数控机床、智能仪器仪表、制造工厂、污水处理系统、发电站和电力传输系统、自动化工厂、控制系统开发、维护和调试的工具、石油提炼和相关的储运设施、建筑设备、计算机辅助制造系统、智能控制系统、核电站及机器人系统等。图 1.5 所示为触摸屏式控制系统。

图 1.4　GPS 车载导航系统

图 1.5　触摸屏式控制系统

1.4.5　通信网络

嵌入式系统在通信网络中的应用主要在电话交换系统、电缆系统、卫星和全球定位系统、数据交换设备等方面，如图 1.6 所示的电话交换系统。

1.4.6　医疗电子

在今天，越来越多的嵌入式系统开始运用到医疗仪器的设计当中。心电图、脑电图等生理参数检测设备，各类型的监护仪器，如图 1.7 所示的超声波设备、X 射线成影设备，核磁共振仪器，以及各式各样的物理治疗仪都开始在各地医院广泛使用。

远程医疗、HIS、病人呼叫中心、数字化医院等先进理念的出现和应用，使医院的管理比以往任何时候都更加完善和高效，同时可使病人享受到更加快捷、方便和人性化的服务。

图 1.6　电话交换系统

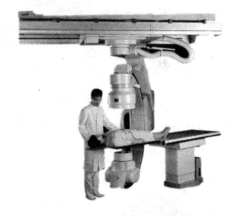
图 1.7　超声设备

1.4.7　商业金融

嵌入式系统在商业金融方面的应用主要在自动柜员机、信用卡系统、售货端系统、安全系统等方面，如图 1.8 所示的是自动柜员机。

图 1.8 自动柜员机

图 1.9 嵌入式系统在日常生活中的应用

如图 1.9 所示，嵌入式系统在日常生活中无所不在。

1.5 嵌入式设备的构成

嵌入式系统由软件系统与硬件系统两部分构成，通常情况下的结构如图 1.10 所示。

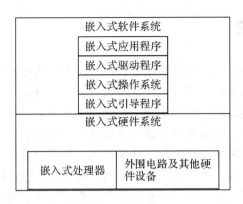

图 1.10　嵌入式系统的构成

1.5.1　嵌入式硬件系统

嵌入式系统的硬件部分主要有嵌入式处理器及其外围电路。嵌入式处理器的种类繁多，如：ARM 系列有 ARM7、ARM9、ARM9E、ARM10E、ARM11 等。以模块的形式划分外围电路，通常有存储器模块、电源模块、复位模块、串口模块、网络模块、IIC 模块等，如图 1.11 所示的家庭安防系统。

1.5.2　嵌入式软件系统

嵌入式 Linux 系统软件部分包含 BOOTLOADER（引导程序）、内核和文件系统 3 部分。对于嵌入式 Linux 系统来说，这 3 个部分是必不可少的。系统加电后首先引导启动程序，然后调用嵌入式操作系统。系统通过调用应用程序，而应用程序可以调用存放在文件系统中的设备驱动程序。

1.5.3　嵌入式外围设备

嵌入式外围设备是指在一个嵌入硬件系统中，除了中心控制部件(EMU, MCU, DSP, SoC)以外的完成存储、通讯、保护、调试、显示等辅助功能的其他部件。根据外围设备的功能可分为以下三类：

存储器类型：静态易失型存储器(RAM, SRAM)、动态存储器(DRAM)，非易失型存储器(ROM, EPROM, EEPROM, FLASH)。其中，FLASH 以可擦写次数多，存储速度快，容量大，价格便宜等优点在嵌入式领域中有着广泛的应用。

接口类型：目前存在的大多数计算机接口在嵌入式领域中都有着广泛的应用，特别是 RS232 接口、IrDA 接口、I2C 总线接口、USB 接口和以太网接口。

显示器件：CRT、LCD 和触摸屏等外围显示设备。

1.5.4 家庭安防系统

家庭安防系统是利用全自动防盗电子设备，在无人值守的地方，通过电子红外探测技术及各类磁控开关判断非法入侵行为或各种燃气泄漏，通过控制箱喇叭或警灯现场报警，同时将警情通过共用电话网传输到报警中心或业主本人。同时，在家中有人发生紧急情况时，也可通过各种有线、无线紧急按钮或键盘向小区联网中心发送紧急求救信息。

防盗报警主机，判断接收各种探测器传来到的报警信号，接收到报警信号后即可以按预先设定的报警方式报警。如启动声光报警器、自动拨叫设定好的多组报警电话，若与小区报警中心联网也可以将信号传送至小区报警中心。报警主机配有遥控器，可以对主机进行远距离控制。

红外防盗探测器，采用微电脑数字信号技术，高稳定度探测器件，创新设计而成。具有温度补偿、抗强白光、防电磁干扰，并消除多种误报的因素。当闯入者穿过红外探测器，红外探测器即向报警主机发出信号，报警主机随即报警。

门磁、窗磁探测器，在报警主机设防后，闯入者打开安装有门磁、窗磁的门窗时，门磁窗磁向报警主机发出信号，报警主机随即启动报警。

遥控器，用于对防盗报警系统的布防、撤防，使用方法与常见的汽车防盗遥控器相同。

烟雾探测器，利用一个先进的放射源和对比空间、开放空间对重离子进行放射探测，不管是明火，无火，有烟，无烟燃烧，都比较灵敏。当探测到有害气体时，指示灯亮红色，并发报警信号至主机。

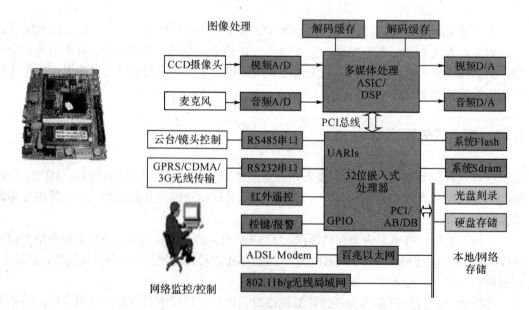

图1.11 嵌入式硬件构成的典型家庭安防系统

1.6 嵌入式系统的开发流程

以 Linux 操作系统为例,论述嵌入式系统的开发流程。

1.6.1 建立开发环境

安装操作系统与交叉编译器,操作系统一般使用 Redhat Linux,选择定制安装或全部安装,通过网络下载相应的 GCC 交叉编译器进行安装(比如,arm-1inux-gcc、arm-uclibc-gcc),或者安装产品厂家提供的相关交叉编译器。

1.6.2 配置开发主机的参数

配置 MINICOM 参数,MINICOM 软件的作用是作为调试嵌入式开发板的信息输出的监视器和键盘输入的工具。一般情况下的参数为波特率 115200 Baud/s,数据位 8 位,停止位为 1,无奇偶校验,软件硬件流控设为无。在 Windows 下的超级终端的配置也是这样。配置网络主要是配置 NFS 网络文件系统,需要关闭防火墙以简化嵌入式网络调试环境设置过程。

1.6.3 建立引导装载程序 BOOTLOADER

从网络上下载一些公开源代码的 BOOTLOADER,如 U-BOOT、BLOB、VIVI、LILO、ARM-Boot、RED-Boot 等,根据具体芯片进行移植修改。有些芯片没有内置引导装载程序,比如三星的 ARV17、ARM9 系列芯片,这样就需要编写开发板上 FLASH 的烧写程序,也可以在网上下载相应的烧写程序,如 Linux 下的公开源代码的 J-FLASH 程序。如果不能烧写自己的开发板,就需要根据自己的具体电路进行源代码修改。这是让系统可以正常运行的第一步。如果用户购买了厂家的仿真器,则比较容易烧写 FLASH,虽然无法了解其中的核心技术,但对于需要迅速开发自己的应用的人来说可以极大提高开发速度。

1.6.4 下载已经移植好的 Linux 操作系统内核

如 MCLiunx、ARM-Linux、PPC-Linux 等,如果有专门针对所使用的 CPU 移植好的

Linux 操作系统那是再好不过，下载后再添加特定硬件的驱动程序，然后进行调试修改，对于带 MMU 的 CPU 可以使用模块方式调试驱动，而对于 MCLiunx 这样的系统只能编译内核进行调试。

1.6.5 建立根文件系统

可以从 http://www.busy.box.net 下载使用 BUSYBOX 软件进行功能裁减，产生一个最基本的根文件系统，再根据自己的应用需要添加其他的程序。由于默认的启动脚本一般都不会符合应用的需要，所以就要修改根文件系统中的启动脚本，它的存放位置位于/etc 目录下，包括：/etc/init.d/rc.S、/etc/profile、/etc/.profile 及自动挂装文件系统的配置文件/etc/fstab 等，具体情况会随系统不同而不同。根文件系统在嵌入式系统中一般设为只读，需要使用 mkcramfs genromfs 等工具产生烧写映像文件。

1.6.6 建立应用程序的 FLASH 磁盘分区

一般使用 JFFS2 或 YAFFS 文件系统，这需要在内核中提供这些文件系统的驱动。有的系统使用一个线性 FLASH(NOR 型)512KB～32MB，有的系统使用非线性 FLASH(NAND 型)8MB～512MB，有的系统两种同时使用，需要根据应用规划 FLASH 的分区方案。

1.6.7 开发应用程序

根据需要开发应用程序，把开发成功的应用程序可以放入根文件系统中，也可以放入 YAFFS、JFFS2 文件系统中，有的应用不使用根文件系统，直接将应用程序和内核设计在一起，这有点类似于 μC/OS-II 的方式。

1.6.8 烧写内核、根文件系统和应用程序，发布产品。

如图 1.12 所示，列出了嵌入式系统的开发流程。

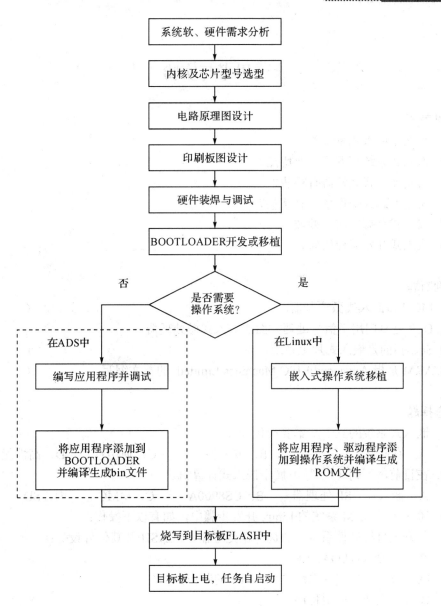

图 1.12 嵌入式系统的开发流程

思考与实验

一、思考题

1. 什么是嵌入式系统？
2. 嵌入式系统有哪些主要特点？
3. 常用嵌入式处理器有哪些？
4. 常用嵌入式操作系统有哪些？
5. 嵌入式有哪些应用领域？
6. 嵌入式开发流程如何？

二、判断题

1. MCU 指嵌入式微控制器。（ ）
2. DSP 是专门用于信号处理方面的嵌入式微处理器。（ ）
3. SoC 指的是嵌入式片上系统。（ ）
4. ARM 是指 Advanced RISC Machines Limited 的英文缩写。（ ）

三、选择题

1. 嵌入式系统的三个基本要素包含（   ）。
   A．存储性　　　　　B．嵌入性　　　　C．通用性　　D．高性能
2. 在目前，下列（   ）属于嵌入式计算机。
   A．嵌入式 DSP 处理器　　B．CS8900A　　C．MMC　　D．SD
3. 通常基于 ARM 系统的 Linux 开发步骤中，如有以下操作：
   ①开发目标硬件系统：如选择微处理器，FLASH 及其他外设等；
   ②开发 BOOTLOADER；
   ③开发一个根文件系统：如 rootfs 的制作；
   ④开发上层的应用程序；
   ⑤开发相关硬件的驱动程序：如 LCD 等；
   ⑥移植 Linux 内核；
   ⑦建立交叉编译工具。
4. 嵌入式系统开发按照上述 7 步来考虑，开发 BOOTLOADER 应该属于（   ）步。
   A．1　　B．2　　C．3　　D．4　　E．5　　F．6　　G．7

第 2 章

嵌入式最小系统与 S3C2410 开发板

本章重点

1. 嵌入式系统硬件模块。
2. 嵌入式硬件最小系统。
3. S3C2410 处理器概述。
4. S3C2410 处理器引脚描述。
5. 嵌入式系统。

本章导读

  本章对嵌入式系统硬件与硬件开发环境用实例做了详细的介绍,对 ARM9 芯片作了详细的描述,并对 ARM9 芯片构成的 S3C2410 微处理器的功能、引脚进行了详细的讲解。

2.1 嵌入式系统硬件模块分析

嵌入式系统的开发涉及两个方面：硬件部分与软件部分。硬件部分提供整个系统开发可见的或可触摸的"实体"，而软件部分相当于这个"实体"内部的功能逻辑。这两个部分是缺一不可的。嵌入式系统的开发对硬件要求非常高，这与其他类型系统的开发有所不同。许多嵌入式的开发都是针对具体的应用，针对项目中特定的硬件资源，如微处理器、FLASH 存储器、外围接口等。这样，开发人员就需要熟悉系统中的硬件资源，比如涉及一些底层编程，就需要知道系统处理器提供的指令集；要对外设驱动，就需了解外设的控制逻辑；要对 FLASH 存储器编程，就需要知道 FLASH 存储器编程的指令序列和编程流程等。

1. 部件功能模块

在本节中主要以典型的智能手机为例，讲述手机设备中各个硬件模块及模块功能，所需的软件及软件所起的功能。手机功能部件如图 2.1 所示。

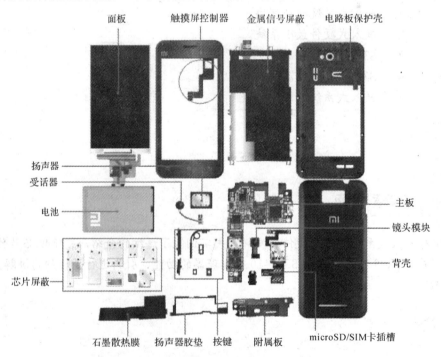

图 2.1　智能手机的功能部件

（资料来源：http://image.baidu.com/）

(1) 无线功能：GPRS 无线数据传输、通话、短消息、彩信；

(2) 多媒体功能：彩色触摸屏、MP3、MP4、摄像头、立体声喇叭、支持蓝牙、支持 TF 卡、U 盘、NAND FLASH、NOR FLASH；

(3) 主处理器：ARM v5(ARM9 内核集成)；

(4) 外部接口：串口、USB 接口、标准耳机；

(5) 外部扩展：128pin 的全功能接口（音频接口、SD 卡、SIM 卡、接口电压、USB、串口、按键、Camera、ADC、GPIO、并口等）；

(6) 电池容量：一般为 700mA·h（或更高）；

(7) 内置天线；

智能手机平台采用"基带处理器+应用处理器"的双处理器结构，主要由无线通信模块、多媒体处理模块、视音频输出模块、CMMB（中国移动多媒体广播电视标准）接入模块等部分组成，其总体结构如图 2.2 所示。其中无线通信模块实现呼叫/接听、数据传输等基本通信功能和其他 WiFi、蓝牙等无线功能，多媒体处理模块则用于处理高负荷的多媒体应用。

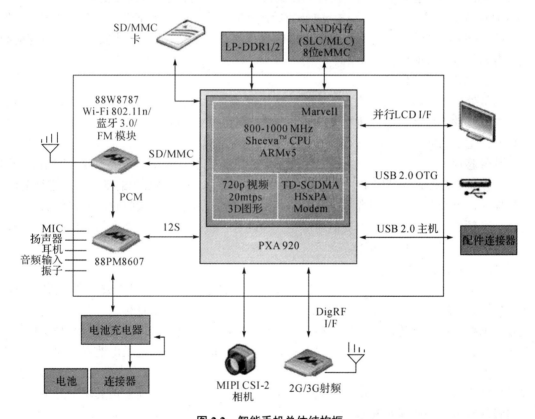

图 2.2 智能手机总体结构框

ARM v5 基本都是 ARM9 架构，但也有部分采用 Xscale 架构。目前 ARM 架构里采用 64 位指令集，支持电脑 CPU 的 MMX 指令集的 CPU 架构。ARM v6 指令集基本都是 ARM11 架构。中兴 u880 的采用 ARM v5 指令集的 Xscale 架构的 pxa920，806MHz，CPU 性能 1130MIPS。而三星 s5830 的采用 ARM v6 指令集的 ARM11 架构的 msm7227t，800MHz，CPU 性能 960MIPS。pxa920 还要的略超过 msm7227t。可见指令集不一定是高的强。

2. 电路功能模块

在智能手机的硬件架构中，无线 Modem 部分只要再加一定的外围电路，如音频芯片、LCD、摄像机控制器、传声器、扬声器、功率放大器、天线等，就是一个完整的手机硬件电路，如图 2.3 所示。模拟基带(ABB)、语音信号引脚和音频编解码器芯片间进行通信，构成通话过程中的语音通道。从硬件电路的系统架构可以看出，功耗最大的部分包括主处理器、无线 Modem、LCD 和键盘的背光灯、音频编解码器和功率放大器。

（1）手机射频技术

手机射频部分由射频接收和射频发送两部分组成，其主要电路包括天线、无线开关、接收滤波、频率合成器、高频放大、接收本振、混频、中频、发射本振、功放控制、功放等。收发器是手机射频的核心处理单元，主要包括收信单元和发信单元，前者完成对接收信号的放大，滤波和下变频最终输出基带信号，通常采用零中频和数字低中频的方式实现射频到基带的变换；后者完成对基带信号的上变频、滤波、放大，主要采用二次变频的方式实现基带信号到射频信号的变换。当 RF/IFIC 接收信号时，收信单元接受自天线的信号(约 800MHz～3GHz)经放大、滤波与合成处理后，将射频信号降频为基带，接着是基带信号处理；而 RF/IFIC 发射信号时，则是将 20kHz 以下的基带信号，进行升频处理，转换为射频频带内的信号再发射出去。

（2）基带处理器

基带处理器是移动电话的一个重要部件，相当于一个协议处理器，负责数据处理与储存，主要组件为数字信号处理器（DSP）、微控制器（MCU）、内存（SRAM、FLASH）等单元，主要功能为基带编码/译码、声音编码及语音编码等。

基带芯片可分为五个子块：CPU 处理器、信道编码器、数字信号处理器、调制解调器和接口模块。基带芯片是用来合成即将发射的基带信号，或对接收到的基带信号进行解码。具体地说，就是发射时，把音频信号编译成用来发射的基带码；接收时，把收到的基带码解译为音频信号。同时，也负责地址信息（手机号、网站地址）、文字信息（短讯文字、网站文字）、图片信息的编译。

（3）电源管理系统

由于手机是能源有限的设备，所以电源管理十分重要。智能手机集成了许多新的功能，例如拍照、MPEG 视频、集成 PDA 功能、蓝牙/WLAN 和高速数据传输。新增的功能向手机设计师提出了更大的挑战，将直接面临更小尺寸和延长电池寿命的要求。这些趋势要求高集成度、低高度的电源管理功能器件和高转换频率的工作，在延长电池寿命的同时又不能牺牲效率。另外，开关稳压器靠近敏感的无线 RF 电路，会带来潜在的噪声和干扰问题。设计厂家设计出用于手机应用的电源管理系列器件，提供了高性能的仿真解决方案，帮助手机设计师解决这些现实问题。

（4）处理器

处理器是影响手机性能的最关键的因素，像德州仪器、高通、英伟达以及三星等主流的处理器厂商大部分采用 ARM 架构。ARM 的设计是 Acorn 电脑公司（Acorn Computers Ltd.）于 1983 年开始的开发计划。1985 年时开发出首款内核 ARM1，经过三十年的发展，如今已经发展到运行速度可达 2.5GHz 的 Crotex-A15 核心。ARM9 之前的 ARM 核心基本上都是应用在音乐播放器、游戏机、相机以及计算器等电子产品中。智能手机当中，诺基亚的大部分 Symbian S60 系统的智能手机，索尼爱立信 K 系列以及 Walkman 系列音乐手机，以及明基西门子和 LG 部分手机都采用了 ARM926EJ-S 内核。

Cortex-A9 是性能很高的 ARM 处理器，可实现受到广泛支持的 ARMv7 体系结构的丰富功能。Cortex-A9 处理器的设计旨在打造最先进的、高效率的、长度动态可变的、多指令执行超标量体系结构，凭借范围广泛的消费类、网络、企业和移动应用中的前沿产品所需的功能，它可以提供史无前例的高性能和高能效。

ARM Cortex-A15 架构， ARM 推出一款四核芯片，最快处理速度能够达到 2.5GHz，这款芯片除了将手机 CPU 运行速度提升至 2.5GHz 以外，还可以支持超过 4GB 的内存。Cortex-A15 MPCore 处理器具有无序超标量管道，带有紧密耦合的低延迟 2 级高速缓存，该高速缓存的大小最高可达 4MB。浮点和 NEON™媒体性能方面的其他改进使设备能够为消费者提供下一代用户体验，并为 Web 基础结构应用提供高性能计算。

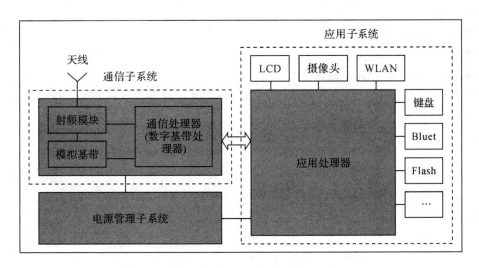

图 2.3 手机硬件电路框图

2.2 ARM 微处理器概述

ARM（Advanced RISC Machines），既可以认为是一个公司的名字，也可以认为是对一类微处理器的通称，还可以认为是一种技术的名字。

采用 RISC 架构的 ARM 微处理器一般具有如下特点：

（1）体积小、低功耗、低成本、高性能；

（2）支持 Thumb（16 位）/ARM（32 位）双指令集，能很好地兼容 8 位/16 位器件；

（3）大量使用寄存器，指令执行速度更快；

（4）大多数数据操作都在寄存器中完成，寄存器与内存打交道的唯一机会是通过 Load/Store 的体系结构在两者间传递数据；

（5）寻址方式灵活简单，执行效率高；

（6）指令长度固定。

ARM 微处理器目前包括下面几个系列，以及其他厂商基于 ARM 体系结构的处理器系列，除了具有 ARM 体系结构的共同特点以外，每一个系列的 ARM 微处理器都有各自的特点和应用领域。

- ARM7 系列
- ARM9 系列
- ARM9E 系列
- ARM10E 系列
- ARM11 系列
- SecurCore 系列
- Inter 的 Xscale 系列
- Inter 的 StrongARM 系列

其中，ARM7、ARM9、ARM9E 和 ARM10E 为 4 个通用处理器系列，每一个系列提供一套相对独特的性能来满足不同应用领域的需求。SecurCore 系列专门为安全要求较高的应用而设计。如图 2.4 所示是 ARM 系统的流水线结构示意图。

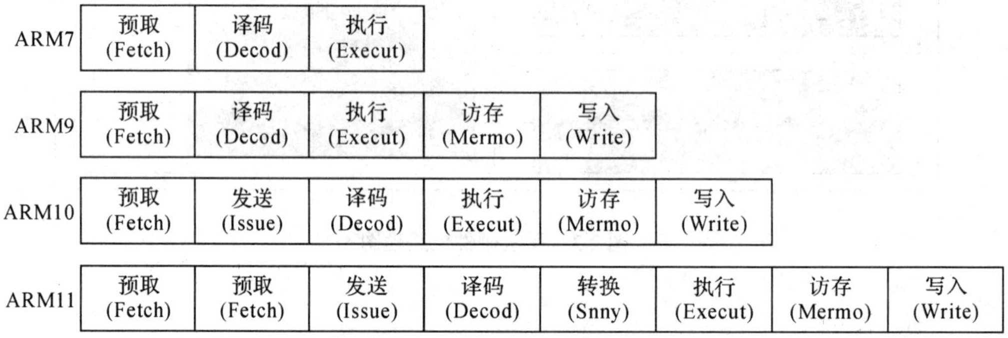

ARM7	预取(Fetch)	译码(Decod)	执行(Execut)				
ARM9	预取(Fetch)	译码(Decod)	执行(Execut)	访存(Mermo)	写入(Write)		
ARM10	预取(Fetch)	发送(Issue)	译码(Decod)	执行(Execut)	访存(Mermo)	写入(Write)	
ARM11	预取(Fetch)	预取(Fetch)	发送(Issue)	译码(Decod)	转换(Snny)	执行(Execut)	访存(Mermo)	写入(Write)

图 2.4 ARM 系统流水线结构

当前在嵌入式领域中，ARM(Advanced RISC Machines)处理器被广泛应用于各种嵌入式设备中。由于 ARM 嵌入式体系结构类似并且具有通用的外围电路，同时 ARM 内核的嵌入式最小系统的设计原则及方法基本相同，这使得对嵌入式最小系统的研究在整个系统的开发中具有至关重要的意义。到目前为止，ARM 微处理器及技术的应用几乎已经深入到各个领域：

（1）工业控制领域：作为 32 位的 RISC 架构，基于 ARM 核的微控制器芯片不但占据了高端微控制器市场的大部分市场份额，同时也逐渐向低端微控制器应用领域扩展，ARM 微控制器的低功耗、高性价比，向传统的 8 位/16 位微控制器提出了挑战。

（2）无线通信领域：目前已有超过 85%的无线通信设备采用了 ARM 技术，ARM 以其高性能和低成本，在该领域的地位日益巩固。

（3）网络应用：随着宽带技术的推广，采用 ARM 技术的 ADSL 芯片正逐步获得竞争优势。此外，ARM 在语音及视频处理上行了优化，并获得广泛支持，也对 DSP 的应用领域提出了挑战。

（4）消费类电子产品：ARM 技术在目前流行的数字音频播放器、数字机顶盒和游戏机中得到广泛采用。

（5）成像和安全产品：现在流行的数码相机和打印机中绝大部分采用 ARM 技术。手机中的 32 位 SIM 智能卡也采用了 ARM 技术。

目前在嵌入式系统开发的过程中，开发者往往把大量精力投入到嵌入式微处理器 MPU(Micro Processing Unit)与众多外设的连接方式以及应用代码的开发之中，而忽视了对嵌入式系统最基本、最核心部分的研究。

2.2.1 ARM9 微处理器特点

ARM9 系列微处理器在高性能和低功耗特性方面提供最佳的体验。具有以下特点：
- 5 级整数流水线，指令执行效率更高。
- 提供 1.1MIPS/MHz 的哈佛结构。
- 支持 32 位 ARM 指令集和 16 位 Thumb 指令集。
- 支持 32 位的高速 AMBA 总线接口。
- 全性能的 MMU，支持 Windows CE、Linux、Palm OS 等多种主流嵌入式操作系统。
- MPU 支持实时操作系统。
- 支持数据 Cache 和指令 Cache，具有更高的指令和数据处理能力。

ARM9 系列微处理器主要应用于无线设备、仪器仪表、安全系统、机顶盒、高端打印机、数字照相机和数字摄像机等。

ARM9 系列微处理器包含 ARM920T、ARM922T 和 ARM940T 三种类型，以适用于不同的应用场合。其中 ARM 体系结构的命名规则如表 2.1 所示。

表 2.1 ARM 体系结构的命名规则

表示方法	ARM{x}{y}{z}{T}{D}{M}{I}{E}{J}{F}{-S}
x	系列
y	存储管理/保护单元
z	Cache
T	Thumb16 位译码器
D	JTAG 调试器
M	快速乘法器
I	嵌入式跟踪宏单元
E	增强 DSP 指令
J	Jazelle
F	向量浮点单元
S	可综合版本，以源代码形式提供的 ARM 核

例如：ARM7 微处理器 ARM7TDMI 中的 T 表示支持压缩指令集 Thumb、D 表示支持片上 Debug、M 支持内核硬件乘法器、I 表示支持片上断点与调试点。

选择 ARM 处理器，主要考虑的因素有：ARM 微处理器内核、系统的工作频率、晶片内部存储器的容量、引导系统。

ARM 微处理器有以下 7 种运行模式。
- 用户模式（usr）：ARM 处理器正常的程序执行状态。
- 快速中断模式（fiq）：用于高速数据传输或通道处理。
- 外部中断模式（irq）：用于通常的中断处理。
- 管理模式（svc）：操作系统使用的保护模式。
- 数据访问终止模式（abt）：当数据或指令预取终止时进入该模式，可用于虚拟存储及存储保护。
- 系统模式（sys）：运行具有特权的操作系统任务。
- 未定义指令中止模式（und）：当未定义的指令执行时进入该模式，可用于支持硬件协处理器的软件仿真。

注意：

ARM7TDMI 不支持对 MMU 的管理。

2.2.2 ARM 选型原则

鉴于 ARM 微处理器的众多优点，随着国内外嵌入式应用领域的逐步发展，ARM 微处理器必然会获得广泛的重视和应用。但是，由于 ARM 微处理器有多达十几种的内核结构，几十个芯片生产厂家，以及千变万化的内部功能配置组合，给开发人员在选择方案时带来一定的困难，所以，对 ARM 芯片做一些对比研究是十分必要的。以下从应用的角度出发，对在选择 ARM 微处理器时所应考虑的主要问题做一些简要的探讨。

1. ARM 微处理器内核的选择

从前面所介绍的内容可知，ARM 微处理器包含一系列的内核结构，以适应不同的应用领域，用户如果希望使用 WinCE 或标准 Linux 等操作系统以减少软件开发时间，就需要选择 ARM720T 以上、带有 MMU（Memory Management Unit）功能的 ARM 芯片，例如 ARM720T、ARM920T、ARM922T、ARM946T、Strong-ARM 都带有 MMU 功能。

本书所讨论的 S3C2410 基于 ARM920T 内核，它带有 MMU，因此支持 Windows CE 和标准 Linux，并且在稳定性和其他方面也都有上佳表现。

2. 系统的工作频率

系统的工作频率在很大程度上决定了 ARM 微处理器的处理能力。ARM7 系列微处理器的典型处理速度为 0.9MIPS/MHz，ARM9 系列微处理器的典型处理速度为 1.1MIPS/MHz，常见的 ARM9 的系统主时钟频率为 100MHz-233MHz，ARM10 最高可以达到 700MHz。不同芯片对时钟的处理不同，有的芯片只需要一个主时钟频率，有的芯片内部时钟控制器可以分别为 ARM 核和 USB、UART、DSP、音频等功能部件提供不同频率的时钟。

本书所讨论的 S3C2410 时钟频率为 200MHz 以上，若更换成 S3C2440 时钟频率最高可达到 500MHz。

3. 芯片内存储器的容量

大多数的 ARM 微处理器片内存储器的容量都不大，需要用户在设计系统时外扩存储器，但也有部分芯片具有相对较大的片内存储空间，如 ATMEL 的 AT91F40162 就具有高达 2MB 的片内程序存储空间，用户在设计时可考虑选用这种类型，以简化系统的设计。

4. 片内外围电路的选择

除 ARM 微处理器核以外，几乎所有的 ARM 芯片均根据各自不同的应用领域，扩展了相关功能模块，并集成在芯片之中，称之为片内外围电路，如 USB 接口、IIC 接口、IIS 接口、LCD 控制器、键盘接口、RTC、ADC 和 DAC、DSP 协处理器等，设计者应分析系统的需求，尽可能采用片内外围电路完成所需的功能，这样既可简化系统的设计，同时提高系统的可靠性。

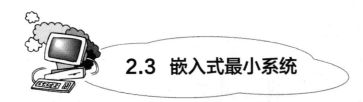

2.3 嵌入式最小系统

随着嵌入式相关技术的迅速发展，嵌入式系统的功能越来越强大，应用接口更加丰富，根据实际应用的需要设计出特定的嵌入式最小系统和应用系统，是嵌入式系统设计的关键。

嵌入式最小系统即是在尽可能减少上层应用的情况下，能够使系统运行的最小化模块配置。对于一个典型的嵌入式最小系统，以 ARM 处理器为例，其构成模块及其各部分功能如图 2.5 所示，其中 ARM（Advanced RISC Machines）微处理器、FLASH 和 SDRAM 模块是嵌入式最小系统的核心部分。

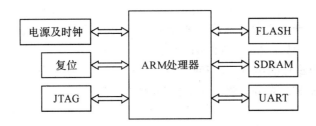

图 2.5 嵌入式最小系统

通常情况下，嵌入式最小系统板由嵌入式微处理器、OM 配置、时钟、NAND FLASH、SDRAM、串口、网络、自定义 LED、按键、A/D、D/A、复位、电源等组成。

1. 嵌入式最小系统中各模块的功能

时钟模块通常经 ARM 内部锁相环进行相应的倍频，以提供系统各模块运行所需的时钟频率输入。

FLASH 存储模块。存放启动代码、操作系统和用户应用程序代码。

SDRAM 模块。为系统运行提供动态存储空间，是系统代码运行的主要区域。

JTAG 模块。实现对程序代码的下载和调试。

UART 模块。实现对调试信息的终端显示。

复位模块。实现对系统的复位。

通常情况下嵌入式硬件如图 2.6 所示。

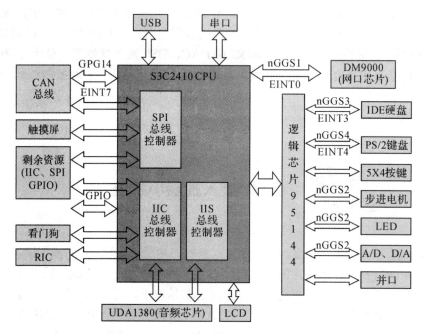

图 2.6 嵌入式硬件资源

2. 嵌入式核心板

嵌入式核心板由嵌入式微处理器、FLASH 和 SDRAM、时钟构成。目前有很多厂家在生产嵌入式核心板。例如，ARMSYS2410-CORE 核心板，采用 6 层板工艺，其中 3 层电源层的设计，使其具有最佳的电气性能和抗干扰性能。其尺寸规格符合 SO-DIMM200 封装标准，多达 200 个引出脚，充分扩展了 S3C2410 的硬件资源，让使用者能够无局限自由地进行底板设计。

 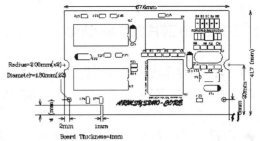

图 2.7 嵌入式核心板

此嵌入式核心板具有以下结构(图 2.7)：

● 处理器：采用三星 S3C2410A-20(ARM920T)微处理器，外部时钟为 12MHz，内部倍频至 203MHz。

● 内存：2 片 4Banks×4M×16bits SDRAM，PC100/PC133 兼容，共 64MB；

● NAND FLASH: 64MB Nand FLASH（K9F1208），可根据用户要求选配其他容量 Nand FLASH 存储器；

● 时钟：12MHz 系统外部时钟源；32.768kHz 的 RTC 时钟源；

● LED：1 个电源指示红色 LED，4 个可编程的功能指示绿色 LED；

● SO-DIMM200 标准金手指接口：板子尺寸约 68mm×42mm。

2.4 S3C2410 处理器概述

S3C2410 处理器是韩国 Samsung 公司基于 ARM 公司的 ARM920T 处理器核，开发的 32 位 RISC 微处理器,采用 0.18um 制造工艺的 32 位微控制器。该处理器拥有:独立的 16KB 指令 Cache 和 16KB 数据 Cache，MMU，支持 TFT 的 LCD 控制器，NAND 闪存控制器，3 路 UART，4 路 DMA，4 路带 PWM 的 Timer，I/O 口，RTC，8 路 10 位 ADC，Touch Screen 接口，IIC-BUS 接口，IIS-BUS 接口，2 个 USB 主机，1 个 USB 设备，SD 主机和 MMC 接口，2 路 SPI。S3C2410 处理器最高可运行在 203MHz。

核心板的尺寸仅相当于名片的 2/3 大小，开发商可以充分发挥想象力，设计制造出小体积，高性能的嵌入式应用产品。

2.4.1 S3C2410芯片的功能单元

S3C2410芯片集成了大量的功能单元，包括：
- 内部1.8V，存储器3.3V，外部I/O3.3V，16KB数据Cache，16KB指令Cache，MMU。
- 内置外部存储器控制器（SDRAM控制和芯片选择逻辑）。
- LCD控制器，一个LCD专业DMA。
- 4个带外部请求线的DMA。
- 3个通用异步串行端口（IrDA1.0, 16-Byte Tx FIFO and 16-Byte Rx FIFO），2通道SPI。
- 一个多主IIC总线，一个IIS总线控制器。
- SD主接口版本1.0和多媒体卡协议版本2.11兼容。
- 两个USB HOST，一个USB DEVICE（VER1.1）。
- 4个PWM定时器和一个内部定时器。
- 看门狗定时器。
- 117个通用I/O。
- 56个中断源。
- 24个外部中断。
- 电源控制模式：标准、慢速、休眠、掉电。
- 8通道10位ADC和触摸屏接口。
- 带日历功能的实时时钟。
- 芯片内置PLL。
- 设计用于手持设备和通用嵌入式系统。
- 16/32位RISC体系结构，使用ARM920T CPU核的强大指令集。
- 带MMU的先进的体系结构支持WinCE、EPOC32、Linux。
- 指令缓存（Cache）、数据缓存、写缓存和物理地址TAG RAM，减小了对主存储器带宽和性能的影响。
- ARM920T CPU核支持ARM调试的体系结构。
- 内部先进的位控制器总线（AMBA）（AMBA2.0，AHB/APB）。

2.4.2 S3C2410芯片的系统管理

- 小端/大端支持
- 地址空间：每个BANK为128MB（全部为1GB）。
- 每个BANK可编程为8/16/32位数据总线。
- BANK0到BANK6为固定起始地址。
- BANK7可编程BANK起始地址和大小。
- 一共8个存储器BANK。

- 前 6 个存储器 BANK 用于 ROM、SRAM 和其他。
- 两个存储器 BANK 用于 ROM、SRAM 和 SDRAM（同步随机存储器）。
- 支持等待信号用以扩展总线周期。
- 支持 SDRAM 掉电模式下的自刷新。
- 支持不同类型的 ROM 用于启动（NOR/NAND FLASH、EEPROM 和其他）。

在时钟方面 S3C2410 也有突出的特点，该芯片集成了一个具有日历功能的 RTC 和具有 PLL(MPLL 和 UPLL)的芯片时钟发生器。MPLL 产生主时钟，能够使处理器工作频率最高达到 203MHz。这个工作频率能够使处理器轻松运行于 Windows CE，Linux 等操作系统以及进行较为复杂的信息处理。UPLL 产生实现主从 USB 功能的时钟。

S3C2410 将系统的存储空间分成 8 组（Bank），每组大小是 128MB，共 1G。Bank0 到 Bank5 的开始地址是固定的，用于 ROM 和 SRAM。Bank6 和 Bank7 用于 ROM，SRAM 或 SDRAM，这两个组可编程且大小相同。Bank7 的开始地址是 Bank6 的结束地址，灵活可变。所有内存块的访问周期都可编程。S3C2410 采用 nGCS [7：0]8 个通用片选信号选择这些组。

2.4.3 S3C2410 芯片的启动模式

S3C2410 支持从 NAND FLASH 启动，NAND FLASH 具有容量大，比 NOR FLASH 价格低等特点。系统采用 NAND FLASH 与 SDRAM 组合，可以获得非常高的性价比。S3C2410 具有三种启动方式，可通过 OM [1：0]管脚通过复位期间上拉下拉电阻的电平逻辑进行选择，当：

OM [1:0] =00 时，处理器通过 NAND FLASH 启动；
OM [1:0] =01 时，处理器通过 16 位宽的 ROM 启动；
OM [1:0] =10 时，处理器通过 32 位宽的 ROM 启动；
OM [1:0] =11 时，处理器处于测试模式。

当处理器从 NAND FLASH 启动时，内置的 NAND FLASH 将访问控制接口，并将代码自动加载到容量为 4KB 的内部 SRAM 中并且运行，SRAM 的起始地址空间为 0x00000000，然后 SRAM 中的引导程序将操作系统镜像加载到 SDRAM 中，操作系统就在 SDRAM 中运行。

2.4.4 S3C2410 系统结构

S3C2410 系统结构主要由两大部分构成：ARM920T 内核及片内外设。

ARM920T 内核包括三部分：ARM9 内核 ARM9TDMI、32KB 的 Cache、MMU，如图 2.8 所示。片内外设分为高速外设和低速外设，分别用 AHB 总线和 APB 总线。

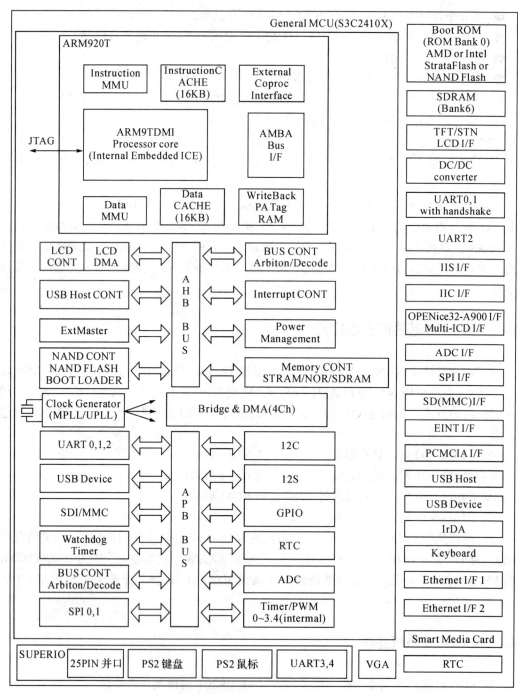

图 2.8　S3C2410 的结构

2.4.5　S3C2410 的引脚分布及信号描述

S3C2410 引脚图如图 2.9 所示，在图中画实心的引脚标记为 M8，因此引脚处于 M 行，第 8 列，各引脚的功能分布可查阅相关资料。

第 2 章　嵌入式最小系统与 S3C2410 开发板

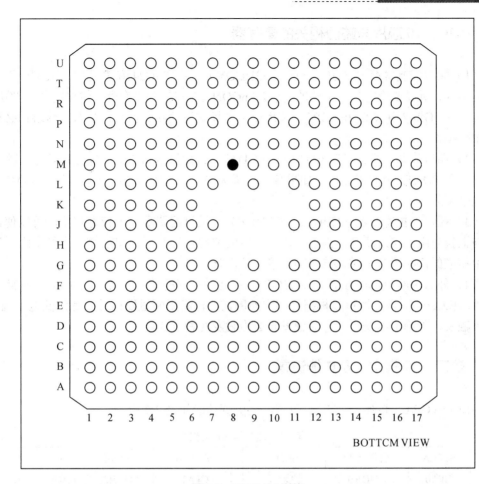

图 2.9　S3C2410 引脚

S3C2410 芯片上有 117 个多功能 I/O 引脚.分别是：

端口 A（GPA）：23 个输出端口；

端口 B（GPB）：11 个输入/输出端口；

端口 C（GPC）：16 个输入/输出端口；

端口 D（GPD）：16 个输入/输出端口；

端口 E（GPE）：16 个输入/输出端口；

端口 F（GPF）：8 个输入/输出端口；

端口 G（GPG）：16 个输入/输出端口；

端口 H（GPH）：11 个输入/输出端口。

每个端口都可以通过软件配置寄存器来满足不同系统和设计的需要。在运行主程序之前，必须先对每一个用到的引脚的功能进行设置。如果某些引脚的复用功能没有使用，那么可以先将该引脚设置为 I/O 口。

2.4.6 S3C2410 芯片与端口相关的寄存器

（1）端口控制寄存器（GPACON—GPHCON）：在 S3C2410 芯片中，大部分引脚是多路复用的，所以要确定每个引脚的功能。PnCON（端口控制寄存器）能够定义引脚功能。如果 GPF0—GPF7 和 GPG0—GPG7 被用作掉电模式下的唤醒信号，那么这些端口必须配置成中断模式。

（2）端口数据寄存器（GPADAT—GPHDAT）：如果端口定义为输出口，那么输出数据可以写入 PDATn 中的相应位；如果端口定义为输入口，那么输入数据可以从 PDATn 相应的位中读入。

（3）端口上拉寄存器（GPBUP—GPHUP）：通过配置端口上拉寄存器，可以使该组端口与上拉电阻连接或断开。当寄存器中相应的位配置为 0 时，该引脚接上拉电阻；当寄存器中相应的位配置为 1 时，该引脚不接上拉电阻。

（4）外部中断控制寄存器（EXTINTn）：通过不同的信号方式可以使 24 个外部中断被请求。EXTINTn 寄存器可以根据外部中断的需要，将中断触发信号配置为低电平触发，高电平触发，下降沿触发，上升沿触发和边沿触发几种方式。

2.4.7 端口 A 引脚定义及功能设置

端口 A（GPA）共有 23 个输出引脚，其引脚功能如表 2.2 所示。

表 2.2 端口 A 引脚定义

端口 A	引脚功能	描述	端口 A	引脚功能	描述
GPA0	ADDR0	地址线	GPA11	ADDR26	地址线
GPA1	ADDR16	地址线	GPA12	nGCS1	
GPA2	ADDR17	地址线	GPA13	nGCS2	
GPA3	ADDR18	地址线	GPA14	nGCS3	
GPA4	ADDR19	地址线	GPA15	nGCS4	
GPA5	ADDR20	地址线	GPA16	nGCS5	
GPA6	ADDR21	地址线	GPA17	CLE	
GPA7	ADDR22	地址线	GPA18	ALE	
GPA8	ADDR23	地址线	GPA19	nFWE	
GPA9	ADDR24	地址线	GPA20	nFRE	
GPA10	ADDR25	地址线	GPA21	nRSTOUT	
			GPA22	nFCE	

在端口 A 中控制寄存器 GPACON 地址是 0x56000000，数据寄存器 GPADAT 地址是 0x56000004，GPACON 复位默认值是 0x7FFFFF。

端口 A 与端口 B—H 在功能选择方面有所不同，GPACON 中每一位对应一根引脚，共 23 根引脚。当某位设为 0 时，相应引脚设置为输出引脚，此时可以在 GPADAT 中相应位写入 0 或 1，让此引脚输出低电平或高电平；当 GPACON 某位设为 1 时，相应引脚为地址线或用于地址控制，此时 GPADAT 无用。一般而言 GPACON 通常设为全 1，以便访问外部存储器件。

2.4.8 端口 B-H 引脚定义及功能设置

端口 B—H 在寄存器操作方面完全相同。如果用 x 表示 B—H 中的一个字符，即 GPxCON 中每两位控制一根引脚：00 表示输入、01 表示输出、10 表示特殊功能、11 保留不用。GPxDAT 用于读/写引脚：当引脚设为输入时，读此寄存器可知相应引脚的状态是高是低；当引脚设为输出时，写此寄存器相应位可令此引脚输出低电平或高电平。GPxUP：某位为 0 时，相应引脚无内部上拉；为 1 时，相应引脚使用内部上拉，端口 B—H 引脚定义如表 2.3-2.9 所示。

表 2.3 端口 B 引脚定义

端口 B	引脚功能	端口 B	引脚功能	端口 B	引脚功能
GPB0	TOUT0	GPB4	TCLK0	GPB8	nXDREQ1
GPB1	TOUT1	GPB5	nXBACK	GPB9	nXDACK0
GPB2	TOUT2	GPB6	nXBREQ	GPB10	nXDREQ0
GPB3	TOUT3	GPB7	nXDACK1		

在端口 B 中控制寄存器 GPBCON 地址是 0x56000010，数据寄存器 GPBDAT 地址是 0x56000014，上拉电阻寄存器 GPBUP 地址为 0x56000018，GPBCON 复位默认值为 0x0，GPBUP 复位默认值为 0x0。

例如：通过内存映射把 GPBCON 寄存器地址 0x56000010 映射到标识符 GPBCON 上，把 GPBDAT 寄存器地址 0x56000014 映射到标识符 GPBDAT 上，并设置 GPB7 为输出口，输出为 0，用 C 语言的语句可表示为：

```
#define GPBCON (*(volatile unsigned long *)0x56000010)
#define GPBDAT (*(volatile unsigned long *)0x56000014)
GPBCON=0x00004000; //设置 GPB7 为输出口，两个位控制 1 个引脚，00 输入、01 输出
GPBDAT=0x00000000; //令 GPB7 输出 0
```

如果使用端口映射，就必须用汇编语言完成对设备的控制，上述 C 程序可以改写为：

```
LDR R0,=0x56000010;R0 设为 GPBCON 寄存器，用于选择端口 B 引脚
MOV R1,#0x00004000
STR R1,[R0];设置 GPB7 为输出口
LDR R0,=0x56000014;R0 设为 GPBDAT 寄存器，此寄存器用于读/写端口 B 各引脚的数据
MOV R1,#0x00000000;此值改为 0x00000080，可让 LED1 熄灭
STR R1,[R0];GPB7 输出 0，LED1 点亮
```

表 2.4 端口 C 引脚定义

端口 C	引脚功能	端口 C	引脚功能	端口 C	引脚功能
GPC0	LEND	GPC6	LCDVF1	GPC12	VD4
GPC1	VCLK	GPC7	LCDVF2	GPC13	VD5
GPC2	VLINE	GPC8	VD0	GPC14	VD6
GPC3	VFRAME	GPC9	VD1	GPC15	VD7
GPC4	VM	GPC10	VD2		
GPC5	LCDVF0	GPC11	VD3		

在端口 C 中控制寄存器 GPCCON 地址是 0x56000020，数据寄存器 GPCDAT 地址是 0x56000024，上拉电阻寄存器 GPCUP 地址为 0x56000028，GPCCON 复位默认值为 0x0，GPCUP 复位默认值为 0x0。

例如：

```
#define rGPCCON  (*(volatile unsigned*)0x56000020)    //Port C 控制寄存器
#define rGPCDAT  (*(volatile unsigned*)0x56000024)    //Port C 数据寄存器
#define rGPCUP   (*(volatile unsigned*)0x56000028)    //Port C 上拉电阻禁止寄存器
```

表 2.5 端口 B 引脚定义

端口 D	引脚功能	端口 D	引脚功能	端口 D	引脚功能
GPD0	VD8	GPD6	VD14	GPD12	VD20
GPD1	VD9	GPD7	VD15	GPD13	VD21
GPD2	VD10	GPD8	VD16	GPD14	VD22（nSS1）
GPD3	VD11	GPD9	VD17	GPD15	VD23（nSS0）
GPD4	VD12	GPD10	VD18		
GPD5	VD13	GPD11	VD19		

在端口 D 中控制寄存器 GPDCON 地址是 0x56000030，数据寄存器 GPDDAT 地址是 0x56000034，上拉电阻寄存器 GPDUP 地址为 0x56000038，GPDCON 复位默认值为 0x0，GPDUP 复位默认值为 0xF000。

表 2.6 端口 E 引脚定义

端口 E	引脚功能	端口 E	引脚功能	端口 E	引脚功能
GPE0	I2SLRCK	GPE6	SDCMD	GPE12	SPIMOSI0
GPE1	I2SSCLK	GPE7	SDDAT0	GPE13	SPICLK0
GPE2	CDCLK	GPE8	SDDAT1	GPE14	IICSCL
GPE3	I2SSDI（nSS0）	GPE9	SDDAT2	GPE15	IICSDA
GPE4	I2SSDO（I2SSDI）	GPE10	SDDAT3		
GPE5	SDCLK	GPE11	SPIMISO0		

在端口 E 中控制寄存器 GPECON 地址是 0x56000040，数据寄存器 GPEDAT 地址是 0x56000044，上拉电阻寄存器 GPEUP 地址为 0x56000048，GPECON 复位默认值为 0x0，GPEUP 复位默认值为 0x0。

表 2.7　端口 F 引脚定义

端口 F	引脚功能	端口 F	引脚功能	端口 F	引脚功能
GPF0	EINT0	GPF3	EINT3	GPF6	EINT6
GPF1	EINT1	GPF4	EINT4	GPF7	EINT7
GPF2	EINT2	GPF5	EINT5		

在端口 F 中控制寄存器 GPFCON 地址是 0x56000050，数据寄存器 GPFDAT 地址是 0x56000054，上拉电阻寄存器 GPFUP 地址为 0x56000058，GPFCON 复位默认值为 0x0，GPFUP 复位默认值为 0x0。

表 2.8　端口 G 引脚定义

端口 G	引脚功能	端口	引脚功能	端口 G	引脚功能
GPG0	EINT8	GPG6	EINT14（SPIMOSI1）	GPG12	EINT20（XMON）
GPG1	EINT9	GPG7	EINT15（SPICLK1）	GPG13	EINT21（nXPON）
GPG2	EINT10（nSS0）	GPG8	EINT16	GPG14	EINT22（YMON）
GPG3	EINT11（nSS1）	GPG9	EINT17	GPG15	EINT23（nYPON）
GPG4	EINT12（LCD_PWREN）	GPG10	EINT18		
GPG5	EINT13（SPIMISO1）	GPG11	EINT19（TCLK1）		

在端口 G 中控制寄存器 GPGCON 地址是 0x56000060，数据寄存器 GPGDAT 地址是 0x56000064，上拉电阻寄存器 GPGUP 地址为 0x56000068，GPGCON 复位默认值为 0x0，GPFUP 复位默认值为 0xF800。

表 2.9　端口 H 引脚定义

端口 H	引脚功能	端口 H	引脚功能	端口 H	引脚功能
GPH0	nCTS0	GPH4	TXD1	GPH8	UCLK
GPH1	nRTS0	GPH5	RXD1	GPH9	CLKOUT0
GPH2	TXD0	GPH6	TXD2（nRTS1）	GPH10	CLKOUT1
GPH3	RXD0	GPH7	RXD2（nCTS1）		

在端口 H 中控制寄存器 GPHCON 地址是 0x56000070，数据寄存器 GPHDAT 地址是 0x56000074，上拉电阻寄存器 GPHUP 地址为 0x56000078，GPHCON 复位默认值为 0x0，GPHUP 复位默认值为 0x0。

例如：

设有 LED1,LED2 分别接 GPE11,GPE12 两脚，如图 2.10 所示，如何控制 GPE11,GPE12 两脚的输出，让 LED 灯各闪烁 10 次。

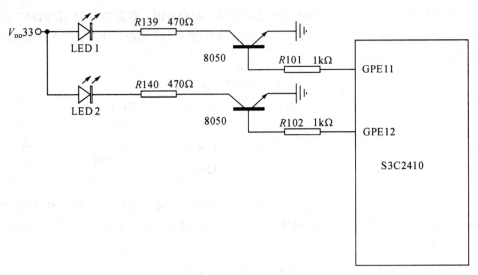

图 2.10 LED 与 S3C2410

```
void LED_DispOn(void)
{
 rGPEDAT=rGPEDAT | (0x03 << 11);
}


void LED_DispOff(void)
{
 rGPEDAT=rGPEDAT & (~ (0x03 << 11));
}


int main( void)
{
int i ;
rGPECON= ( rGPECON & (~(0x0F<<22))) | (0x05<<22) ;
//// rGPECON[25:22]=0101b，设置GPE11,12两脚为GPIO输入模式
for(i=0;i<10;i++)
  {
    LED_DispOff( ) ;
    Delay(5);   /////表示延迟5 s
    LED_DispOn( ) ;
    Delay(5);
    …………
  }
```

}

思考：

阅读下列程序，请分析程序的功能

```c
#define GPBCON    (*(volatile unsigned long *)0x56000010)
#define GPBDAT    (*(volatile unsigned long *)0x56000014)
#define GPFCON    (*(volatile unsigned long *)0x56000050)
#define GPFDAT    (*(volatile unsigned long *)0x56000054)
/* 设根据硬件特性 LED1—LED4 对应 GPB7—GPB10 */
#define GPB7_out   (1<<(7*2))
#define GPB8_out   (1<<(8*2))
#define GPB9_out   (1<<(9*2))
#define GPB10_out  (1<<(10*2))
/* 设根据硬件特性键盘 K1—K3 对应 GPF1—GPF3，K4 对应 GPF7 */
#define GPF1_in    ~(3<<(1*2))
#define GPF2_in    ~(3<<(2*2))
#define GPF3_in    ~(3<<(3*2))
#define GPF7_in    ~(3<<(4*2))

int main()
{
   //LED1—LED4 对应的 4 根引脚设为输出
   GPBCON=GPB7_out | GPB8_out | GPB9_out | GPB10_out ;
   //K1—K4 对应的 4 根引脚设为输入
   GPFCON &= GPF1_in & GPF2_in & GPF3_in & GPF7_in ;
   while(1)
    {
    //若 Kn 为 0(表示按下)，则令 LEDn 为 0(表示点亮) ,11110000000
     GPBDAT = ((GPFDAT & 0x0e)<<6) | ((GPFDAT & 0x80)<<3);
    }
   return 0;
}
```

2.5 嵌入式开发板

目前有很多公司研发自己的 S3C2410 开发板,虽然从功能上讲有些差异,但原理基本一致。S3C2410 开发板外围电路接口非常丰富,功能强大,适用于各种手持设备、消费电子和工业控制设备的开发。如图 2.11 所示的是某企业生产的 S3C2410 开发板的实物图。

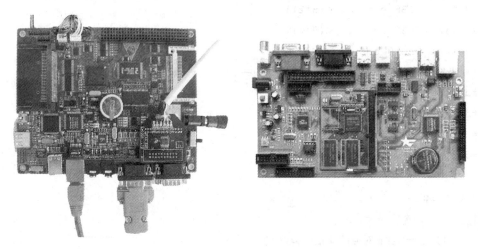

图 2.11　某企业生产的 S3C2410 开发板

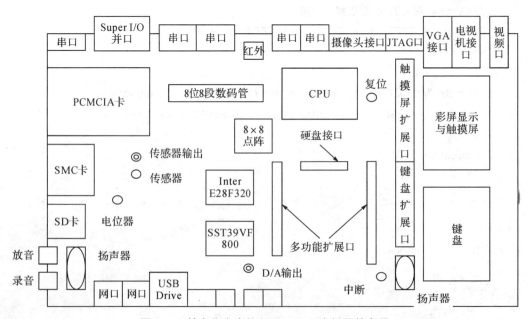

图 2.12　某企业生产的 S3C2410 开发板器件布局

在图 2.12 中的 S3C2410 开发板器件布局图，数模转换芯片接口中芯片内部集成 8 通道 10bitADC，有电位器调节的电压输入、温度传感器输入、D/A 输出引脚经隔离后的输入；可以外接 SPI 接口的键盘控制芯片 ZLG7289；双 Ethernet 以太网接口可以用 CS8900 扩展的 10M 以太网接口或 DM9000 扩展的 10M/100M 以太网接口；系统带有三部分的 LED 显示。通过 ZLG7290 驱动的 8 位 8 段数码管，显示数字信息，通过总线驱动的 8×8 数码管点阵，显示点阵信息；VIDEO 扩展接口，通过专用视频编码芯片 CH7004 输出如下形式的视频信号：VGA 信号，可以直接连接显示器；电视机接口(S 端子)直接连接电视机；视频口(AV 端子)直接连接电视机。

IIS 音频扩展接口，通过音频扩展芯片支持 MIC 输入及耳机音频输出；为了方便视听，板载音频功放和两个 1W 的喇叭，左右声道经功放驱动后直接由板载喇叭发声，当然也可以通过板上跳线关闭这个在线播放的功能 IDE 接口，通过板载的 IDE 接口还可以直接连接笔记本的 IDE 硬盘，支持 DMA 方式。

扩展总线接口，总线接口通过两个 96P×2 的欧式座扩展出来，不仅引出了总线的信号，而且通过板载的 CPLD 扩展了多个 I/O 口，方便了用户的使用；而且，结实耐用的欧式座适用用户的不断插拔；通过扩展总线可以扩展如下扩展模块：

FPGA(Altera Cyclone)设计扩展模块：实现 MCU+FPGA 架构的综合设计；
DSP(TI 5402)扩展模块：实现 MCU+DSP 架构的综合设计；
GPS 扩展模块：实现地理信息相关的综合设计；
GPRS 扩展模块：实现远程无线通信的综合设计；
电机扩展模块：包括步进、直流、交流电机模块，实现电机相关的综合控制设计；
指纹传感器（ATMEL FCD4B14）扩展模块：实现信号处理的综合设计。

2.6 嵌入式系统中常用硬件模块

1. 系统供电电路

开发板由开关电源供电，包括一个 5V/1A 和一对+12/100mA、−12V/100mA 的输入。5V 电源经线形稳压器（LDO）后得到 1.8V 电压供 CPU 的核心工作，另外 5V 电压再经线形稳压器后得到 3.3V 供 CPU I/O 口部分和其他接口器件工作。±12V 经 78L05 和 79L05 稳压后供 A/D 和 D/A 部分的运算放大器和 DAC 器件工作。在电源的保护方面，不仅在开关电源的 AC 输入端接有保险管，开关电源的 5V 输出端也串有可恢复的保险管，当系统连接出错而导致电流过大时，可恢复保险管会因过热而自动断开，当冷却以后，又自动连接，实现系统的过流自动保护。图 2.13 所示是一种较为典型的电源电路图，在此系统中所用到电压有 3 种：5V、3.3V 和 2.5V。其中 5V 为系统总电源，3.3V 电压供给系统外设接口，2.5V 为处理器的内核电压。

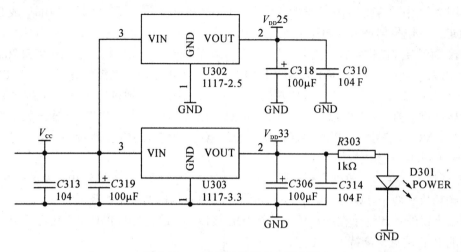

图 2.13 一种较为典型的电源电路

在电源电路中,为了能更好地滤除交流成分,使用了大量的去耦电容,如图 2.14 所示,使输出的直流电源更平滑。

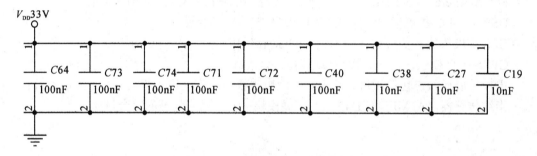

图 2.14 电源电路去耦电容的构成

S3C2410 对于片内的各个部件采用独立电源供电方法,内核采用 1.8V 供电,一般 SDRAM 及存储单元采用 3.3V 供电,对于移动 SDRAM 中可采用 1.8V 供电,I/O 采用独立的 3.3V 供电。

2. 时钟配置

S3C2410 时钟连接如图 2.15 所示,系统主时钟源的选择可以来自外部的晶体 XTlpll,如图 2.15(a)所示,或者来自于外部时钟 EXTCLK,如图 2.15(b)所示,具体时钟源的选择如表 2.10 所示。

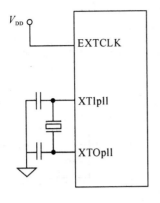 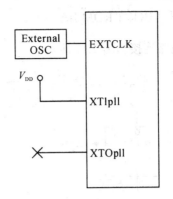

(a) OM[3∶2]=00 使用无源晶体　　　　(b) OM[3∶2]=11 使用外部时钟源

图 2.15　时钟连接

表 2.10　时钟设置与芯片引脚 OM 关系

PIN FUNCTIONS	OM[3:2]		DESCRIPTIONS	
Clock source selection	0	0	MPLL:XTAL	UPLL:XTAL
	0	1	MPLL:XTAL	UPLL:EXTCLK
	1	0	MPLL: EXTCLK	UPLL:XTAL
	1	1	MPLL: EXTCLK	UPLL: EXTCLKL

因此，系统的时钟设置除了与外接的晶振有关系，还与芯片引脚相关。

如果开发板上，OM[3∶2]固定接为地，那么 CPU 的系统时钟和 USB 口的时钟都来自 12MHz 晶振，RTC 时钟来自外接的 32.768kHz 的晶振。

3. 复位逻辑

S3C2410 复位逻辑电路如图 2.16 所示：

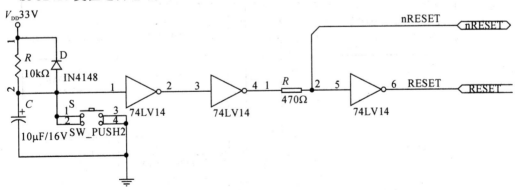

图 2.16　复位逻辑电路

引脚 nRESET 连接到 CPU 的复位端，上电或手动复位时，复位电路都可以在 nRESET 产生大于 10MS 的复位电平，保证系统可靠复位；JTAG 电路的复位引脚 nTRST 通过 4.7kΩ 电阻和 nREST 连接，通过 JTAG 接口也可实现对系统的复位。

4. 启动分区（BOOT ROM BANK0）

系统选择电路连接如图 2.17 所示。

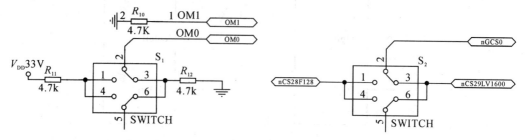

图 2.17　系统选择电路连接

通过双掷开关 S1、S2 可以设定系统的启动方式。

5. S3C2410 与存储器的连接

1）S3C2410 与 2 片 8 位 FLASH 的连接方法

如图 2.18 所示是 S3C2410 与 2 片 8 位 FLASH 的连接，通过位扩展的方法使 8 位数据线 FLASH 扩展为 16 位，与 S3C2410 的 DATA[15:0]连接。

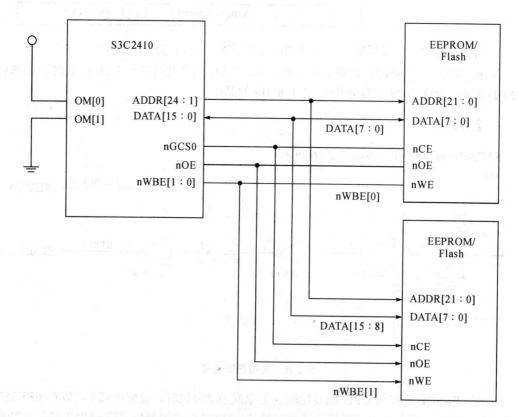

图 2.18　S3C2410 与 2 片 8 位 FLASH 的连接

2）S3C2410 与 2 片 16MB 的 SDRAM 的连接方法

如图 2.19 所示是 S3C2410 与 2 片 16 位 FLASH 的连接，通过位扩展的方法使 16 位数据线 FLASH 扩展为 32 位，与 S3C2410 的 DATA[31:0]连接。

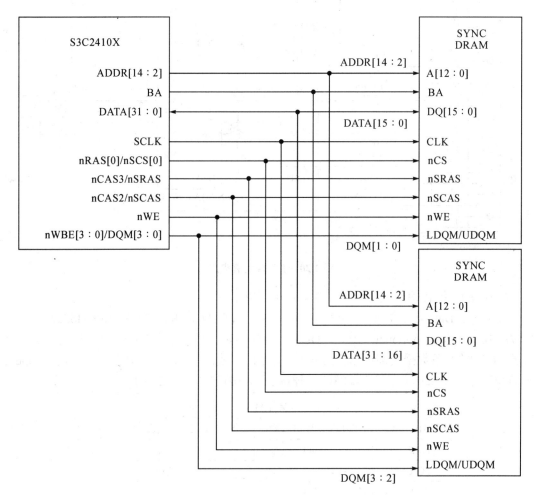

图 2.19　S3C2410 与 2 片 16 位 Flash 的连接

6. JTAG 调试电路模块

JTAG 是 Joint Test Action Group 的缩写，通过 JTAG 使固定在 PCB 上的集成电路，只通过边界扫描便可以进行测试。常见的 JTAG cable 结构都比较简单，一端是并行口 DB25，接到电脑的并口上，中间经过 74HC244 和一些电阻实现电平转换，另一端的 JTAG header 接到目标板的 JTAG interface。如图 2.20 所示。

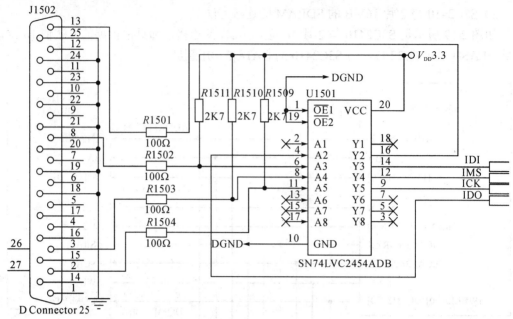

图 2.20　JTAG 仿真电路

JTAG 的数据传输形式是串行，主要使用了以下引脚：

TDI (Test Data In)、TDO (Test Data Out)、TCK (Test ClocK)、TMS (Test Mode Select)、TRST (Test ReSeT) optional。因此，DB25-JTAG 实际上只利用了 DB25 的少数几根线。但由于 DB25 的 8 条数据线都可以作为 output，市面上就出现了各种使用不同 Pin Assignment 的 JTAG 线。图 2.20 所示是 H-JTAG 一种接法，引脚定义如表 2.11 所示。

表 2.11

S3C2410 引脚	DB25 并行口引脚	SN74LV244 引脚（Ai、Yi）
TMS	Pin3	D1
TCK	Pin2	D0
TDI	Pin8	D6
TDO	Pin13	Select
SRST	N/A	
TRST	Pin4	D2

而 S3C2410 的烧写程序连接如表 2.12 所示。

表 2.12

S3C2410 引脚	DB25 并行口引脚	SN74LV244 引脚（Ai、Yi）
TMS	Pin4	D2
TCK	Pin2	D0
TDI	Pin3	D1
TDO	Pin11	Busy

通过调试代理软件 H-JTAG 可以进行仿真调试,可大大降低仿真调试成本,JTAG 的实物如图 2.21 所示。

图 2.21　JTAG 实物

7. LCD 和触摸屏接口

板载 SHARP 3.5″ TFT 液晶屏 LQ035Q7DB02,320×240,262144 色,White LED 背光,带触摸屏。而且板上也留出了 LCD 的扩展接口,如图 2.22 所示,供用户扩展之用。

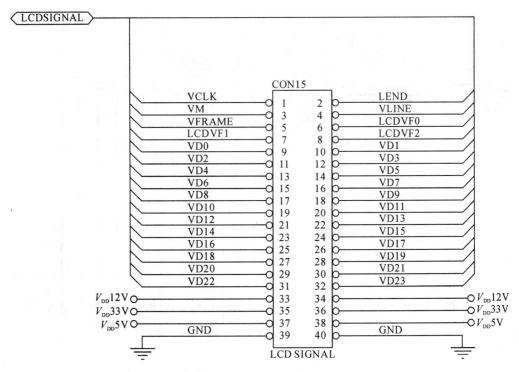

图 2.22　LCD 的扩展接口

SHARP 液晶自带四线电阻式触摸屏,可以直接和 S3C2410 的触摸屏驱动电路连接,触摸位置直接用 CPU 内置的 ADC 电路采样而得。板载触摸屏电路如图 2.23 所示。

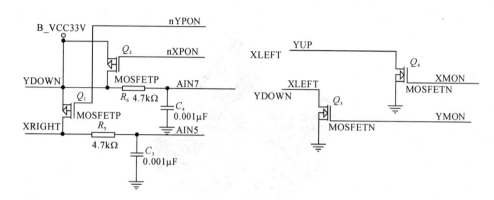

图 2.23 板载触摸屏电路

8. 键盘和 SPI 接口

板载键盘扩展我们用的是 SPI 接口的键盘显示控制芯片 ZLG7289,电路连接关系如图 2.24 所示。

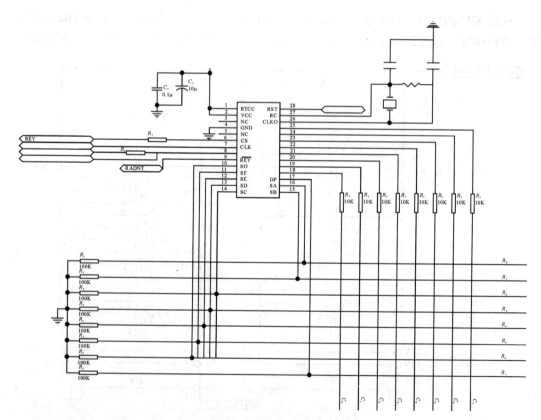

图 2.24 键盘和 SPI 接口电路连接关系

板载键盘的按键和芯片扫描的行线和列线之间的对应关系如表 2.13 所示。

表 2.13 按键和扫描的行列线间的对应

按键	键值	行线/列线	按键	键值	行线/列线
NumLock	32	R0/C0	5	42	R1/C1
/	40	R0/C1	6→	50	R1/C2
*	48	R0/C2	1/End	35	R1/C3
-	55	R0/C3	2/↓	43	R1/C4
7/Home	33	R0/C4	3/Pg Dn	51	R1/C5
8/↑	41	R0/C5	0/Ins	44	R1/C6
9/Pa Up	49	R0/C6	./Del	52	R1/C7
+	57	R0/C7	Enter	59	R2/C0
4/←	34	R1/C0			

9. A/D、D/A 转换接口

由于 CPU 内部已经内置了 8 个通道的 10-bit ADC 转换器，所以在系统内没有扩展另外的 ADC 转换芯片，而直接采用的是 CPU 内置的 ADC，A/D 的参考电压为 3.3V；D/A 转换部分扩展了最常用的 8bit DAC 转换芯片 DAC0832。为了方便用户测试和实验，可以连接多种信号作为 A/D 的输入，也可以是电位器调节的电压信号、温度传感器 LM35 输出的电压信号或者是 D/A 的输出信号，这里 A/D、D/A 电路如图 2.25 所示。

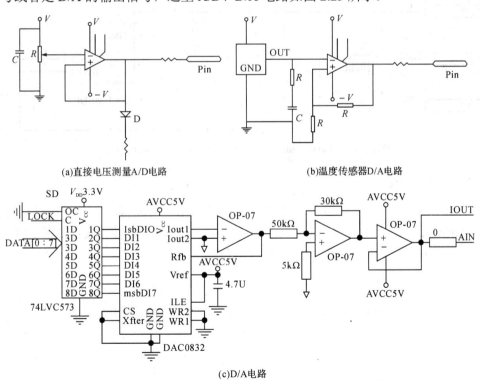

图 2.25 A/D、D/A 电路

10. SmartMedia Card(NAND FLASH memory)卡接口

在系统设计中，采用了 SmartMedia Card 接口，它与 NAND FLASH 的接口兼容，可以插入 SAMSUNG 的 SmartMedia Card 直接从卡里的 NAND FLASH 启动系统，接口如图 2.26 所示。

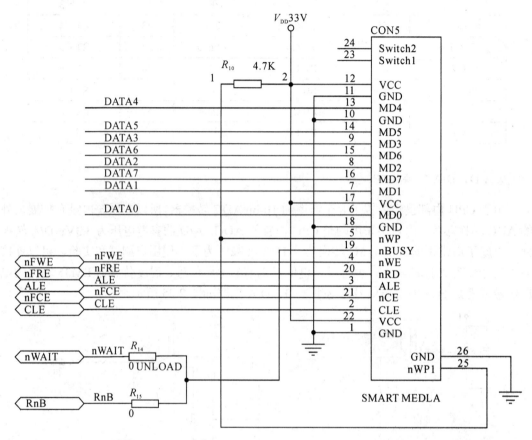

图 2.26 SmartMedia Card(NAND FLASH memory)卡接口

11. PCMCIA 接口

PCMCIA 接口，我们通过专用扩展芯片 CL-PD6710 扩展而得，芯片的片选读写连接到 CPU 的 nGCS2 引脚上，对应内存空间：0x10000000—0x17FFFFFF。接口如图 2.27 所示。

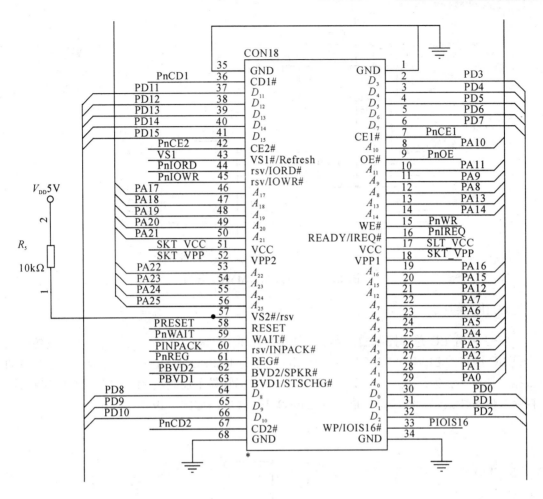

图 2.27 PCMCIA 接口

通过附带的 PCMCIA-CF 转接卡，可以直接连接 CF 卡设备，如无线网卡、存储设备等。

12. SD 卡主机（MMC）接口

SD 卡系统是一个大容量存储系统，它提供了一个便宜的、结实的卡片式的存储媒介，其低耗电和广供电电压的特性可以满足移动电话、电池应用比如音乐播放器、个人管理器、掌上电脑、电子书、电子百科全书、电子词典等等。接口电路如图 2.28 所示。

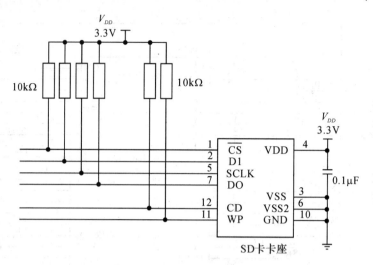

图 2.28 SD 卡主机（MMC）接口

13. IIC 接口

CPU 内置 IIC 总线控制器。为了方便用户测试 IIC 总线读写，板载两个 IIC 设备：一个是 IIC 接口的 EEPROM 24C16，为 16Kbit 的串行 EEPROM，方便用户存储一些小容量的数据，掉电不丢失；另一个是 IIC 接口的 LED 数码管显示控制器 ZLG7290，通过控制器，控制 8 位 8 段数码管的动态扫描。IIC EPROM 连接电路如图 2.29 所示。

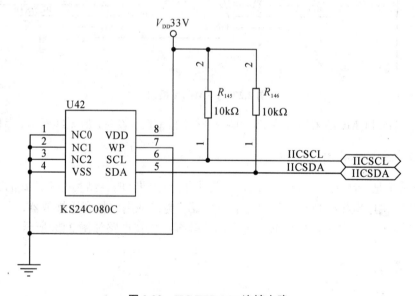

图 2.29 IIC EPROM 连接电路

IIC LED 控制器连接电路如图 2.30 所示。

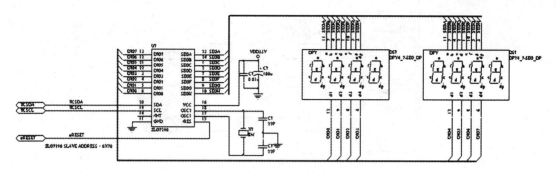

图 2.30 IIC LED 控制器连接电路

14. USB 接口

CPU 内置两个 USB 控制器，一个是 USB Host（主机）控制器，另外一个可以配置成 USB Host 或者 USB Device（设备）控制器。在板上，我们放置了 3 个 USB 的接口，两个是 HOST 的接口，一个是 DEVICE 的接口，第二个 USB 口的功能切换通过 USB 接口旁边的一个双掷开关来进行选择。电路连接如图 2.31 所示，当 S4 拨到 1 端时，第二个 USB 口置为 Device 的功能，拨到 3 端时，置为 Host 的功能。

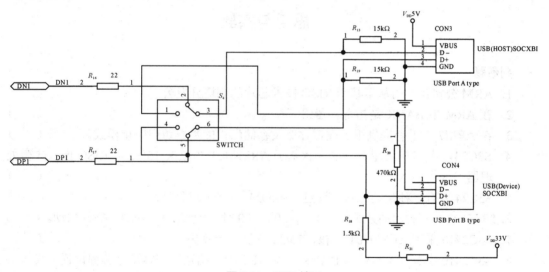

图 2.31 USB 接口

15. UART 接口和 IrDA 接口

CPU 内置三个异步串口，第三个串口可以选为通用异步串口或红外接口，串行的连接如图 3.32 所示。

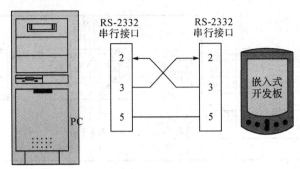

图 3.32 串行接口

16. 音频接口

CPU 内置 IIS 总线，通过扩展音频芯片 UDA1341TS 实现对音频的录放功能，而且为了方便用户的使用，对双通道的音频信号增加了功放电路及 2 个 1W 的喇叭输出，增强现场效果，当然，板载喇叭输出也可以电路板左下角喇叭旁边的双掷开关 S5 关闭。

思考与实验

一、判断题

1. ARM 公司是专门从事基于 RISC 技术芯片的制造开发公司。（   ）
2. 在 ARM 中 BANK 是指寄存器组。（   ）
3. 在 ARM7 中没有提供用于虚拟存储及存储保护的数据访问中止模式。（   ）
4. S3C2410 是韩国三星公司的一款基于 ARM940T 内核的 16/32 位 RISC 嵌入式微处理器。（   ）
5. S3C2410 有三种起动方式，通过引脚 OM［1: 0］进行选择。（   ）
6. S3C2410 有三种起动方式，当 OM［1: 0］=00 时，处理器从 Nand FLASH 启动。（   ）
7. S3C2410 采用 ARM920T 内核，16/32 位复杂指令集。（   ）
8. S3C2410 中有 8 个存储器 BANK，BANK7 的起始地址和容量可编程设置。（   ）
9. S3C2410 中有 8 个存储器 BANK，并且 8 个 BANK 的起始地址是固定的。（   ）
10. S3C2410 中具有基于 DMA 和中断操作的 32 位定时器。（   ）
11. S3C2410 中有 117 个通用 I/O 口和 24 个外部中断源。（   ）
12. 选择 ARM 处理器，主要考虑的因素有：ARM 微处理器内核、系统的工作频率、晶片内部存储器的容量、编译系统。（   ）

二、选择题

1. 不需要 MMU 支持时可选用（   ）芯片。
   A. ARM720T　　B. ARM920T　　C. ARM7TDMI　　D. ARM922T
2. S3C2410 是韩国 Samsung 公司生产的（   ）处理器。

A. ARM7　　　　B. ARM9　　　　C. ARM10　　　　D. ARM11

3. S3C2410 是韩国 Samsung 公司开发的（　　）的微处理器。

　　A. 16 位 RISC　　B. 16 位 CISC　　C. 32 位 RISC　　D. 32 位 CISC

4. 三星公司开发的 S3C2410 微处理器 SoC 芯片集成单元内部与存储器电压分别是（　　）。

　　A. 1.8V 与 3.3V　　B. 3.8V 与 3.3V　　C. 5V 与 3.3V　　D. 3.3V 与 1.8V

5. 三星公司开发的 S3C2410 微处理器有（　　）通用异步串行端口。

　　A. 2　　　　B. 3　　　　C. 4　　　　D. 5

6. 三星公司开发的 S3C2410 微处理器有（　　）PWM 定时器和一个内部定时器。

　　A. 2　　　　B. 3　　　　C. 4　　　　D. 5

7. 三星公司开发的 S3C2410 微处理器有（　　）个通用 I/O。

　　A. 32　　　　B. 64　　　　C. 117　　　　D. 128

8. 三星公司开发的 S3C2410 微处理器有（　　）LCD 控制器。

　　A. 0　　　　B. 1　　　　C. 2　　　　D. 3

9. 三星公司开发的 S3C2410 微处理器中异步串口用（　　）表示。

　　A. ADC　　　　B. RTC　　　　C. GPIO　　　　D. UART

10. 三星公司开发的 S3C2410 微处理器中通用可编程输入输出（　　）表示。

　　A. NAND　　　　B. RTC　　　　C. GPIO　　　　D. UART

三、阅读下列程序，程序的功能是用键盘控制 LED 灯的亮暗，当 K1-K4 中某个按键按下时，LED1-LED4 中相应 LED 点亮，请分析。

```
#define GPBCON (*(volatile unsigned long *)0x56000010)
#define GPBDAT (*(volatile unsigned long *)0x56000014)
#define GPFCON (*(volatile unsigned long *)0x56000050)
#define GPFDAT (*(volatile unsigned long *)0x56000054)
/* LED1- LED 4 对应 GPB7- GPB 10 */
#define GPB7_out (1<<(7*2))
#define GPB8_out (1<<(8*2))
#define GPB9_out (1<<(9*2))
#define GPB10_out (1<<(10*2))
/* K1-K3 对应 GPF1-GPF3  K4 对应 GPF7 */
#define GPF1_in ~(3<<(1*2))
#define GPF2_in ~(3<<(2*2))
#define GPF3_in ~(3<<(3*2))
#define GPF7_in ~(3<<(7*2))
int main()
{
//LED1-LED4 对应的 4 根引脚设为输出
GPBCON =GPB7_out | GPB8_out | GPB9_out | GPB10_out ;
//K1-K4 对应的 4 根引脚设为输入
```

```
GPFCON &= GPF1_in & GPF2_in & GPF3_in & GPF7_in ;
while(1){
//若 Kn 为 0(表示按下)，则令 LEDn 为 0(表示点亮)
GPBDAT = ((GPFDAT & 0x0e)<<6) | ((GPFDAT & 0x80)<<3); }
return 0;
}
```

四、电路原理分析题

1. 下图所示为按键电路、键盘电路、LED 灯电路与 S3C2410 连接情况，请分析按键时电位的变化情况。

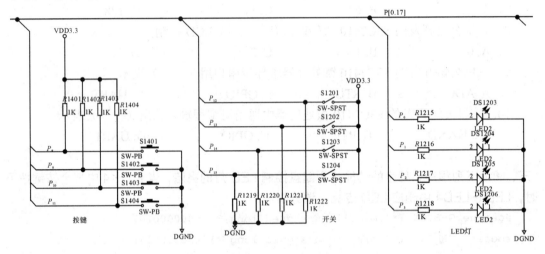

2. 分析下图中 LCD 与 S3C2410 连接时工作情况。

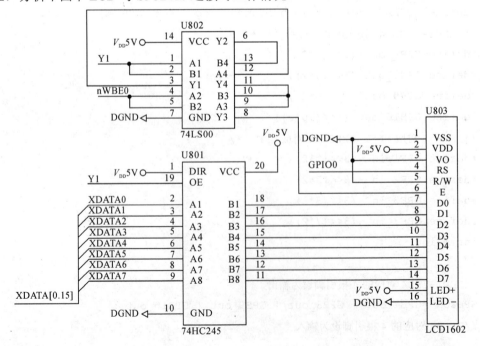

3．下图电路是步进电机工作时的连接图，请识别电路中器件并写出器件所起的功能。

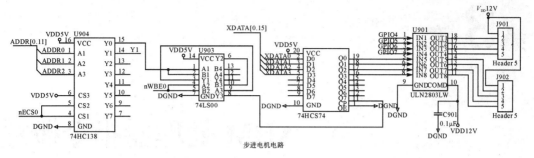

步进电机电路

4．分析以下数码电路，写出应用的场合。

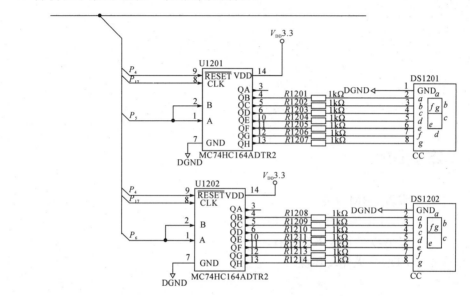

5．分析以下电路图，写出各器件的功能。

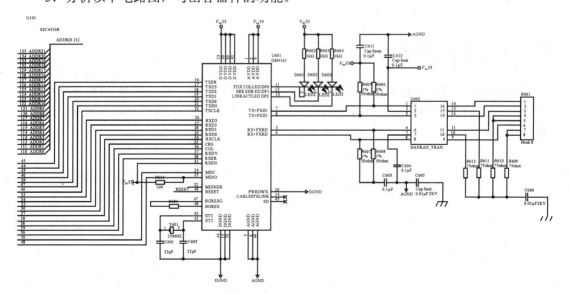

第3章

ARM 处理器指令概述

 本章重点

1. 常用 ARM 指令。
2. ARM 汇编程序编程实例。
3. 汇编与 C 语言混合编程。
4. ADS 集成开发环境。

 本章导读

  本章用具体的实例对 ARM 汇编指令做了简要的讲解，希望读者掌握 ADS 环境参数的设置，掌握 ARM 汇编语言、C 语言间的混合调用，掌握应用 ADS 调试汇编程序、C 语言程序的方法。

第 3 章　ARM 处理器指令概述

3.1　ARM 微处理器的指令的分类与格式

ARM 微处理器的指令集是加载/存储型的，也即指令集仅能处理寄存器中的数据，而且处理结果都要放回寄存器中，而对系统存储器的访问则需要通过专门的加载/存储指令来完成。

ARM 微处理器的指令集可以分为跳转指令、数据处理指令、程序状态寄存器（PSR）处理指令、加载/存储指令、协处理器指令和异常产生指令六大类。

3.2　ARM 指令的寻址方式

所谓寻址方式就是处理器根据指令中给出的地址信息来寻找物理地址的方式。目前 ARM 指令系统支持如下几种常见的寻址方式。

3.2.1　立即寻址

立即寻址也叫立即数寻址，如图 3.1 所示。这是一种特殊的寻址方式，操作数本身就在指令中给出，只要取出指令也就取到了操作数。这个操作数被称为立即数，对应的寻址方式也就叫做立即寻址。

图 3.1　立即寻址示意图

例如：以下指令：

```
ADD R0 , R0 , #1        ;R0←R0＋1
ADD R0 , R0 , #0x03     ;R0←R0＋0x03
```

在以上两条指令中，第二个源操作数即为立即数，要求以"#"为前缀，对于以十六进制表示的立即数，还要求在"#"后加上"0x"或"&"。

3.2.2 寄存器寻址

寄存器寻址就是利用寄存器中的数值作为操作数，如图 3.2 所示。这种寻址方式是各类微处理器经常采用的一种方式，也是一种执行效率较高的寻址方式。

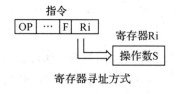

图 3.2 寄存器寻址示意图

例如：以下指令：

```
ADD R0, R1, R2        ;R0←R1+R2
```

该指令的执行效果是将寄存器 R1 和 R2 的内容相加，其结果存放在寄存器 R0 中。

3.2.3 寄存器间接寻址

寄存器间接寻址就是以寄存器中的值作为操作数的地址，如图 3.3 所示，而操作数本身存放在存储器中。

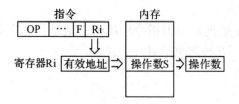

图 3.3 寄存器间接寻址示意图

例如：以下指令：

```
ADD R0, R1, [R2]       ;R0←R1+[R2]
LDR R0, [R1]           ;R0←[R1]
STR R0, [R1]           ;[R1]←R0
```

在第一条指令中，以寄存器 R2 的值作为操作数的地址，在存储器中取得一个操作数后与 R1 相加，结果存入寄存器 R0 中。

第二条指令将以 R1 的值为地址的存储器中的数据传送到 R0 中。

第三条指令将 R0 的值传送到以 R1 的值为地址的存储器中。

3.2.4 基址寻址

如图 3.4 所示,基址寄存器 Rb 的内容与指令中给出的形式地址 A 相加,形成操作数有效地址,基址寻址需要特征位给予指示有效地址的计算:

EA=(Rb)+A

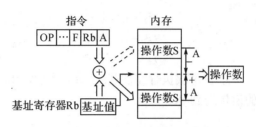

图 3.4 基址寻址示意图

3.2.5 变址寻址

如图 3.5 所示,变址寻址就是将寄存器(该寄存器一般称作基址寄存器)的内容与指令中给出的地址偏移量相加,从而得到一个操作数的有效地址。变址寻址方式常用于访问某基地址附近的地址单元。

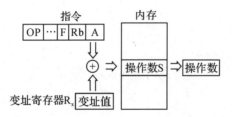

图 3.5 变址寻址示意图

采用变址寻址方式的指令常见有以下几种形式,如下所示:

```
LDR R0,[R1,#4]        ;R0←[R1+4]
LDR R0,[R1,#4]!       ;R0←[R1+4]、R1←R1+4
LDR R0,[R1],#4        ;R0←[R1]、R1←R1+4
LDR R0,[R1,R2]        ;R0←[R1+R2]
```

在第一条指令中,将寄存器 R1 的内容加上 4 形成操作数的有效地址,从而取得操作数存入寄存器 R0 中。

在第二条指令中,将寄存器 R1 的内容加上 4 形成操作数的有效地址,从而取得操作数存入寄存器 R0 中,然后,R1 的内容自增 4 个字节。

在第三条指令中,以寄存器 R1 的内容作为操作数的有效地址,从而取得操作数存入寄存器 R0 中,然后,R1 的内容自增 4 个字节。

在第四条指令中,将寄存器 R1 的内容加上寄存器 R2 的内容形成操作数的有效地址,从而取得操作数存入寄存器 R0 中。

3.2.6 多寄存器寻址

采用多寄存器寻址方式，一条指令可以完成多个寄存器值的传送。这种寻址方式可以用一条指令完成传送最多 16 个通用寄存器的值。如以下指令：

```
LDMIA R0 , { R1, R2, R3, R4 }   ;R1←[R0]
                                ;R2←[R0+4]
                                ;R3←[R0+8]
                                ;R4←[R0+12]
```

该指令的后缀 IA 表示在每次执行完加载/存储操作后，R0 按字长度增加，因此，指令可将连续存储单元的值传送到 R1—R4。

3.2.7 相对寻址

与基址寻址和变址寻址方式相类似，相对寻址以程序计数器 PC 的当前值为基地址，指令中的地址标号作为偏移量，将两者相加之后得到操作数的有效地址。以下程序段完成子程序的调用和返回，跳转指令 BL 采用了相对寻址方式：

```
BL   NEXT            ;跳转到子程序 NEXT 处执行
……

NEXT
……
MOV  PC，LR           ;从子程序返回
```

3.2.8 堆栈寻址

堆栈是一种数据结构，按先进后出（First In Last Out，FILO）的方式工作，使用一个称作堆栈指针的专用寄存器指示当前的操作位置，堆栈指针总是指向栈顶。

当堆栈指针指向最后压入堆栈的数据时，称为满堆栈（Full Stack），而当堆栈指针指向下一个将要放入数据的空位置时，称为空堆栈（Empty Stack）。

同时，根据堆栈的生成方式，又可以分为递增堆栈（Ascending Stack）和递减堆栈（Decending Stack），当堆栈由低地址向高地址生成时，称为递增堆栈，当堆栈由高地址向低地址生成时，称为递减堆栈。这样就有四种类型的堆栈工作方式，ARM 微处理器支持这四种类型的堆栈工作方式，即：

满递增堆栈：堆栈指针指向最后压入的数据，且由低地址向高地址生成。
满递减堆栈：堆栈指针指向最后压入的数据，且由高地址向低地址生成。
空递增堆栈：堆栈指针指向下一个将要放入数据的空位置，且由低地址向高地址生成。
空递减堆栈：堆栈指针指向下一个将要放入数据的空位置，且由高地址向低地址生成。

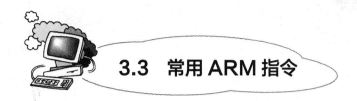

3.3 常用 ARM 指令

3.3.1 内存访问指令

1. 基本指令

ldr：存储器 memory 中数据传送到寄存器 register
str：寄存器 register 中数据传送到存储器 memory
例如：
```
ldr  r0, [r1]            ; r1 作为指针，该指针指向的数存入 r0
str  r0, [r1, #4]        ; r1+4 作为指针，r0 的值存入该地址
str  r0, [r1, #4]!       ; 同上，并且 r1 = r1 + 4
ldr  r1, =0x08100000     ; 立即数 0x08100000 存到 r1
ldr  r1, [r2], #4        ; r2+4 作为指针，指向的值存入 r1，并且 r2=r2+4
```

2. 多字节存取指令

多字节存取指令常应用于堆栈操作。
ldm：存储器 memory 中数据传送到多个寄存器
stm：多个寄存器中的数据传送到存储器 memory
例如：
```
sub    lr,lr, #4       ;lr-4 是异常处理完后应该返回的地方
stmfd  sp!,{r0-r12, lr} ;保存 r0~r12 和 lr 寄存器的值到堆栈并更新堆栈指针。
ldmfd  sp!,{r0-r12, pc}^  ;从堆栈中恢复 r0~r12，返回地址赋给 pc 指针，使程序返回
```
到异常发生前所执行的地方，^标记用来使 CPU 退出异常模式，进入普通状态。

3.3.2 算术运算指令

基本指令：
add：加法指令
sub：减法指令
例如：
```
add   r0,r1, r2          ; r0 = r1 + r2
adds  r0,r1, #0x80       ; r0 = r1 + 0x80，并设置状态寄存器
subs  r0,r1,#2000        ; r0 = r1 - 2000，并设置状态寄存器
```

3.3.3 逻辑运算指令

基本指令：
and：与指令
orr：或指令
eor：异或
bic：位清 0
例如：
```
ands  r0,r1, #0xff00        ; r0 = r1 and 0xff00，并设置状态寄存器
orr   r0,r1, r2             ; r0 = r1 and r2
bics  r0,r1, #0xff00        ; r0 = r1 and ! (0xff00),高 8 位清零
```

3.3.4 mov 指令

例如：
```
mov   r0, #8  ; r0 = 8
mov   r0,r1   ; r0 = r1
```
mov 不同于 LDR、STR 指令，mov 指令可以在寄存器间赋值,LDR 用于把内存中数据装载到寄存器，而 STR 用于把寄存器中的数据装载到内存中。

3.3.5 比较指令

基本指令：
cmp：比较两个操作数，并设置状态寄存器
例如：
```
cmp   r0,r1   ;计算 r0- r1，并设置状态寄存器，判断 r0 是否大于、小于或等于 r1
cmp   r0,#0   ;
```

3.3.6 跳转指令

基本指令：
b：跳转
bl：跳转并将下一指令的地址存入 lr 寄存器
例如：
```
loop1
...
b    loop1              ;跳到地址 loop1 处
bl   sub1               ;将下一指令地址写入 lr，并跳至 sub1
```

```
…
    sub1
…
    mov    pc,    lr                    ;从 sub1 中返回，保存 pc 指针的是通用寄存器 r15,连接寄存器
r14(lr)执行有返回的跳转指令 bl 时，系统将 PC 保存到 r14 中。
```

3.3.7 条件执行指令

条件：状态寄存器中某一或某几个比特的值代表条件，对应不同的条件后缀 cond。

后缀(cond)	状态寄存器中的标记	意义
eq	Z = 1	相等
ne	Z = 0	不相等
ge	N 和 V 相同	>=
lt	N 和 V 不同	<
gt	Z = 0，且 N 和 V 相同	>
le	Z = 1，或 N 和 V 不同	<=

例如：
```
;跳转代码
cmp    r0, r1        ;比较 r0 和 r1
blgt   sub1          ;如果 r0>r1，跳转到 sub1，否则不操作
```
在这段程序代码中，通过指令 cmp 比较 r0 与 r1 寄存器的值，如果 r0>r1，跳转到 sub1，否则不操作。

例如：
```
;一段循环代码
ldr    r2, =8        ;r2 = 8
loop
;这里可以进行一些循环内的操作
subs   r2,    r2,    #1      ;r2 = r2 -1，并设置状态位
bne    loop                  ;如果 r2 不等于 0，则继续循环
```
在这段程序代码中，通过指令 cmp 比较与寄存器 r2 是否为 0，如果 r2 不等于 0，则跳转到 loop 继续循环。
```
mov    r0,    #1             ; r0 = 1
cmp    r2,    #8             ;比较 r2 和 8

movlt  r0,    #2             ;如果 r2<8，r0 = 2
```
在这段程序代码中，通过指令 cmp 对 r2 的值与 8 比较，指令 movlt 中表明如果 r2<8，则把值 2 赋给 r0。

3.4 汇编语言的程序结构及在 ADS 环境下调试

在 ARM（Thumb）汇编语言程序中，以程序段为单位组织代码。段是相对独立的指令或数据序列，具有特定的名称。段可以分为代码段和数据段，代码段的内容为执行代码，数据段存放代码运行时需要用到的数据。一个汇编程序至少应该有一个代码段，当程序较长时，可以分割为多个代码段和数据段，多个段在程序编译链接时最终形成一个可执行的映象文件。

3.4.1 汇编语言程序结构

以下是一个汇编语言源程序的基本结构。
```
AREA  Init,CODE,READONLY
ENTRY
……
END
;汇编语言源程序的基本结构，分号为注释
AREA  EX2,CODE,READONLY
;AREA 指令定义一个名为 EX2 程序段，属性为只读
```

例 3.1 定义一个代码段 arm，其属性为只读，首先分别给 3 个变量赋值，给 x、y 赋两个值，给 stack_top 赋一个地址，程序代码如下，请阅读程序写出最后 r0 的值及调试程序及地址 0x1000 上的内容，程序名为 ex3_1.s。
```
    AREA  arm , CODE ,READONLY   ;要有空格
x   EQU 45       ; 不能有空格
y   EQU 64
stack_top EQU 0x1000
    ENTRY
  MOV sp,#stack_top
      MOV r0,#x
      STR r0,[sp]
      MOV r0,#y
      LDR r1,[sp]
      ADD r0,r0,r1
      STR r0,[sp]
```

```
Stop
    B Stop
        END
```

注意：

标签必须在一行的开头顶格写，不能有空格；
ARM 指令前要留有空格，可全部大写或小写，但不要大小写混合使用；
注释使用";"。

3.4.2 汇编语言编辑、运行与调试

（1）运行 ADS1.2 集成开发环境，点击 File|New,在 New 对话框中，选择 Project 中的 ARM Executable Image 选项，在 Project name 栏中输入项目的名称 ex3_1，点击"确定"按钮保存项目,如图 3.6 所示。

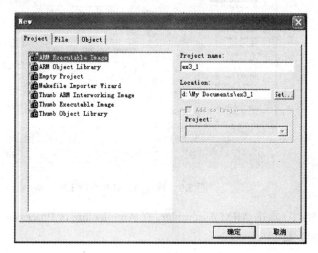

图 3.6 输入工程名

（2）在新建的工程中，选择 Debug 版本，如图 3.7 所示，使用 Edit|Debug Settings 菜单对 Debug 版本进行参数设置。

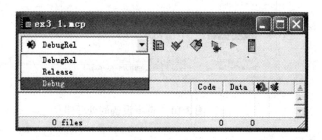

图 3.7 选择 Debug

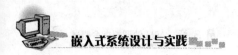

(3)在图 3.8 中,点击 Debug Setting 按钮,弹出如图 3.9 所示的窗口,选中 Target Setting 项,在 Post-linker 栏中选中 ARM fromELF 项,如图 3.9 所示。按 OK 确定。这是为生成可执行的代码的初始开关。

图 3.8 点击 Debug Settings 图标

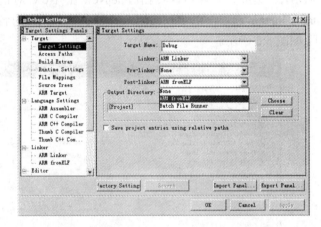

图 3.9 选择 ARM from ELF

(4)在图 3.10 中,点击 ARM Assembler,在 Architecture or Processer 栏中选 ARM9TDMI,这是要编译的 CPU 核。

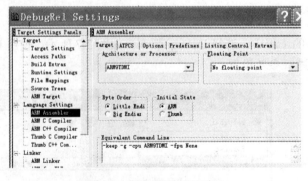

图 3.10 选择设备的处理器

（5）在图 3.11 中，点击 ARM linker，在 output 栏中设定程序的代码段地址，以及数据使用的地址。图中的 RO Base 栏中填写程序代码存放的起始地址，RW Base 栏中填写程序数据存放的起始地址。该地址是属于 SDRAM 的地址。

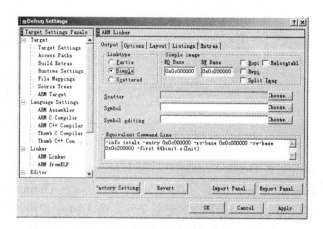

图 3.11　存储器读写地址设置

在 Options 栏中，如图 3.12 所示，Image entry point 要填写程序代码的入口地址，其他保持不变，如果是在 SDRAM 中运行，则可在 0x0c000000—0x0cffffff 中选值，这是 16MSDRAM 的地址，但是这里用的是起始地址，所以必须把你的程序空间给留出来，并且还要留出足够的程序使用的数据空间，而且还必须是 4 字节对齐的地址（ARM 状态）。通常入口点 Image entry point 为 0xc100000,ro_base 也为 0xc100000。

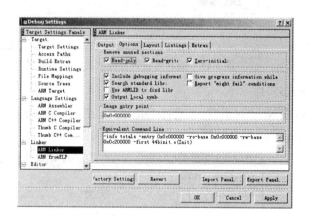

图 3.12　程序执行入口地址设置

在 Layout 栏中，如图 3.13 所示，在 Place at beginning of image 框内，需要填写项目的入口程序的目标文件名，如，整个工程项目的入口程序是 ex3_1.s，那么应在 Object/Symbol 处填写其目标文件名 ex3_1.o，在 Section 处填写程序入口的起始段标号。它的作用是通知编译器，整个项目的开始运行是从该地址段开始的。

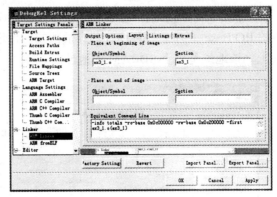

图 3.13　输入目标文件名及标号

（7）在图 3.14 中，在 Debug Setting 对话框中点击左栏的 ARM fromELF 项，在 Output file name 栏中设置输出文件名*.bin，前缀名可以自己取，在 Output format 栏中选择 Plain binary，这是设置要下载到 Flash 中的二进制文件。图 3.14 中使用的是 ex3_1.bin。

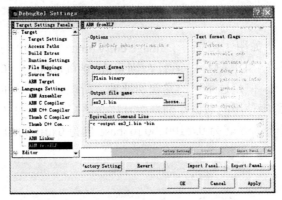

图 3.14　输入可在开发板上执行的文件名

（8）输入汇编源程序

点击 File|New，在 New 对话框中，选择 File 选项，在 File name 栏中输入文件名 ex3_1.s，如图 3.15 所示，点击"确定"按钮后输入源程序并保存。

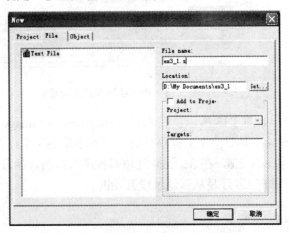

图 3.15　输入汇编程序名

(9)装载文件 ex3_1.s

在如图 3.16 所示工程 ex3_1.mcp 中 File 的空白处点击右键,选择菜单项 Add Files,导入文件 ex3_1.s,并按图 3.17 的选项,点击按钮[OK]。

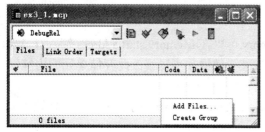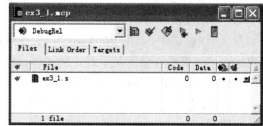

图 3.16 导入文件 ex3_1.s

图 3.17 选择调试类型

(10)在 ADS1.2 集成开发环境(CodeWarrior for ARM Developer Suite)选择菜单 Project|Debug。

(11)如果是模拟调试,选择 AXD 中菜单 Options→Configure Target→选择 ARMUL,如图 3.18 所示。

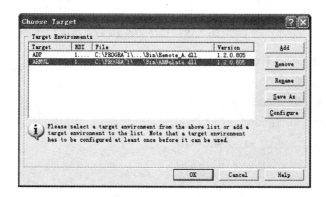

图 3.18 选择仿真调试

ADS 开发工具中分别支持两种情况的目标调试。ARMUL 目标环境配置，此是 AXD 链接到用软件模拟的目标机；第二是选择 ADP 目标环境配置，它是 AXD 使用 Angel 调试协议链接到开发板硬件进行的调试。

（12）程序调试

① 查看/修改存储器内容

在 AXD 窗口中，点击 Processor Views|Memory，可以在 Memory start address 输入存储器的起始地址，查看存储器某地址上的内容，双击某一数据，可以修改此存储单元的内容。

② 在命令行窗口执行 AXD 命令

在 AXD 窗口中，点击 System Views|Command Line Interface,在提示符>下可以输入命令进行调试。

③ 监视变量变化

在 AXD 窗口中，点击 Processor Views|Watch,用鼠标选中某变量，单击鼠标右键，在弹出的菜单中选中 Add to watch，此变量显示在 watch 窗口中。

④ 设置断点

将光标定位在要设置断点的某语句处，按 F9 键。调试的结果如图 3.19 所示，图中显示了断点、Watch 中寄存器的值、存储器从起始地址 0x1000 开始的存储内容。

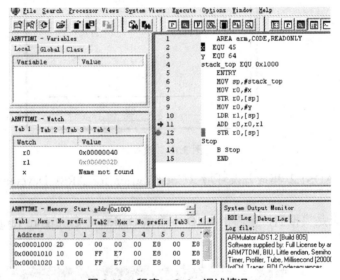

图 3.19 程序 ex3_1.s 调试情况

思考：在 ADS 环境下调试下列源程序（ASM.S）代码。

```
rGPFCON   EQU   0x56000050
rGPFDAT   EQU   0x56000054
rGPFUP    EQU   0x56000058
AREA  Init , CODE , READONLY
ENTRY
ResetEntry
```

```
ldr   r0,=rGPFCON
ldr   r1,=0x4000
str   r1,[r0]
ldr   r0,=rGPFUP
ldr   r1,=0xffff
str   r1,[r0]
ldr   r2,=rGPFDAT
ledloop
ldr   r1,=0x1ffff
str   r1,[r2]
bl    delay
ldr   r1,=0x0
str   r1,[r2]
bl    delay
b     ledloop

延时子程序
delay
ldr   r3,=0x1ffff
delay1
sub r3,r3,#1
cmp r3,#0x0
bne   delay1
mov pc,lr
END
```

3.5 汇编语言与 C/C++的混合编程

　　在应用系统的程序设计中,若所有的编程任务均用汇编语言来完成,其工作量是可想而知的,同时,也不利于系统升级或应用软件移植。事实上,ARM 体系结构支持 C/C++以及与汇编语言的混合编程。在一个完整的程序设计中,除了初始化部分用汇编语言完成以外,其主要的编程任务一般都用 C/C++ 完成。
　　汇编语言与 C/C++的混合编程通常有以下几种方式:
　　(1) 在 C/C++代码中嵌入汇编指令;

（2）在汇编语言程序和 C/C++的程序之间进行变量的互访；

（3）汇编语言程序、C/C++程序间的相互调用。

在以上的几种混合编程技术中，必须遵守一定的调用规则，如物理寄存器的使用、参数的传递等，这对于初学者来说，无疑显得过于烦琐。在实际的编程应用中，使用较多的方式是：程序的初始化部分用汇编语言完成，然后用 C/C++完成主要的编程任务，程序在执行时首先完成初始化过程，然后跳转到 C/C++程序代码中，汇编语言程序和 C/C++程序之间一般没有参数的传递，也没有频繁的相互调用，因此，整个程序的结构显得相对简单，容易理解。

3.5.1 C 语言程序调用汇编语言程序

1. 在 C 语言中内嵌汇编

在 C 语言中内嵌的汇编指令包含大部分的 ARM 和 Thumb 指令，不过其使用方式与汇编文件中的指令有些不同，存在一些限制，主要有下面几个方面：

（1）不能直接向 PC 寄存器赋值，程序跳转要使用 B 或者 BL 指令；

（2）在使用物理寄存器时，不要使用过于复杂的 C 语言表达式，避免物理寄存器冲突；

（3）R12 和 R13 可能被编译器用来存放中间编译结果，计算表达式值时可能将 R0 到 R3、R12 及 R14 用于子程序调用，因此要避免直接使用这些物理寄存器；

（4）一般不要直接指定物理寄存器，而让编译器进行分配。

（a）汇编指令以语句块形式嵌入在 C 语言程序的函数中，其使用格式为：

```
_asm
{
汇编语句
}
```

（b）汇编指令以函数形式嵌入在 C 语言程序的函数中，其使用格式为：

```
_asm int 函数名(形式参数表)
{
汇编代码
}
```

例 3.2 在 C 语言程序中嵌入汇编语句的例子，即将汇编指令以语句块形式嵌入在 C 语言程序中。

```
#include<stdio.h>
int add(int i,int j)
{
 int sum;
 _asm
 {
```

```
    ADD  sum,i,j
  }
  return sum;
}

int main()
{
  int x,y;
  scanf("%d %d",&x,&y);
  printf("%d+%d=%d\n",x,y,add(x,y));
  return 0;
}
```

请建立一个工程,调试上述程序。

例3.3 请在 ADS 环境中调试下列程序,程序表明如何在 C 语言程序中内嵌汇编语言。

```
#include<stdio.h>
void my_strcpy(const char *src, char *dest)
{
char ch;
_asm
 {
loop :
ldrb ch , [src], #1
strb ch , [dest], #1
cmp ch, #0
bne loop
 }
}
int main()
{
char *a = "forget it and move on!";
char b[64];
my_strcpy(a, b);
printf("original: %s", a);
printf("copyed: %s", b);
return 0;
}
```

2. 在 C 语言程序中调用以函数形式构成的汇编指令

C 语言程序调用汇编语言程序时，汇编语言程序的书写也要遵循 ATPCS 规则，以保证程序调用时参数正确传递。在 C 语言程序中调用汇编语言子程序的方法为：首先在汇编程序中使用 EXPORT 伪指令声明被调用的子程序，表示该子程序将在其他文件中被调用；然后在 C 语言程序中使用 extern 关键字声明要调用的汇编子程序为外部函数。

例如：在一个汇编源文件中定义了如下求和函数。

```
EXPORT add ;//声明 add 子程序将被外部函数调用
……
add ;//求和子程序 add
ADD r0,r0,r1
MOV pc,lr
……
```

在一个 C 语言程序的 main()函数中对 add 汇编子程序进行了调用：

```
extern int add (int x,int y);  //声明 add 为外部函数
void main( )
{
int a=1,b=2,c;
c=add(a,b);  //调用 add 子程序
…… '
}
```

当 main()函数调用 add 汇编语言子程序时，变量 a、b 的值会给了 r0 和 r1，返回结果由 r0 带回，并赋值给变量 c。函数调用结束后，变量 c 的值变成 3。

例如：

建立文件 add.s，代码如下：

```
    EXPORT add
 AREA add,CODE,READONLY
 ENTRY
 ADD r0,r0,r1
 MOV pc,lr
 END
```

C 程序代码为：

```
   #include<stdio.h>
extern int add(int x,int y);
int main()
{
   int x,y;
   scanf("%d %d",&x,&y);
   printf("%d+%d=%d\n",x,y,add(x,y));
```

```
    return 0;
}
```

程序调试方法

首先建立一个工程 test。

按照图 3.20、图 3.21 所示建立源程序 main.c 与 add.s，请注意选中"Add to Project"，并分别输入 C 语言源程序与汇编语言源程序。

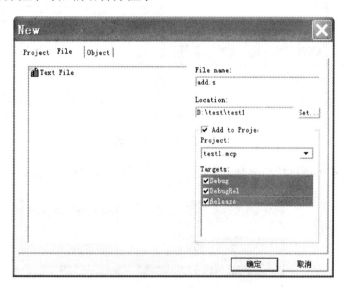

图 3.20　编辑汇编文件 **add.s**

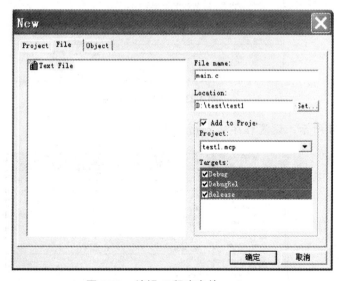

图 3.21　编辑 C 程序文件 **main.c**

3. 在图 3.22 中设置 ARM Linker 中 Output 的 RO Base 地址设为 0x400000

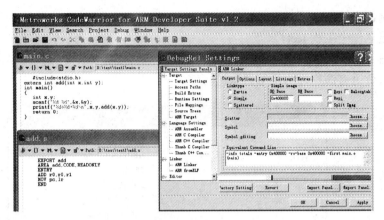

图 3.22　程序调试

4. 设置程序开始执行的地址，如图 3.23 所示。在 ARM Linker 的 Options 标签中

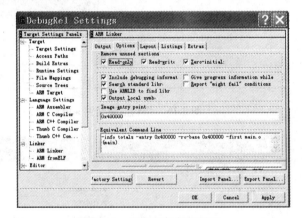

图 3.23　程序执行起始地址

5. 如图 3.24 所示，设置程序从 main.o 开始执行

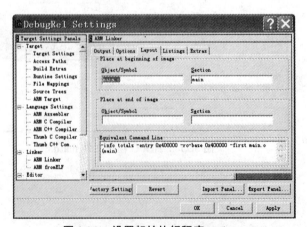

图 3.24　设置起始执行程序 main.o

6. 执行菜单 Procject 下的 make 命令，编译程序

7. 执行程序 run，如图 3.25 所示

图 3.25　程序执行结果

3.5.2　汇编程序调用 C 语言程序

在汇编程序中调用 C 语言程序，格式较为简单。其格式为：

BL　C 函数名

例如：

第一步：新建一个工程项目 test3.mcp 后再新建一个 init.s 汇编语言程序，这个程序是该项目文件的入口程序，程序代码为：

```
AREA    asm,CODE,READONLY
IMPORT  add
ENTRY
LDR r0,=0x1
LDR r1,=0x20
LDR r2,=0x2
BL      add              ;result saved in r0
B .
END
```

第二步：新建一个 main.c 程序，程序代码为：

```
int add(int a, int b, int c)
{
    int sum=0,i;
    for(i=a;i<=b;i=i+c)
       sum=sum+i;
    return sum;
}
```

第三步：在 ADS1.2 集成开发环境（CodeWarrior for ARM Developer Suite）选择微处理器、RO Base 地址、程序执行的首地址、程序开始执行的函数 Init.o 等环境参数。

第四步：选择菜单 Project|Make 后，点击 Project|Debug，转入 AXD 环境。

第五步：在 AXD 环境中，点击 Ecxute|Go，然后进行单步调试。

第六步：在调试过程中把变量 r0、r1、r2、i、sum 添加到 Watch 窗口，观察这些变量

的变化情况。

思考：请调试下列程序。

（1）建立文件 init.s，代码如下：

```
AREA  Init ,CODE,READONLY
ENTRY
ResetEntry
IMPORT  Main
EXPORT  delay
delay
sub r0,r0,#1
cmp r0,#0x0
bne delay
mov pc,lr
END
```

（2）C 语言程序代码为：

```c
#include<stdio.h>
#define rGPFCON ( * ( volatile unsigned *)0x56000050)
#define rGPFDAT ( * ( volatile unsigned *)0x56000054)
#define rGPFUP  ( * ( volatile unsigned *)0x56000058)
extern delay(int time);
int main()
{
  rGPFCON=0x4000 ;
  rGPFUP=0xffff ;
  while(1)
  {
    rGPFDAT=0xff ;
    delay(0xbffff);
    rGPFDAT=0x0 ;
    delay(0xbffff);
    rGPFUP=0xffff ;
  }
   return 0;
}
```

思考与实验

一、判断题

1. ARM 中有下列汇编语言语句：
   ldr   r0,=rGPFCON
   表示将寄存器 rGPFCON 的内容存放到寄存器 r0 中。   （   ）

2. ARM 中有下列汇编语言语句：
   ldr   r1,=0x4000
   表示将立即数 0x4000 加载到 r1 寄存器中。   （   ）

3. ARM 中有下列汇编语言语句：
   str   r1 ,[r0]
   表示将 r1 中的数据存放到寄存器 r0 中。   （   ）

4. ARM 中有下列汇编语言语句：
   ldr   r1 ,[r2]
   表示将 r2 中的数据作为地址，取出此地址中的数据保存在 r1 中。   （   ）

5. ARM 中有下列汇编语言语句：
   ldr   r0 ,[r1,#4]
   表示将寄存器 r1 的内容加上 4，然后把此数保存在寄存器 r0 中。   （   ）

6. ARM 中有下列汇编语言语句：
   b   ledon
   表示调用子程序 ledon。   （   ）

7. ARM 中有下列汇编语言语句：
   sub   r0,r0,#1
   表示 r0+1 地址上的内容存放到寄存器 r0 中。   （   ）

8. ARM 中有下列汇编语言语句：
   cmp   r0,#x0
   表示将 r0 的值与 0 进行比较。   （   ）

9. ARM 中有下列汇编语言语句：
   ldr   r0,=rGPFCON
   str   r1 ,[r0]
   表示将 r0 中的数据存放到寄存器 r1 中。   （   ）

二、程序调试

1. 在 ADS 中调试下列程序。
   ```
   /* main.c */
   #include <stdio.h>
   extern void asm_strcpy(const char *src, char *dest);
   int main()
   ```

```
    {
    const char *s = "seasons in the sun";
    char d[32];
    asm_strcpy(s, d);
    printf("source: %s", s);
    printf(" destination: %s",d);
    return 0;
    }
    ;汇编语言程序作为函数调用
    AREA asmfile, CODE, READONLY
    EXPORT asm_strcpy
    asm_strcpy
    loop
    ldrb r4, [r0], #1 address increment after read
    cmp r4, #0
    beq over
    strb r4, [r1], #1
    b loop
    over
    mov pc, lr
    END
```

2. 在汇编和 C 之间通过定义全局变量实现数据传送，请调试程序。

```
main.c 文件
#include <stdio.h>
int gVar_1 = 12;
extern asmDouble(void);
int main()
{
printf("original value of gVar_1 is: %d", gVar_1);
asmDouble();
printf(" modified value of gVar_1 is: %d", gVar_1);
return 0;
}
汇编语言文件
AREA asmfile, CODE, READONLY
EXPORT asmDouble
IMPORT gVar_1
asmDouble
```

```
ldr r0, =gVar_1
ldr r1, [r0]
mov r2, #2
mul r3, r1, r2
str r3, [r0]
mov pc, lr
END
```

3. 阅读下列汇编程序，并在 ADS 环境下上机调试。

```
AREA    LDR_STR_LSL_LSR,CODE,READONLY
  ENTRY
;***************************************************************
;              加载/存储指令以及移位指令
;***************************************************************
start
PRO1
LDR R0,=0x0000
LDR R1,=0x0004
LDR R0,[R1]        ;将存储器地址为 R1 的字数据读入寄存器 R0
LDR R0,=0x0000
LDR R1,=0x0004
LDR R2,=0x0008
LDR R0,[R1,R2]     ;将存储器地址为 R1+R2 的字数据读入寄存器 R0
LDR R0,=0x0000
LDR R1,=0x0004
LDR R2,=0x0008
 LDR R0,[R1],R2    ;将存储器地址为 R1 的字数据读入寄存器 R0,并将新地址 R1+R2 写入
 R1
LDR R0,=0x0000
LDR R1,=0x0004
LDR R0,[R1,#8]     ;将存储器地址为 R1+8 的字数据读入寄存器 R0
AND R0,R0,#0       ;保持 R0 的 0 位,其于位清 0
LDR R1,=0X0004
 LDR R0,[R1,#8]!   ;将存储器地址为 R1+8 的字数据读入寄存器 R0,并将新地址 R1+8 写
 入 R1
LDR R0,=0x0000
LDR R1,=0x0004
```

```
    LDR R0,[R1],#8      ;将存储器地址为 R1 的字数据读入寄存器 R0,并将新地址 R1＋8 写入
R1
LDR R0,=0x0000
LDR R1,=0x0004
LDR R2,=0x0008
LDR R0,[R1,R2,LSL#2]!
    ;将存储器地址为 R1＋R2×4 的字数据读入寄存器 R0,并将新地址 R1＋R2×4 写入 R1
LDR R0,=0x0000
LDR R1,=0x0004
LDR R2,=0x0008
LDR R0,[R1],R2,LSR#2
    ;将存储器地址为 R1 的字数据读入寄存器 R0,并将新地址 R1＋R2/4 写入 R1

PRO2
LDR R0,=0x0000
LDR R1,=0x0004
    STR R0,[R1],#8  ;将 R0 中的字数据写入以 R1 为地址的存储器中,并将新地址 R1＋8 写
入 R1
STR R0,[R1,#8]      ;将 R0 中的字数据写入以 R1＋8 为地址的存储器中
B  PRO1
END
```

4. 下列是汇编程序调用 C 语言程序一个示例,请分析程序。

```
;*****************************************************************
; Institute of Automation, Chinese Academy of Sciences
;File Name:       Init.s
;Description:
;Author:          JuGuang,Lee
;Date:
;*****************************************************************
IMPORT Main      ;通知编译器该标号为一个外部标号
;定义一个代码段
AREA   Init,CODE,READONLY
;定义程序的入口点
ENTRY
;初始化系统配置寄存器
    LDR R0,=0x3FF0000
```

```
    LDR R1,=0xE7FFFF80
    STR R1,[R0]              ;初始化用户堆栈
    LDR SP,=0x3FE1000        ;跳转到 Main（）函数处的 C/C++代码执行
    BL  Main                 ;标识汇编程序的结束
    END
```

以上的程序段完成一些简单的初始化，然后跳转到 Main（）函数所标识的 C/C++代码处执行主要的任务，此处的 Main 仅为一个标号，也可使用其他名称，与 C 语言程序中的 main（）函数没有关系。

```
/******************************************************************
 * Institute of Automation, Chinese Academy of Sciences
 * File Name:       main.c
 * Description:     P0,P1 LED Flash.
 * Author:          JuGuang,Lee
 * Date:
 ******************************************************************/
void Main(void)
{
int i;
*((volatile unsigned long *) 0x3ff5000) = 0x0000000f;
 while(1)
  {
   *((volatile unsigned long *) 0x3ff5008) = 0x00000001;
    for(i=0; i<0x7fFFF; i++);
       *((volatile unsigned long *) 0x3ff5008) = 0x00000002;
    for(i=0; i<0x7FFFF; i++);
  }
}
```

第 4 章

S3C2410 主要部件及参数设置

 本章重点

1. NAND FLASH 控制器。
2. 中断控制器。
3. 系统定时器。
4. 异步串行口。
5. IIC 总线接口。
6. A/D 转换控制器。

 本章导读

　　本章对 S3C2410 主要部件的功能进行了论述，重点是对 NAND FLASH 控制器、中断控制器、系统定时器、异步串行口、IIC 总线接口、A/D 转换控制器的设置做了详细的介绍，这些内容在嵌入式系统设计中非常重要，请读者要给予重视。

4.1 NAND FLASH 控制器

在 S3C2410 上电后，NAND FLASH 控制器会自动的把 NAND FLASH 上的前 4kB 数据搬移到 4kB 内部 RAM 中，并把 0x00000000 设置内部 RAM 的起始地址,CPU 从内部 RAM 的 0x00000000 位置开始启动，在这个过程不需要程序干涉。而程序员需要完成的工作是把最核心的启动程序放在 NAND FLASH 的前 4kB 中。

以往将 U-BOOT 移植到 ARM9 平台中的解决方案主要针对的是 ARM9 中的 NOR 闪存，因为 NOR 闪存的结构特点使应用程序可以直接在其内部运行，不用把代码读到 RAM 中，所以移植过程相对简单。

4.1.1 NOR FLASH 和 NAND FLASH 比较

NOR 和 NAND 是现在市场上两种主要的非易失闪存技术。NOR FLASH 指线性存储器，通过线性、连续的地址进行寻址；NAND FLASH 指非线性存储器，通过非线性、不连续的地址进行寻址。

（1）应用

大多数情况下用 NOR FLASH 可以存储少量代码，而 NAND FLASH 则是高数据存储密度较为理想的解决方案。NOR 的特点是芯片内执行，应用程序可以直接在 FLASH 闪存内运行，不必再把代码读到系统 RAM 中。

（2）读写速度

NAND 的写入和擦除的速度较快，应用 NAND 的困难在于 FLASH 的管理和需要特殊的系统接口。NOR 的传输效率很高，但是很低的写入和擦除速度大大影响了它的性能。NOR 的读速度比 NAND 稍快一些，但 NAND 的写入速度比 NOR 快很多。

（3）接口性质

NOR FLASH 带有 SRAM 接口，有足够的地址引脚来寻址，可以很容易地存取其内部的每一个字节。NAND FLASH 没有采取内存的随机读取技术，它的读取是以一次读取一块的形式来进行的，通常是一次读取 512 个字节，与硬盘管理有些类似。

（4）容量与成本

NOR FLASH 占据了容量为 1～16MB 闪存市场的大部分，而 NAND FLASH 只是用在 8～128MB 的产品当中。NAND FLASH 比 NOR FLASH 廉价。

4.1.2 S3C2410 NAND FLASH 控制器

由于 NOR FLASH 存储器的价格比较昂贵，而 SDRAM 和 NAND FLASH 存储器的价格相对比较合适。因而嵌入式开发者希望从 NAND FLASH 启动和引导系统，并在 SDRAM

上执行主程序代码。S3C2410 实现了从 NOR FLASH 及 NAND FLASH 上执行引导程序。为了支持从 NAND FLASH 的系统引导，S3C2410 具有一个内部 SDRAM 缓冲器。当系统启动时，引导代码需要将 NAND FLASH 中的程序内容拷贝到 SDRAM 中，然后系统自动执行这些载入的引导代码。从 NAND FLASH 启动要通过引脚 OM[1:0]进行选择，当选择 OM[1:0]=00 时，处理器通过 NAND FLASH 启动；OM[1:0]=01 或 10 时，处理器分别通过 16 位、32 位 NOR FLASH 启动。图 4.1 所示是 S3C2410 NAND FLASH 控制器的方块电路图。

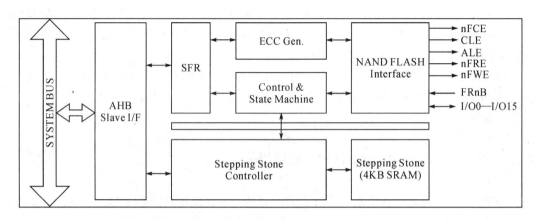

图 4.1　S3C2410 NAND FLASH 控制器的方块电路图

4.1.3　NAND FLASH 启动过程

S3C2410 支持从 NAND FLASH 引导系统，这是通过内置的 SRAM(Synchronous Dynamic Random Access Memory:同步动态随机存储器）及自动引导控制逻辑实现的，当系统启动时，NAND FLASH 存储器的前 4KB 将被自动加载到内部缓冲区（又称为 Steppingstone）中，然后系统自动执行这些载入的启动代码。使用这 4KB 代码来把更多的代码从 NAND FLASH 中读到 SDRAM 中去，然后执行 SDRAM 中的指令，实现系统的引导。这 4KB 的程序一般实现 CPU、GPIO、Memory、Clock、Watchdog、Uart 等的初始化。

1. NAND FLASH 自动引导过程

（1）复位完成；
（2）NAND FLASH 的前 4KB 被拷到内部 SDRAM；
（3）SDRAM 被映射到 GCS0(BANK0)；
（4）CPU 从内部 SDRAM 开始执行程序。

2. NAND FLASH 操作过程

NAND FLASH 的操作通过 NFCONF、NFCMD、NFADDR、NFDATA、NFSTAT 和 NFECC 这六个寄存器来完成，具体操作步骤如下：

（1）配制 NAND FLASH 控制寄存器 NFCONF；

(2) 写 NAND FLASH 命令到 NFCMD 寄存器；

(3) 写 NAND FLASH 地址到 NFADDR 寄存器；

(4) 通过 NFSTAT 寄存器检查 NAND FLASH 状态实现读/写操作。

4.1.4　NAND FLASH 存储器接口

图 4.2 是 NAND FLASH 存储器接口示意图，其引脚分别与 S3C2410 微处理器引脚相连。

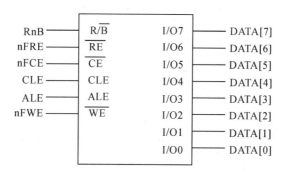

图 4.2　是 NAND FLASH 存储器接口

在图 4.2 中，NAND FLASH 的管脚配置如下：

DATA[7:0]：数据/命令/地址/的输入/输出口（与数据总线共享）

CLE：命令锁存使能（输出）

ALE：地址锁存使能（输出）

nFCE：NAND FLASH 片选使能（输出）

nFRE：NAND FLASH 读使能　（输出）

nFWE：NAND FLASH 写使能　（输出）

R/nB：NAND FLASH 准备好/繁忙（输入）

S3C2410 的存储控制器提供访问外部存储器所需要的存储器控制信号，支持数据存储的大、小端模式，将存储空间分成 8 组。因而 S3C2410 的内存片选有 8 个片选（BANK），在 U-BOOT 中，要配制 SDRAM 和 FLASH 的 BANK 数，如果 SDRAM 或者 FLASH 就接了 n 个片选的时候，就定义为 n，如 n 为 8，即 BANK8。图 4.3 是 S3C2410 的内存映射图，S3C2410 和其他的大部分的处理器一样，支持 NOR FLASH 和 NAND FLASH 启动，而这两种启动方式内存所映射的地址不相同。

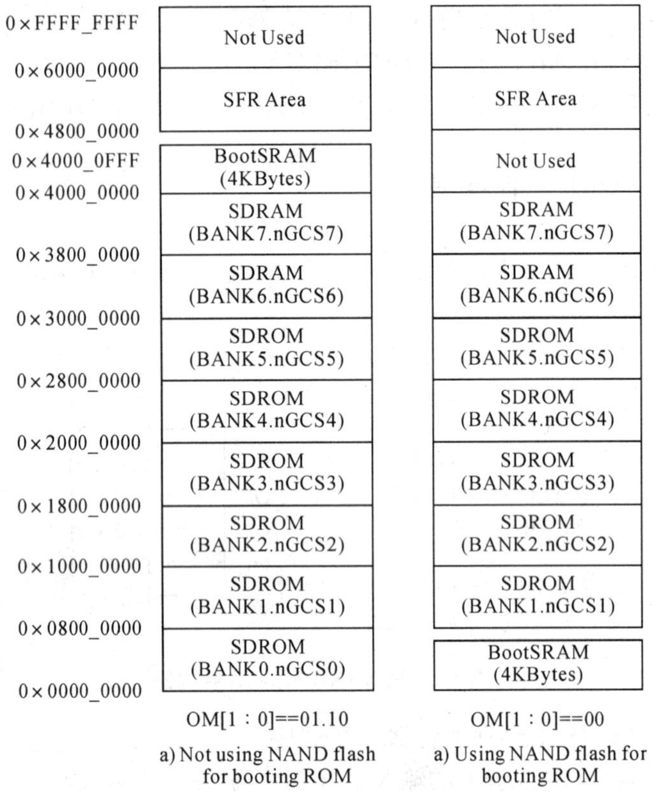
0×FFFF_FFFF
0×6000_0000
0×4800_0000
0×4000_0FFF
0×4000_0000
0×3800_0000
0×3000_0000
0×2800_0000
0×2000_0000
0×1800_0000
0×1000_0000
0×0800_0000
0×0000_0000
Not Used
SFR Area
BootSRAM (4KBytes)
SDRAM (BANK7.nGCS7)
SDRAM (BANK6.nGCS6)
SDROM (BANK5.nGCS5)
SDROM (BANK4.nGCS4)
SDROM (BANK3.nGCS3)
SDROM (BANK2.nGCS2)
SDROM (BANK1.nGCS1)
SDROM (BANK0.nGCS0)
OM[1：0]==01.10
a) Not using NAND flash for booting ROM
Not Used
SFR Area
Not Used
SDRAM (BANK7.nGCS7)
SDRAM (BANK6.nGCS6)
SDROM (BANK5.nGCS5)
SDROM (BANK4.nGCS4)
SDROM (BANK3.nGCS3)
SDROM (BANK2.nGCS2)
SDROM (BANK1.nGCS1)
BootSRAM (4KBytes)
OM[1：0]==00
a) Using NAND flash for booting ROM

a) 使用 NOR FLASH 引导　　　b)使用 NAND FLASH 引导

图 4.3　启动方式与内存映射的地址关系

在图 4.3 中 BANK6、BANK7 对应的地址空间与 BANK0—BANK5 不同。BANK0—BANK5 的地址空间都是固定的 128M，地址范围是(x*128M)到(x+1)*128M-1，x 表示 0 到 5。但是 BANK7 的起始地址是可变的，您可以查找 S3C2410 数据手册第 5 章，获取 BANK6、BANK7 的地址范围与地址空间的关系。

4.1.5　NAND FLASH 寄存器参数描述

1. NAND FLASH 寄存器概述

前面已经谈到，NAND FLASH 的操作通过设置 NFCONF、NFCMD、NFADDR、NFDATA、NFSTAT 和 NFECC 这六个寄存器来完成。下面首先讨论 NAND FLASH 这些寄存器的一些性质，这对嵌入式程序设计至关重要，表 4.1 列出了 NAND FLASH 相关寄存器的地址、读写情况与功能的描述。其中：

NFCONF 是 NAND FLASH 的配置寄存器；

NFCMD 是 NAND FLASH 命令寄存器，CPU 通过此寄存器向 NAND FLASH 传递控制命令；

NFADDR 是 NAND FLASH 地址寄存器，CPU 通过此寄存器向 NAND FLASH 传递地址；

NFDATA 是 NAND FLASH 数据寄存器，CPU 通过此寄存器向 NAND FLASH 传递数据；

NFSTAT 是 NAND FLASH 状态寄存器，CPU 通过读取该寄存器获取 NAND FLASH 当前状态；

NFECC 是 NAND FLASH ECC 寄存器，实现循环校验功能。

表 4.1　NAND FLASH 相关寄存器

寄存器	地址	读/写	描述	复位值
NFCONF	0x4e000000	读/写	NAND FLASH 配置，位 15 为 1 时使能	
NFCMD	0x4e000004	读/写	NAND FLASH 指令设置	
NFADDR	0x4e000008	读/写	NAND FLASH 地址设置	
NFDATA	0x4e00000C	读/写	NAND FLASH 数据	
NFSTAT	0x4e000010	读	NAND FLASH 操作状态	
NFECC	0x4e000014	读	NAND FLASH 错误纠正	

在 NAND FLASH 的程序设计中通过下列宏进行地址映射：

```
#define rNFCONF   (*(volatile unsigned *)0x4e000000)  //NAND FLASH configuration
#define rNFCMD    (*(volatile unsigned *)0x4e000004)  //NADD FLASH command
#define rNFADDR   (*(volatile unsigned *)0x4e000008)  //NAND FLASH address
#define rNFDATA   (*(volatile unsigned *)0x4e00000c)  //NAND FLASH data
#define rNFSTAT   (*(volatile unsigned *)0x4e000010)  //NAND FLASH operation status
#define rNFECC    (*(volatile unsigned *)0x4e000014)  //NAND FLASH ECC
```

2. NAND FLASH 相关寄存器设置及应用

（1）NFCONF 寄存器

NFCONF 寄存器的地址是 0x4e000000，表 4.2 所示是 NFCONF 寄存器属性值设置，相对应位的默认值、功能设置位的表示。

表 4.2　NFCONF 寄存器属性值设置

位	位功能与设置描述	默认值
[15]	NAND FLASH 使能位 0：关闭控制器 1：使用控制器 当自动引导后，该位被自动清 0,所以操作 NAND FLASH 之前该位必须置为 1	0
[14:13]	保留	—
[12]	初始化校验寄存器 ECC 0：不使用 ECC 1：使用 ECC	0

续表

[11]	内存片选使能 nFCE 控制位 0：NAND FLASH nFCE 激活 1：NAND FLASH nFCE 停止	—
[10：8]	CLE 和 ALE 持续时间 TACLS 设置（0~7），设置持续时间=HCLK*(TACLS+1)	—
[7]	保留	—
[6：4]	TWRPH0 持续时间设置（0~7），设置持续时间=HCLK*(TWRPH0+1)	0
[3]	保留	—
[2：0]	TWRPH1 持续时间设置（0~7），设置持续时间=HCLK*(TWRPH1+1)	0

注意：需要指出的是 TACLS、TWRPH0 和 TWRPH1，请读者参考 S3C2410 数据手册，可以看到这三个参数控制的是 NAND FLASH 信号线命令锁存 CLE、地址锁存 ALE 与写控制信号 nWE 的时序关系。设上述值为 TACLS=0，TWRPH0=3，TWRPH1=0，其含义为：TACLS=1 个 HCLK 时钟，TWRPH0=4 个 HCLK 时钟，TWRPH1=1 个 HCLK 时钟。

NAND FLASH 需要初始化，在一般情况下要使 NAND FLASH 使能，使用 ECC 校验，[15:12]设置为 0b1111；内存片选使能，持续时间=HCLK*(设定值+1)中设定值为 0，即 CLE 和 ALE 持续时间设置为 HCLK，因而[11:8]=0b1000；设 TWRPH0 设定值为 3，即位[7:4]设置为 0b0011，如果把 TWRPH1 值设为 0，即把 NFCONF 初始化为 0b1111100000110000，即 0xF830。

例如：NAND FLASH 在使用时应把第 11 位设置为 0，支持 NAND FLASH 使能，只需对 0x800 取反即可，此时有：

```
NFCONF & = ~0x800;
```

当禁用 NAND FLASH 时，应把第 11 位设置为 1，可以用以下语句：

```
NFCONF | = 0x800;
```

（2）NFCMD 寄存器

NAND FLASH 的命令寄存器 NFCMD 的地址是 0x4e000004，表 4.3 所示是 NFCMD 寄存器属性值设置，相对应位的默认值、功能设置位的表示。NFCMD 寄存器中，对于不同型号的 FLASH，操作命令一般不同。

表 4.3　NAND FLASH 命令寄存器 NFCMD

NFCMD	位	位功能与设置描述	初始状态
保留	[15:8]	保留	—
	[7:0]	存储命令值	0x00

例如：

```
NFCONF & = ~(1<<11)    //第 11 位为 0，nFCF 为低电平，发出片选信号
NFCMD = 0xff           //在 K9F1208U0M 存储器中表示 reset 命令
```

（3）NFADDR 寄存器

NAND FLASH 地址寄存器 NFADDR 的地址是 0x4e000008，表 4.4 所示是 NFADDR 寄

存器属性值设置，相对应位的默认值、功能设置位的表示。

表 4.4 NAND FLASH 地址寄存器 NFADDR

NFADDR	位	位功能与设置描述	初始状态
保留	[15:8]	保留	—
	[7:0]	存储地址值	0x00

例如：

```
NFADDR = addr & 0xff        //获取第 1 个字节的地址
NFADDR = ( addr >> 9 ) & 0xff   //获取第 2 个字节的地址
```

（4）NFDATA 寄存器

NAND FLASH 数据寄存器 NFDATA 的地址是 0x4e00000c，表 4.5 所示是 NFDATA 寄存器属性值设置，相对应位的默认值、功能设置位的表示。

表 4.5 NAND FLASH 数据寄存器 NFDATA

NFDATA	位	位功能与设置描述	初始状态
保留	[15:8]	保留	—
	[7:0]	存储数据值	0x00

[7：0]存储 Nand FLASH 的读出数据或者编程数据，写操作时存放编程数据，读操作时存放读出数据。

（5）NFSTAT 寄存器

NAND FLASH 状态寄存器 NFSTAT 地址是 0x4e000010，表 4.6 所示是状态寄存器 NFSTAT 属性值设置及相对应位的初始值表示。

表 4.6 状态寄存器 NFSTAT

NFSTAT	位	位功能与设置描述	初始状态
保留	[16:1]	保留	—
	[0]	NAND FLASH 忙判断位 0--忙 1--准备好	0x00

（6）ECC 寄存器

NAND FLASH ECC 寄存器 NFECC 的地址是 0x4e000014，表 4.7 所示为 ECC 寄存器位功能与设置描述。

表 4.7 ECC 寄存器

NFECC	位	位功能与设置描述	初始状态
ECC2	[23:16]	ECC2	—
ECC1	[15:7]	ECC1	—
ECC0	[7:0]	ECC0	—

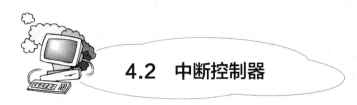

4.2 中断控制器

1. 中断的概念

中断是指在计算机执行期间，系统内发生任何非寻常的或非预期的急需处理事件，使得 CPU 暂时中断当前正在执行的程序而转去执行相应的事件处理程序。待处理完毕后又返回原来被中断处继续执行或调度新的进程执行的过程。在嵌入式系统中外部设备的功能实现主要是靠中断机制来实现的。

2. 中断的功能

中断功能可以解决 CPU 内部运行速度远远快于外部总线速度而产生的等待延时问题。它是计算机可以更好更快利用有限的系统资源解决系统响应速度和运行效率的一种控制技术。

（1）并行操作；
（2）硬件故障报警与处理；
（3）支持多道程序并发运行，提高计算机系统的运行效率；
（4）支持实时处理功能。

3. 中断类型与中断的优先级

ARM 系统包括两类中断：一类是 IRQ 中断，另一类是 FIQ 中断。IRQ 是普通中断，FIQ 是快速中断，在进行大批量的复制、数据传输等工作时，常使用 FIQ 中断。FIQ 的优先级高于 IRQ。在 ARM 系统中，支持 7 类异常，包括：复位、未定义指令、软中断、预取中止、数据中止、IRQ 和 FIQ，每种异常对应于不同的处理器模式。一旦发生异常，首先要进行模式切换，然后程序将转到该异常对应的固定存储地址执行。这个固定的地址称为异常向量。异常向量中保存的通常为异常处理程序的地址。S3C2410 中 ARM 中断模式及中断向量入口地址如表 4.8 所示。

表 4.8 ARM 中断模式及中断向量入口地址

优先级	异常中断类型	中断模式	中断向量入口地址
1	复位	特权模式 SVC	0x0
2	数据访问中止	中止模式	0x10
3	快速中断请求	快速中断模式 FIQ	0x1c
4	外部中断请求	外部中断模式 IRQ	0x18
5	指令预取中止	中止模式	0xc
6	未定义指令	未定义指令中止模式	0x4

			续表
7	软件中断	特权模式 SVC	0x8
未使用	未使用	未使用	0x14

4．中断响应过程

中断响应过程描述如下：

（1）当发生中断 IRQ 时，CPU 进入"中断模式"，这时使用"中断模式"下的堆栈；当发生快中断 FIQ 时，CPU 进入"快中断模式"，这时使用"快中断模式"下的堆栈。所以在使用中断前，应先设置好相应模式下的堆栈。

（2）对于 Request sources 中的中断，将 INTSUBMSK 寄存器中相应位设为 0。

（3）将 INTMSK 寄存器中相应位设为 0。

（4）确定中断是 FIQ 还是 IRQ。
　　a.如果是 FIQ，则在 INTMOD 寄存器设置相应位为 1；
　　b.如果是 IRQ，则在 RIORITY 寄存器中设置优先级。

（5）准备好中断处理函数
　　a.中断向量：在中断向量设置好当 FIQ 或 IRQ 被触发时的跳转函数，IRQ、FIQ 的中断向量地址分别为 0x00000018、0x0000001c。
　　b.对于 IRQ,在跳转函数中读取 INTPND 寄存器或 INTOFFSET 寄存器的值来确定中断源，然后调用具体的处理函数。
　　c.对于 FIQ，因为只有一个中断可以设为 FIQ，无须判断中断源。
　　d.中断处理函数进入和返回。

（6）设置 CPSR 寄存器中的 F-bit(对于 FIQ)或 I-bit(对于 IRQ)为 0，开中断。

中断返回之前需要清中断：设置次级源待决中断寄存器 SUBSRCPND、源待决中断寄存器 SRCPND、中断请求寄存器 INTPND 中相应位写 1 即可。

中断流程图如图 4.4 所示

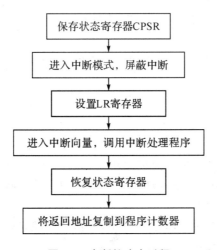

图 4.4　中断的响应过程

5. 与中断相关的寄存器

常用的中断寄存器如表 4.9 所示。

表 4.9 常用的中断寄存器

寄存器	地址	读/写	描 述	复位值
源待决寄存器 SRCPND	0x4a000000	读/写	指示中断请求状态 0：没有中断请求 1：中断源确认中断请求	0x00000000
中断模式寄存器 INTMOD	0x4a000004	读/写	0：IRQ 模式 1：FIQ 模式	0x00000000
中断掩码寄存器 INTMASK	0x4a000008	读/写	0：执行中断服务 1：中断复位被屏蔽	0xffffffff
优先级寄存器 PRIORITY	0x4a00000c	读/写	IRQ 优先级控制寄存器	0x7f
中断待决寄存器 INTPND	0x4a000010	读/写	指示中断请求状态 0：没有中断请求 1：中断源确认中断请求	0x00000000
中断偏移寄存器 INTOFFSET	0x4a000014	读	指示 IRQ 中断请求源	0x00000000

S3C2410.h 中与中断相关的地址映射为：

```
#define rSRCPND     (*(volatile unsigned *)0x4a000000)
//Interrupt request status
#define rINTMOD     (*(volatile unsigned *)0x4a000004)
//Interrupt mode control
#define rINTMSK     (*(volatile unsigned *)0x4a000008)
//Interrupt mask control
#define rPRIORITY   (*(volatile unsigned *)0x4a00000c)
//IRQ priority control
#define rINTPND     (*(volatile unsigned *)0x4a000010)
//Interrupt request status
#define rINTOFFSET  (*(volatile unsigned *)0x4a000014)
//Interruot request source offset
#define rSUBSRCPND  (*(volatile unsigned *)0x4a000018)
//Sub source pending
#define rINTSUBMSK  (*(volatile unsigned *)0x4a00001c)
//Interrupt sub mask
```

6. 中断寄存器的设置实例

下列函数 init_irq 是中断初始化函数，函数中应用 GPG3、GPG6、GPG7、GPG11 产生的外部中断输入功能，采用系统默认的优先级、默认的低电平触发，所有的中断都设为 IRQ 中断模式，通过设置中断屏蔽寄存器 INTMSK 的第 5 位，外部中断 EINT8_23 使能，通过设置外部中断屏蔽寄存器 EINTMSK 第 11、14、15、19 位，中断 EINT11、EINT14、EINT15、EINT19 使能。

分析：由于通过 GPG3、GPG6、GPG7、GPG11 将产生的外部中断输入，S3C2410 中用控制位 10 控制外部中断输入。程序中首先用表达式~（3<<6）的"与运算"设置第 6、7 控制位为 00，再与表达式(2<<6)进行或运算，用于控制 GPG3 引脚的控制位为 10，控制 GPG3 达到外部中断输入的功能（在本题中第 6~7、12~13、14~15、22~23 控制位需设置为 10），通过以下语句设置：

```
rGPGCON & = (~((3<<6)| (3<<12)| (3<<14)| (3<<22)));
rGPGCON | =(2<<6)| (2<<12)| (2<<14)| (2<<22);
```

保证 GPGCON 第 6~7、12~13、14~15、22~23 控制位为 10。
中断优先级使用默认的固定优先级，中断模式使用 IRQ 中断，通过语句：

```
rPRIORITY=0x00000000;
rINTMOD=0x00000000;
```

设置中断优先级与中断模式。
外部中断 EINT8_23 使能需要将中断寄存器 INTMSK 第 5 位设置为 0。
通过设置 rEINTMASK 的 11、14、15、19 位为 0，使 EINT11、EINT14、EINT15、EINT19 中断使能，因而有语句：

```
rEINTMASK & = (~((1<<11) | (1<<14) | (1<<15) | (1<<19)));
```

此问题完整的中断函数如下：

```
void init_irq( )
{
   rGPGCON & = (~((3<<6)| (3<<12)| (3<<14)| (3<<22)));
   rGPGCON | =(2<<6)| (2<<12)| (2<<14)| (2<<22);
   //设置 GPG3、GPG6、GPG7、GPG11 引脚的中断功能
rPRIORITY=0x00000000;
//使用默认的固定优先级
   rINTMOD = 0x00000000;
//所有中断均为 IRQ 中断
rINTMSK & = ( ~(1<<5));
//使能外部中断 EINT8_23
    rEINTMASK & = (~((1<<11) | (1<<14) | (1<<15) | (1<<19)));
//EINT11、EINT14、EINT15、EINT19 中断使能
}
```

思考：分析下列函数，写出函数代码的含义。
```
void Enable_Eint(void)
{
rEINTPEND = 0xffffff; //to clear the previous pending states
rSRCPND |= BIT_EINT0|BIT_EINT2|BIT_EINT8_23;
rINTPND |= BIT_EINT0|BIT_EINT2|BIT_EINT8_23;
rEINTMASK=~( (1<<11)|(1<<19) );
rINTMSK=~(BIT_EINT0|BIT_EINT2|BIT_EINT8_23);
}
```

7. 常用中断处理函数

在 Linux 操作系统中应用于 S3C2410 中常用的中断处理函数有：

函数名	参数的含义	功能
set_external_irq(int irq,int edge int pullup)	irq:中断号 edge:中断触发方式 pullup:拉高标志	设置中断属性
request_irq(unsigned int irq , void (*handler)(int,void *,struct pt_regs *), unsigned long irq_flags, const char *devname , void *dev_id)	irq: 中断号 handler:函数指针 irq_flags:中断属性 devname:设备名 dev_id:设备标识 ID	中断请求
enable_irq(unsigned int irq)	irq: 中断号	中断使能
disable_irq(unsigned int irq)		禁止中断
free_irq(unsigned int irq)		释放中断

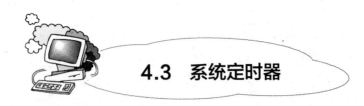

4.3 系统定时器

S3C2410 有 5 个 16 bit 定时器。定时器 0—3 有脉宽调制功能（Pulse Width Modulation，PWM），定时器 4 是内部定时器，没有输出引脚。定时器 0 有 Dead-zone 发生器，可以保证一对反向信号不会同时改变状态，常用于大电流设备中。

定时器 0—1 共用一个 8 位的时钟分频器（8 bit prescaler），定时器 2—4 共用另外一个。每个定时器有一个时钟分频器，可以选择 5 种分频方法。每个定时器从各自的时钟分频器获取时钟信号。prescaler 是可编程的，并依据 TCFG0-1 寄存器数值对 PCLK 进行分频。

当定时器被使能之后，定时器计数缓冲寄存器（TCNTBn）中初始的数值就被加载到递减计数器中。定时器比较缓冲寄存器（TCMPBn）中的初始数值被加载到比较寄存器中，以备与递减计数器数值进行比较，这种双缓冲特点可以让定时器在频率和占空比变化时输出的信号更加稳定。

每个定时器都有一个各自时钟驱动的 16 bit 递减计数器，当计数器数值为 0 时，产生一个定时中断，同时 TCNTBn 中的数值被再次载入递减计数器中再次开始计数。只有关闭定时器才不会重载。TCMPBn 中的数值用于 PWM，当递减计数器的数值和比较寄存器数值一样时，定时器改变输出电平，因此，比较寄存器决定了 PWM 输出的开启和关闭。

1. 定时器的工作过程

S3C2410 的 PWM 定时器采用双 buffer 机制，可以在不停止当前定时器的情况下设置下一轮定时操作。定时器值可以写到定时器计数缓冲寄存器 TCNTBn，而当前定时的计数值可以从定时器观察寄存器 TCNTOn 获得，即，从 TCNTBn 获得的不是当前数值而是下一次计数的初始值。

自动加载功能被打开后，当 TCNTn 数值递减到 0 时，芯片自动将 TCNTBn 的数值拷贝到 TCNTn，从而开始下一次循环，若 TCNTBn 数值为 0，则不会有递减操作，定时器停止。

第一次启动定时器的过程如下：

（1）初始化 TCNTBn 和比较缓冲寄存器 TCMPBn 的数值；

（2）设置定时器的人工加载位，不管是否使用极性转换功能，都将极性转换位打开；

（3）设置定时器的启动位来启动定时器，定时器启动后，TCNTn 开始计数作减计数，同时清除人工加载位。

（4）当 TCNTn 的数值和 TCMPn 一致时，TOUTn 从低变为高，直至 TCNTn 计数至 0，定时器产生中断请求。

若定时器在计数过程中被停止，则 TCNTn 保持计数值，若需要设置新的数值需要人工加载。定时器的工作过程可以用图 4.5 表示。

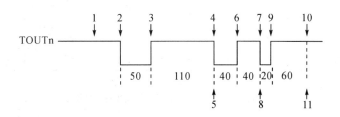

图 4.5　定时器的工作过程

定时器的工作过程解释如下：

（1）使能自动加载功能，设置 TCNTBn=160，TCMPBn=110，设置人工加载位并配置极性转换位，人工加载位将 TCNTBn、TCMPBn 的数值加载到 TCNTn(160)、TCMPn(110)。然后，设置 TCNTBn、TCMPBn 为 80 和 40，作为下一次定时的参数。

（2）设置启动位，若人工加载位为 0，极性转换关闭，自动加载开启，则定时器开始递减计数。

（3）当 TCNTn 的数值和 TCMPn 一致时，TOUTn 从低变为高。

（4）当 TCNTn 计数至 0，定时器产生中断请求，同时 TCNTBn、TCMPBn 的数值被自动加载到 TCNTn、TCMPn，前者为 80，后者为 40。

（5）中断服务向量（ISR）将 TCNTBn、TCMPBn 设置为 80 和 60。

（6）与(3)相似。

（7）与 4 相似，TCNTn、TCMPn，前者为 80，后者为 60。

（8）ISR 服务程序中，将自动加载和中断请求关闭。

（9）与(6)、(3)相似。

（10）TCNTn 为 0，TCNTn 不会自动加载新的数值，定时器被关闭。

（11）没有新的中断发生。

同时，由上面的工作过程可以看出，通过 ISR 或别的方法写入不同的 TCMPBn 的数值，就可以调节输出信号的占空比，实现脉宽调制 PWM。

2. 定时器各寄存器配置

定时器输入时钟频率计算公式如下：

定时器输入时钟频率＝MCLK/{预分频值+1}/{分割值}

{预分频值}＝1～255

{分割值}=2，4，8，16，32

其中，MCLK 为系统时钟，预分频值和分割值分别通过定时器配置寄存器 TCFG0 和 TCFG1 设置。

（1）定时器配置寄存器

在 S3C2410 中定时器配置寄存器有 TCFG0 和 TCFG1，表 4.10、表 4.11 分别表示定时器配置寄存器 0(TCFG0)、1(TCFG1)各个位的含义及初始值的情况。

表 4.10　定时器配置寄存器 TCFG0 的设置

TCFG0	位	描述	初始状态
死区长度	[30:24]	省略	0x00
预分频器 2	[23:16]	确定 TIMER4、TIMER5 的预分频值	0x00
预分频器 1	[15:8]	确定 TIMER2、TIMER3 的预分频值	0x00
预分频器 0	[7:0]	确定 TIMER0、TIMER1 的预分频值	0x00

表 4.11　定时器配置寄存器 TCFG1 的设置

TCFG1	位	描述	初始状态
DMA 模式	[27:24]	省略	0000
MUX5	[23:20]	为 TIMER5 选择 MUX 输入 0000 = 1/2　0001 = 1/4　0010 = 1/8 0011 = 1/16　01xx =EXTCLK	0000
MUX4	[19:16]	为 TIMER4 选择 MUX 输入 0000 = 1/2　0001 = 1/4　0010 = 1/8 0011 = 1/16　01xx =EXTCLK	0000

续表

MUX3	[15:12]	为 TIMER3 选择 MUX 输入 0000 = 1/2　0001 = 1/4　0010 = 1/8 0011 = 1/16　01xx = EXTCLK	0000
MUX2	[11:8]	为 TIMER2 选择 MUX 输入 0000 = 1/2　0001 = 1/4　0010 = 1/8 0011 = 1/16　01xx = EXTCLK	0000
MUX1	[7:4]	为 TIMER1 选择 MUX 输入 0000 = 1/2　0001 = 1/4　0010 = 1/8 0011 = 1/16　01xx = EXTCLK	0000
MUX0	[3:0]	为 TIMER0 选择 MUX 输入 0000 = 1/2　0001 = 1/4　0010 = 1/8 0011 = 1/16　01xx = EXTCLK	0000

MUXn(n=0~5 为分割值)可以取 1/2、1/4、1/8、1/16

（2）定时器控制寄存器 TCON

定时器控制寄存器 TCON 如表 4.12 所示。

表 4.12　定时器控制器寄存器 TCON

TCON	位	描述	初始状态
定时器 5 自动重装开/关	[26]	0：单发，1：间歇模式	0
定时器 5 手动更新	[25]	0：无操作，1：更新 TCNTB5	0
定时器 5 启动/停止	[24]	0：停止，1：启动	0
定时器 4 自动重装开/关	[23]	0：单发，1：间歇模式	0
定时器 4 输出反相器开/关	[22]	0：反相器关，1：TOUT4 反相器开	0
定时器 4 手动更新	[21]	0：无操作，1：更新 TCNTB4	0
定时器 4 启动/停止	[20]	0：停止，1：启动	0
定时器 3 自动重装开/关	[19]	0：单发，1：间歇模式	0
定时器 3 输出反相器开/关	[18]	0：反相器关，1：TOUT3 反相器开	0
定时器 3 手动更新	[17]	0：无操作，1：更新 TCNTB3	0
定时器 3 启动/停止	[16]	0：停止，1：启动	0
定时器 2 自动重装开/关	[15]	0：单发，1：间歇模式	0
定时器 2 输出反相器开/关	[14]	0：反相器关，1：TOUT2 反相器开	0
定时器 2 手动更新	[13]	0：无操作，1：更新 TCNTB2	0
定时器 2 启动/停止	[12]	0：停止，1：启动	0
定时器 1 自动重装开/关	[11]	0：单发，1：间歇模式	0
定时器 1 输出反相器开/关	[10]	0：反相器关，1：TOUT1 反相器开	0
定时器 1 手动更新	[9]	0：无操作，1：更新 TCNTB1	0
定时器 1 启动/停止	[8]	0：停止，1：启动	0

续表

保留	[7:5]	-	
死区使能	[4]	0：停止，1：TIMER1 启动	0
定时器 0 自动重装开/关	[3]	0：单发，1：间歇模式	0
定时器 0 输出反相器开/关	[2]	0：反相器关，1：TOUT1 反相器开	0
定时器 0 手动更新	[1]	0：无操作，1：更新 TCNTB1	0
定时器 0 启动/停止	[0]	0：停止，1：启动	0

注意：TIMER0 对应 bit[3:0]：bit[3]用于确定在 TCNT0 计数到 0 时，是否自动将 TCMPB0 和 TCNTB0 寄存器的值装入 TCMP0 和 TCNT0 寄存器中，bit[2]用于确定 TOUT0 是否反转输出，bit[1]用于手动更新 TCMP0 和 TCNT0 寄存器；在第一次使用定时器前，此位需要设为 1，此时 TCMPB0 和 TCNTB0 寄存器的值装入 TCMP0 和 TCNT0 寄存器中，bit[0]用于启动 TIMER0。

（3）定时器计数缓冲寄存器与比较缓冲寄存器（TCNTBn / TCMPBn）

定时器计数缓冲寄存器包括 TCNTB0—TCNTB5；而定时器比较缓冲寄存器包括 TCMPB0—TCMPB4。定时器计数缓冲寄存器 TCNTBn 如表 4.13 所示，定时器比较缓冲寄存器 TCMPBn 如表 4.14 所示。

表 4.13 定时器计数缓冲寄存器 TCNTBn

TCNTBn	位	描述	初始状态
定时器计数缓冲寄存器	[15:0]	为定时器 n(n=0~4)设置计数缓存器	0x00000000

表 4.14 定时器比较缓冲寄存器 TCMPBn

TCMPBn	位	描述	初始状态
定时器比较缓冲寄存器	[15:0]	为定时器 n(n=0~4)设置比较缓存器	0x00000000

（4）定时器观察寄存器

定时器观察寄存器包括 TCNTO0～TCNTO5，定时器观察缓冲寄存器 TCNTOn 如表 4.15 所示。

表 4.15 定时器观察缓冲寄存器 TCMPBn

TCMPBn	位	描述	初始状态
定时器观察缓冲寄存器	[15:0]	为定时器 n(n=0~4)设置观察缓存器	0x00000000

例：在 S3C2410 中定时器配置寄存器 TCFG0 和 TCFG1 的值分别设为 119 和 0x03，这个寄存器用于设置控制逻辑（Control Logic）的时钟，设外部时钟源的频率 MCLK 为 12MHz，求时钟输出频率为多少。

分析：时钟输出频率计算公式如下：

```
Timer input clock Frequency = MCLK / {prescaler value+1} / {divider value}
```

对于 TIMER0，预分频值 prescaler value = TCFG0[7:0]为 119(0b1110111)，分割值 divider value 由 TCFG1[3:0]确定，本例中取值为 0b011(0x03)，因为取值 0b000 时，分割值为 1/2；取值 0b001 时，分割值为 1/4；取值 0b010 时，分割值为 1/8；取值 0b011 时，分割值为 1/16，

所以：

时钟输出频率= 12MHz/(119+1)/(16) = 6250Hz

例：内核时钟 FLCK（主频）、总线时钟 HCLK、I/O 接口时钟 PCLK 之间的关系通常设置为 1:4:8 的分频关系，如果说主频 FLCK 为 400MHz，那么 HLCK 是 100 MHz，PLCK 是 50 MHz。阅读下列程序回答以下问题。

```
#definde rLOCKTIME    (*(volatile unsigned *)0x4c000000)
#definde rMPLLCON     (*(volatile unsigned *)0x4c000004)
#definde rUPLLCON     (*(volatile unsigned *)0x4c000008)
#definde rCLKCON      (*(volatile unsigned *)0x4c00000c)
#definde rCLKSLOW     (*(volatile unsigned *)0x4c000010)
#definde rCLKDIVN     (*(volatile unsigned *)0x4c000014)

void ChangeMPllValue(int mdiv,int pdiv,int sdiv)
{
  rMPLLCON=(mdiv<<12)|(pdiv<<4)|sdiv;
}

void ChangeClockDivider(int hdivn,int pdivn)
{
  rCLKDIVN=(hdivn<<1)|pdivn;
  if(hdivn)
    MMU_SetAsyncBusMode();
  else
    MMU_SetFastBusMode();
}

void ChangeUPllValue(int mdiv,int pdiv,int sdiv)
{
  rUPLLCON=(mdiv<<12)|(pdiv<<4)|sdiv;
}
```

如果在主程序中有如下引用：

```
ChangeClockDivider(1,1);
ChangeUPllValue(0xa1,0x3,0x1);
```

问：
（1）FCLK:HCLK:PCLK 的比值是多少？
（2）FCLK 为多少 MHz？

3. S3C2410 实时时钟 RTC

在一个嵌入式系统中，实时时钟单元可以提供可靠的时钟，包括时分秒和年月日；即使在系统处于关机状态下，它也能正常工作（通常采用后备电池供电），它的外围也不需要太多的辅助电路，典型情况就是只需要一个高精度的晶振。S3C2410 的实时时钟 RTC 具有下列特点：

- 时钟数据采用 BCD 编码；
- 能够对闰年的年月日进行自动处理；
- 具有告警功能，当系统处于关机状态时，能产生告警中断；
- 无 2000 年问题；
- 具有独立的电源输入；
- 提供毫秒级时钟中断，该中断可用作嵌入式操作系统的内核时钟。

RTC 器件是一种能够提供日历/时钟、数据存储等功能的专用集成电路。RTC 发送 8 位 BCD 码数据到 CPU，传送的数据包括秒、分、小时、星期、日期、月份与年份。

（1）S3C2410 的实时时钟控制寄存器 RTCCON

表 4.16 是 S3C2410 的实时时钟控制寄存器 RTCCON 各位的设置值与相应的功能。

表 4.16　RTC 时钟控制寄存器 RTCCON

位 3：CLKRST	位 2：CNTSEL	位 1：CLKSEL	位 0：RTCEN
0：不复位	0：BCD 码合并	0：XTAL 1/32768	0：读写关闭
1：RTC 复位	1：分立 BCD 码	1：保留	1：读写使能

（2）RTC 报警寄存器 RTCALM

表 4.17 是 RTC 报警寄存器 RTCALM 中的各个位，取值可以是 0 或 1，0 表示禁止报警，1 表示报警使能。

表 4.17　RTC 报警寄存器 RTCALM

位 7	位 6	位 5	位 4	位 3	位 2	位 1	位 0
RTCCON	ALMEN	YEAREN	MONEN	DAYEN	HOUREN	MINEN	SECEN

0：禁止报警　　　1：报警使能

（3）RTC 报警时间设置寄存器

RTC 模块的寄存器组 BCDSEC、BCDMIN、BCDDAY、BCDDATE、BCDMON、BCDYEAR 分别用于存放秒、分、小时、日、月、年，如表 4.18 所示。

表 4.18　时间设置寄存器

	年	月		日		小时		分		秒	
位	[7:0]	[4]	[3:0]	[5:4]	[3:0]	[5:4]	[3:0]	[6:4]	[3:0]	[6:4]	3:0]
范围	00~99	0~1	0~9	0~3	0~9	0~2	0~9	0~5	0~9	0~5	0~9

例：下列程序是 S3C2410 处理器的实时时钟（RTC）模块，根据语句 RTCCON =0x01；请分析 RTC 的功能、初始年份为、在函数 display 外 RTCCON 的值为多少？

```c
void display()
{
int y,m,d,s,mi;
RTCCON =0x01;     //报警使能
while(1)
  {
if(BCDYEAR==0x99)
   y=0x1999;
else
   y=0x2000+BCDYEAR;
m=BCDMON;
d=BCDDAY;
mi= BCDMIN;
s=BCDSEC;
if(s!=0)
   break;
printf("time:%4x  /  %02x /%02x\n",y,m,d);
RTCCON =0x0;
 }
}

void main()
{
RTCCON =0x01;
BCDYEAR =0x08;
BCDMON =0x08;
BCDDAY = 0x08;
BCDMIN =0x08;
BCDSEC =0x59;
RTCCON =0x00;
while(1)
 {
 display();
 delay(200);
 }
}
```

分析：语句 RTCCON =0x01;表示 RTC 使能、无复位、分频 1/32768，初始年份为 2008，在函数 display 外 RTCCON 的值为 0x00。

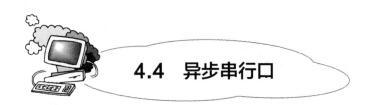

4.4 异步串行口

S3C2410 自带 3 个异步串行口控制器，每个控制器有 16 个字节的 FIFO，最大波特率 115.2Kbit/s，UART 行控制寄存器 ULCONn、控制数寄存器 UCONn、读写状态寄存器 UTRSTAT、FIFO 控制寄存器 UFCONn、UART MODEM 控制寄存器 UMCONn、读写状态寄存器 UTRSTATn、FIFO 状态寄存器 UFSTATn、波特率分频寄存器 UBRDIVn。

（1）端口 H 控制寄存器功能如表 4.19 所示，端口 H 控制寄存器共有引脚 21 个，0～20 脚，每 2 个位控制 1 个引脚。如果控制位为 00 时引脚为输入，控制位为 01 时引脚为输出，控制位为 10 时引脚为特殊功能，控制位为 11 时引脚为保留功能。

表 4.19 端口 H 控制寄存器及功能

00：输入		01：输出	10：		11：保留
GPHCON	位	控制描述符	GPHCON	位	控制描述符
GPH0	1～0	00:输入 01：输出 10:nCTS0 11:保留	GPH6	13～12	00:输入 01：输出 10：TXD2 11:保留
GPH1	3～2	00:输入 01：输出 10:nRTS0 11:保留	GPH7	15～14	00:输入 01：输出 10：RXD2 11:保留
GPH2	5～4	00:输入 01：输出 10:TXD0 11:保留	GPH8	17～16	00:输入 01：输出 10:UCLK 11:保留
GPH3	7～6	00:输入 01：输出 10: RXD0 11:保留	GPH9	19～18	00:输入 01：输出 10:CLKOUT0 11:保留
GPH4	9～8	00:输入 01：输出 10:TXD1 11:保留	GPH10	21～20	00:输入 01：输出 10:CLKOUT1 11:保留
GPH5	11～10	00:输入 01：输出 10: RXD1 11:保留			

（2）端口上拉寄存器（GPBUP－GPHUP）
0 接上拉电阻，1 不接上拉电阻
（3）S3C2410 中 UART 行控制寄存器 ULCONn 如表 4.20 所示。

表 4.20 UART 行控制寄存器 VLCONn

ULCONn	位	描述	初始化状态
保留位	7	—	0
红外线	6	1：采用红外线模式 0：正常模式	0

续表

奇偶校验模式	5～3	0xx=无，100=奇，110=强制奇校验为1，111=强制奇校验为0	000
停止位个数	2	0：1位停止位　　　　1：2位停止位	00
数据位长度	1～0	00：5位　　01：6位　　10：7位　　11：8位	0

（4）S3C2410中FIFO控制寄存器UFCONn如表4.21所示。

表4.21　FIFO控制寄存器UFCONn

UFCONn	位	描述	初始化状态
TxFIFO寄存器	7～6	FIFO触发中断条件（传输）： 00：TxFIFO寄存器中有0个字节触发中断 01：TxFIFO寄存器中有4个字节触发中断 10：TxFIFO寄存器中有8个字节触发中断 11：TxFIFO寄存器中有12个字节触发中断	00
TxFIFO寄存器	5～4	FIFO触发中断条件（读取）： 00：TxFIFO寄存器中有4个字节触发中断 01：TxFIFO寄存器中有8个字节触发中断 10：TxFIFO寄存器中有12个字节触发中断 11：TxFIFO寄存器中有16个字节触发中断	00
保留位	3	保留	0
TxFIFO重置	2	0：FIFO复位不清零TxFIFO寄存器 1：FIFO复位清零TxFIFO寄存器	0
RxFIFO重置	1	0：FIFO复位不清零RxFIFO寄存器 1：FIFO复位清零RxFIFO寄存器	0
FIFO使能	0	0：禁止FIFO功能　　1：允许FIFO功能	0

（5）S3C2410中UART MODED控制寄存器UMCONn如表4.22所示。

表4.22　UARTMODED控制寄存器UMCONn

UMCONn	位	描述	初始化状态
保留位	7～5	必须全部为0	000
自动流控制（AFC）	4	0：禁止使用AFC模式　　1：允许使用AFC模式	0
保留位	3～1	必须全部为0	000
发送请求	0	如使用AFC模式，该值被略去 禁止使用AFC模式时，nRTS须由软件控制 0：不激活nFTS　　1：激活nFTS	0

S3C2410中每个UART的寄存器有11个之多(共有3个UART)，考虑比较简单的情况，用到的寄存器也有8个。不过初始化就用去了5个寄存器，剩下的3个用于接收、发送数

据。下面应用实例说明串行通信的应用。

例1：假设在数据传送中设置传送8个数据位，1个停止位，无校验，正常操作模式，发送、接收都使用中断或查询方式，请根据实际需求设置异步通信寄存器，实际操作过程如下：

（1）初始化

① 把使用到的引脚 GPH2、GPH3 定义为 TXD0、RXD0。

```
GPHCON |= 0xa0    //1010 0000
GPHUP  |= 0x0c    //上拉
```

② 设置 ULCON0

如把 ULCON0(UART channel 0 line control register)设定为：8个数据位，1个停止位，无校验，正常操作模式(与之相对的是 Infra-Red Mode，此模式表示0、1的方式比较特殊)。则 ULCON0 值为 0x03。

③ 设置 UCON0

如把 UCON0 设定为除了位[3:0]，其他位都使用默认值。位[3:0]=0b0101 表示：发送、接收都使用"中断或查询方式"，则把 UCON0 值赋为 0x05。

④ 设置 UFCON0

如把 UFCON0 的功能设定为不使用 FIFO，则设为默认值 0。

⑤ 设置 UMCON0

如果把 UMCON0 设定为不使用流控，则设为默认值 0x00。

⑥ 设置 UBRDIV0

UBRDIV0 未使用 PLL，采用 PCLK=12MHz，设置波特率为 57600Bd，则由公式：

```
UBRDIVn = (int)(PCLK / (bps x 16))-1
```

可以计算得 UBRDIV0 = 12，根据 S3C2410 数据手册的误差公式，验算此波特率是否在可容忍的误差范围之内，如果不在，则需要更换另一个波特率。经验算 UBRDIV0 可设为 12。

（2）发送数据

① 设置 UTRSTAT0

如果把 UTRSTAT0 功能设置如下：

位[2]：无数据发送时，自动设为1。当使用串口发送数据时，先读此位以判断是否有数据正在占用发送口。

位[1]：发送 FIFO 是否为空。

位[0]：接收缓冲区是否有数据，若有，此位设为1。实验中需要不断查询此位，判断是否有数据已经被接收。

② 给 UTXH0 寄存器赋值

实验中要把发送的数据写入 UTXH0(UART channel 0 transmit buffer register)此寄存器。

（3）接收数据

① 根据位[0],先判断寄存器 UTRSTAT0 的缓冲区是否有数据。

② 当查询到 UTRSTAT0 位[0]=1 时，读此寄存器获得串口接收到的数据。

串口数据传送的三个函数：init_uart、putc、getc 分别表示串口初始化、发送数据与接收数据。
```
void init_uart( )  //初始化UART
{
    GPHCON|= 0xa0;        //GPH2,GPH3 used as TXD0,RXD0
    GPHUP  = 0x0c;        //GPH2,GPH3 内部上拉
    ULCON0 = 0x03;        //8N1(8个数据位，无校验位，1个停止位)
    UCON0  = 0x05;        //查询方式
    UFCON0 = 0x00;        //不使用FIFO
    UMCON0 = 0x00;        //不使用流控
    UBRDIV0= 12;          //波特率为57600
}
void putc(unsigned char c)
{
   while( ! (UTRSTAT0 & TXD0READY) );  //不断查询，直到可以发送数据
   UTXH0 = c;                           //发送数据
}
unsigned char getc( )
{
   while( ! (UTRSTAT0 & RXD0READY) );  //不断查询，直到接收到了数据
   return URXH0;                        //返回接收到的数据
}
```

4.5 IIC 总线接口

IIC 中有一条串行数据线（SDA），一条串行时钟线（SCL）。数据传送时，主机先发出开始 S 信号，然后发出 8 位数据，这 8 位数据中的前 7 位为从机的地址，第 8 位表示传输的方向（0 表示写操作，1 表示读操作）。在 S3C2410 中 IIC 总线控制寄存器有 4 个，分别是 IICCON、IICSTAT、IICADD、IICDS。SDA 线上的数据从 IICDS 寄存器发出（或传入 IICDS）；IICADD 寄存器中保存 S3C2410 当作从机时的地址；IICCON、IICSTAT 两个寄存器用来控制或标识各种状态，如选择工作模式、发出 S 或 P 信号、接收 ACK 信号、检测是否收到 ACK 信号。

（1）IICCON 寄存器

IICCON 寄存器各位功能及描述如表 4.23 所示。

表 4.23 IICCON 寄存器各位的功能描述

功能	位	描述
ACK 信号使能	[7]	0＝禁止，1＝使能 在发送模式此位无意义 在接收模式此位使能时，SDA 线在响应周期内将被拉低，发出 ACK 信号
发送模式时钟源选择	[6]	0＝IICCLK 为 PCLK/16，1＝IICCLK 为 PCLK/512
发送接收中断使能	[5]	0＝IIC 总线 Tx/Rx 中断禁止 1＝IIC 总线 Tx/Rx 中断使能
中断标记	[4]	0＝没有中断发生 1＝有中断发生
发送模式时钟分频系数	[3:0]	发送器时钟＝IICCLK /（IICCON[3:0]+1）

（2）IICSTAT 寄存器

IICSTAT 寄存器各位功能及描述如表 4.24 所示。

表 4.24 IICSTAT 寄存器各位的功能描述

功能	位	描述
工作模式	[7:6]	00＝从机接收，01＝从机发送，10＝主机接收，11＝主机发送
忙/S/P 信号	[5]	读：0＝总线空闲，1＝总线忙 写：0＝发出 P 信号，1＝发出 S 信号，此时 IICDS 寄存器中数据自动发送
串行输出使能	[4]	0＝禁止接收/发送功能，1＝使能接收/发送功能
仲裁状态	[3]	0＝总线仲裁成功，1＝总线仲裁失败
从机地址状态	[2]	作为从机时，在检测到 S/P 信号时此位被自动清 0 接收到的地址与 IICADD 寄存器中的值相等时，此位被置 1
0 地址状态	[1]	在检测到 S/P 信号时此位被自动清 0 在接收到地址为 0 时，此位被置 1
最后一位状态	[0]	0＝接收到 ACK 信号 1＝没有接收到 ACK 信号

（3）IICADD 寄存器

[7:1]表示从机地址，当 IICSTAT[4]为 0 时才可写入，在任何时间都可以读出。

（4）IICDS 寄存器

[7:0]保存的是要发送或已经接收的数据，当 IICSTAT[4]为 1 时，才可以写入，在任何时间都可读出。

例：分析下列函数 IIC_init

```
void IIC_init(void)
{
  GPEUP  |=0xc000 ;
GPECON  |=0xa0000000 ;
```

```
  INTMSK &= ~(BIT_IIC);
   IICCON=( 1<<7) | (0<<6) | (1<<5) |(0xf) ;
  IICADD = 0x10;    //S3C2410 slave address = [7:1]
  IICSTAT =0x10;
}
```

分析：语句 GPEUP |=0xc000 ;表示禁止内部上拉，语句 GPECON |=0xa0000000 ;表示选择引脚 GPE15 到 IICSDA，GPE14 到 IICSCL，Bit[7]=1,使能 ACK，bit[6]=0,IICCLK=PCLK/16，bit[5]=1,使能中断，Bit[3:0]=0xf, Tx_clock=IICCLK/16，如 PCLK=50MHz, IICCLK=3.125MHz, Tx_clock=0.195MHz，IIC 串行输出使能 Rx/Tx。

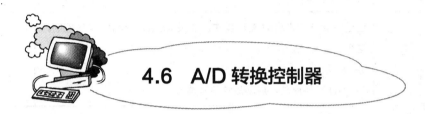

4.6 A/D 转换控制器

S3C2410 集成了 8 路 10 位 A/D 转换器，最大转换率为 500Kbit/s，ADCCON 为 A/D 转换控制器，它的地址为 0x58000000，初始化值为 0x3fc4。ADCCON 控制器的情况如表 4.25 所示，ADCCON 各位的功能描述如表 4.26 所示。

表 4.25 ADC 控制寄存器(ADCCON)

寄存器	复位值	地址	读写	描述
ADCCON	0x3FC4	0x58000000	R/W	ADC 控制寄存器

表 4.26 ADCCON 各位的功能描述

ADCCON	位	描述	起始状态
ECFLG	[15]	AD 转换结束标志（只读） 0 =A/D 转换操作中 1 =A/D 转换结束	0
PRSCEN	[14]	A/D 转换器预分频器使能 0 =停止 1 =使能	0
PRSCVL	[13:6]	A/D 转换器预分频器数值：数据值范围：1～255 注意当预分频的值为 N，则除数实际上为（N+1） 注意：ADC 频率应该设置成小于 PLCK 的 5 倍。 (例如，如果 PCLK = 10MHz, ADC 频率 ＜2MHz)	0xff

续表

		模拟输入通道选择				0
SEL_MUX	[5:3]	000 = AIN 0	001 = AIN 1	010 = AIN 2	011 = AIN 3	
		100 = AIN 4	101 = AIN 5	110 = AIN 6	111 = AIN 7 (XP)	
STDBM	[2]	Standby 模式选择 0 = 普通模式 1 = Standby 模式				1
READ_START	[1]	通过读取来启动 A/D 转换 0 = 停止通过读取启动 1 = 使能通过读取启动				0
ENABLE_START	[0]	通过设置该位来启动 A/D 操作。如果 READ_START 是使能的，这个值就无效。 0 = 无操作 1 = A/D 转换启动，启动后该位被清零				0

思考与实验

1. 请分析下列函数，它是定时器初始化函数，设外部输入时钟频率为 100MHz，采用预分频器 0，取值为 99，定时器初始化函数代码为：

```
void timer0_init(void)
{
  TCFG0=99;
  TCFG1=0x03;
  TCNTB0=31250;    //定时器初始计数值
  TCON |=(1<<1);
  TCON =0x09;
}
```

问题：

1）此设计中的分频数为多少？通过分频后的时钟频率为多少？

2）过多少时间触发一次中断？

3）当定时计数器到 0 时，自动加载到 TCNTB0 寄存器的值是多少？

2. 阅读串行通信程序中的两个函数，分析程序的含义。

```
void PrintUART(int Port,char *s)
{
if(Port==0)
    for(;*s!='\0';s++)
```

```
        {for(;(!(USTAT0&0x40)););
        UTXBUF0=*s;}
    if(Port==1)
        for(;*s!='\0';s++)
        {for(;(!(USTAT1&0x40)););
        UTXBUF1=*s;}
}

void InitUART(int Port,int Baudrate)
{
if(Port==0)
{
ULCON0=0x03;
UCON0=0x09;
    UBRDIV0=Baudrate;
    }
if(Port==1)
{
ULCON1=0x03;
    UCON1=0x09;
    UBRDIV1=Baudrate;
    }
}
```

3. 阅读下列程序，根据题目给出的要求，在划线处填上合适的参数。

```
#define PCLK     50000000
#define UART_CLK  PCLK
#define UART_BATE 115200
#define UART_BRD ((UART_CLK / (UART_BAUD_RATE * 16)) - 1)
void uart0_init(void)
{
  //采用最简单的串口连接方法
GPHCON |=_____(1)_____;
//端口上拉寄存器第2~3位不接上拉电阻
GPHUP = 0x_____(2)_____;
//UART 行控制寄存器 ULCONn 采用正常模式、无奇偶校验、1位停止位、8位数据位
ULCON0 = _____(3)_____;
    //FIFO 控制寄存器 UFCONn 采用允许 FIFO 功能、不清零 RxFIFO 寄存器、清零 TxFIFO
    寄存器、传输时 TxFIFO 寄存器有 0 个字节触发中断、读取时中有 4 个字节触发中断
UFCON0 = _____(4)_____;
```

//禁止使用 AFC 模式
    UMCON0 = _____(5)_____;
    UBRDIV0= UART_BRD;
}

4. 阅读以下列两个函数 ADC_Init、Read_Adc，功能分别是对 A/D 驱动程序的初始化工作及读取 A/D 数据 ch 为选择通道，请根据题意填空。

```
void ADC_Init(void)
{
    U32   psr;   //设置 A/D 转换频率值
    char  ain ;  //通道选择
    //设置转换频率为时钟频率 1/200
    psr =_____(1)_____;
    // A/D 转换器预分频器使能、启动 A/D 转换，其他为默认值
    rADCCON |= 0x____(2)____;
    //选择 AIN 7 通道、读取来启动 A/D 转换，其他为默认值
    rADCCON |= 0x____(3)____;
    Delay(100);
    printk("ADC 转换频率=%d(Hz)\n\n",(int)PCLK/(psr+1));
}
unsigned short Read_Adc(unsigned char ch)
{
int i;
//开始 AD 转换
rADCCON=0x____(4)____|(ch<<3);
//等待 AD 转换的开始
while(____(5)____ & 0x1);
while(!(rADCCON & 0x8000));
for(i=0;i<rADCPSR;i++);
return (unsigned short(rADCDAT)&0x3ff);
}
```

第 5 章

嵌入式系统开发环境构建

 **本章重点**

1. 嵌入式 Linux 硬件开发环境构建。
2. 交叉编译环境的安装。
3. 嵌入式程序的调试方法。
4. Makefile 工程文件。
5. Makefile 工程文件中变量的使用。

 **本章导读**

本章对嵌入式硬件与硬件开发环境做了详细的介绍,包括嵌入式系统的硬件构成、连接方法,并给出了具体的操作步骤;详细讲解了交叉编译的概念及交叉编译器的安装,在多文件系统中 Makefile 工程文件的编写方法及在工程文件中变量的应用。

5.1 嵌入式 Linux 开发环境的硬件连接

5.1.1 嵌入式硬件系统

通常嵌入式系统的开发是针对与开发项目相关的开发工具在宿主机上进行开发，然后在开发板上进行调试，最后将开发生成的文件烧写到独立的嵌入式应用设备中去。嵌入式系统硬件系统的示意图如图 5.1 所示。在嵌入式设计中所需的基本硬件设备如下：

（1）一台装有 Redhat Linux 9.0 系统的 PC 机（通常称为宿主机），至少要有一个串行口以及一个并行口。

（2）ARM9 目标板或开发板。

（3）一根串口线，用于宿主机与开发板通信。

（4）一根并口线，用于连接 JTAG，用于程序调试与引导系统、内核、文件系统烧写。

（5）一根网络线，用于宿主机与开发板间快速数据传输。

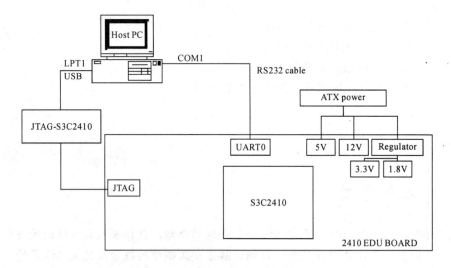

图 5.1 嵌入式系统硬件构成示意图

5.1.2 PC 宿主机与嵌入式硬件设备的连接

在嵌入式设备的开发过程中，往往先在 PC 机上调试，程序调试成功后，通过串口线或网线下载到开发板，PC 机通常称为宿主机。宿主机与开发板之间的连线通常有两根：

（1）串口线。一端接宿主机的串口，另一端接实验箱的串口 1 上（ttyS0）。

（2）网线。有两种连线方式，第一种方式是用交叉线一端接宿主机的网络接口，另一端接开发板的网络接口。第二种方式是用两根标准网线把宿主机连到交换机上，把开发板也连到交换机上，建议采用第二种方式连线。

注意：

对于串口线的插拔，必须先关闭开发板电源；否则，极有可能导致开发板部分电路或模块的烧毁。

连线示意图如图 5.2 所示。

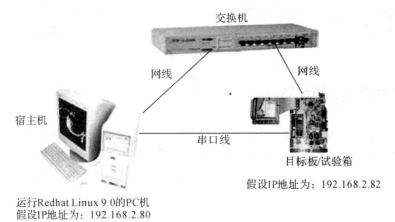

图 5.2　嵌入式开发环境硬件设备连线示意图

注意：

1. 若宿主机没有串口，可以通过相关设备来实现串口功能，如 USB 转串口转换器。
2. 若宿主机有两个或多个串口，注意识别哪个是 COM1 口，哪个是 COM2 口，以便对串口通信软件进行相应的串口参数设置。

5.2　嵌入式 Linux 开发环境设置

相关的软件设置有防火墙设置、串口设置、TFTP 服务、NFS 服务、交叉编译器等。下面具体介绍相关软件的作用。

（1）防火墙设置：由于默认启用的防火墙会阻止宿主机与开发板之间的访问，所以，为了方便一般就直接禁用防火墙。

（2）串口设置：它可以通过串口线把目标板的运行信息输出并显示在宿主机的终端上。

（3）TFTP 服务：它可以实现从宿主机下载内核与文件系统到开发板。

（4）NFS 服务：它可以实现把宿主机上的目录通过网络挂载到目标板上，以便目标板访问宿主机上的目录，这样便于应用程序的调试。

5）交叉编译器：所谓的交叉编译是指在宿主机上编译的程序，但不能在宿主机上运行而只能移植到开发板后在开发板上运行的程序。由于用 Linux 系统自带的 GCC 编译器来编译程序，生成的可执行文件无法在目标板上运行，而只能使用交叉编译器（一般情况下使用 arm-linux-gcc）来编译应用程序，交叉编译器能实现在宿主机上编译程序，而在目标板上运行程序。交叉编译器的版本有很多，如 cross-2.95.3、cross-3.3.2、arm-linux-gcc-3.4.1 等。

5.2.1 嵌入式开发环境配置流程

嵌入式开发软件环境配置流程如图 5.3 所示。由于嵌入式系统的程序开发是在宿主机上进行，然后把编译好的程序通过网络传输下载存放到开发板的某个位置，因而在软件环境搭建中需要对网络传输系统进行设置、下载内核、制作文件系统、安装交叉编译器等。

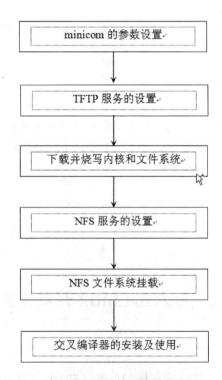

图 5.3 嵌入式开发软件环境配置流程

通过 minicom 设置串口属性，如串口号、波特率、硬件控制流等，设置正确后才可以使目标板与宿主机建立连接，这是首要工作。通过 TFTP 服务的设置，实现内核及文件系统的下载，一般情况下，一块新的开发板，厂商已经在板上烧写了内核及文件系统，假如读者感兴趣也可以自己下载并烧写。对 NFS 服务的设置目的在于应用程序开发时，可以通过 NFS 服务把应用程序挂载到开发板上，就可以在开发板上执行可执行程序，请读者注意：在嵌入式应用程序的编译过程中，不能使用 Linux 系统自带的 GCC 编译器，而需要安装交叉编译器，这样就实现了在宿主机上编译，在目标板上运行编译好的可执行程序，极大地方便了读者对应用程序的调试。

5.2.2 关闭防火墙

假定在宿主机的 home 目录下开发，为了设置网络系统，首先关闭防火墙。
操作步骤：打开终端并关闭防火墙，命令如下：
[root@localhost home]# **service iptables stop**
清除所有链：   [确定]
删除用户定义的链：   [确定]
将内建链重设为默认的"ACCEPT"策略：   [确定]
为了避免重新开机后防火墙生效，执行下面的命令让防火墙永久禁用。
[root@localhost home]# **chkconfig --level 345 iptables off**

注意：
以上配置步骤也可以在命令行下通过输入 SETUP 命令在图形方式下配置。

5.2.3 minicom 端口配置及使用

假如读者的 Linux 是安装在 VMware 虚拟机中的，那么在设置 minicom 参数之前，需要先给虚拟机添加串口设备，在开发中应用串口对宿主机与开发板之间进行通信。添加串口操作步骤如下：
（1）VMware 虚拟机设置串口设备（此虚拟机版本为 VMware 6.0）

操作步骤

步骤 1：打开虚拟机，如图 5.4 所示。

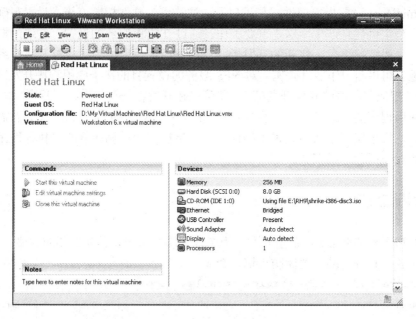

图 5.4 虚拟机界面

步骤 2：单击 Edit virtual machine settings 选项，进入 Virtual Machine Settings 对话框，如图 5.5 所示。

步骤 3：单击 Add 按钮，进入到 Add Hardware Wizard 对话框，如图 5.6 所示。

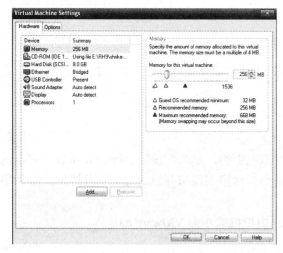

图 5.5 虚拟机设置对话框

图 5.6 硬件设置向导对话框

步骤 4：选择 Serial Port 选项，再单击 Next 按钮，出现如图 5.7 所示的硬件设置向导中的串口设置对话框。

步骤 5：采用默认设置，单击 Next 按钮，出现如图 5.8 所示的物理串口选择对话框。

步骤 6：采用默认设置，单击 Finish 按钮，此时会在 Virtual Machine Settings 对话框下的 Hardware 选项卡中生成子选项 Serial Port，如图 5.9 所示。

第 5 章 嵌入式系统开发环境构建

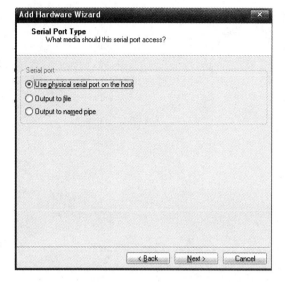

图 5.7 硬件设置向导中的串口选择对话框

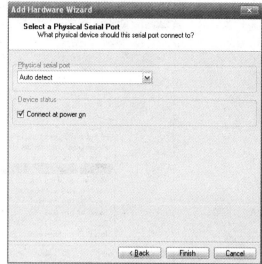

图 5.8 硬件设置向导中的物理串口选择对话框

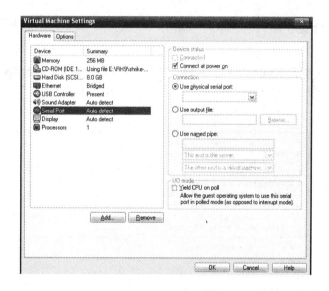

图 5.9 串口创建完成

步骤 7：单击 OK 按钮，串口创建完毕。

接下来运行虚拟机中的 Linux 系统，然后在 Linux 系统中配置 minicom。

（2）minicom 端口配置

在宿主机与开发板之间进行通信，安装串口后要对串口参数进行配置，配置正确的串口参数后才能进行通信。打开如图 5.10 所示的 minicom 配置界面，所用命令如下：

[root@localhost home]# **minicom -s**

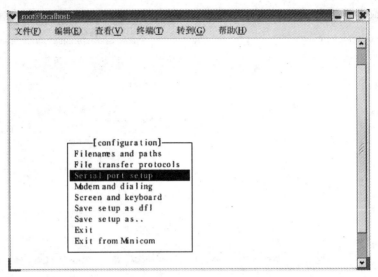

图 5.10　minicom 配置界面

选择 Serial port setup 选项，并按回车键，出现如图 5.11 所示的 minicom 串口属性配置界面。

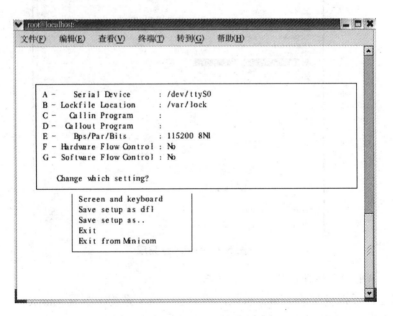

图 5.11　minicom 串口属性配置界面

此时，按 A 键进行串口号的设置，此处指定为/dev/ttyS0（ttyS0 为串口 1，ttyS1 为串口 2）。由于连往开发板的串口线是接在宿主机的串口 1 上，所以这里使用 ttyS0（可以在 Linux 下进入文件夹/dev，用命令 ls ttyS*-al 查找，也可以在 Windows 中程序/附件/通信/超级终端，在连接描述的名称中输入任意名称，单击"确定"按钮，在连接时使用的下拉列表框中查找本机可使用的串口），按回车键确认。

按 F 键进行硬件流控制的设置，此值设置为 No。

第 5 章　嵌入式系统开发环境构建

按 E 键进行设置串口的波特率、奇偶校验位、数据位、停止位,如图 5.12 所示的 minicom 波特率等配置界面。

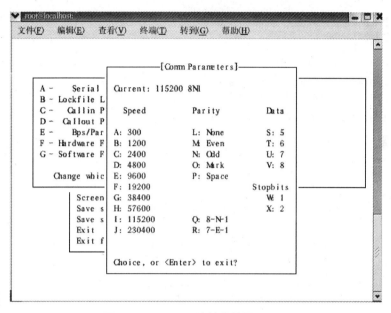

图 5.12　minicom 波特率等配置界面

根据实验要求：设置串口的波特率为 115200；设置奇偶校验位为无奇偶校检；设置数据位为 8；按 V 键；设置停止位为 1；按 W 键；可以直接按 Q 键，使数据位为 8，奇偶位为无，停止位为 1。

配置正确后，按回车键返回上一级 minicom 配置界面，选中 Save setup as dfl 选项并保存，如图 5.13 所示。

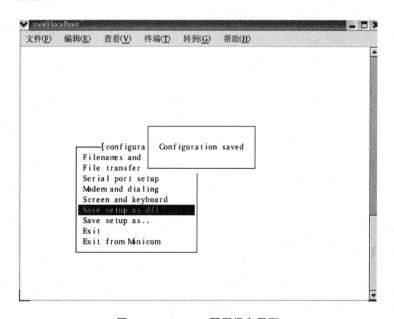

图 5.13　minicom 配置保存界面

123

对所做的修改进行保存。然后，选择 Exit 选项退出配置界面，在终端输入 minicom 命令，进入到 minicom 启动界面，如图 5.14 所示。

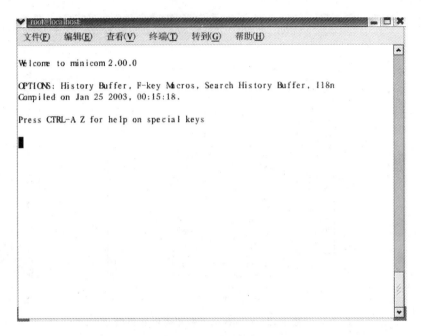

图 5.14 minicom 启动界面

最后，检查宿主机与目标板连线是否正确，并开启目标板电源，对目标板进行引导，若 minicom 配置正确，则会显示以下信息：

```
**********************keybd_init**************
**********************led_init**************
the date write is: ba65
the read data is: ba65
Init uda1380 finished.
s->dma_ch = 2
s->dma_ch = 1
UDA1380 audio driver initialized
**********************electromotor_init**************
MMC/SD Slot initialized
/usr/etc/rc.local: 22: /jffs2/sbin/iptables: not found
open ok
open ok
chmod: /jffs2/etc/ipset: No such file or directory
release ok
release ok
mount: Mounting /dev/sda1 on /mnt failed: No such device or address
cp: /mnt/hn1.wav: No such file or directory
```

#此处由于系统找不到 hn1.wav 文件，需要读者按 Ctrl+C 键进入系统。

```
BusyBox v1.00-pre10 (2005.06.14-09:21+0000) Built-in shell (ash)
Enter 'help' for a list of built-in commands.

~ #
```

当出现以上提示符时表明已进入了目标板的操作系统当中，若没出现类似上面的信息，说明 minicom 配置不正确，需要重新配置 minicom。

5.2.4 TFTP 服务配置及使用

通常在宿主机上通过交叉编译成功的程序可用串口、U 盘或网络（TFTP、NFS）的方式传送到开发板，在本书中用 TFTP 的方式进行内核的传送，用 NFS 的方式进行可执行程序的传送，因而需对 TFTP 及 NFS 服务器进行配置。

（1）在 Linux 下的网络设置

操作步骤

步骤 1：单击主菜单下的"系统设置"→"网络"，打开"网络配置"窗口。
步骤 2：单击"编辑"，进入"以太网设备"对话框。
步骤 3：设置宿主机 IP 地址、子网掩码、网关等。此处把 IP 地址设为 192.168.2.80，读者可以按照自己的情况设置 IP 地址（要求宿主机与目标板在同一网段）。设置后如图 5.15 所示。

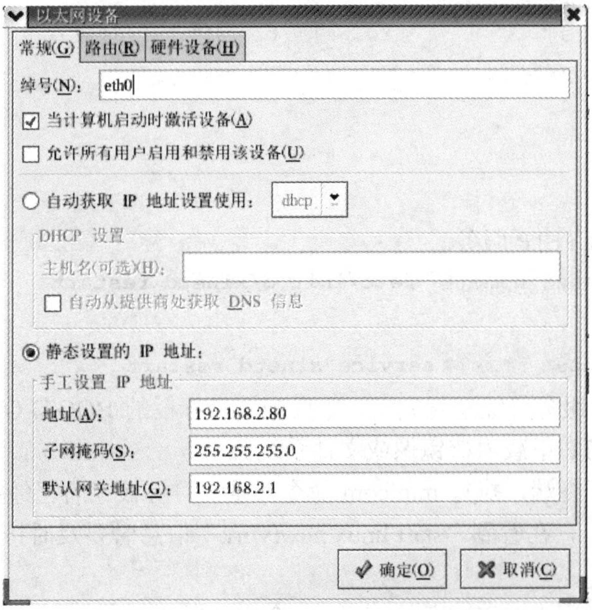

图 5.15　Linux 环境下网络 IP 参数配置

（2）在 Linux 下的 TFTP 配置

操作步骤

步骤 1：检测 TFTP 服务是否安装。

`[root@localhost home]# rpm -qa|grep tftp`

`tftp-0.32-4`

`tftp-server-0.32-4`

显示以上信息表明系统已安装了 TFTP 服务。否则需要安装 tftp-server-0.32-4.i386.rpm 和 tftp-0.32-4.i386.rpm 包，执行以下命令：

`[root@localhost home]# rpm -ivh /mnt/cdrom/Redhat/RPMS/tftp*.rpm`

步骤 2：创建 tftpboot 目录。

创建 tftpboot 目录是为了设置 TFTP 服务的根目录。

`[root@localhost home]# mkdir /tftpboot`

步骤 3：编辑/etc/xinetd.d/tftp。

`[root@localhost home]# vi /etc/xinetd.d/tftp`

```
service tftp
{
        socket_type             = dgram
        protocol                = udp
        wait                    = yes
        user                    = root
        server                  = /usr/sbin/in.tftpd
        server_args             = -s /tftpboot
        disable                 = no      #此处由 yes 改为 no
        per_source              = 11
        cps                     = 1002
        flags                   = IPv4
}
```

步骤 4：重启 TFTP 服务。

`[root@localhost home]#  /etc/init.d/xinetd restart`

或

`[root@localhost home]# service xinetd restart`

到此，TFTP 服务已经配置完毕，下面配置目标板的 BOOTLOADER 环境变量，让目标板可以通过 TFTP 下载内核镜像或文件系统。

步骤 5：打开终端，执行 minicom 命令，重启目标板（若已经执行了 minicom 则直接重启目标板即可），在看到 "start linux now(y/n):" 信息时要及时按键盘上的 n 键或按回车键。

`[root@localhost home]#minicom`   #会出现以下画面：

第 5 章 嵌入式系统开发环境构建

```
PPCBoot 2.0.0 (Sep 1 200


PPCBoot code: 33F00000 -> 33F15D68  BSS: -> 33F191FC
DRAM Configuration:
Bank #0: 30000000 64 MB
FLASH Memory Start 0x0
Device ID of the FLASH is 18
intel E28F128J3A150 init finished!!!
FLASH: 16 MB
Write 18 to Watchdog and it is 18 now
start linux now(y/n):        #此处快速按 n 键,进入 ppcboot 命令提示符界面
SMDK2410 #
```

表示已进入目标板,SMDK2410#是目标板的提示符。

步骤 6:查看当前的环境变量。

```
SMDK2410 # printenv
bootdelay=3                      #定义执行自动启动的等候秒数
baudrate=115200                  #定义串口控制台的波特率
ethaddr=08:00:3e:26:0a:5b        #定义以太网卡的 MAC 地址
filesize=dd947
gatewayip=192.168.2.1            #此为网关
netmask=255.255.255.0            #此为子网掩码
serverip= 192.168.2.122          #当前的服务器 IP 地址
ipaddr=192.168.2.120             #此为目标板的 IP
```

步骤 7:修改当前的环境变量。

参数 serverip 应当配置成宿主机的 IP 地址,而自身 IP 地址根据宿主机的 IP 地址选择一个同网段的就行,在这里把目标板自身的 IP 地址设置成 192.168.2.82。

```
SMDK2410 # setenv serverip 192.168.2.80 #用 setenv 命令修改 serverip,(即宿主机的 IP)
SMDK2410 # setenv ipaddr 192.168.2.82       #修改目标板自身的 IP 地址
SMDK2410 # saveenv                          #保存当前设置的环境变量
Saving Environment to FLASH...
Protect off 00020000 ... 0002FFFF
.
Un-Protected 1 sectors
Erasing FLASH...        [XXXXX]
Erased 1 sectors
Writing to FLASH...     ********#
done
.
```

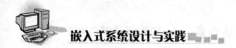

```
Protected 1 sectors
SMDK2410 # printenv         #再次查看环境变量
bootdelay=3
baudrate=115200
ethaddr=08:00:3e:26:0a:5b
filesize=dd947
gatewayip=192.168.2.1
netmask=255.255.255.0
ipaddr=192.168.2.82
serverip=192.168.2.80
```

注意：

宿主机及目标板上的 IP 地址，切勿与局域网内其他设备的 IP 地址相冲突。

步骤 8：复制内核 zImage 镜像文件和文件系统 ramdisk.image.gz 到/tftpboot 目录中，假定这些文件存放在 embedded/ Images/目录下。

```
[root@localhost home]# cp /embedded/ Images/zImage /tftpboot/
[root@localhost home]# cp /embedded/ Images/ramdisk.image.gz /tftpboot/
```

步骤 9：下载内核镜像文件 zImage 和文件系统镜像文件 ramdisk.image.gz。

```
SMDK2410 # tftpboot 0x30008000 zImage
#用 tftpboot 命令把 zImage 从地址为 192.168.2.80 的宿主机上下载到目标板的地址为 0x30008000 上
<DM9000> I/O: 8000300, VID: 90000a46
NetOurIP =c0a8025a
NetServerIP = c0a8024c
NetOurGatewayIP = c0a80201
NetOurSubnetMask = ffffff00
ARP broadcast 1
ARP broadcast 2
TFTP from server 192.168.2.80; our IP address is 192.168.2.82
Filename 'zImage'.
Load address: 0x30008000           #下载到 0x30008000 地址上
Loading: ##########################################################
         ##########################################################
         ##########################################################
```

第 5 章 嵌入式系统开发环境构建

```
Done #表示下载完毕（注意：此时的内核在 RAM 下，假如系统复位后 0x30008000 地址上的内核
zImage 也就消失了）
    Bytes transferred = 933672 (e3f28 hex)       #下载的字节大小
    SMDK2410 #
```

以上信息表明已经成功地把内核通过 TFTP 下载到目标板上的 RAM 中。系统复位后 0x30008000 地址上的内核 zImage 也就消失了。因此用 fl 命令把内核从 RAM 中烧写到 NOR FLASH 中。

```
    SMDK2410 # fl 0x00040000 0x30008000 #把下载 RAM 中的内核 zImage 烧写到 NOR FLASH
中，
    Erasing FLASH locations, Please Wait ...
        [XXXXX] [XXXXX] [XXXXX] [XXXXX] [XXXXX] [XXXXX] [XXXXX]
        [XXXXX]
    Erased 8 sectors
    Programming FLASH, Please Wait ...
        ************************************************************
        *****************************************************#
```

 注意：

1. 应尽量少擦写 FLASH，只有当内核定制好后，并且完全符合应用需求才把内核烧写入 FLASH 中。
2. 0x00040000 这个地址是随硬件的变化而变化。

关于文件系统的烧写跟内核一样，先用 TFTP 把文件系统下载到 0x30008000 地址上，然后用 fl 命令把文件系统镜像（ramdisk.image.gz）烧写到 NOR FLASH 中，其中此开发板装载文件系统的 NOR FLASH 地址是从 0x00040000 开始的。

在调试时也可以连续下载内核和文件系统，通过 BOOTLOAD 提供的 GO 命令从内核地址开始执行系统。等调试后再往 FLASH 上烧写，免得经常烧写 FLASH，使 FLASH 寿命受影响。用以下方法调试内核：

SMDK2410 # tftp 30008000 zImage;tftp 30800000 ramdisk.image.gz;go 30008000

5.2.5　NFS 服务的配置

前面提到在宿主机上通过交叉编译成功的程序也可用网络文件系统 NFS 的方式传送到开发板，因而需对 TFTP 及 NFS 服务器进行配置。

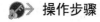 操作步骤

步骤 1：编辑/etc/exports 文件。
[root@localhost home]# **vi /etc/exports**
/home (rw)

#在新建空行中写入该内容，/home 和 (rw) 之间有一个空格
#此处表示根目录作为共享目录，并且权限为可读可写

步骤 2：启动 NFS 服务。

[root@localhost home]# /etc/init.d/nfs restart   （方法 1）

或

[root@localhost home]#service nfs restart   （方法 2）

显示如下：

关闭 NFS mountd:	[确定]
关闭 NFS 守护进程:	[确定]
Shutting down NFS quotas:	[确定]
关闭 NFS 服务:	[确定]
启动 NFS 服务:	[确定]
Starting NFS quotas:	[确定]
启动 NFS 守护进程:	[确定]
启动 NFS mountd:	[确定]

步骤 3：在目标板上执行挂载命令。

关闭原先 SMDK2410#终端，打开一个新的终端，执行 minicom 命令，并重新启动目标板，进入提示符~#，输入以下命令：

~# mount 192.168.2.80:/home /mnt

此命令在目标板上执行，表示把 IP 地址为 192.168.2.80 的宿主机的根目录挂载到目标板的/mnt 目录下。

步骤 4：查看目标板上/mnt 目录下的内容。

~# cd /mnt/
/mnt # ls

如果显示的内容是宿主机的/home 目录下的文件，说明挂载成功。

如果挂载不上，可以试着在宿主机本身上是否能挂载，若能说明宿主配置没问题，检查的重点应放在内核、BUSYBOX 对 MOUNT 命令支持的一些常见问题上。

5.3 交叉编译器的安装

嵌入式系统的硬件有很大的局限性，尤其是存储空间很小或没有相应的外围设备，硬件平台无法胜任庞大的 Linux 系统开发任务。因此，开发者提出了交叉开发环境模型。交叉开发环境是由开发主机和目标板两套计算机系统构成的。最终在目标板运行的 Linux 软件是在开发主机上编辑、编译，然后再加载到目标板上运行。构建交叉编译环境，首先要安装交叉编译环境。

5.3.1 安装交叉编译器

交叉编译器安装方法很多，不同的厂商都会有些差异，在本书中采用较为一般的方法进行安装，当然在此推荐读者进行第二种方法安装。

方法一：安装 cross-2.95.3.tar.bz2。

注意：
cross-2.95.3.tar.bz2 下载后存放在 / root 目录下。

下载地址：http://download.csdn.net/download/wanyecheng/3786351

操作步骤

步骤 1：在/usr/local 目录下创建 arm 目录。
`[root@localhost home]#` **mkdir /usr/local/arm**

步骤 2：把 cross-2.95.3.tar.bz2 复制到/usr/local/arm 目录下。
`[root@localhost home]#` **cp cross-2.95.3.tar.bz2 /usr/local/arm/**
`[root@localhost home]#` **cd /usr/local/arm/**

步骤 3：解压 cross-2.95.3.tar.bz2 包。
`[root@localhost arm]#` **tar -jxvf cross-2.95.3.tar.bz2**

解压后，生成一个 2.95.3 的文件夹。而交叉编译工具的目录在/usr/local/arm/2.95.3/bin。解压完成后最好把 cross-2.95.3.tar.bz2 压缩包删除，以释放磁盘空间。

步骤 4：在环境变量 PATH 中添加路径。
`[root@localhost 2.95.3]#` **vi ~/.bashrc**

在此文件中添加语句：
export　PATH=/usr/local/arm/2.95.3/bin:$PATH，添加内容如图 5.16 所示。

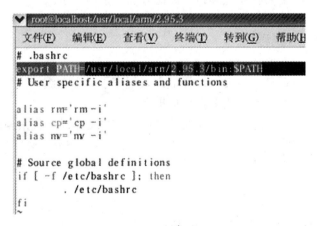

图 5.16　添加内容

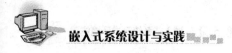

> 注意：
>
> 添加好重新打开终端后，此设置才能生效。

步骤5：查看环境变量。

`[root@localhost home]#` **`echo $PATH`**

显示如下：

/usr/local/arm/2.95.3/bin:/usr/local/sbin:/usr/local/bin:/sbin:/bin:/usr/sbin:/usr/bin:/usr/X11R6/bin

如果显示有/usr/local/arm/2.95.3/bin，表明此时就可以在终端直接运用 arm-linux-gcc 编译器，而不用指定其路径；如没有在~/.bashrc 文件中添加路径，则需要指明路径才能编译程序。

方法二：安装 arm-linux-gcc-3.4.1.tar.bz2。

由于 cross-2.95.3 交叉编译器对新的内核编译支持不够好，因此下载一个较新版本的交叉编译器，下载地址：http://download.csdn.net/download/jiadebin890724/4331656。

`[root@localhost home]#` `tar xjvf arm-linux-gcc-3.4.1.tar.bz2 -C/`

5.3.2 用交叉编译器编译源程序

成功安装交叉编译器后，就可以对嵌入式程序进行编译了，编译的方法通常使用以下两种方法。

例如：如果在/root 下有一个 liu.c 文件，进行交叉编译操作。

方法一：没有添加路径的情况下，用此方法。

`[root@localhost home]#` **`/usr/local/arm/2.95.3/bin/arm-linux-gcc -o liu liu.c`**

方法二：在~/.bashrc 文件中添加路径后，用此方法。

`[root@localhost home]#` **`arm-linux-gcc -o liu liu.c`**

可以看出，方法一需要指明具体路径，比方法二繁琐多了。

5.3.3 简单测试嵌入式程序

交叉编译器安装好后就可以交叉编译嵌入式程序了，那么编译产生的嵌入式程序是不能够直接在宿主机上运行的，它需要在目标板上运行。

例如，在/home 目录下创建一个 hello.c 文件，用交叉编译形式来编译 hello.c 文件，下载到目标板上运行。操作如下。

操作步骤

步骤1：在/home 目录下创建一个 hello.c 文件。

`[root@localhost home]#` **`vi hello.c`**

程序内容如下：
```
#include<stdio.h>
int main()
{
    printf("Hello world!\n");
    return 1;
}
```
步骤 2：在宿主机上进行编译（注：用 2.95.3 编译器）。
[root@localhost home]# **arm-linux-gcc -o hello hello.c**
[root@localhost home]# **ls**
显示结果如下：
hello hello.c
此时在/home 目录下生成了一个名为 hello 的可执行文件。
步骤 3：在终端使用命令 minicom 启动目标板，把/home 目录挂载到目标板的/mnt 目录下。
~ # mount 192.168.2.80:/home /mnt/
步骤 4：查看目标板的/mnt 目录上有没有可执行文件 hello。
~ # cd /mnt/
/mnt # ls
显示结果如下：
hello   hello.c
步骤 5：执行可执行程序 hello。
/mnt # ./hello
显示结果如下：

Hello world!
显示 Hello world!字样，表明了交叉编译成功。

5.4 GDBServer 调试器

调试程序是一个很重要的环节，调试器可以通过设置断点来检查某个函数，是否实现读者所要求的功能，也可以查看某个变量的值等，为查找程序问题所在，提供了很好的帮助。在嵌入式系统中，通常使用 GDBServer 调试器调试开发板上的程序，在开发板上，通过 GDBServer 控制要调试的程序执行，同时与主机的 gdb 远程通信，实现交叉调试的功能。这样，gdb 交叉调试运行在主机端，应用程序运行在目标板端。交叉调试模型如图 5.17 所示。

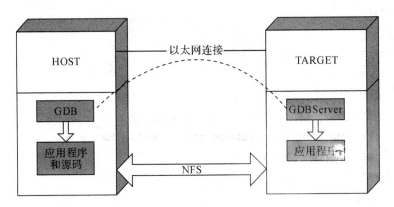

图 5.17　GDBServer 调试器模型

在 GDBServer 调试中，经常使用的 gdb 命令如表 5.1 所示。

表 5.1　常用的 gdb 命令

命令格式	作　用
list<行号>|<函数名> 或 l<行号>|<函数名>	查看指定位置的程序源代码
break 行号|函数名<条件表达式>	设置断点
info break 或 info b	显示断点信息
run	执行程序
print 或 p 变量名	输出变量
step 或 s	单步执行
continue 或 c	继续执行
quit 或 q	退出调试状态

> **注意：**
> gdb 是命令行调试环境，调试程序都在提示符"(gdb)"后输入相应的命令，gdb 的命令很多，可以在提示符"(gdb)"后输入 help 进行查找。

5.4.1　GDBServer 调试环境搭建

操作步骤

步骤 1：下载 gdb-6.6.tar.bz2 软件，（交叉编译器使用 2.95.3）。
步骤 2：解压缩 gdb 软件包。

```
[root@localhost embedded]# tar xjvf gdb-6.6.tar.bz2
```

步骤 3：进入 gdb-6.6。

```
[root@localhost embedded]# cd gdb-6.6
```

步骤 4：把交叉编译器 2.95.3 加入到搜索路径。

```
[root@localhost gdb-6.6]# export PATH=$PATH:/usr/local/arm/2.95.3/bin
```

步骤 5：配置 gdb 编译参数。

```
[root@localhost gdb-6.6]# ./configure --target=arm-linux --prefix=/usr/local/arm/arm-gdb
```

步骤 6：编译 gdb。

```
[root@localhost gdb-6.6]# make
```

步骤 7：安装 gdb。

```
[root@localhost gdb-6.6]# make install
```

步骤 8：把安装后的 gdb 加入到搜索路径。

```
[root@localhost gdb-6.6]# export PATH=$PATH:/usr/local/arm/arm-gdb/bin
```

步骤 9：进入 gdb/GDBServer 目录。

```
[root@localhost gdb-6.6]# cd gdb/gdbserver/
```

步骤 10：配置 GDBServer 的编译参数。

```
[root@localhost gdbserver]# ./configure --target=arm-linux --host=arm-linux
```

步骤 11：编译 GDBServer。

```
[root@localhost gdbserver]# make CC=arm-linux-gcc
```

当前目录下已经生成 GDBServer 的可执行文件。

步骤 12：开启目标板，另打开一个终端并运行 minicom，进入目标板的 Linux 系统中。

步骤 13：在目标板上挂载 nfs 的共享目录。

```
~ # mount 192.168.2.71:/home /mnt/
```

步骤 14：进入 GDBServer 所在目录。

```
~ # cd /mnt/embedded/gdb-6.6/gdb/gdbserver/
```

步骤 15：在宿主机复制与 libthread_db.so.1 相关的文件及链接。

```
[root@localhost gdbserver]# cp -d /usr/local/arm/2.95.3/arm-linux/lib/libthread_db*
```

步骤 16：在开发板上把 libthread_db.so.1 及与其相关的软链接复制到目标板的 /lib 目录中。

```
[root@localhost gdbserver]# cp -d libthread_db* /lib
```

5.4.2 GDB 程序调试举例

例 5.2 应用 GDBServer 在开发板上调试嵌入式程序。

操作步骤

步骤 1：在宿主机上编辑源程序代码。

```
[root@localhost gdbserver]# vi test.c
```
程序代码如下：
```c
#include<stdio.h>
int add(int x,int y)
{
   int z;
   z=x+y;
   return z;
}

int  main()
{
   int i,j;
   for(i=1;i<=5;i++)
    {
       j=6-2*i;
       printf("%d\n",add(i,j));
    }
   return 0;
}
```

步骤 2：在宿主机端用 arm-linux-gcc 编译程序。

在编译的时候要加上选项"-g"，这样编译出的可执行代码中才包含调试信息；否则之后 gdb 无法载入该可执行文件。

```
[root@localhost gdbserver]# arm-linux-gcc -g test.c -o test
```

步骤 3：在开发板端输入命令 ./gdbserver :1234 test。

```
/mnt/embedded/gdb-6.6/gdb/gdbserver # ./gdbserver :1234 test
Process test created; pid = 73
Listening on port 1234
```

步骤 4：在宿主机端输入命令 arm-linux-gdb test。

```
[root@localhost gdbserver]# arm-linux-gdb test
GNU gdb 6.6
Copyright (C) 2006 Free Software Foundation, Inc.
GDB is free software, covered by the GNU General Public License, and
 you are
welcome to change it and/or distribute copies of it under certain
 conditions.
Type "show copying" to see the conditions.
There is absolutely no warranty for GDB.  Type "show warranty" for
 details.
```

```
This GDB was configured as "--host=i686-pc-linux-gnu
 --target=arm-linux"...
(gdb)
```

步骤 5：在宿主机 gdb 提示符下输入命令：target remote 192.168.2.120:1234，其中 192.168.2.120 为开发板的 IP 地址，1234 为端口号。按回车键后并回答"y"。

```
(gdb) target remote 192.168.2.120:1234
Remote debugging using 192.168.2.120:1234
0x40002a00 in _start () from /lib/ld-linux.so.2
(gdb) symbol-file test//查看 TEST 文件对应符号表
Load new symbol table from "/home/embedded/gdb-6.6/gdb/gdbserver/test"?
 (y or n) y
Reading symbols from /home/embedded/gdb-6.6/gdb/gdbserver/test...done.
```

步骤 6：在开发板端有反馈信息。

```
Remote debugging from host 192.168.2.71
```

步骤 7：查看源文件(在宿主机上)。

在 gdb 中输入"1"(list)就可以查看程序源代码，一次显示 10 行。可以看出，gdb 列出的源代码中明确地给出了对应的行号，这样可以大大方便代码的定位。

```
(gdb) l
4        int z;
5        z=x+y;
6        return z;
7       }
8
9
10       int  main()
11      {
12        int i,j;
13        for(i=1;i<=5;i++)
```

步骤 8：设置断点。

设置断点在调试程序时是一个非常重要的手段，它可以使程序到一定位置暂停运行，软件工程师可以在断点处查看变量的值、堆栈情况等，从而找出代码的问题所在。查看断点信息，设置完断点后，可以用命令"info b"(info break)查看断点信息。

```
(gdb) b 6
Breakpoint 1 at 0x83c8: file test.c, line 6.
```

步骤 9：执行程序（r）、继续执行程序（c）、按步执行（s）。

```
(gdb) c
Continuing.

Breakpoint 1, add (x=1, y=4) at test.c:6
```

```
6          return z;
(gdb) s
7      }
(gdb) s
0x400028c0 in ?? () from /lib/ld-linux.so.2
(gdb) r
The program being debugged has been started already.
Start it from the beginning? (y or n) n
Program not restarted.
```

步骤 10：输出变量。

```
(gdb) p i
No symbol "i" in current context.
(gdb) b 14
Breakpoint 2 at 0x8404: file test.c, line 14.
(gdb) c
Continuing.

Breakpoint 2, main () at test.c:15
15         j=6-2*i;
(gdb) p i
$1 = 2
(gdb) p j
$2 = 4
(gdb) s
16         printf("%d\n",add(i,j));
(gdb) p $1
$3 = 2
(gdb) p j
$4 = 2
```

步骤 11：退出 gdb 环境。

退出 gdb 环境只要输入 "q" (quit)命令即可。

```
  (gdb) quit
The program is running. Exit anyway? (y or n) y
[root@localhost gdbserver]#
```

同时服务端也会自动退出。

5.5 make 工程管理器

在大型的项目开发中，可能涉及很多源文件，采用手工输入的方式进行编译非常不方便，而且一旦修改了源代码，采用手工方式进行编译和维护的工作量相当大，而且容易出错。所以在 Linux 环境下，人们通常利用 GNU make 工具来自动完成应用程序的维护和编译工作。实际上，GNU make 工具通过一个称为 Makefile 的文件来完成对应用程序的自动维护和编译工作。Makefile 是按照某种脚本语法编写的文本文件，而 GNU make 能够对 Makefile 中指令进行解释并执行编译操作。Makefile 文件定义了一系列的规则来指定哪些文件需要先编译，哪些文件需要后编译，哪些文件需要重新编译，甚至于进行更复杂的功能操作。GNU make 工作时的运行步骤如下：

（1）读入所有的 Makefile。
（2）读入被包含的其他 Makefile。
（3）初始化文件中的变量。
（4）推导隐式规则，并分析所有规则。
（5）为所有的目标文件创建依赖关系链。
（6）根据依赖关系，决定哪些目标要重新生成。
（7）执行生成命令。

make 工具也叫工程管理器，它是一个"自动编译管理器"，这里的"自动"是指它能够根据文件时间戳自动发现更新过的文件而减少编译的工作量，同时，它通过读入 Makefile 文件的内容来执行大量的编译工作。用户只需编写一次简单的编译语句就可以了。它大大提高了实际的工作效率。

5.5.1 Makefile 工程文件的编写

1. Makefile 的基本结构

Makefile 文件结构通常包含以下几个部分：
（1）需要由 make 工具创建的目标体（target），通常是目标文件或可执行文件。
（2）要创建的目标所依赖的文件。
（3）创建每个目标体时需要运行的命令。

Makefile 的一般结构：

```
target…: dependency…
        (Tab)command…
```

结构中各部分的含义：

（1）target（目标）：一个目标文件，可以是 Object 文件，也可以是可执行文件，还可以是一个标签（label）。

（2）dependency（依赖）：要生成目标文件（target）所依赖的那些文件。

（3）command（命令）：创建目标项目时需要运行的 shell 命令。

注意：

命令（command）部分的每行的缩进必须要使用 Tab 键而不能使用多个空格。

例如，有一个 C 源程序文件 hello.c 和它的头文件包含文件 hello.h，Makefile 文件可以写成：

```
hello.o:hello.c hello.h
gcc -c hello.c
clean:
rm -f *.o
```

上述 Makefile 文件中 rm –f *.o 命令表示当运行 make clean 时，删除编译过程中生成的所有中间文件。

注意：

命令 gcc -c hello.c 前的空格是用 Tab 键形成的。

2. Makefile 包含的内容

Makefile 文件主要包含了显式规则、隐式规则、变量定义、文件指示和注释 5 部分内容。

（1）显式规则。显式规则说明了如何生成一个或多个目标文件。这要由 Makefile 文件的创作者指出，包括要生成的文件、文件的依赖文件、生成的命令。

（2）隐式规则。由于 make 有自动推导的功能，所以隐式规则可以比较粗糙地简略书写 Makefile 文件，这是由 make 所支持的。

（3）变量定义。在 Makefile 文件中要定义一系列的变量，变量一般都是字符串，这与 C 语言中的宏有些类似。当 Makefile 文件执行时，其中的变量都会扩展到相应的引用位置上。

（4）文件指示。其包括 3 个部分：一个是在一个 Makefile 文件中引用另一个 Makefile 文件，就像 C 语言中的 include 一样；另一个是指根据某些情况指定 Makefile 文件中的有效部分，就像 C 语言中的预编译#if 一样；还有就是定义一个多行的命令。

（5）注释。Makefile 文件中只有行注释，和 UNIX 的 Shell 脚本一样，其注释用"#"字符，这个就像 C/C++中的"/* */"和"//"一样。如果要在 Makefile 文件中使用"#"字符，可以用反斜杠进行转义，如"\#"。

默认情况下，make 命令会在当前目录下按顺序寻找文件名为"GNUMakefile"、"Makefile"、"Makefile"的文件，找到后解释这些文件。在这 3 个文件名中，最好使用"Makefile"这个文件名。最好不要用"GNUMakefile"，这个文件是 GNU 的 make 识别的。

注意：

一些 make 对"Makefile"文件名不敏感，但是大多数的 make 都支持"Makefile"和"Makefile"这两种默认文件名。

当然，可以使用别的文件名来书写 Makefile 文件，比如 make.Linux、make.Solaris、make.AIX 等。如果要指定特定的 Makefile 文件，就像上面的例子一样使用 make 的-f 和--file 参数。如使用 Makefile4 的文件名来书写 Makefile 文件，则编译 make –f Makefile4 GNU 的 make 工作时的执行步骤如下：

（1）读入所有的 Makefile 文件。
（2）读入被 include 包括的其他 Makefile 文件。
（3）初始化文件中的变量。
（4）推导隐式规则，并分析所有规则。
（5）为所有的目标文件创建依赖关系链。
（6）根据依赖关系，决定哪些目标要重新生成。
（7）执行生成命令。

（1）—（5）步为第一个阶段，（6）和（7）步为第二个阶段。第一个阶段中，如果定义的变量被使用了，make 会把其在使用的位置展开。但 make 并不会马上完全展开，make 使用的是拖延战术，如果变量出现在依赖关系的规则中，仅当这条依赖被决定要使用了，变量才会在其内部展开。

例 5.3 设计一个程序，要求计算学生的总成绩和平均成绩，并用 make 工程管理器编译。

操作步骤

步骤 1：分析程序，分割文件。

要求用户输入学生数和成绩，接着调用自定义函数 fun_sum 计算总成绩，调用自定义函数 fun_avg 计算平均成绩，计算结果传递回主函数，主函数用 printf 函数输出。此程序有主函数 main 和自定义函数 fun_sum 和 fun_avg，再把函数声明都分割成独立的头文件，可将此程序分割成下列 4 个文件。

（1）5-3-1.c 为主程序，代码如下：
```
#include <stdio.h>
#include "chengji.h"
int main ()
{
    int n,i;
```

```c
    float average,sum;
    printf("input num of student: ");
    scanf("%d",&n);
    int array[n];
    for(i=0;i<n;i++)
    {
        printf("input %d score: ",i+1);
        scanf("%d",&array[i]);
    }
    sum=fun_sum(array,n);
    printf("total score is: %6.2f\n",sum);
    average=fun_avg(array,n);
    printf("the avrager of score is: %6.2f\n",average);
}
```

（2）chengji.h 为头文件，内含 fun_avg 和 fun_sum 函数的声明，代码如下：

```c
/*chengji.h */
float fun_sum(int var[],int num);
float fun_avg(int var[],int num);
```

（3）5-3-2.c 为 fun_sum 函数的定义，代码如下：

```c
float fun_sum(int var[],int num)
{
    float avrg=0.0;
    int i;
    for(i=0;i<num;i++)
        avrg+=var[i];
    return (avrg);
}
```

（4）5-3-3.c 为 fun_avg 函数的定义，代码如下：

```c
float fun_avg(int var[],int num)
{
    float avrg=0.0;
    int i;
    for(i=0;i<num;i++)
        avrg+=var[i];
    avrg/=num;
    return (avrg);
}
```

步骤 2：编辑 Makefile 文件。

用文本文件编辑器编辑 Makefile 文件，编辑程序输入如下：

```
[root@localhost home]# vi Makefile
```
Makefile 内容如下：
```
5-3:5-3-1.o  5-3-2.o  5-3-3.o
        arm-linux-gcc   5-3-1.o  5-3-2.o  5-3-3.o  -o  5-3
5-3-1.o: 5-3-1.c  chengji.h
        arm-linux-gcc -c  5-3-1.c  -o  5-3-1.o
5-3-2.o: 5-3-2.c
        arm-linux-gcc -c  5-3-2.c  -o  5-3-2.o
5-3-3.o: 5-3-3.c
        arm-linux-gcc -c  5-3-3.c  -o  5-3-3.o
```

注意：

1. arm-linux-gcc 前面的空格是用 Tab 键生成的，而不是按空格键。
2. make 的书写规则：

目标文件：依赖文件

（Tab）产生目标文件的命令

例：

4-3-2.o :4-3-2.c

arm-linux-gcc -c 4-3-2.c -o 4-3-2.c

步骤 3：用 make 命令编译程序。

编写好 Makefile 文件后，用 make 命令编译，此时终端中的显示如下：
```
[root@localhost home]# make
arm-linux-gcc -c  5-3-1.c  -o  5-3-1.o
arm-linux-gcc -c  5-3-2.c  -o  5-3-2.o
arm-linux-gcc -c  5-3-3.c  -o  5-3-3.o
arm-linux-gcc   5-3-1.o  5-3-2.o  5-3-3.o  -o  5-3
```

步骤 4：用 make 命令再次编译。

修改 4 个文件中的一个，如修改 5-3-1.c 文件的语句，并重新用 make 命令编译，会发现只编译了 5-3-1.c 程序，另外的两个 C 源程序文件根本没有重新编译，显示如下：
```
[root@localhost home]# make
arm-linux-gcc -c  5-3-1.c  -o  5-3-1.o
arm-linux-gcc   5-3-1.o  5-3-2.o  5-3-3.o  -o  5-3
```

步骤 5：运行程序。

编译成功后，执行可执行文件 5-3，此时系统会出现运行结果，显示等待输入学生数的提示，输入学生数后，提示输入学生成绩，终端中的显示如下：
```
/mnt # ./5-3
```

```
input num of student:    5
input 1 score    23
input 2 score    78
input 3 score    89
input 4 score    77
input 5 score    66
total score is:    333.00
the avrager of score is:    66.60
```

在上面这个 Makefile 文件中，目标文件（target）包含以下内容：可执行文件 5-3 和中间目标文件（*.o）；依赖文件（prerequisites），即冒号后面的那些 .c 文件和 .h 文件。每一个 .o 文件都有一组依赖文件，而这些 .o 文件又是可执行文件 5-3 的依赖文件。依赖关系的实质是说明目标文件由哪些文件生成，换言之，目标文件是哪些文件更新的结果。在定义好依赖关系后，后续的代码定义了如何生成目标文件的操作系统命令，其一定要以一个 Tab 键作为开头。

在默认方式下，只输入 make 命令，其会做以下工作：

（1）make 会在当前目录下找名字为"Makefile"或"Makefile"的文件。如果找到，它会找文件中的第一个目标文件（target）。在上面的例子中，它会找到 5-3 这个文件，并把这个文件作为最终的目标文件；如果 5-3 文件不存在，或是 5-3 所依赖的后面的 .o 文件的修改时间要比 5-3 这个文件新，它就会执行后面所定义的命令来生成 5-3 文件。

（2）如果所依赖的.o 文件也存在，make 会在当前文件中找目标为.o 文件的依赖关系，如果找到，则会根据规则生成.o 文件（这有点像一个堆栈的过程）。

（3）当然，c 语言文件和.h 文件如果存在，make 会生成.o 文件，然后再用.o 文件生成 make 的最终结果，也就是可执行文件 5-3。

这就是整个 make 的依赖性，make 会一层又一层地去找文件的依赖关系，直到最终编译出第一个目标文件。在寻找的过程中，如果出现错误，比如最后被依赖的文件找不到，make 就会直接退出，并报错。而对于所定义的命令的错误，或是编译不成功，make 就不会处理。如果在 make 找到了依赖关系之后，冒号后面的文件不存在，make 仍不工作。

5.5.2 Makefile 变量的使用

在编辑 Makefile 文件时，可以使用变量。Makefile 中的变量可分为用户自定义变量、预定义变量、自动变量及环境变量。

（1）Makefile 中定义的变量，与 C/C++语言中的宏一样，代表一个文本字符串，在 Makefile 被执行时变量会自动展开在所使用的地方。Makefile 中的变量可以使用在"目标"、"依赖目标"、"命令"或 Makefile 的其他部分中。

（2）Makefile 中变量的命名字可以包含字符、数字、下划线（可以是数字开头），但不应该含有":"、"#"、"="或是空字符（空格、回车等）。

3）Makefile 中变量是大小写敏感的，fun、Fun 和 FUN 是 3 个不同的变量名。传统 Makefile 的变量名是全大写的命名方式。

（4）变量在声明时需要赋予初值，而在使用时，需要在变量名前加上$符号。
常见的预定义变量如表 5.2 所示，常见的自动变量如表 5.3 所示。

表 5.2 Makefile 中常见预定义变量

命令格式	含 义
AR	库文件维护程序的名称，默认值为 ar
AS	汇编语言程序的名称，默认值为 as
CC	C 语言编译器的名称，默认值为 cc
CPP	C 语言预编译器的名称，默认值为$(CC)-E
CXX	C++编译器的名称，默认值为 g++
FC	FORTRAN 语言编译器的名称，默认值为 f77
RM	文件删除程序的名称，默认值为 rm-f
ARFLAGS	库文件维护程序的选项，无默认值
ASFLAGS	汇编语言程序的选项，无默认值
CFLAGS	C 语言编译器的选项，无默认值
CPPFLAGS	C 语言预编译器的选项，无默认值
CXXFLAGS	C 编译器的选项，无默认值
FFLAGS	FORTRAN 编译器的选项，无默认值

表 5.3 Makefile 中常见自动变量

命令格式	含 义
$*	不包含扩展名的目标文件名称
$+	所有的依赖文件，以空格分开，并以出现的先后排序，可能包含重复的依赖文件
$<	第一个依赖文件的名称
$?	所有时间戳比目标文件晚的依赖文件，并以空格分开
$@	目标文件的完整名称
$^	所有不重复的依赖文件，以空格分开
$%	如果目标是归档成员，则该变量表示目标的归档成员名称

根据 Makefile 中的自动变量，在实际应用中，通常用$<表示第一个依赖文件的名称，$@表示目标文件的完整名称，下面以实例来说明自定义变量、预定义变量与自动变量的用法。

例 5.4 设计一个程序，程序运行时从 3 道题目中随机抽取一道，题目存放在二维数组中。

操作步骤

步骤 1： 分析程序、分割文件。
要求把 3 道题的题目存在二维数组中，调用自定义函数 fun_shuiji 生成一个随机数，随机数传递回主函数，主函数用随机数作下标，输出相应的数组中的题目。此程序有主函数 main 和自定义函数 fun_shuiji，可以分割成两个.c 程序文件；再把函数声明和用到的库函数的头文件,分割到一个独立的自定义头文件 shuiji.h;因此,可将此程序分割成下列 3 个文件。

(1) 5-4-main.c 为主程序,代码如下:

```c
#include "shuiji.h"
int main()
{
    int n;
    static char str[3][80]={"Linux c can be divided into separate documents ?","make project maneger's role?","Makefile documents can use the variable?"};
    n=fun_shuiji();
    printf("random sample of that:%d\n",n+1);
    printf("%d:",n+1);
    puts(str[n]);
}
```

(2) shuiji.h 为头文件,内含自定义 fun_shuiji 函数的声明和一些库函数,代码如下:

```c
#include <stdio.h>
#include <stdlib.h>
#include <time.h>
int fun_shuiji();
```

(3) 5-4-fun_sum.c 文件,内含 fun_shuiji 函数的定义,代码如下:

```c
#include "shuiji.h"
int fun_shuiji()      /*自定义函数,生成一个 0 至 2 的随机数*/
{
    int a;
    srand(time(NULL));
    a=(rand()%3);
    return a;
}
```

注意:

函数 rand( )会返回一个 0~RAND_MAX(其值为 2147483647)之间的随机值。使用时往往需要一个随机种子函数,如 srand((int)time(0))。

步骤 2:编辑 Makefile 文件。

用文本文件编辑器编辑 Makefile 文件,编辑程序输入如下:

`[root@localhost home]# vi Makefile`

一般的 Makefile 写法如下:

```
5-4:5-4-main.o  5-4-fun_sum.o
```

146

```
            arm-linux-gcc  5-4-main.o 5-4-fun_sum.o  -o 5-4
5-4-main.o: 5-4-main.c shuiji.h
            arm-linux-gcc -c  5-4-main.c  -o 5-4-main.o
5-4-fun_sum.o:5-4-fun_sum.c
            arm-linux-gcc  -c  5-4-fun_sum.c  -o 5-4-fun_sum.o
```

步骤 3：用 make 命令编译程序。

编写好 Makefile 文件后，用 make 命令编译，指定 Makefile 需要在 make 后面加参数-f，输入 make -f Makefile，此时终端中的显示如下：

```
[root@localhost home]#make –f Makefile
arm-linux-gcc 5-4-main.o  5-4-fun_sum.o -o 5-4
```

用变量 CC 表示 arm-linux-gcc，变量 objects 表示 5-4-main.o 5-4-fun_sum.o，变量 CFLAGS 表示编译参数 -Wall -O -g。

使用变量的 Makefile 写法如下：

```
CC=arm-linux-gcc
objects=5-4-main.o  5-4-fun_sum.o
5-4:$(objects)
    $(CC) $(objects) -o 5-4
5-4-main.o: 5-4-main.c shuiji.h
    $(CC)  -c 5-4-main.c  -o 5-4-main.o
5-4-fun_sum.o:5-4-fun_sum.c
    $(CC)  -c 5-4-fun_sum.c  -o 5-4-fun_sum.o
```

此例 Makefile 中的变量有两个，即 CC 和 objects。其中 CC 是预定义变量，objects 是用户自定义变量。除了常见的用户自定义变量和预定义变量，Makefile 中还可以有自动变量和环境变量。例中的 CC 由于没有采用默认值，因此，需要把 CC=arm-linux-gcc 明确列出来。应用自动变量例 5-4 中的 Makefile 文件可以改写为：

```
CC=arm-linux-gcc
objects=5-4-main.o  5-4-fun_sum.o
CFLAGS=-Wall –O -g
5-4:$(objects)
    $(CC) $(objects) -o 5-4
5-4-main.o: 5-4-main.c shuiji.h
    $(CC)  $(CFLAGS)  -c $<  -o $@
5-4-fun_sum.o:5-4-fun_sum.c
    $(CC)  $(CFLAGS)  -c $<  -o $@
```

使用模式规则，能引入用户自定义变量，为多个文件建立相同的规则，规则中的相关文件前必须用％标明。以下的 Makefile 文件是使用模式规则修改后的文件，它简化了 Makefile 文件的编写。应用模式规则例 5-4 中的 Makefile 文件还可以改写为：

```
CC=arm-linux-gcc
objects=5-4-main.o  5-4-fun_sum.o
```

```
CFLAGS=-Wall -O -g
5-4:$(objects)
    $(CC) $(objects) -o 5-4
%.o: %.c shuiji.h
    $(CC) $(CFLAGS) -c $< -o $@
%.o:%.c
    $(CC) $(CFLAGS) -c $< -o $@
```

5.5.3 Makefile 文件对其他 Makefile 文件的引用

在 Makefile 文件使用 include 关键字可以把其他 Makefile 文件包含进来，这很像 C 语言的#include，被包含的文件会按原样放在当前文件的包含位置。例如，有 ex1.mk、ex2.mk、ex3.mk 这样几个 Makefile 文件，还有一个文件叫 foo.make 文件及一个变量$(bar)，其包含了 ex4.mk 和 ex5.mk，那么，下面的语句：

```
include foo.make *.mk $(bar)
```

等价于：

```
include foo.make ex1.mk ex2.mk ex3.mk ex4.mk ex5.mk
```

make 命令开始运行时，会寻找 include 所指出的其他 Makefile，并把其内容安置在当前的位置。如果文件都没有指定绝对路径或是相对路径的话，make 首先会在当前目录下寻找，如果当前目录下没有找到，那么 make 还会在下面的几个目录下找：

（1）如果 make 执行时，有-I 或--include-dir 参数，那么 make 就会在这个参数所指定的目录下去寻找。

（2）如果目录<prefix>/include（一般是/usr/local/bin 或/usr/include）存在的话，make 也会去找。

如果有文件没有找到的话，make 会生成一条警告信息，但不会马上出现致命错误信息。它会继续载入其他的文件，一旦完成 Makefile 的读取，make 会再重试这些没有找到或是不能读取的文件，如果还是不行，make 才会出现一条致命错误信息。

5.5.4 Makefile 中的函数

在 Makefile 中可以使用函数来处理变量，从而让命令或规则更为灵活和具有智能。函数调用，很像变量的使用，也是以$来标识的。函数调用后，函数的返回值可以当作变量来使用。

例 5.5 分析以下 Makefile 文件，写出交叉编译器的名称及存放的目录、最终的可执行文件。

```
CROSS = /usr/local/arm/2.95.3/bin/arm-linux-gcc
CC = $(CROSS)gcc
AR = $(CROSS)ar
STRIP = $(CROSS)strip
```

```
EXEC = key_led
OBJS = key_led.o


all: $(EXEC)


$(EXEC): $(OBJS)
        $(CC) $(LDFLAGS) -o $@ $(OBJS) $(LIBM) $(LDLIBS) $(LIBGCC) -lm


clean:
        -rm -f $(EXEC) *.elf *.gdb *.o
```

分析：根据

```
CROSS = /usr/local/arm/2.95.3/bin/arm-linux-gcc
CC = $(CROSS)gcc
```

此 Makefile 中的编译器采用的是：arm-linux- gcc。

最终产生的可执行文件为 key_led，此可执行文件依赖于目标文件 key_led.o，从编译时链接参数 -lm 分析，包含有数学函数。

例 5.6 分析以下 Makefile 文件，写出交叉编译器的名称及存放的目录、最终的目标文件名。

```
CC = /usr/local/arm/2.95.3/bin/arm-linux-gcc
CFLAGS = -march=armv4 -O2
CFLAGS +=-Wall
#CFLAGS +=-Wcast-align
LDFLAGS =
all: recorder recorder_play
recorder:  recorder.o
        $(CC) -o $@ $^
recorder_play:recorder_play.o
        $(CC) -o $@ $^
clean:
        rm -f recorder recorder_play *.o
distclean:
        make clean
        rm -f tags *~
```

分析：根据

```
CROSS = /usr/local/arm/2.95.3/bin/arm-linux-gcc
CC = $(CROSS)gcc
```

此 Makefile 中的编译器采用的是：arm-linux- gcc。

最终产生的可执行文件为 recorder 及 recorder_play，它们分别依赖于目标文件 recorder.o 及 recorder_play.o。

5.5.5 运行 make

一般来说，最简单的就是直接在命令行下输入 make 命令，GNU make 找寻默认的 Makefile 的规则是在当前目录下依次找 3 个文件——GNUMakefile 文件、Makefile 文件和 Makefile 文件夹。其按顺序找这 3 个文件，一旦找到，就开始读取这个文件并执行，也可以给 make 命令指定一个特殊名字的 Makefile。要达到这个目的，要求使用 make 的-f 或是 --file 参数，如 make －f Hello.Makefile。

思考与实验

一、选择题

1. 在嵌入式开发环境搭建中要对防火墙进行设置以及串口设置、TFTP 服务器设置、NFS 服务器设置，设置防火墙的命令为（   ）。
   A．service iptables start
   B．service iptables stop
   C．service iptable start
   D．service iptable stop
2. 有关 minicom 端口配置的有关说法哪个是正确的（   ）。
   A．使用命令：minicom -s
   B．使用命令：minicom –S
   C．使用命令：minicom
   D．使用命令：minicom-s
3. 在应用命令 minicom 对端口配置时，按 E 键可设置串口的（   ）。
   A．文件路径   B．传输协议   C．串口号   D．波特率
4. 在嵌入式 Linux 环境搭建中为了实现从宿主机下载内核与文件系统到开发板，需要对 TFTP 服务器进行配置，在此不需要设置（   ）。
   A．主机 IP 地址   B．子网掩码   C．DHCP 设置   D．网关
5. 在嵌入式 Linux 环境搭建中，在开发板端用命令 printenv 查看当前的环境变量，显示如下：
   SMDK2410 # printenv
   bootdelay=3
   baudrate=115200
   ethaddr=08:00:3e:26:0a:5b
   filesize=dd947
   gatewayip=192.168.2.1
   netmask=255.255.255.0
   serverip= 192.168.2.122

```
ipaddr=192.168.2.120
```
参数 serverip 定义了（　　　）。

A．网关地址　　B．子网掩码地址　　C．服务器 IP 地址　　D．目标板的 IP 地址

6. 在嵌入式开发中如有下列命令：
```
SMDK2410 # tftpboot 0x30008000 zImage
```
它表明（　　）。

A．用 tftpboot 命令把内核从的宿主机上下载到目标板的地址 0x30008000 上。

B．用 tftpboot 命令把内核镜像文件从宿主机下载到目标板的地址 0x30008000 上。

C．用 tftpboot 命令把内核从的宿主机上下载到内存地址 0x30008000 上。

D．在宿主机端用 tftpboot 命令把内核镜像文件从的宿主机上下载到内存地址 0x30008000 上。

7. 在嵌入式开发中如有下列命令：
```
~ # mount 192.168.2.80:/home  /mnt
```
它表明（　　）。

A．此命令是在宿主机上实现挂载命令。

B．此命令在目标板上执行，表示把 IP 地址为 192.168.2.80 的宿主机的/home 目录挂载到目标板的/mnt 目录下。

C．此命令在宿主机上执行，表示把 IP 地址为 192.168.2.80 的宿主机的/hom 目录挂载到目标板的/mnt 目录下。

D．此命令在目标板上执行，表示把 IP 地址为 192.168.2.80 的开发板的/hom 目录挂载到目标板的/mnt 目录下。

8. 在嵌入式开发中编辑/etc/exports 文件，如有下列命令：
```
[root@localhost home]# vi /etc/exports
```
要求/home 根目录作为共享目录，并且权限为可读可写，在文件 exports 添加下列行（　　）。

A．home (rw)　　B．/home (rw)　　C．/home　rw　　D．home　+rw

9. 在 PC 机的 Linux 环境下安装（　　）工具，可以使程序在宿主机端编译，开发板上运行。

A．arm-linux-gcc　　B．gdb　　C．gcc　　D．ads

10. 典型嵌入式系统软件映像文件的逻辑布局中，有应用程序、操作系统内核、启动加载程序、根文件系统、设备驱动程序，按照嵌入式系统一般的开发方向，BOOTLOADER 属于（　　）步。

A．1　　B．2　　C．3　　D．4　　E．5

11. 假定交叉编译工具在/opt/host/armv4l/bin 目录下，当安装好交叉编译器后，要进行环境变量的设置，通常的方法是在 bashrc 文件中添加路径，打开文件的形式为（　　）。

A．vi ~/.bashrc　　B．vi ~/bashrc　　C．vi ~bashrc　　D．vi /.bashrc

12. 如果在/usr/local/arm/2.95.3/bin/目录下安装了交叉编译器 arm-linux-gcc，当在编译源程序 ex1.c 时有下列提示：

```
[root@localhost root]# arm-linux-gcc ex1.c -o ex1
bash: arm-linux-gcc: command not found
```
问题可能是（   ）。

   A．源程序不存在

   B．编译命令出错，应该使用命令 gcc

   C．路径设置不正确

   D．不知原因的错误

13. 如果在/usr/local/arm/2.95.3/bin/目录下安装了交叉编译器 arm-linux-gcc，当在编译源程序 ex1.c 时有下列提示：
```
[root@localhost root]# arm-linux-gcc ex1.c -o ex1
bash: arm-linux-gcc: command not found
```
此错误解决的方法是（   ）。

   A．改写源程序

   B．编译命令出错，应该使用命令 gcc

   C．设置路径 PATH=/usr/local/arm/2.95.3/bin

   D．设置路径 export PATH=/usr/local/arm/2.95.3/bin:$PATH

14. 如果在/usr/local/arm/2.95.3/bin/目录下安装了交叉编译器 arm-linux-gcc，当在编译源程序 ex1.c 时有下列提示：
```
[root@localhost root]# arm-linux-gcc ex1.c -o ex1
bash: arm-linux-gcc: command not found
```
此错误解决的方法是（   ）。

   A．改写命令：/usr/local/arm/2.95.3/bin/arm-linux-gcc -o ex1 ex1.c

   B．编译命令出错，应该使用命令 gcc

   C．设置路径 PATH=/usr/local/arm/2.95.3/bin

   D．改写源程序

二、问答题

1. 通常嵌入式系统的开发有哪些步骤？
2. 嵌入式 Linux 开发环境的软件设置有哪些？操作过程如何？
3. 如何理解宿主机与开发板的功能与区别？
4. 在嵌入式系统中为什么要用交叉编译的方法？
5. 为什么要配置 minicom 串口？
6. minicom 设置串口参数，设置串口号为 ttyS0，波特率为 115200，数据位为 8，无奇偶校验，停止位为 1，无硬件控制流，应如何配置？
7. 为什么要配置 TFTP 服务器？
8. TFTP 服务的配置，设置 TFTP 服务的目录为/tmp/tftpboot。
9. 设置共享目录为/home/share，并且设置为只读，NFS 服务应如何配置？
10. 什么是交叉编译？
11. 如何进行交叉编译？

12. 交叉编译调试环境如何搭建？
13. 请编辑有两个以上函数的程序，交叉编译后用 gdbserver 进行调试。
14. Makefile 有什么用途？在 Makefile 文件中特殊符号$@、$*、$?、$^、$<分别代表什么含义？
15. 编辑下列程序并回答问题：

有一个程序分割成了 ex-1-1.c 和 my.h 这两个文件，它们的内容如下：

```
/*文件my.h */
#include "stdio.h"
#include "math.h"
/*文件ex-1-1.c */
#include "my.h"
int main( )
{
 double x,y;
 scanf("%lf",&x);
 y=sqrt(x);
 printf("y=%lf\n",y);
}
```

此时一般的 Makefile 文件书写如下：

```
[root@localhost home]#vi  Makefile
    ex-1-1:ex-1-1.o
     arm-linux-gcc -o ex-1-1  ex-1-1.o
    ex-1-1.o ex-1-1.c my.h
     arm-linux-gcc -o ex-1-1.o -c ex-1-1.c
```

问题 1：如果用变量 OB:=ex-1-1.o，CC:=arm-linux-gcc 及 S@、S^、S%来表示以上的 Makefile 文件，Makefile 文件应该如何书写？

问题 2：如果用变量 OB1:=ex-1-1.o，OB2:=ex-1-1.o，CC:=arm-linux-gcc 及 S@、S^、S%来表示以上的 Makefile 文件，Makefile 文件应该如何书写？

16. make 命令有什么用途？在编译一个取名为 kkk 的 Makefile 工程时，写出执行命令的格式。

第 6 章

嵌入式 Linux 引导程序

 **本章重点**

1. BootLoader 的概念及启动过程。
2. BootLoader 设计过程。
3. BootLoader 移植。

 **本章导读**

本章主要针对嵌入式启动程序 BootLoader 进行分析,请读者关注开发板的引导方式,因为不同的硬件系统有不同的 BootLoader。BootLoader 引导程序负责硬件平台的初始化、引导启动 Linux 内核等基本功能,掌握启动过程。BootLoader 的启动大多分成两个阶段,第一阶段主要是依赖 CPU 的体系结构硬件初始化,主要用汇编语言来实现;第二阶段主要将内核映像和根文件系统从 FLASH 读到 RAM,为内核设置启动参数,这一部分主要用 C 语言来完成。

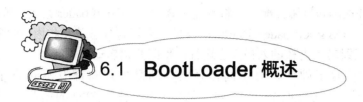

6.1 BootLoader 概述

BootLoader 是在操作系统内核运行之前的一段引导程序，它是依赖于硬件而实现的。通过这段小程序，可以初始化硬件设备、建立内存空间的映射，从而将系统的软硬件环境带到一个合适的状态，以便为最终调用操作系统内核准备好正确的环境。引导程序的主要任务是将内核映像从硬盘读到内存中，然后跳转到内核的入口处去执行，启动操作系统。在嵌入式系统由于与硬件密切相关，建立一个通用的 BootLoader 几乎是不可能的，于是出现了很多版本的加载程序，例如 vivi、U-BooT、BLOB、RedBoot、ARMBoot 等都是嵌入式 Linux 引导加载程序。

1. FLASH 启动方式

大多数嵌入式系统上都使用 FLASH 存储介质。FLASH 有很多类型，包括 NOR FLASH、NAND FLASH 和其他半导体盘。其中，NOR FLASH（也就是线性 FLASH）使用最为普遍，图 6.1 是 BootLoader 和内核映像以及文件系统的分区表。

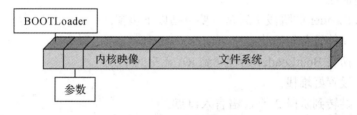

图 6.1　FLASH 存储示意图

如图 6.1 所示，BootLoader 一般存放在 FLASH 的底端或者顶端，这要根据处理器的复位向量设置。要使 BootLoader 的入口位于处理器上电执行第一条指令的位置。

● 分配参数区是指存放 BootLoader 的参数保存区域。

● 内核映像区是指 BootLoader 引导 Linux 内核时，要从这个区域把内核映像解压到 RAM 中去，然后跳转到内核映像入口执行。

文件系统区是指如果使用 Ramdisk 文件系统，则需要 BootLoader 把它解压到 RAM 中，如果使用 JFFS2 文件系统，将直接挂接为根文件系统。

系统加电或复位后，所有 CPU 都会从某个地址开始执行，这是由处理器设计决定的，ARM 处理器在复位时从地址 0x00000000 取第一条指令。嵌入式系统的开发板都要把板上 ROM 或 FLASH 映射到这个地址。

因此，必须把 BootLoader 程序存储在相应的 FLASH 位置。系统加电后，CPU 将首先执行它。

2. BootLoader 作用

PC 机中的引导加载程序由 BIOS 和位于硬盘 MBR 中的 OS BootLoader 一起组成。

BIOS 在完成硬件检测和资源分配后，将硬盘 MBR 中的 BootLoader 读到系统的 RAM 中，然后将控制权交给 OS BootLoader。BootLoader 的主要运行任务就是将内核映象从硬盘上读到 RAM 中，然后跳转到内核的入口点去运行，也即开始启动操作系统。

BootLoader 依赖于硬件，对不同体系结构的微处理器都有不同的 BootLoader，BootLoader 的启动大多分成两个阶段。第一阶段主要是依赖 CPU 的体系结构硬件初始化，主要用汇编语言来实现；第二阶段主要将内核映像和根文件系统从 FLASH 读到 RAM，为内核设置启动参数，这一部分主要用 C 语言来完成。BootLoader 的主要作用：

（1）初始化硬件设备；
（2）建立内存 RAM 空间的映射图；
（3）完成内核与根文件系统的加载，即从 FLASH 读到 RAM；
（4）为内核设置启动参数，调用内核。

3. BootLoader 启动过程

嵌入式系统中的 BootLoader 的实现完全依赖于 CPU 的体系结构，因此大多数 BootLoader 都分为阶段 1 和阶段 2 两大部分，依赖于 CPU 体系结构的代码，比如设备初始化代码等，通常都放在阶段 1 中，而且通常都用汇编语言来实现，以达到短小精悍的目的。而阶段 2 则通常用 C 语言来实现，这样可以实现一些复杂的功能，而且代码会具有更好的可读性和可移植性。

（1）BootLoader 的阶段 1 通常主要包括以下步骤：
　　① 硬件设备初始化；
　　② 拷贝 BootLoader 的程序到 RAM 空间中；
　　③ 设置好堆栈；
　　④ 跳转到阶段 2 的 C 语言入口点。
（2）BootLoader 的阶段 2 通常主要包括以下步骤：
　　① 初始化本阶段要使用到的硬件设备；
　　② 系统内存映射(memory map)；
　　③ 将 kernel 映像和根文件系统映像从 FLASH 读到 RAM 空间中；
　　④ 为内核设置启动参数；
　　⑤ 调用内核。

BootLoader 的启动的流程为：异常向量→上电复位后进入复位异常向量→跳到启动代码处→设置处理器进入管理模式→关闭看门狗→关闭中断→设置时钟分频→关闭 MMU 和 CACHE→检查当前代码所处的位置，如果在 FLASH 中就将代码搬移到 RAM 中→启动内核。

启动代码完成的主要功能：
（1）建立异常中断的入口向量；
（2）建立中断向量表；
（3）为 ARM 每种运行模式设置堆栈；
（4）初始化 ARM 的 MPLL 时钟；
（5）初始化 MMU（内存管理单元）；
（6）初始化存储器控制器；

(7）关闭看门狗、关闭中断；
(8）判断 IRQ 中断的中断入口；
(9）将 RW 段的内容从 FLASH 拷贝到 SDRAM，初始化 ZI 段为 0；
(10）跳转到应用程序（C 语言代码）。

BootLoader 的启动流程如图 6.2 所示。

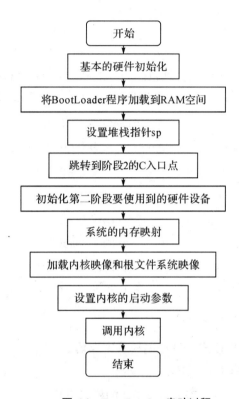

图 6.2　BootLoader 启动过程

6.2　BootLoader 主要程序段分析

6.2.1　阶段 1——汇编代码分析

以 U-BOOT 为例，U-BOOT 的阶段 1 代码通常放在 start.s 文件中，它用汇编语言写成，其主要代码部分如下：

1. 定义入口

由于一个可执行的 Image 必须有一个入口点，并且只能有一个全局入口，通常这个入口口放在 ROM(FLASH)的 0x0 地址，因此，必须通知编译器以使其知道这个入口，该工作可通过修改连接器脚本来完成。

start: b reset   ；入口地址为0x00000000

2. 设置异常向量

异常向量表，每条占一字节，地址范围为 0x00000000～0x00000020，系统每当有异常出现，则 CPU 会根据异常号，从内存的 0x00000000 处开始查表做相应的处理。

```
ldr     pc, _undefined_instruction    ；未定义的指令异常 0x04
ldr     pc, _software_interrupt       ；软件中断异常 0x08
ldr     pc, _prefetch_abort           ；内存操作异常 0x0c
ldr     pc, _data_abort               ；数据异常 0x10
ldr     pc, _not_used                 ；未使用 0x14
ldr     pc, _irq                      ；慢速中断异常 0x18
ldr     pc, _fiq                      ；快速中断异常 0x1c
```

例如当发生异常时，执行异常向量设置中定义的中断处理函数。

3. 设置 CPU 的模式为 SVC 模式

SVC 模式是指超级用户模式，CPU 的模式寄存器是 32 位的，设置模式位是 M0—M4，模式位的设置与模式值如表 6.1 所示。

表 6.1 CPU 的模式设置

31—28 NZCV	27—8	7 I	6 F	5	4 M4	3 M3	2 M2	1 M1	0 M0	模式
					0	0	0	0	0	User26
					0	0	0	0	1	FIQ26
					0	0	0	1	0	IRQ26
					0	0	0	1	1	SVC26
					1	0	0	0	0	User
					1	0	0	0	1	FIQ
					1	0	0	1	0	IRQ
					1	0	0	1	1	SVC
					1	0	1	1	1	ABT
					1	1	0	1	1	UND
					1	1	1	1	1	SYS

例如，请分析下列模式设置汇编程序段的含义。

```
mrs r0,cpsr        ;程序状态寄存器值保存到 r0 中
bic r0,r0,#0x1f    ;位清零指令，清除低 5 位
orr r0,r0,#0xd3    ;逻辑或运算，低 5 位为 10011
msr cpsr,r0        ;将 r0 中的值赋给状态寄存器 cpsr
```

分析：语句 mrs r0,cpsr 表示将当前 cpsr 的状态为保存到 r0 中。

bic r0,r0,#0x1f，bic 位清零指令，0x1f=00011111，相当于清除低 5 位。刚好是模式位清除 M0—M4。语句 orr r0,r0,#0xd3 是置模式位。0xd3=11010011 并设置 5，6，7 位的状态位。禁止 FIQ,IRQ，处于 arm 状态。低 5 位为 10011，则对应 SVC 超级用户态。语句 msr cpsr,r0 在将 r0 中的值赋给状态寄存器 cpsr。

4. 关闭看门狗

看门狗的作用就是防止程序发生死循环，或者说防止程序跑飞。与关闭看门狗相关的寄存器宏定义有：

```
#define pWTCON    0x53000000         //看门狗控制寄存器的地址
#define INTMSK    0x4A000008         //主中断屏蔽寄存器的地址
#define INTSUBMSK 0x4A00001C         //副中断屏蔽寄存器的地址
#define CLKDIVN   0x4C000014         //时钟分频控制寄存器的地址
```

宏 pWTCON 定义 S3C2410 中看门狗控制寄存器的地址，INTMSK 定义 S3C2410 主中断屏蔽寄存器的地址，INTSUBMSK 定义为副中断屏蔽寄存器的地址，CLKDIVN 定义时钟分频控制寄存器的地址。

将看门狗寄存器清空，其各位含义为：第 0 位为 1 则当看门狗定时器溢出时重启，为 0 则不重启，初始值为 1；第 2 位为中断使能位，初值为 0；第 3，4 位为时钟分频因子，初值为 00；第 5 位为看门狗的使能位，初值为 1；第 8~15 位为比例因子，初值为 0x80。将 pWTCON 所有位置为 0，就关闭看门狗了，但实际上只要将第 5 位置 0 即可。

```
ldr r0, =pWTCON
mov r1, #0x0
str r1, [r0]
```

5. 禁掉所有中断

对于 S3C2410 的 INTMSK 寄存器的 32 位和 INTSUBMSK 寄存器的低 11 位每一位对应一个中断，相应位置"1"为不响应相应的中断。如 S3C2440 的 INTSUBMSK 有 15 位可用，其值应该为 0x7fff。

```
mov r1, #0xffffffff
ldr r0, =INTMSK
str r1, [r0]
ldr r1, =0x3ff
ldr r0, =INTSUBMSK
str r1, [r0]
```

6. 设置 CPU 的频率

FCLK(外部输入时钟)为 CPU 核提供时钟信号，HCLK 为 AHB（ARM920T、内存控制器、中断控制器、LCD 控制器、DMA 和主 USB 模块）提供时钟，PCLK 为 APB（看门狗、IIS、I2C、PWM、MMC、ADC、UART、GPIO、RTC、SPI）提供时钟。分频数一般选择 1:4:8，所以 HDIVN=2,PDIVN=1,CLKDIVN=5，这里仅仅是配置了分频寄存器。

CLKDIVN 的值跟分频的关系：

0x0 = 1:1:1 , 0x1 = 1:1:2 , 0x2 = 1:2:2 , 0x3 = 1:2:4, 0x4 = 1:4:4, 0x5 = 1:4:8, 0x6 = 1:3:3, 0x7 = 1:3:6

S3C2410 的输出时钟计算式为:Mpll=（(M+8)*Fin）/（(P+2)*2^s）

M、P、S 的选择根据 datasheet 中 PLL VALUE SELECTION TABLE 表格进行，如果开发板晶振为 16.9344MHz，而输出频率选为 399.65MHz 的话 M=0x6e,P=3,S=1。

```
ldr r0, =CLKDIVN
mov r1, #3
str r1, [r0]
```

在此 FCLK:HCLK:PCLK = 1:2:4 ，FCLK 频率为 120 MHz。

7. 配置内存区控制寄存器

配置内存区控制寄存器，寄存器的具体值通常由开发板厂商或硬件工程师提供. 如果您对总线周期及外围芯片非常熟悉，也可以自己确定，在 U-BOOT 中的设置文件是 board/gec2410/lowlevel_init.S，该文件包含 lowlevel_init 程序段.

```
mov ip, lr
bl lowlevel_init
mov lr, ip
```

8. 安装 U-BOOT 使用的栈空间

下面这段代码只对不是从 NAND FLASH 启动的代码段有意义,对从 NAND FLASH 启动的代码，没有意义。因为从 NAND FLASH 中要把 U-BOOT 执行代码搬移到 RAM。

```
#ifndef CONFIG_SKIP_RELOCATE_UBOOT
...
#endif
stack_setup:
ldr r0, _TEXT_BASE    /* 代码段的起始地址 */
sub r0, r0, #CFG_MALLOC_LEN   /* 分配的动态内存区 */
sub r0, r0, #CFG_GBL_DATA_SIZE   /* U-BOOT 开发板全局数据存放 */
#ifdef CONFIG_USE_IRQ
/* 分配 IRQ 和 FIQ 栈空间 */
sub r0, r0, #(CONFIG_STACKSIZE_IRQ+CONFIG_STACKSIZE_FIQ)
#endif
```

```
sub sp, r0, #12 /* 留下 3 个字为 Abort */
```

9. 搬移 NAND FLASH 代码

从 NAND FLASH 中，把数据拷贝到 RAM，是由 copy_myself 程序段完成的。

```
mov r10,lr   /*将当前的 lr 保存到 r10 中,保存断点地址*/
@reset nand
mov r1,#NAND_CTL_BASE      /*NANDFLASH 基地址*/
ldr r2,0xf830
/*r2 = 1111, 1000, 0011, 0000 第 15 位为 NANDFLASH 控制器使能位,第 12 位初始化 ECC,
第 11 位 nFCE 使能*/
str r2,[r1,#oNFCONF]
ldr r2,[r1,#oNFCONF]

bic r2,r2,#0x800/*将第 11 位清零指令,使能芯片 */
str r2,[r1,#oNFCONF]
/*写入命令 */
mov r2,#0xff    @reset command
strb r2,[r1,#oNFCMD]
```

10.进入 C 语言代码部分

```
ldr pc, _start_armboot
_start_armboot: .word start_armboot
```

6.2.2 阶段 2——C 语言函数功能介绍

阶段 2 是 C 语言程序部分，此部分主要涉及的函数及函数功能如下：
（1）指定初始函数表，函数表如下：
```
init_fnc_t *init_sequence[] = {
     CPU_init, /* CPU 的基本设置 */
     board_init, /* 开发板的基本初始化 */
     interrupt_init, /* 初始化中断 */
     env_init, /* 初始化环境变量 */
     init_baudrate, /* 初始化波特率 */
     serial_init, /* 串口通信初始化 */
     console_init_f, /* 控制台初始化第一阶段 */
     display_banner, /* 通知代码已经运行到该处 */
     dram_init, /* 配制可用的内存区 */
     display_dram_config,
     #if defined(CONFIG_VCMA9) || defined (CONFIG_CMC_PU2)
```

```
        checkboard,
    #endif
        NULL,
};
```

（2）函数 FLASH_init（ ）配置可用的 FLASH 区；

（3）函数 mem_malloc_init（ ）初始化内存分配；

（4）函数 nand_init（ ）初始化 NAND FLASH；

（5）函数 env_relocate（ ）初始化环境变量；

（6）函数 devices_init（ ）初始化外围设备；

（7）函数 i2c_init（ ）初始化 I2C 总线；

（8）函数 drv_lcd_init（ ）初始化 LCD ；

（9）函数 drv_video_init（ ）初始化 VIDEO；

（10）函数 drv_keyboard_init（ ）初始化键盘；

（11）函数 drv_system_init（ ）初始化系统；

（12）函数 getenv_IPaddr（"ipaddr"）初始化网络设备；

（13）函数 main_loop（ ）进入主 U-BOOT 命令行。

6.3 U-BOOT 的移植过程

1. U-BOOT 的移植步骤

第 1 步．建立工作目录

```
#mkdir /root/build_uboot
#cd /root/build_uboot
```

第 2 步．把源码拷贝到该目录并解压

```
#tar jxvf U-BOOT-gec2410.tar.bz2
#cd U-BOOT-gec2410
```

第 3 步．设置交叉编译环境变量

把实验提供的 cross-2.95.3.tar.bz2 工具链拷贝到/usr/local/arm/目录下，解压它；然后输入如下命令：

```
#export PATH=/usr/local/arm/2.95.3/bin:$PATH
```

第 4 步．配置与编译

配置：

```
#make gec2410_config
```

编译：

```
#make
```

编译的结果生成 U-BOOT.bin。

2. 烧写 U-BOOT.bin 到开发板的 NANDFLASH

编译出来的 U-BOOT.bin 文件的大小是 114kB 左右，可以把 U-BOOT.bin 烧写到 0x00x30000 的空间。可以通过开发板自带的 BootLoader 程序来烧写 U-BOOT.bin，也可以通过 JTAG，由工具烧入到 NANDFLASH 中。通过开发板自带的 BootLoader 的烧写步骤如下：

第 1 步.连接好 PC 机与开发板，连接串口线，USB 线，电源；打开 dnw 串口通讯软件，启动开发板；

第 2 步.选择烧写的分区为 0x0 至 0x30000 的空间，然后输入"y"，确认烧写；

第 3 步.烧写 U-BOOT.bin 完成之后，重新启动开发板，可以看到 U-BOOT 的启动信息。

3. U-BOOT 的使用

U-BOOT 是通过输入命令来操作的。下面简单介绍几个常用的 U-BOOT 命令：

（1）printenv：打印环境变量，在 U-BOOT 的提示符下输入 printenv 命令，就可以打印出 U-BOOT 的环境变量。

（2）setenv：设置环境变量。

如：setenv ipaddr 172.22.60.44

setenv serverip 172.22.60.88

（3）saveenv：保存设定的环境变量,我们经常要设置的环境变量有 ipaddr,serverip，bootcmd，bootargs。

tftp：即将内核镜像文件从 PC 中下载到 SDRAM 的指定地址，然后通过 bootm 来引导内核，前提是所用 PC 要安装设置 tftp 服务。

如: tftp 30008000 zImage

（4）nand erase: 擦除 NAND FLASH 中数据块。

如：nand erase 0x40000 0x1c0000 （nand erase 起始地址 大小）。

（5）nand write：把 RAM 中的数据写到 NAND FLASH 中。

如：nand write 要烧写文件在内存中的起始地址 烧写到 FLASH 中的地址 大小 nand write 0x30008000 0x40000 0x1c0000

（6）nand read: 从 NAND FLASH 中读取数据到 RAM。

如：nand read 内存地址 FLASH 地址大小 nand read 0x30008000 0x40000 0x1c0000

go：直接跳转到可执行文件的入口地址,执行可执行文件。利用状态寄存器测试 FLASH 内部操作是否完成，如果完成则状态寄存器将返回

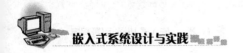

思考与实验

一、判断题

1. ARMBoot 是嵌入式 Linux 引导加载程序之一。（ ）
2. U-BOOT 是嵌入式 Linux 引导加载程序之一。（ ）
3. VIVI 是嵌入式 Linux 引导加载程序之一。（ ）
4. 如果把 BootLoader 分成两个阶段，初始化硬件设备的工作一定是在阶段 1 完成的。（ ）
5. 如果把 BootLoader 分成两个阶段，拷贝 BootLoader 的程序到 RAM 空间是在阶段 1 完成的。（ ）
6. 如果把 BootLoader 分成两个阶段，将 kernel 映像、根文件系统映像从 FLASH 读到 RAM 空间是在阶段 1 完成的。（ ）

二、问答题

1. 常见的引导加载程序有哪些？
2. BootLoader 的入口存放在什么位置？
3. BootLoader 的主要功能是什么？
4. 在建立异常中断的入口向量，如果用下列语句表示：

    ```
    ldr    pc, _software_interrupt
    ```

    软件中断异常，请问软件中断异常的入口地址是（   ）。

5. 在建立 ARM 运行模式时如有以下设置：

    ```
    mrs r0,cpsr
    bic r0,r0,#0x17
    orr r0,r0,#0xd2
    msr cpsr,r0
    ```

6. 请分析下列模式设置汇编程序段的含义。

    如果要把符号 INTMSK 定义为 S3C2410 主中断屏蔽寄存器的地址，则此宏定义应写成（   ）。

7. 在 S3C2410 中，如有定义：#define pWTCON 0x53000000，则下列语句的含义是（   ）。

    ```
    ldr r0, =pWTCON
    mov r1, ~#0x20
    str r1, [r0]
    ```

8. 在 S3C2410 中，如有定义：

    ```
    #define INTMSK    0x4A000008
    #define INTSUBMSK 0x4A00001C
    ```

    则下列语句的含义是（   ）。

    ```
    mov r1, #0xffffffff
    ```

```
ldr r0, =INTMSK
str r1, [r0]
ldr r1, =0x3ff
ldr r0, =INTSUBMSK
str r1, [r0]
```

9. 请论述 BootLoader 启动过程。
10. 写出 U-BOOT 的移植过程。

第 7 章

内核定制与根文件系统制作

1. 内核配置与内核裁剪。
2. 内核移植。
3. 根文件系统的制作。

本章主要学习如何定制与编译内核及根文件系统的制作。在硬件环境搭建后,嵌入式系统设计中首先要对内核、根文件系统进行定制与移植。掌握内核配置,需要熟悉 Linux 内核,因为嵌入式 Linux 开发中需要重新定制、编译和移植内核。嵌入式系统离不开文件系统,驱动程序、应用程序等文件都存放在文件系统中。

一个嵌入式 Linux 系统从软件角度看可以分为四个部分:引导加载程序(BOOTLOADER),Linux 内核,文件系统,应用程序。其中,BOOTLOADER 是系统启动或复位以后执行的第一段代码,它主要用来初始化处理器及外设,然后调用 Linux 内核。Linux 内核在完成系统的初始化之后需要挂载某个文件系统做为根文件系统(Root Filesystem)。根文件系统是 Linux 系统的核心组成部分,它可以作为 Linux 系统中文件和数据的存储区域,通常它还包括系统配置文件和运行应用软件所需要的库。一个嵌入式 Linux 系统从软件角度看可以分为四个部分:引导加载程序(BOOTLOADER),Linux 内核,文件系统,应用程序。其中 BOOTLOADER 是系统启动或复位以后执行的第一段代码,它主要用来初始化处理器及外设,然后调用 Linux 内核。Linux 内核在完成系统的初始化之后需要挂载某个文件系统作为根文件系统(Root Filesystem)。

7.1 Linux 内核移植

由于嵌入式系统的发展与 linux 内核的发展是不同步的,所以为了找一个能够运行于目标系统上的内核,需要对内核进行选择、配置和定制。嵌入式 Linux 系统内核是按照嵌入式设备的要求而设计的一种小型操作系统,由一个内核及若干根据需要进行定制的系统模块组成,其内核很小,通常只有几百 KB,非常适合移植到嵌入式系统中。

Linux 是一个一体化的内核系统,设备驱动程序可以完全访问硬件。Linux 内的设备驱动程序可以方便地以模块化的形式设置,并可在系统运行期间直接装载或卸载。当今 Linux 是全球移植最广泛的操作系统内核,从掌上电脑 iPaq 到巨型计算机 IBM S/390,甚至于微软出品的游戏机 XBOX 都可以看到 Linux 内核的踪迹。Linux 也是 IBM 超级计算机 Blue Gene 的操作系统。

7.1.1 内核移植的基本概念

内核是一个操作系统的核心。它负责管理系统的进程、内存、设备驱动程序、文件和网络系统,决定着系统的性能和稳定性。内核由五个部分组成:进程调度、内存管理、虚拟文件系统、网络接口、进程间通信。

所谓移植,顾名思义就是通过适当的修改使之适应新的硬件体系。

Linux 内核移植就是根据实际的硬件系统量身定做一个更高效、更稳定的内核。

7.1.2 内核移植的准备

移植内核前,假设您的 PC 安装了 Linux Redhat9.0 系统,并建立好了交叉编译环境,例如 arm-linux-gcc-4.3.2。您还需要 Linux 内核包与 BusyBox 工具箱。

内核包:linux-2.6.22.5.tar.gz。

官方下载：http://www.kernel.org/pub/linux/kernel/v2.6/linux-2.6.22.5.tar.bz2。

BusyBox 是标准 Linux 工具的一个单个可执行实现。BusyBox 包含了一些简单的工具，如 cat 和 echo，还包含了一些更大、更复杂的工具，如 grep、find、mount 及 telnet。简单地说，BusyBox 就好像是个大工具箱，它集成压缩了 Linux 的许多工具和命令。

BusyBox 包：busybox-1.1.0.tar.bz2。

官方下载：http://download.csdn.net/detail/xuwuhao/4461264。

> **注意：**
>
> 若未安装交叉编译器，则还需先安装交叉编译器。下面所采用的交叉编译器是 handhelds.org 制作的 arm-linux-gcc-3.4.1。
>
> 下载地址： http://download.csdn.net/download/jiadebin890724/4331656。
>
> 安装方法： tar xjvf arm-linux-gcc-3.4.1.tar.bz2 -C /。
>
> 安装后的路径： /usr/local/arm/3.4.1/。

测试硬件：

测试的硬件是上海锐极电子有限公司提供的 ARM9 开发板。

7.1.3 内核移植的基本过程

（1）下载内核，解压到相应的目录。
（2）修改 Makefile 文件，设置架构类型及使用的编译器。
（3）配置内核，通常是尽量裁减内核，建立依存关系。
（4）生成新内核。

移植流程如图 7.1 所示。

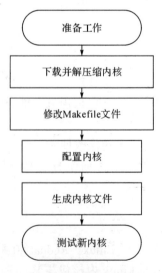

图 7.1 内核移植流程

7.1.4 内核移植的具体操作

内核移植步骤如下。

> **操作步骤**

步骤 1：复制 linux-2.6.22.5 内核压缩包到 embedded 目录中，并解压缩。
`[root@localhost embedded]#` **`tar xjvf linux-2.6.22.5.tar.bz2`**

步骤 2：进入 linux-2.6.22.5 目录中。
`[root@localhost embedded]#` **`cd linux-2.6.22.5/`**

步骤 3：修改 Makefile 文件。
`[root@localhost linux-2.6.22.5]#` **`vi Makefile`**

```
#ARCH           ?= $(SUBARCH)                              #注释该行
#CROSS_COMPILE  ?=                                         #注释该行
ARCH            ?= arm                                     #添加该行
CROSS_COMPILE   ?= /usr/local/arm/3.4.1/bin/arm-linux-     #添加该行
```

`ARCH ?=arm` 用于确定目标板类型，`CROSS_COMPILE` 是指定编译器的安装目录，您要根据实际安装的目录进行设置。

步骤 4：执行 make menuconfig 配置内核。
`[root@localhost linux-2.6.22.5]#` **`make menuconfig`**

> **注意**：
>
> 可以尝试使用命令 make xconfig，配置会更方便，通常有以下 4 种主要的内核配置方法。
>
> 1. make config
> 命令行方式，配置相对繁琐。
> 2. make oldconfig
> 使用一个已有的.config 配置文件为文本配置方式，可在原内核配置的基础修改时使用，提示行会提示之前没有配置过的选项，相对较简单。
> 3. make menuconfig
> 基于文本图形化终端配置菜单，是目前使用最广泛的配置内核方法，为文本选单的配置方式，需在字符终端下才能使用。
> 4. make xconfig
> 图形窗口模式的配置方式，用户可以通过图形界面和鼠标进行配置。图形窗口的配置比较直观，但必须支持 Xwindow 才能使用。

在使用 make menuconfig 命令后，系统出现如图 7.2 所示的文本内容。

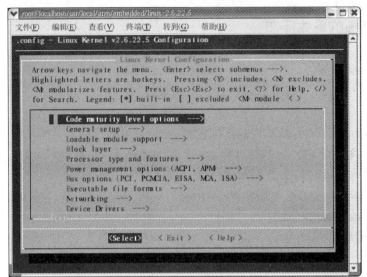

图 7.2 内核选项

修改以下相关内容，要注意选的是 [*] 还是 [M]。

注意：

1. 中括号[ ]中可以是空或"*"；
2. 尖括号< >可以是空、"*"、"M"；
3. 圆括号要求用户选一；
4. 用户使用"↑"、"↓"、Tab 键进入子项；
5. 按空格或"Y"键选择该项，按"N"表示不包含该选项。

例 1：

```
ARM system type (Samsung S3C2410, S3C2412, S3C2413, S3C2440, S3C2442,
S3C2443)  --->
[ ] S3C2410 DMA support (NEW)
```

修改为：

```
[*] S3C2410 DMA support
```

例 2：

```
S3C2410 Machines  --->
[ ] SMDK2410/A9M2410 (NEW)
```

修改为：

[*] SMDK2410/A9M2410

例 3：

    Boot options --->
    () Default kernel command string

修改为：

    (console=ttySAC0 root=/dev/ram init=/linuxrc) Default kernel command string
    Device Drivers --->
        Character devices --->
            Serial drivers --->
                < > Samsung S3C2410/S3C2440/S3C2442/S3C2412 Serial port support (NEW)

修改为：

    <*> Samsung S3C2410/S3C2440/S3C2442/S3C2412 Serial port support

例 4：

    [*]   Support for console on S3C2410 serial port
        LED devices --->
        [ ] LED Support (NEW)

修改为：

    [*] LED Support

例 5：

    <M>   LED Class Support
    < > LED Support for Samsung S3C24XX GPIO LEDs (NEW)

修改为：

    <M> LED Support for Samsung S3C24XX GPIO LEDs

例 6：

    [ ] LED Trigger support (NEW)

修改为：

    [*] LED Trigger support

例 7：

    <M>   LED Timer Trigger
    <M>   LED Heartbeat Trigger
    Multimedia devices --->
    <M> Video For Linux

修改为：

```
          < > Video For Linux
```

例 8:
```
    [*] DAB adapters (NEW)
```
修改为:
```
    [ ] DAB adapters
```

例 9:
```
    Graphics support  --->
    < > S3C2410 LCD framebuffer support (NEW)
```
修改为:
```
    <M> S3C2410 LCD framebuffer support
```

例 10:
```
    Console display driver support  --->
    [*] VGA text console (NEW)
```
修改为:
```
    [ ] VGA text console
```

例 11:
```
    < > Framebuffer Console support (NEW)
```
修改为:
```
    <M> Framebuffer Console support
    [*]   Framebuffer Console Rotation
    [*]   Select compiled-in fonts
    [*]   VGA 8x16 font
    [*]   Mini 4x6 font
```

例 12:
```
    [ ] Bootup logo (NEW)  --->
```
修改为:
```
    [*] Bootup logo  --->
```
上述修改是必需的，下面的修改是根据需要进行的。

例 13:
```
    Code maturity level options  --->
    [*] Prompt for development and/or incomplete code/drivers
```
可改为:
```
    [ ] Prompt for development and/or incomplete code/drivers
```

例 14：
```
    Floating point emulation  --->
    [ ] NWFPE math emulation (NEW)
```
可改为：
```
    [*] NWFPE math emulation
    [*] Support extended precision
```

例 15：
```
    Device Drivers  --->
    < > Memory Technology Device (MTD) support  --->
```
可改为：
```
    <M> Memory Technology Device (MTD) support  --->
```

例 16：
```
    [ ] MTD partitioning support (NEW)
```
可改为：
```
    [*]MTD partitioning support
```

例 17：
```
    RAM/ROM/Flash chip drivers  --->
    < > Detect Flash chips by Common Flash Interface (CFI) probe (NEW)
```
可改为：
```
    <M> Detect Flash chips by Common Flash Interface (CFI) probe
```

例 18：
```
    < > Support for Intel/Sharp Flash chips (NEW)
```
可改为：
```
    <M> Support for Intel/Sharp Flash chips
```

例 19：
```
    < > Support for RAM chips in bus mapping (NEW)
```
可改为：
```
    <M> Support for RAM chips in bus mapping
```

例 20：
```
    < > Support for ROM chips in bus mapping (NEW)
```
可改为：
```
    <M> Support for ROM chips in bus mapping
```

例 21：
    Mapping drivers for chip access --->
    < > Map driver for platform device RAM (mtd-ram) (NEW)
可改为：
    <M> Map driver for platform device RAM (mtd-ram)

例 22：
    Self-contained MTD device drivers --->
    < > Physical system RAM (NEW)
可改为：
    <M> Physical system RAM

例 23：
    < > MTD using block device (NEW)
可改为：
    <M> MTD using block device

例 24：
    Parallel port support --->
    <M> Parallel port support
可改为：
    < > Parallel port support

例 25：
    CSI device support --->
    <M> SCSI device support
可改为：
    < > SCSI device support

例 26：
    Multi-device support (RAID and LVM) --->
    [*] Multiple devices driver support (RAID and LVM)
可改为：
    [ ] Multiple devices driver support (RAID and LVM)

例 27：
    ISDN subsystem --->
    <M> ISDN support

第 7 章 内核定制与根文件系统制作

可改为：

```
< >  ISDN support
```

例 28：

```
Input device support --->
<M>  Joystick interface
```

可改为：

```
< >  Joystick interface
```

例 29：

```
< >  Touchscreen interface (NEW)
```

可改为：

```
<M>  Touchscreen interface
     (320)  Horizontal screen resolution
     (240)  Vertical screen resolution
```

例 30：

```
< >  Philips UCB1400 touchscreen (NEW)
```

可改为：

```
<M>  Philips UCB1400 touchscreen
```

例 31：

```
File systems --->
   Miscellaneous filesystems --->
< > Journalling Flash File System v2 (JFFS2) support (NEW)
[ ]   Advanced compression options for JFFS2
```

可改为：

```
<M> Journalling Flash File System v2 (JFFS2) support
[*]   Advanced compression options for JFFS2
```

内核移植关键的步骤就在于配置哪些是必须选项，哪些是可选项。实际上在配置时，大部分选项可以使用其默认值，只有少部分要根据用户不同的需要选择。选择的原则是，将与内核其他部分关系较远且不经常使用的部分功能代码编译成可加载模块，有利于减小内核的大小、减小内核消耗的内存、简化该功能相应的环境改变时对内核的影响。不需要的功能就不选，与内核关系紧密而且经常使用的部分功能代码直接编译到内核中。

步骤 5：执行 make dep 命令检查依赖关系。在使用 make menuconfig 命令时，由内核支持改为 module，或取消支持，这将可能影响到参数的设置，需重新编译或连接。如果程序数量非常多，是很难手工完全做好此工作的。make dep 实际上会读取配置过程生成的配置文件，来创建对应于配置的依赖关系树，从而决定哪些需要编译而那些不需要编译。

```
[root@localhost kernel]# make dep
```

步骤 6：执行 make clear 命令，清除一些以前留下的文件，比如以前编译生成的目标文件。执行命令 make clean 必须要进行这一步。否则，即使内核配置改动过，编译内核时还是将原来生成的目标文件进行连接，而不连接改动后的文件。

```
[root@localhost kernel]# make clean
```

步骤 7：执行 make zImage 命令，生成 zImage 内核镜像文件。Linux 内核有两种映像：一种是非压缩内核 Image，另一种是它的压缩版本 zImage。为了能使 zImage，必须在它的开头加上解压缩的代码，将 zImage 解压缩之后才能执行。采用 zImage 可以占用较少的存储空间，所以一般的嵌入式系统均采用压缩内核的方式。

```
[root@localhost kernel]# make zImage
```

注意：
1. make dep 命令应用在 2.4 内核或更早的版本，在 2.6 内核中已取消该命令。
2. make clean 命令删除前面留下的中间文件，该命令不会删除.config 等配置文件。
3. make zImage 命令编译生成 gzip 压缩形成的 image 文件。
4. make bzImage 命令编译生成较大的内核文件。
5. 生成的 zImage 文件在 arch/arm/boot/目录中。

步骤 7：将 zImage 文件复制到/tftpboot 目录中。

```
[root@localhost kernel]# cp arch/arm/boot/zImage /tftpboot/
```

步骤 8：测试生成的新内核能否启动。

在另一终端中打开 minicom，复位开发板，进入 PPCBoot 的命令行界面，执行下面两行语句：

```
SMDK2410 #setenv bootargs console=ttySAC0 initrd=0x30800000, 0x00440000 root=/dev/ram init=/linuxrc
SMDK2410 #tftp 0x30008000 zImage; go 0x30008000
```

当然，对于实际的应用中的内核移植，需要根据实际需要，对某些选项进行裁减，以使生成的内核文件尽可能小。当裁减好的内核满足应用需要后，就可以烧写到目标板上了。

注意：
这里测试没有使用 ramdisk 文件系统，原因是前面移植的文件系统不能在这个内核下使用，需要移植更高版本的 busybox 才能使用。

7.2 Linux 根文件系统的制作

根文件系统要包括 Linux 启动时所必需的目录和关键性的文件。例如，在 Linux 启动时都需要有 init 目录下的相关文件；在 Linux 挂载分区时，一定会找/etc/fstab 这个挂载文件；根文件系统中还包括许多应用程序 bin 目录等。任何包括这些 Linux 系统启动所必需的文件都可以成为根文件系统。

7.2.1 根文件系统概述

1. 常见的根文件系统

嵌入式 Linux 中都需要构建根文件系统，Linux 支持多种文件系统类型。为了对各类文件系统进行统一管理，Linux 引入了虚拟文件系统（Virtual File System，VFS），为各类文件系统提供一个统一的操作界面和应用编程接口，如图 7.3 所示。

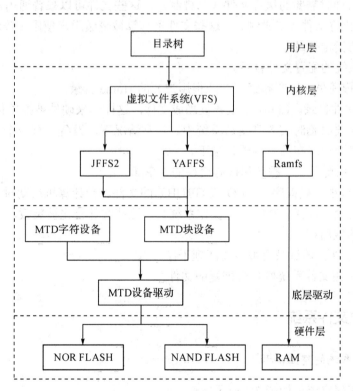

图 7.3　Linux 虚拟文件系统

Linux 启动时，第一个必须挂载的是根文件系统；若系统不能从指定设备上挂载根文件系统，则系统会出错而退出启动，之后可以自动或手动挂载其他文件系统。因此，一个系统中可以同时存在不同的文件系统。

不同的文件系统类型有不同的特点，因而根据存储设备的硬件特性、系统需求等有不同的应用场合。在嵌入式 Linux 应用中，主要的存储设备为 RAM（DRAM、SDRAM）和 ROM（常采用 Flash 存储器），常用的基于存储设备的文件系统类型包括 JFFS2、YAFFS、CRAMFS、ROMFS、RAMDISK、RAMFS/TMPFS 等。

2. 根文件系统的目录结构

"/" 根目录部分有以下子目录：

/usr 目录包含所有的命令、程序库、文档和其他文件。这些文件在正常操作中是不会被改变的。这个目录也包含 Linux 发行版本的主要应用程序，如 Netscape。

/var 目录包含在正常操作中被改变的文件：假脱机文件、记录文件、加锁文件、临时文件和页格式化文件等。

/home 目录包含用户的文件：参数设置文件、个性化文件、文档、数据、E-mail、缓存数据等。这个目录在系统升级时应该保留。

/proc 目录整个包含虚拟的文件。实际上它们并不存储在磁盘上，也不占用任何空间（用 ls -l 可以显示它们的大小）。当查看这些文件时，实际上是在访问存储在内存中的信息，这些信息用于访问系统。

/bin 系统启动时需要的执行文件（二进制），这些文件可以被普通用户使用。

/sbin 系统执行文件（二进制），这些文件不打算被普通用户使用（普通用户仍然可以使用它们，但要指定目录）。

/etc 操作系统的配置文件目录。

/root 系统管理员（也叫超级用户或根用户）的 Home 目录。

/dev 设备文件目录。Linux 下设备被当成文件，这样一来硬件被抽象化，便于读/写、网络共享以及需要时临时装载到文件系统中。正常情况下，设备会有一个独立的子目录。这些设备的内容会出现在独立的子目录下。

/lib 根文件系统目录下程序和核心模块的共享库。

/boot 用于自举加载程序（LILO 或 GRUB）的文件。当计算机启动时（如果有多个操作系统，有可能允许选择启动哪一个操作系统），这些文件首先被装载。

/opt 可选的应用程序。

/tmp 临时文件。该目录会被自动清理干净。

/lost+found 在文件系统修复时恢复的文件。

7.2.2 建立根文件系统

1. 根文件系统的建立流程

根文件系统建立流程如图 7.4 所示。

图 7.4 根文件系统建立流程

2. 根文件系统建立的具体操作

根文件系统建立操作步骤如下。

操作步骤

步骤 1：在 embedded 目录中创建 ramdisk 的文件系统映像文件。

[root@localhost embedded]# **dd if=/dev/zero of=myramdisk bs=1k count=8000**

dd 命令的作用是用指定大小的块复制一个文件，并在复制的同时进行指定的转换，if=/dev/zero 指输入文件是/dev/zero，of=myramdisk 指输出文件是 myramdisk，bs=1k 指读/写块的大小为 1024bit，count=8000 指复制 8000 个块。

执行该命令后/home/embedded 目录中就会产生一个 8MB 的文件，文件名为 myramdisk。

步骤 2：格式化 myramdisk 为 ext2 文件系统。

[root@localhost embedded]# **mke2fs -F -m 0 myramdisk**

将 myramdisk 文件用 mke2fs 命令格式化成 ext2 文件系统。

步骤 3：在/mnt 目录中创建 ramdisk 目录，用于挂载 myramdisk。

[root@localhost embedded]# **mkdir/mnt/ramdisk**

步骤 4：挂载 myramdisk 到/mnt/ramdisk。

[root@localhost embedded]# **mount -o loop myramdisk/mnt/ramdisk**

将 myramdisk 文件系统映像挂载到/mnt/ramdisk 目录。

步骤 5：下载并复制 busybox1.1.0 到 embedded 目录中，并解压缩 busybox-1.1.0.tar.bz2。

`[root@localhost embedded]#` **`tar xjvf busybox-1.1.0.tar.bz2`**

步骤 6：进入 busybox-1.1.0 目录中。

`[root@localhost embedded]#` **`cd busybox-1.1.0/`**

步骤 7：让 busybox 预配置。

`[root@localhost busybox-1.1.0]#` **`make defconfig`**

预配置会把常用选项都选上，提高配置效率。若不进行预配置，则在步骤 8 中，每个选项都要手工进行配置。

步骤 8：进行 busybox 配置。

`[root@localhost busybox-1.1.0]#` **`make menuconfig`**

==
 特别注意下面的修改，其他根据需要进行添加
==

```
General Configuration  --->
  [*] Support for devfs
Build Options  --->
  [*] Build BusyBox as a static binary (no shared libs)
  [*] Do you want to build BusyBox with a Cross Compiler?
(/usr/local/arm/3.4.1/bin/arm-linux-) Cross Compiler prefix
     #注意这里指明交叉编译器是 3.4.1
```

配置过程通过光标键、空格键、回车键组合使用实现，每个选项左边的[ ]表明不选择，[*]表明选择，若最右边有--->，则表明其下有子选项，选中并按回车键后可进入其子选项。

步骤 9：进行编译。

`[root@localhost busybox-1.1.0]#` **`make`**

步骤 10：产生安装文件。

`[root@localhost busybox-1.1.0]#` **`make install`**

产生的安装文件存放在_install 子目录中。

步骤 11：复制生成的文件到/mnt/ramdisk 目录中。

`[root@localhost _install]#` **`cp -rf _install/* /mnt/ramdisk`**

步骤 12：在/mnt/ramdisk 目录中建立 dev 目录。

`[root@localhost _install]#` **`mkdir /mnt/ramdisk/dev`**

步骤 13：在/mnt/ramdisk/dev 目录中，建立 console 和 null 两个字符设备文件。

`[root@localhost _install]#` **`mknod /mnt/ramdisk/dev/console c 5 1`**

`[root@localhost _install]#` **`mknod /mnt/ramdisk/dev/null c 1 3`**

若不建立这两个字符设备文件，内核加载 ramdisk 后将不能进入命令提示符界面，而出现错误提示 Warning: unable to open an initial console。

步骤 14：在/mnt/ramdisk 目录中建立 etc、proc 目录。

`[root@localhost _install]#` **`mkdir /mnt/ramdisk/etc`**

第 7 章 内核定制与根文件系统制作

```
[root@localhost _install]# mkdir /mnt/ramdisk/proc
```
etc、proc、dev 目录通常是系统必需的。

步骤 15：在/mnt/ramdisk/etc 目录中建立 init.d 目录。
```
[root@localhost _install]# mkdir /mnt/ramdisk/etc/init.d
```
步骤 16：在/mnt/ramdisk/etc/init.d 目录中创建文件 rcS。
```
[root@localhost _install]# touch /mnt/ramdisk/etc/init.d/rcS
```
步骤 17：编辑/mnt/ramdisk/etc/init.d/rcS。
```
[root@localhost _install]# vi /mnt/ramdisk/etc/init.d/rcS
```
添加以下内容：
```
#!/bin/sh
#mount for all types
/bin/mount -a

#lcd
mknod /dev/video0 c 81 0
mknod /dev/fb0 c 29 0
mknod /dev/tty0 c 4 0
```
步骤 18：添加 rcS 的执行权限。
```
[root@localhost _install]# chmod +x /mnt/ramdisk/etc/init.d/rcS
```
执行步骤 15 至步骤 18 是因为 busybox 会通过运行/etc/init.d/下的 rcS 来做一些系统初始化工作。

步骤 19：卸载/mnt/ramdisk 目录。
```
[root@localhost _install]# umount /mnt/ramdisk
```
步骤 20：对文件 myramdisk 进行文件系统检查。
```
[root@localhost embedded]# cd /home/embedded
[root@localhost embedded]# e2fsck myramdisk
```
步骤 21：对 myramdisk 进行压缩打包。
```
[root@localhost embedded]# gzip -9 myramdisk
```
步骤 22：复制 myramdisk.gz 文件到/tftpboot 目录中。
```
[root@localhost embedded]# cp myramdisk.gz /tftpboot/
```
步骤 23：测试生成的文件系统。

在另一终端中打开 minicom，复位开发板，进入 PPCBoot 的命令行界面，执行下面两行语句：
```
SMDK2410 # setenv bootargs console=ttyS0 initrd=0x30800000 root=/dev/ram init=/linuxrc
SMDK2410 # tftp 0x30008000 zImage; tftp 0x30800000 myramdisk.gz; go 0x30008000
```

看到"Please press Enter to accivate this console."信息就说明制作的文件系统成功了，按回车键后就进入 Linux 命令提示符状态了。如下所示：

181

```
BusyBox v1.1.0 (2007.09.03-06:36+0000) Built-in shell (ash)
Enter 'help' for a list of built-in commands.

-sh: can't access tty; job control turned off
/ #
```

思考与实验

一、判断题

1. ARMBoot 是嵌入式 Linux 引导加载程序之一。   （ ）
2. 在内核配制中，使用命令 make xconfig 配制，是一种命令行方式配置。   （ ）
3. 在内核配制中，使用命令 make menuconfig 配制，是一种命令行方式配置。（ ）
4. 在 Linux 设备驱动程序设计中，可以直接对内核进行定制、编译就可支持 LCD 的驱动。   （ ）
5. 在 Linux 设备驱动程序设计中，只通过对内核进行定制、编译，就不可能实现对 SD 卡的驱动。   （ ）

二、选择题

1. 通常情况下 BOOTLOADER 的第一阶段要完成以下几个任务（没有按顺序排列）：
   ① 初始化数据区；
   ② 跳转到 C 语言程序；
   ③ 设置异常向量表；
   ④ 初始化存储器；
   ⑤ 初始化看门狗和外围电路；
   ⑥ 初始化堆栈
   按照以上任务的分法，初始化数据区是 BOOTLOADER 执行任务的过程的（ ）步。
   A．1   B．2   C．3   D．4   E．5   F．6

2. 假定交叉编译工具在/opt/host/armv4l/bin 目录下，当安装好交叉编译器后，要进行环境变量的设置，通常的方法是在 bashrc 文件中添加路径，打开文件的形式为（   ）。
   A．vi ~/.bashrc   B．vi ~/bashrc   C．vi ~bashrc   D．vi /.bashrc

3. 如果在/usr/local/arm/2.95.3/bin/目录下安装了交叉编译器 arm-linux-gcc,当在编译源程序 ex1.c 时有下列提示：
   ```
   [root@localhost root]# arm-linux-gcc ex1.c  -o ex1
   bash: arm-linux-gcc: command not found
   ```
   问题可能是（   ）。

A．源程序不存在

B．编译命令出错，应该使用命令 gcc

C．路径设置不正确

D．不知原因的错误

4．如果在/usr/local/arm/2.95.3/bin/目录下安装了交叉编译器 arm-linux-gcc，当在编译源程序 ex1.c 时有下列提示：

`[root@localhost root]# arm-linux-gcc ex1.c -o ex1`

`bash: arm-linux-gcc: command not found`

此错误解决的方法是（　　）。

A．改写源程序

B．编译命令出错，应该使用命令 gcc

C．设置路径 PATH=/usr/local/arm/2.95.3/bin

D．设置路径 export PATH=/usr/local/arm/2.95.3/bin:$PATH

5．如果在/usr/local/arm/2.95.3/bin/目录下安装了交叉编译器 arm-linux-gcc，当在编译源程序 ex1.c 时有下列提示：

`[root@localhost root]# arm-linux-gcc ex1.c -o ex1`

`bash: arm-linux-gcc: command not found`

此错误解决的方法是（　　）。

A．改写命令：/usr/local/arm/2.95.3/bin/arm-linux-gcc -o ex1 ex1.c

B．编译命令出错，应该使用命令 gcc

C．设置路径 PATH=/usr/local/arm/2.95.3/bin

D．改写源程序

6．在内核定制中，往往要做一些前期准备工作，下列工作中不属于前期工作的是（　　）。

A．安装交叉编译器

B．下载压缩包 busybox-1.1.0.tar.bz2

C．BOOTLOADER 编译

D．根文件系统制作

7．在内核定制中，下列工作的（　　）可在内核定制后完成。

A．安装交叉编译器

B．下载压缩包 linux-2.6.22.5.tar.gz

C．BOOTLOADER 编译

D．根文件系统制作

8．在内核定制中，如果使用命令方式配置内核，可使用（　　）。

A．make xconfig　　　　　　B．make oldconfig

C．make menuconfig　　　　D．make xconfig

9．在内核定制中，如果使用基于文本终端菜单形式配置内核，可使用（　　）。

A．make xconfig　　　　　　B．make oldconfig

C．make menuconfig　　　　D．make xconfig

10. 在内核定制中，如果使用图形窗口方式配置内核，可使用（　　　　）。
    A．make xconfig   B．make oldconfig
    C．make menuconfig   D．make xconfig

11. 在内核定制中，用 SPASE 键选择方括号［　］中的内容可以是（　　　　）。
    A．K 或空   B．或空   C．空或*   D．M 或*

12. 在内核定制中，内核前的圆括号相当于（　　　　）。
    A．多选按钮   B．单选按钮   C．下拉列表   D．列表框

13. 在内核定制中，如果要选择内核对并口的支持，应选择（　　　　）。
    A．File system
    B．Code maturity level option
    C．paralled port support
    D．scsi support

14. 在内核定制中，如果要选择内核对小型计算机系统接口支持配置，应选择（　　　　）。
    A．File system
    B．Code maturity level option
    C．paralled port support
    D．scsi support

15. 在内核定制中，如果要内核支持模块加载，应选择（　　　　）。
    A．File system
    B．Loadable module support
    C．paralled port support
    D．scsi support

16. 在内核定制中，如果要内核对网络支持，应选择（　　　　）。
    A．General setup
    B．Loadable module support
    C．paralled port support
    D．scsi support

17. 在内核定制中，如果要内核对网络 TCP/IP 支持，应选择（　　　　）。
    A．General setup
    B．Loadable module support
    C．Networking option
    D．scsi support

18. 在内核定制中，如果要内核对支持网络协议纠错，应选择（　　　　）。
    A．General setup
    B．Loadable module support
    C．Networking option
    D．scsi support

19. 在内核定制中，如果要内核对支持可对随机存储设备驱动配置，应选择（　　　　）。
    A．General setup

    B. Loadable module　support
    C. Networking option
    D. Block devices
20．在内核定制中，如果要内核对支持串口驱动，应选择（　　）。
    A. General setup
    B. Character　device
    C. Networking option
    D. Block devices
21．在内核定制中，如果要内核对支持可对随机存储设备驱动配置，应选择（　　）。
    A. General setup
    B. USB support
    C. Networking option
    D. Block devices
22．内核定制中，如果要内核对低速串行 I2C 总线的支持，应选择（　　）。
    A. General setup
    B. Networking option
    C. Character　device
    D. Block devices
23．在内核定制中，如果要内核支持 LED 管理，应选择（　　）。
    A. Character　device
    B. Loadable module　support
    C. Networking option
    D. Block devices

三、操作题

内核定制的基本过程是：1）下载内核，解压到 embedded 目录;2）修改 Makefile 文件，设置架构类型及使用的编译器;3）配置内核，通常是尽量裁减内核;4）生成新内核。下面给出操作过程中部分所用命令，主意顺序已打乱，请完成内核定制，要求内核定制为最小化。

（1）make zImage

（2）make dep

（3）cd linux-2.6.22.5/

（4）修改 Makefile 文件

```
#ARCH            ?= $(SUBARCH)
#CROSS_COMPILE   ?=
ARCH             ?= arm
CROSS_COMPILE    ?= /usr/local/arm/3.4.1/bin/arm-linux-
```

（5）tar xjvf　linux-2.6.22.5.tar.bz2

（6）make menuconfig

第 8 章

嵌入式图形环境的设置与编程初步

 本章重点

1. MiniGUI 基本特征。
2. MiniGUI 图形环境的设置方法。
3. MiniGUI 图形程序设计初步。
4. Qt 的基本特征。
5. Qt 集成开发平台的使用方法。
6. Qt 应用程序编写与编译方法。

 本章导读

随着嵌入式设备的广泛应用,对手机、PDA 等产品中可视化操作界面的交互设计提出了更高的要求,因而在嵌入式环境中图形环境的建立、图形程序的设计变得十分重要。本章主要的目的希望读者在嵌入式环境下掌握 MiniGUI、Qt 工具包的安装与设置、初步掌握图形环境下的程序设计。

近年来,随着嵌入式设备与市场需求的广泛结合,手机、PDA 等产品的应用对可视化操作界面的简洁性和方便性提出了更高的要求,这需要一个稳定可靠的高性能 GUI 系统来提供支持。图形用户界面(Graphic User Interface,简称 GUI)的广泛流行是当今计算机技术的重要成就之一,它极大地方便了非专业用户的使用,人们可以通过窗口、菜单方便地进行操作。嵌入式系统对 GUI 的基本要求包括有轻型、占用资源少、高性能、高可靠性以及可配置等。目前比较成熟的 GUI 系统有如下几种 GUI 系统:紧缩的 X Window 系统、MiniGUI、MicroWindows、OpenGUI 及 Qt/Embedded 等。下面简单介绍这些嵌入式的图形系统。

(1)MiniGUI

MiniGUI 由原清华大学教师魏永明先生开发,是一种面向嵌入式系统或者实时系统的图形用户界面支持系统。它主要运行于 Linux 控制台,实际可以运行在任何一种具有 POSIX 线程支持的 POSIX 兼容系统上。MiniGUI 同时也是国内最早出现的几个自由软件项目之一。

(2)MicroWindows

MicroWindows 是一个著名的开放源码的嵌入式 GUI 软件。MicroWindows 提供了现代图形窗口系统的一些特性。MicroWindows API 接口支持类 Win32 API,接口试图和 Win32 完全兼容。它还实现了一些 Win32 用户模块功能。MicroWindows 采用分层设计方法,以便不同的层面能够在需要的时候改写,基本上用 C 语言实现。MicroWindows 已经支持 Intel 16 位和 32 位 CPU、MIPS R4000 以及 ARM 芯片;但作为一个窗口系统,该项目提供的窗口处理功能还需要进一步完善,比如控件或构件的实现还很不完备,键盘和鼠标的驱动还很不完善等。

(3)OpenGUI

OpenGUI 在 Linux 系统上存在已经很长时间了。这个库是用 C++编写的,只提供 C++ 接口。OpenGUI 基于一个用汇编实现的 x86 图形内核,提供了一个高层的 C/C++图形/窗口接口。OpenGUI 提供了二维绘图原语、消息驱动的 API 及 BMP 文件格式支持。OpenGUI 功能强大,使用方便。OpenGUI 支持鼠标和键盘的事件,在 Linux 上基于 Frame buffer 或者 SVGALib 实现绘图。由于其内核基于汇编实现并利用 MMX 指令进行了优化,OpenGUI 运行速度非常快。正由于其内核用汇编实现,可移植性受到了影响。通常在驱动程序一级,性能和可移植性是矛盾的,必须找到一个折中方案。

(4)Qt/Embedded

Qt/Embedded[5]是著名的 Qt 库开发商 Trolltech 的面向嵌入式系统的 Qt 版本。这个版本的主要特点是可移植性较好,许多基于 Qt 的 X Window 程序可以非常方便地移植到嵌入式系统;但是该系统不是开放源码的,如果使用这个库,可能需要支付昂贵的授权费用。

8.1 MiniGUI 图形环境的设置

8.1.1 MiniGUI 的特点

MiniGUI 是由原清华大学教师魏永明主持开发的轻量级图形系统,是一种面向嵌入式或实时系统的图形用户界面支持系统。它遵循 GPL 公约,是基于 SVGALib 及 LinuxThread 库的多窗口 GUI 支持系统。能跨多种操作系统,主要运行于 Linux 及一切具有 POSIX 线程支持的 POSIX 兼容系统,包括普通嵌入式 Linux、eCos、uC/OS-II、VxWorks 等系统,是国内最早的自由软件之一。

MiniGUI 的主要特点有:
(1) 遵循 GPL 条款的纯自由软件;
(2) 提供了完备的多窗口机制;
(3) 支持多字符集和多字体;
(4) 支持全拼和五笔等汉字输入法;
(5) 支持 BMP、GIF、JPEG 及 PCX 等常见图像文件;
(6) 支持 Windows 的资源文件,如位图、图标、光标、插入符、定时器及加速键等;
(7) 可移植性好。

8.1.2 MiniGUI 开发环境

图形环境是基于 Samsung 公司的 S3C2410 嵌入式 ARM 处理器。S3C2410 内嵌 ARM920T 核,带有全性能的 MMU,具有高性能、低功耗、低成本、小体积等优点,适用于手持设备、汽车等领域。它支持 MP3/MPEG 播放、GUI、Web 服务及其他服务,同时可根据用户需求开发特定软件与设备驱动程序。

8.1.3 MiniGUI 的配置和交叉编译

1. MiniGUI 在宿主机上的环境配置

把以下软件下载到 Linux 的/opt 目录下。所需文件如下:
(1) MiniGUI 函数库源代码:libminigui-1.6.10.tar.gz。
(2) MiniGUI 资源库 miniguires-1.6.10.tar.gz,包括基本字体、图标、位图、输入法等;
(3) MiniGUI 的综合演示程序:mde-1.6.10.tar.gz。

下载地址:http://www.minigui.org/res.shtml

2. MiniGUI 函数库的安装和编译

（1）解压资源文件

在宿主机上解压资源文件：tar zxf miniguires-1.6.10.tar.gz，可生成 miniguires-1.6.10 目录。

（2）进入目录 libminigui-1.6.10

（3）修改配置文件 configure

在安装之前先要修改目录中的 configure 文件，执行 vi configure 打开文件，把 prefix 选项部分的默认值 /usr/local/ 改为 /usr/local/arm/2.95.3/arm-linux/，这样运行 make install 安装命令后 MiniGUI 资源将被安装到目标系统中的/usr/local/arm/2.95.3/arm-linux/lib 目录下。

（4）运行 ./configure 脚本：CC= arm-linux-gcc\ ./configure --prefix=/mnt/nfs/local\ --build=i386-linux\ --host=arm-linux\ --target=arm-linux\ --disable-lite\ --disable-micemoveable\ --disable-cursor\

在这里，CC 是用来指定所使用的编译器，arm-linux-gcc 即为安装到主机上的交叉编译工具。另外，——prefix 为 MiniGUI 函数库的安装目标路径；——build 是指执行编译的主机；——host 交叉编译后的程序将运行的系统；——target 是运行该编译器所产生的目标文件的平台；——disable－lite 建立 MiniGUI-Threads 版本的应用程序；——disable－micemoveable 禁止窗口移动；——disable-cursor 由于系统采用触摸屏，所以用此选项用来关闭鼠标光标显示。

（5）如果运行./configure 脚本成功通过，就可继续进行下面的编译了，执行 make 和 make install 命令编译安装 libminigui。

这里要注意的是，执行 make install 命令时要切换到 Root 用户权限下，不然安装时没法把文件装到指定目录下。安装成功后，MiniGUI 的函数库和头文件以及配置文件等资源将被安装到/usr/local/arm/2.95.3/arm-linux/目录中，具体情况为：函数库被装在 lib/子目录中；头文件被装在 include/子目录中；手册被装在 man/子目录中；配置文件被装在 etc/子目录中。

8.1.4 实例程序的编译安装

（1）解压文件 mde-1.6.10.tar.gz

（2）进入 mde-1.6.10 目录

（3）修改配置文件 configure.in

把其中的 AC_CHECK_HEADERS(minigui/commmon.h, have_libminigui=yes, foo=bar) 中的 minigui/-commmon.h 改为：$prefix/include/minigui/common.h

用来指定交叉编译时搜 minigui 的头文件路径，防止编译时系统找不到头文件；在所有 LIB="$LIB 后加入 –L{prefix}/lib 来指定编译时所需要库文件的路径。并将 libpopt-dev-arm-cross-1.6.tgz 解压所生成的头文件和库文件分别放入目标目录的 include 和 lib 中，用以支持 mde 中程序在 ARM 下的交叉编译。

（4）然后执行./autogen.sh，重新生成 configure 脚本，使用上面配置的脚本然后执行

make 命令，即可完成实例程序的编译。

（5）拷贝 MiniGUI 资源到开发板

编译完 MiniGUI 和实例程序之后，需要把 MiniGUI 库、资源和应用程序拷贝到为目标机器准备的文件系统目录中，然后生成文件系统映像，再下载到目标板上运行。可以通过串口、USB 口或以太网口将文件系统映像下载到目标机器中。在执行程序之前，还有一件重要的事情要做，就是在开发板上的 Linux 中配置好 MiniGUI 的运行环境。

8.1.5 板载 Linux 的图像显示环境配置

MiniGUI 可以使用多种图形引擎进行图像显示，有 qvfb、SVGALib、LibGGI 等等，当然也可以自己编写一个图形引擎供 MiniGUI 使用。这里我们使用 qvfb 来作为 MiniGUI 的图形引擎进行图像显示。qvfb（vitural framebuffer）是在宿主机上模拟帧缓冲的，它是 X Window 用来运行和测试应用程序的系统程序，使用了共享存储区域（虚拟的帧缓冲）来模拟帧缓冲并且在一个窗口中模拟一个应用来显示帧缓冲。

（1）下载 qvfb

下载地址：http://download.csdn.net/download/jensenhaw/687654

（2）解压缩 tar zxf qvfb-1.0.tar.gz

（3）进入到 qvfb-1.0 目录

（4）执行 ./configure 脚本

（5）用 make 和 make install 命令进行编译安装

（6）修改 MiniGUI 的配置文件 MiniGUI.cfg

修改 /usr/local/etc 目录下的配置文件 MiniGUI.cfg，设置显示区域及字体等内容。将其中的驱动引擎 gal_engine 和 ial_engine 设置为 qvfb，再将其中 qvfb 的 defaultmode 设置为合适的显示模式。

（7）把 qvfb 加到可执行路径中去。

然后把 qvfb 加到可执行路径中去，执行 vi .bashrc 命令，在 .bashrc 最后面加上 export PATH=/usr/local/arm/2.95.3/bin -:$PATH，保存退出后用 source .bashrc 命令执行一下即可。

（8）执行 qvfb & 命令

在 X Window 中，打开一个终端仿真程序，执行 qvfb & 命令。在 qvfb 中选中 File Configure，将 qvfb 设置成嵌入式开发系统的液晶屏的大小。合理设置 MiniGUI 的配置文件后，接着就可以运行 MiniGUI 应用程序了。

执行应用程序顺利的话，屏幕上可以看到程序的运行界面。至此，MiniGUI 已经成功移植到目标系统上。此后，我们可以根据需要，继续修改 MiniGUI 库函数及各种资源，并且编写自己的应用程序，使图形用户界面更加完善。

8.1.6 一个简单的 MiniGUI 程序

理解 MiniGUI 基本编程方法的最快途径就是分析一个简单程序的结构。清单 8.1 是一个 MiniGUI 版本的 "Hello World!" 程序，我们将对其进行详细的解释说明。

清单 8.1 helloworld.c

```c
#include <stdio.h>
#include <minigui/common.h>
#include <minigui/minigui.h>
#include <minigui/gdi.h>
#include <minigui/window.h>
static int HelloWinProc(HWND hWnd, int message, WPARAM wParam, LPARAM lParam)
{
HDC hdc;
switch (message)
{
case MSG_PAINT:
hdc = BeginPaint (hWnd);
TextOut (hdc, 100, 100, "Hello world!");
EndPaint (hWnd, hdc);
return 0;
case MSG_CLOSE:
DestroyMainWindow (hWnd);
PostQuitMessage (hWnd);
return 0;
}
return DefaultMainWinProc(hWnd, message, wParam, lParam);
}

int MiniGUIMain (int argc, const char* argv[])
{
MSG Msg;
HWND hMainWnd;
MAINWINCREATE CreateInfo;
#ifdef _LITE_VERSION
SetDesktopRect(0, 0, 800, 600);
#endif
CreateInfo.dwStyle = WS_VISIBLE | WS_BORDER | WS_CAPTION;
CreateInfo.dwExStyle = WS_EX_NONE;
CreateInfo.spCaption = "HelloWorld";
CreateInfo.hMenu = 0;
CreateInfo.hCursor = GetSystemCursor(0);
CreateInfo.hIcon = 0;
CreateInfo.MainWindowProc = HelloWinProc;
```

```
CreateInfo.lx = 0;
CreateInfo.ty = 0;
CreateInfo.rx = 320;
CreateInfo.by = 240;
CreateInfo.iBkColor = COLOR_lightwhite;
CreateInfo.dwAddData = 0;
CreateInfo.hHosting = HWND_DESKTOP;
hMainWnd = CreateMainWindow (&CreateInfo);
if(hMainWnd == HWND_INVALID)
return -1;
ShowWindow(hMainWnd, SW_SHOWNORMAL);
while (GetMessage(&Msg, hMainWnd))
{
TranslateMessage(&Msg);
DispatchMessage(&Msg);
}
MainWindowThreadCleanup (hMainWnd);
return 0;
}
#ifndef _LITE_VERSION
#include <minigui/dti.c>
#endif
```

该程序在屏幕上创建一个大小为 320×240 像素的应用程序窗口，并在窗口客户区的中部显示"Hello world!"，如图 8.1 所示。

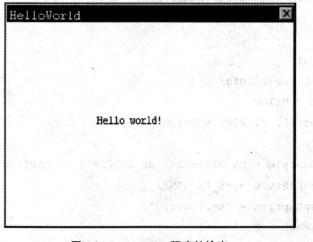

图 8.1　helloworld 程序的输出

第 8 章　嵌入式图形环境的设置与编程初步

1. 头文件

helloworld.c 的开始所包括的四个头文件 <minigui/common.h>、<minigui/minigui.h>、<minigui/gdi.h> 和 <minigui/window.h> 是所有的 MiniGUI 应用程序都必须包括的头文件：

common.h 包括 MiniGUI 常用的宏以及数据类型的定义；
minigui.h 包含了全局的和通用的接口函数以及某些杂项函数的定义；
gdi.h 包含了 MiniGUI 绘图函数的接口定义；
window.h 包含了窗口有关的宏、数据类型、数据结构定义以及函数接口声明。
使用预定义控件的 MiniGUI 应用程序还必须包括另外一个头文件 <minigui/control.h>：
control.h 包含了 libminigui 中所有内建控件的接口定义。
所以，一个 MiniGUI 程序的开始通常包括如下 MiniGUI 相关头文件：

```
#include <minigui/common.h>
#include <minigui/minigui.h>
#include <minigui/gdi.h>
#include <minigui/window.h>
#include <minigui/control.h>
```

2. 程序入口点

一个 C 语言程序的入口点为 main 函数，而一个 MiniGUI 程序的入口点为 MiniGUIMain，该函数原型如下：

```
int MiniGUIMain (int argc, const char* argv[])
```

main 函数已经在 MiniGUI 的函数库中定义了，该函数在进行一些 MiniGUI 的初始化工作之后调用 MiniGUIMain 函数。所以，每个 MiniGUI 应用程序（无论是服务器端程序 mginit 还是客户端应用程序）的入口点均为 MiniGUIMain 函数。参数 argc 和 argv 与 C 程序 main 函数的参数 argc 和 argv 的含义是一样的，分别为命令行参数个数和参数字符串数组指针。

3. 设置显示区域

```
#ifdef _LITE_VERSION
SetDesktopRect(0, 0, 800, 600);
#endif
```

SetDesktopRect 是 MiniGUI-Lite 版本专有的函数，因此包含在 _LITE_VERSION 的条件编译中。在 MiniGUI-Lite 版本中，每一个 MiniGUI 客户端程序在调用其它 MiniGUI 函数之前必须调用该函数以设置程序的桌面显示矩形区域。

SetDesktopRect 是一个宏，定义在头文件 minigui.h 中，如下：

```
#define SetDesktopRect(lx, ty, rx, by) \
JoinLayer ("", "", lx, ty, rx, by)
```

当然，你也可以用 JoinLayer 函数来代替 SetDesktopRect，来设置程序的桌面显示区域。

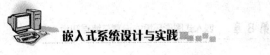

4. 创建和显示主窗口

```
hMainWnd = CreateMainWindow (&CreateInfo);
```

每个 MiniGUI 应用程序的初始界面一般都是一个主窗口，你可以通过调用 CreateMainWindow 函数来创建一个主窗口，其参数是一个指向 MAINWINCREATE 结构的指针，本例中就是 CreateInfo，返回值为所创建主窗口的句柄。MAINWINCREATE 结构描述一个主窗口的属性，在使用 CreateInfo 创建主窗口之前，需要设置它的各项属性。

```
CreateInfo.dwStyle = WS_VISIBLE | WS_BORDER | WS_CAPTION;
```

设置主窗口风格，这里把窗口设为初始可见的，并具有边框和标题栏。

```
CreateInfo.dwExStyle = WS_EX_NONE;
```

设置主窗口的扩展风格，该窗口没有扩展风格。

```
CreateInfo.spCaption = "HelloWorld";
```

设置主窗口的标题为"HelloWorld"。

```
CreateInfo.hMenu = 0;
```

设置主窗口的主菜单，该窗口没有主菜单。

```
CreateInfo.hCursor = GetSystemCursor(0);
```

设置主窗口的光标为系统缺省光标。

```
CreateInfo.hIcon = 0;
```

设置主窗口的图标，该窗口没有图标。

```
CreateInfo.MainWindowProc = HelloWinProc;
```

设置主窗口的窗口过程函数为 HelloWinProc，所有发往该窗口的消息由该函数处理。

```
CreateInfo.lx = 0;
CreateInfo.ty = 0;
CreateInfo.rx = 320;
CreateInfo.by = 240;
```

设置主窗口在屏幕上的位置，该窗口左上角位于(0, 0)，右下角位于(320, 240)。

```
CreateInfo.iBkColor = PIXEL_lightwhite;
```

设置主窗口的背景色为白色，PIXEL_lightwhite 是 MiniGUI 预定义的像素值。

```
CreateInfo.dwAddData = 0;
```

设置主窗口的附加数据，该窗口没有附加数据。

```
CreateInfo.hHosting = HWND_DESKTOP;
```

设置主窗口的托管窗口为桌面窗口。

```
ShowWindow(hMainWnd, SW_SHOWNORMAL);
```

创建完主窗口之后，还需要调用 ShowWindow 函数才能把所创建的窗口显示在屏幕上。ShowWindow 的第一个参数为所要显示的窗口句柄，第二个参数指明显示窗口的方式（显示还是隐藏），SW_SHOWNORMAL 说明要显示主窗口，并把它置为顶层窗口。

5. 进入消息循环

在调用 ShowWindow 函数之后,主窗口就会显示在屏幕上。和其他 GUI 一样,现在是进入消息循环的时候了。MiniGUI 为每一个 MiniGUI 程序维护一个消息队列。在发生事件之后,MiniGUI 将事件转换为一个消息,并将消息放入目标程序的消息队列之中。应用程序现在的任务就是执行如下的消息循环代码,不断地从消息队列中取出消息,进行处理:

```
while (GetMessage(&Msg, hMainWnd)) {
TranslateMessage(&Msg);
DispatchMessage(&Msg);
}
```

Msg 变量是类型为 MSG 的结构,MSG 结构在 window.h 中定义如下:

```
typedef struct _MSG
{
HWND hwnd;
int message;
WPARAM wParam;
LPARAM lParam;
unsigned int time;
#ifndef _LITE_VERSION
void* pAdd;
#endif
} MSG;
typedef MSG* PMSG;
```

GetMessage 函数调用从应用程序的消息队列中取出一个消息:

```
GetMessage( &Msg, hMainWnd)
```

该函数调用的第二个参数为要获取消息的主窗口的句柄,第一个参数为一个指向 MSG 结构的指针,GetMessage 函数将用从消息队列中取出的消息来填充该消息结构的各个域,包括:

hwnd 消息发往的窗口的句柄。在 helloworld.c 程序中,该值与 hMainWnd 相同。

message 消息标识符。这是一个用于标识消息的整数值。每一个消息均有一个对应的预定义标识符,这些标识符定义在 window.h 头文件中,以前缀 MSG 开头。

wParam 一个 32 位的消息参数,其含义和值根据消息的不同而不同。

lParam 一个 32 位的消息参数,其含义和值取决于消息的类型。

time 消息放入消息队列中的时间。

只要从消息队列中取出的消息不为 MSG_QUIT,GetMessage 就返回一个非 0 值,消息循环将持续下去。MSG_QUIT 消息使 GetMessage 返回 0,导致消息循环的终止。

```
TranslateMessage (&Msg);
```

TranslateMessage 函数把击键消息转换为 MSG_CHAR 消息,然后直接发送到窗口过程函数。

```
DispatchMessage (&Msg);
```

DispatchMessage 函数最终将把消息发往该消息的目标窗口的窗口过程，让它进行处理，在本例中，该窗口过程就是 HelloWinProc。也就是说，MiniGUI 在 DispatchMessage 函数中调用主窗口的窗口过程函数（回调函数）对发往该主窗口的消息进行处理。处理完消息之后，应用程序的窗口过程函数将返回到 DispatchMessage 函数中，而 DispatchMessage 函数最后又将返回到应用程序代码中，应用程序又从下一个 GetMessage 函数调用开始消息循环。

6. 窗口过程函数

窗口过程函数是 MiniGUI 程序的主体部分，应用程序实际所做的工作大部分都发生在窗口过程函数中，因为 GUI 程序的主要任务就是接收和处理窗口收到的各种消息。

在 helloworld.c 程序中，窗口过程是名为 HelloWinProc 的函数。窗口过程函数可以由程序员任意命名，CreateMainWindow 函数根据 MAINWINCREATE 结构类型的参数中指定窗口过程创建主窗口。

窗口过程函数总是定义为如下形式：

```
static int HelloWinProc (HWND hWnd, int message, WPARAM wParam, LPARAM lParam)
```

窗口过程的 4 个参数与 MSG 结构的前四个域是相同的。第一个参数 hWnd 是接收消息的窗口的句柄，它与 CreateMainWindow 函数的返回值相同，该值标识了接收该消息的特定窗口。第二个参数与 MSG 结构中的 message 域相同，它是一个标识窗口所收到消息的整数值。最后两个参数都是 32 位的消息参数，它提供和消息相关的特定信息。

程序通常不直接调用窗口过程函数，而是由 MiniGUI 进行调用；也就是说，它是一个回调函数。

窗口过程函数不予处理的消息应该传给 DefaultMainWinProc 函数进行缺省处理，从 DefaultMainWinProc 返回的值必须由窗口过程返回。

7. 屏幕输出

程序在响应 MSG_PAINT 消息时进行屏幕输出。应用程序应首先通过调用 BeginPaint 函数来获得设备上下文句柄，并用它调用 GDI 函数来执行绘制操作。这里，程序使用 TextOut 文本输出函数在客户区的中部显示了一个 "Hello world!" 字符串。绘制结束之后，应用程序应调用 EndPaint 函数释放设备上下文句柄。

8. 程序的退出

用户单击窗口右上角的关闭按钮时，窗口过程函数将收到一个 MSG_CLOSE 消息。helloworld 程序在收到 MSG_CLOSE 消息时调用 DestroyMainWindow 函数销毁主窗口，并调用 PostQuitMessage 函数在消息队列中投入一个 MSG_QUIT 消息。当 GetMessage 函数取出 MSG_QUIT 消息时将返回 0，最终导致程序退出消息循环。程序最后调用 MainWindowThreadCleanup 清除主窗口所使用的消息队列等系统资源并最终由 MiniGUIMain

返回。

9. 编译 MiniGUI 程序

你可以在命令行上输入如下的命令来编译 helloworld.c，并链接生成可执行文件 helloworld：

`$ gcc -o helloworld helloworld.c -lminigui -ljpeg -lpng -lz`

如果你将 MiniGUI 配置为 MiniGUI-Threads，则需要使用下面的编译选项：

`$ gcc -o helloworld helloworld.c -lpthread -lminigui -ljpeg -lpng -lz`

-o 选项告诉 gcc 要生成的目标文件名，这里是 helloworld；-l 选项指定生成 helloworld 要链接的库，这里链接的是 libminigui 库和/或 libpthread。libpthread 是提供 POSIX 兼容线程支持的函数库，编译 MiniGUI-Threads 程序时必须连接这个函数库；我们所编译的程序只使用了 MiniGUI 核心库 libminigui 中的函数，没有使用 MiniGUI 其他库提供的函数（比如 libmgext 或者 libvcongui），因此只需链接 libminigui 库，而另一个库连接选项为 –lminigui；其他要链接的 jpeg、png、z 等函数库，则是 MiniGUI 内部所依赖的函数库（这里假定你在配置 MiniGUI 时打开了 JPEG 及 PNG 图片支持）。

10. 运行

假定你将 MiniGUI 配置成了 MiniGUI-Lite，在运行 helloworld 程序之前，首先要确保已启动了 MiniGUI 的服务器端程序 mginit。比如你可以启动 MDE 的 mginit 程序，然后进入 helloworld 文件所在目录，在命令行上输入 ./helloworld 启动 helloworld 程序：

`$ ./helloworld`

8.2 Qt 图形环境的设置

8.2.1 Qt 的特点

Qt 作为新型的 GUI 开发工具，具有与一般的工具包所不同的特征，使它的应用非常广泛。

1. 面向对象

Qt 的好处就在于 Qt 本身可以被称作是一种 C++的延伸。Qt 具备 C++的快速、简易、面向对象等许多优点。Qt 是完全面向对象的，很容易扩展，提供了丰富的窗口部件集，并且允许真正的组件编程。Qt 的良好的封装机制使得 Qt 的模块化程度非常高，可重用性较好，对于用户开发来说是非常方便的。

2. 优良的跨平台特性

Qt 是一种跨平台的工具包,它把在处理不同窗口系统时的潜在问题隐藏了起来。为使 Qt 使用方便,Qt 包含了一系列类,这些类使开发人员避免了在文件处理、时间处理等方面存在的依赖操作系统方面的细节。Qt 的跨平台能力非常强,用它开发出来的软件几乎可以应用于所有的操作系统。使用 Qt 类编写的程序可以做到"一次编码,到处编译"。

3. 构件支持

Qt 包括一组丰富的提供图形界面功能支持的窗口部件,Qt 采用了一种被称为"信号与槽"的对象间通信机制,这是一种安全可靠的方法,它允许回调,并支持对象之间在彼此不知道对方信息的情况下进行合作,这使得各个元件之间的协同工作变得十分简单,从而使 Qt 非常适合于真正的构件编程。

4. 丰富的 API 函数

Qt 包括多达 250 个以上的 C++类,还提供了基于模板的集合、序列化、目录管理、文件和通用的 I/O 设备、日期/时间类和常用表达式解析等。目的是利用这些类建立或生成不同的功能,用它们来实现 Qt 的通用化。

5. 方便性

Qt 提供了一个可视化的开发工具 Qt Designer,使用该工具就像在 Windows 中使用 Visual C++那样可以直接向项目中添加各种组件,而不需要一步一步地编写代码,这个特点是其他非可视化编程工具望尘莫及的。Qt 简化了开发编程。

6. 高性能的工具

Qt 对其库进行了优化,提高了 Qt 库的有效性、快速性。Qt 能执行一些基本的任务,比如图形着色,比一般的基于平台的代码要快。

7. 执行效率较高

Qt 是一个 GUI 仿真工具包,它使用各自平台上的低级绘图函数,它的执行效率比一般的基于平台的代码的执行效率要高。

8. 友好的联机帮助

Qt 包括大量的联机参考文档,有超文本 HTML 方式、Unix/Linux 帮助页 man 手册页和补充的指南。

8.2.2 Qt 的开发环境

1. Qt/E 在宿主机上的环境配置

把以下软件下载到 Linux 的/opt 目录下。所需文件如下:

（1）qtopia-arm-1.7.0.tar.gz

（2）tmake-1.11.tar.gz

（3）qt-2.3.2.tar.gz

（4）qt-arm-2.3.7.tar.gz

进入到/opt 目录并解压上述文件，如下所示：

`[root@ localhost opt]# tar zxvf qtopia-arm-1.7.0.tar.gz`

`[root@ localhost opt]# tar zxvf tmake-1.11.tar.gz`

`[root@ localhost opt]# tar zxvf qt-2.3.2.tar.gz`

`[root@ localhost opt]# tar zxvf qt-arm-2.3.7.tar.gz`

注意：

此网站的软件包已经配置过，用户下载无须重新配置。

2. Qt 工具链的配置

`[root@localhost opt]# export QPEDIR=/opt/qtopia-arm-1.7.0/`

`[root@localhost opt]# export LD_LIBRARY_PATH=/opt/qt-2.3.2/bin:$LD_LIBRARY_PATH`

`[root@localhost opt]# export LD_LIBRARY_PATH=/opt/qt-arm-2.3.7/bin:$LD_LIBRARY_PATH`

`[root@localhost opt]# export TMAKEDIR=/opt/tmake-1.11`

`[root@localhost opt]# export TMAKEPATH=/opt/tmake-1.11/lib/qws/linux-arm-g++`

`[root@localhost opt]# export PATH=/opt/tmake-1.11/bin:$PATH`

3. 安装交叉编译环境

Qt 编译的交叉工具使用 xscale（xscalev1_010001.tar.gz，建议用 firefox 浏览器，不然下载会出错），下载到 Linux 的/opt 目录下。

下载地址 1：

http://www.lupaworld.com/action_download_itemid_4724.html

下载地址 2：

http://www.rjpeixun.com/DownloadInfo.aspx

进入到/opt 目录并进行解压，然后指定交叉编译工具 arm-linux-gcc 的路径：

`[root@ localhost opt]# tar xzvf xscalev1_010001.tar.gz`

`[root@ localhost opt]# export PATH=/opt/xscalev1/bin:$PATH`

到此宿主机上的环境已经成功配置。

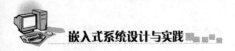

> **注意：**
> Qt/E 能否运行起来，跟制作 Qt 运行文件系统有很大关系，主要是看文件系统中要包括 qtopia 要运行的库文件，至于/lib 目录应该放哪些库文件，如果不运行应用程序，只是运行 busybox 的话根本不用放任何的库，如果要运行 Qt 的话，还要把 Qt 用到的库文件也放进去，这样文件系统就变得较大。

8.2.3 Qt 集成开发工具的使用

1. 新建工程文件

利用 Qt 开发应用程序，首先应建立一个工程文件，从 File 菜单选中 New 命令，从弹出的对话框中选中 C++ Project 图标，单击 OK 按钮将新建工程保存为 test.pro（Qt 工程的扩展名为.pro），Qt 集成开发平台的运行界面如图 8.2 所示。

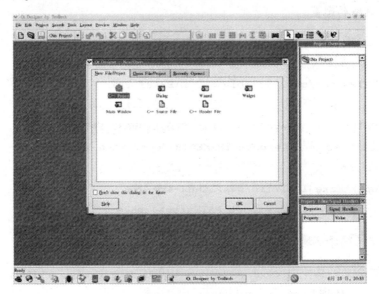

图 8.2　Qt 界面

2. 建立窗体和添加控件

选中 File 菜单中的 New 命令，双击 dialog 图标，建立一个对话框图形界面，可以在属性编辑栏中修改窗体或控件的相关属性。根据设计需要，在窗体上添加一些常用控件。如按钮、文本框等，如图 8.3 所示。

第 8 章　嵌入式图形环境的设置与编程初步

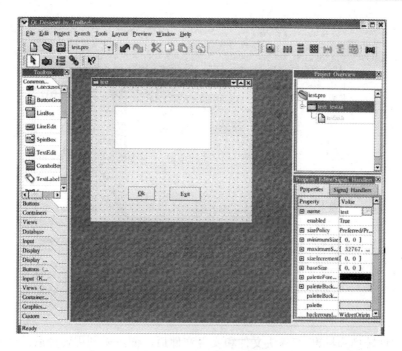

图 8.3　新建窗体和控件界面

3. 保存窗体

选中 File 菜单中的 Save 命令或单击工具条中的"保存"图标，将新建的界面窗体保存为 test.ui，用户界面窗体文件扩展名为.ui。

4. main.cpp 文件自动配置

如果在工程中具有 ui 界面文件，Qt 可以自动配置生成 main.cpp 文件，选中 File 菜单中的 New 命令，双击 C++ Main-File 图标，Qt 自动将当前窗体文件作为主界面，并自动生成 main.cpp 文件，如图 8.4 所示。

5. Qt 的 uic 工具的使用

在嵌入式平台中无法对 ui 界面文件进行编译，因此 Qt 提供将 ui 文件转换成标准的 C++ 头文件（.h）与实现文件(.cpp)的 uic 工具。uic 工具可以完成 C++子类继承文件的转换和将图片文件转换成头文件的形式。现介绍利用 uic 工具将前面建立的 test.ui 文件转换成标准的 C++头文件和实现文件。

（1）生成 C++头文件

[root@localhost test]$ **uic –o test.h test.ui**

（2）生成 C++应用程序文件（.cpp 文件）

[root@localhost test]$ **uic –o test.cpp -impl test.h test.ui**

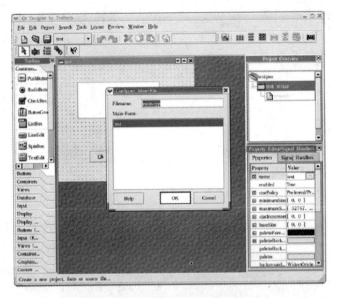

图 8.4　main.cpp 的自动配置界面

将 ui 文件转换为标准 C++头文件和实现文件后，便可以利用转换后的 C++头文件和实现文件替代原来的 ui 文件。在"工程预览"中选中 test.ui，单击右键，从弹出的快捷菜单中选中 remove form from project 命令，移除 Qt 界面文件 test.ui，然后选中 Project 菜单中的 Add File 命令，将转换后的 C++头文件和实现文件添加到工程中，如图 8.5 所示。

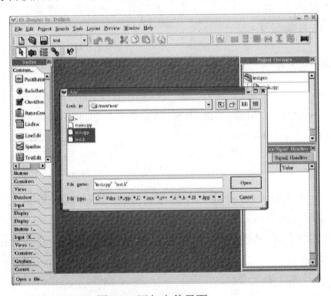

图 8.5　添加文件界面

6. Qt 应用程序的编译

（1）基于 PC 平台的 Qt 应用程序编译

1）用 qmake 命令生成 makefile 文件。

在 PC 平台编译 Qt 应用程序，只需利用 Qt 提供的 qmake 工具生成编译应用程序所需的 Makefile 文件，格式为：

qmake –o Makefile   pro 工程文件

然后利用 make 命令对应用程序进行编译，例如：

[root@localhost test]$ **qmake –o Makefile test.pro**

2）编译 makefile 文件。

[root@localhost test]$ **make**

3）在宿主机端执行程序。

编译成功后，可利用 file 命令查看编译的应用程序格式，如图 8.6 所示，并可直接在 PC 终端运行编译好的应用程序，如图 8.7 所示。

[root@localhost test]$**. /test**

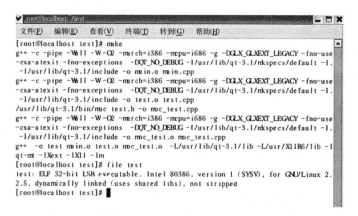

图 8.6　基于 PC 的 Qt 应用程序编译界面

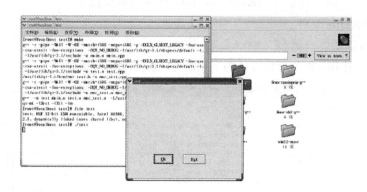

图 8.7　基于 PC 的 Qt 应用程序运行界面

（2）基于 ARM 平台的 Qt 应用程序编译

在编译基于 ARM 开发板的 Qt 应用程序时,应确保交叉编译工具 arm-linux-g++在环境参数 PATH 中和 tmake 的正确配置（具体设置可参考本章 8.2 节中 Qt 工具链的配置）。

1）修改应用程序 pro 工程文件。

由于嵌入式平台中无法对 ui 界面文件进行编译，除了将 ui 界面文件转换为标准的 C++文件外，还要对利用 Qt 集成开发平台生成的工程文件进行修改，否则无法编译，Qt 集成开发平台生成的原始工程文件 test.pro 内容为：

```
SOURCES += main.cpp \
test.cpp
HEADERS += test.h unix {
UI_DIR = .ui MOC_DIR = .moc OBJECTS_DIR = .obj
}
TEMPLATE =app
CONFIG += qt warn_on release
LANGUAGE = C++
```

修改后的工程文件内容为（加粗部分为新增内容，用于支持 qtopia）：

```
SOURCES += main.cpp \
test.cpp
HEADERS += test.h
TEMPLATE =app
CONFIG += qtopia qt warn_on release
LANGUAGE = C++
```

2）用 tmake 命令生成 makefile 文件。

工程文件修改后利用 tmake 工具生成用于编译应用程序的 makefile 文件。

[root@localhost test]$ **tmake -o Makefile test.pro**

3）编译 makefile 文件：

[root@localhost test]$ **make**

编译后，可用 file 命令查看编译的应用程序格式，如图 8.8 所示。

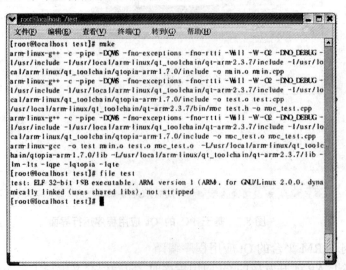

图 8.8　基于 ARM 的 Qt 应用程序编译界面

此格式的文件就可以在 ARM 平台上运行了。

8.2.4　Qt 应用实例分析

创建一个简单的 Qt 程序，其中包含标签 Label、按钮 Push Button、滑动条 Slider 和 LCD 计数器 LCD Number，把所有的控件按照顺序从上到下垂直地放置在窗口中。利用预定义信号和槽，把滑动条的改变和 LCD 计数器的显示联系起来，使得计数器显示对应的数值。最后单击 Quit 按钮，程序退出。界面如图 8.9 所示。

图 8.9　显示的最终效果

分析：本实例中用了标签、按钮、滑动条和 LCD 计数器等非常常用的控件，在工程中如果要使用这些控件，就要把相对应的头文件添加进来。在处理滑动条和 LCD 计数器的时候，通过"值改变"信号和"显示"槽联系起来，当 clicked 信号触发系统的退出槽时退出系统。模块组成如图 8.10 所示。

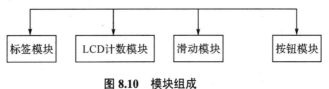

图 8.10　模块组成

假设本题的实验环境已满足下列条件：

1）Redhat 9.0 已安装 Qt 开发软件。
2）嵌入式开发板已安装有网络驱动模块。
3）嵌入式开发板已烧写 Qt 内核。

应用程序代码编写

操作步骤

步骤 1：打开终端，新建 qt 目录。
`[root@localhost root]# mkdir qt`
步骤 2：启动 Qt Designer："小红帽"→"编程"→"更多编程工具"→"Qt Designer"，

创建工程文件，出现 New/Open 对话框，在该对话框中选择 C++ Project 选项，如图 8.11 所示，单击 OK 按钮，出现 Project Settings 对话框，如图 8.12 所示。

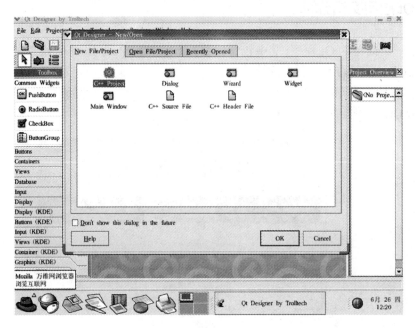

图 8.11 启动界面

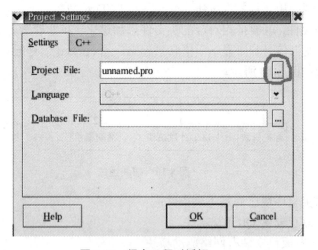

图 8.12 保存工程对话框

单击■按钮，出现 Save As 对话框，选择/root/qt/目录，把工程文件取名为 test.pro，如图 8.13 所示。

第 8 章　嵌入式图形环境的设置与编程初步

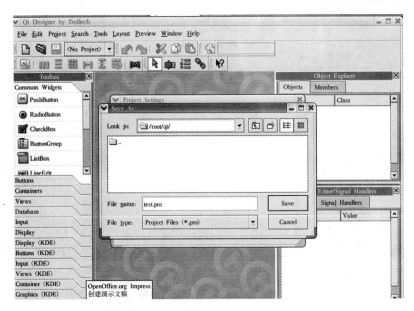

图 8.13　保存为 test.pro 文件

单击 Save 按钮，出现 Project Settings 对话框，再单击 OK 按钮，则创建的工程 test.pro 存放在/root/qt/目录。

步骤 3：新建源代码编辑框。

单击菜单 File→New 命令，打开 New File 对话框，选中 ![C++ Source File] 选项，如图 8.14 所示。单击 OK 按钮。

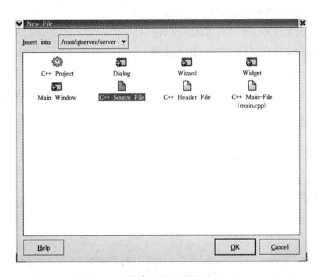

图 8.14　新建源代码编辑框

步骤 4：输入源程序。

当选中对话框中的 ![C++ Source File] 选项，单击 OK 按钮，出现如图 8.15 所示界面。

207

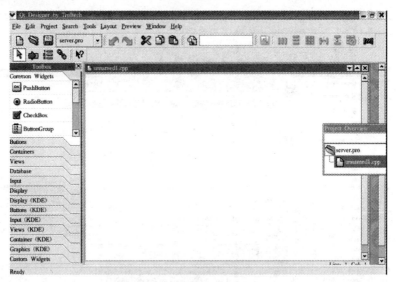

图 8.15 输入源程序框

在 unnamed1.cpp 对话框中输入完整的服务器端源程序，具体代码如下：

/* qtPro.cpp 程序：简单的 Qt 程序，包含标签 Label、按钮 Button、滑动条 Slider 和 LCD 计数器 LCDNumber*/

```
#include <qapplication.h>//每个 Qt 程序都必须包含的头文件
#include <qpushbutton.h>//pushbutton 控件的头文件
#include <qslider.h>//滑动条控件的头文件
#include <qlcdnumber.h>//LCD 计数器的头文件
#include <qfont.h>//字体设置的头文件
#include <qlabel.h>//标签控件的头文件
#include <qvbox.h>//垂直布局头文件
class MyWidget : public QVBox// MyWidget 类中的控件是垂直排列的，这里说类的声明
{
public:
    MyWidget( QWidget *parent=0, const char *name=0 );
};
MyWidget::MyWidget( QWidget *parent, const char *name )
    : QVBox( parent, name )
{
    //新建标签对象，显示 hello world 文字内容，对象名为 label；字体的样式为 Times，大小为 20，并且加粗；文字位置在屏幕的上方，居中
    QLabel *label = new QLabel("Hello World!",this,"label");
    label->setFont(QFont("Times",20,QFont::Bold));
    label->setAlignment( AlignTop| AlignCenter );
    //新建 LCD 计数器对象，显示 3 位数，对象名为 lcd；设置计数器的背景色为红色
```

```
    QLCDNumber *lcd  = new QLCDNumber( 3, this, "lcd" );
    lcd->setBackgroundColor(red);
```
//新建滑动条对象，水平放置，对象名为 slider，滑动范围在-49～50 之间，初始值为 0，把滑动条的"值改变"信号和 LCD 计数器的"显示"槽联系起来
```
    QSlider * slider = new QSlider( Horizontal, this, "slider" );
    slider->setRange( -49, 50);
    slider->setValue( 0 );
connect( slider, SIGNAL(valueChanged(int)), lcd, SLOT(display(int)) );
```
//新建按钮对象，按钮上文本为 Quit，对象名为 quit，设置文本字体样式为 Times，10pt 大小，粗体；把按钮的 clicked 信号和系统退出槽联系起来
```
    QPushButton *quit = new QPushButton( "Quit", this, "quit" );
    quit->setFont( QFont( "Times", 10, QFont::Bold ) );
    connect( quit, SIGNAL(clicked()), qApp, SLOT(quit()) );
}
int main( int argc, char **argv )
{
    QApplication a( argc, argv );
    MyWidget w;
    a.setMainWidget( &w );//加载窗体
    w.show();//显示
    return a.exec();
}
```

步骤 5：保存输入的程序。

回到 Qt Designer 界面，单击菜单 File→Save 命令，出现如图 8.16 所示对话框。

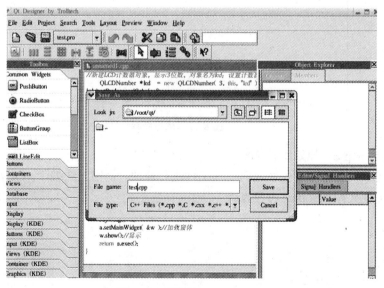

图 8.16 保存为 test.cpp

保存为 test.cpp，退出 Qt Designer。

步骤 6：编译生成工程文件

1. 基于 PC 平台的 Qt 应用程序编译

1）使用系统自带的 qmake 编译器来生成 makefile，然后用 make 命令对其进行编译。

`[root@localhost qt]#` **qmake**

2）编译 makefile 文件。

`[root@localhost qt]#` **make**

3）在宿主机上测试程序。

打开终端，在该终端中运行 ./server。

`[root@localhost qt]#` **./test**

出现如图 8.17 所示界面。

2. 基于 ARM 平台的 Qt 应用程序编译

在编译基于 ARM 开发板的 Qt 应用程序时，应确保交叉编译工具 arm-linux-g++在环境参数 PATH 中和 tmake 工具的正确配置。

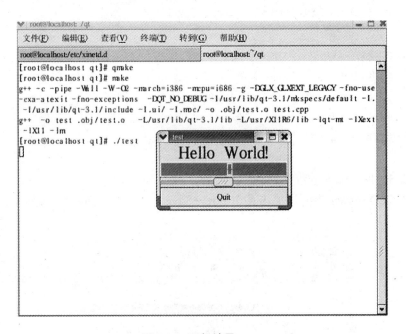

图 8.17 运行结果

1）修改（.pro）原始工程文件。

利用 Qt 集成开发平台生成的工程文件进行修改，否则无法编译，Qt 集成开发平台生成的原始工程文件 test.pro 内容为：

```
SOURCES += test.cpp
unix {
  UI_DIR = .ui
  MOC_DIR = .moc
  OBJECTS_DIR = .obj
```

```
}
TEMPLATE        =app
CONFIG      += qt warn_on release
LANGUAGE        = C++
```

修改后的工程文件的内容如下:

```
SOURCES += test.cpp
TEMPLATE        =app
CONFIG      += qtopia qt warn_on release
LANGUAGE        = C++
```

其中字符串 qtopia 为添加部分。

2）用 tmake 生成 makefile 工程文件。

工程文件修改后利用 tmake 工具生成用于编译应用程序的 makefile 文件。

 注意:

为了确保编译正确，Qt 环境安装和交叉编译环境安装一定要正确。

[root@localhost qt]# **export QTDIR=/opt/qt-arm-2.3.7/**

[root@localhost qt]# **export QPEDIR=/opt/qtopia-arm-1.7.0/**

以上是加入 QT-arm。

[root@localhost qt]# **export LD_LIBRARY_PATH=/opt/qt-2.3.7/bin: $LD_LIBRARY_PATH**

[root@localhost qt]# **export LD_LIBRARY_PATH=/opt/qt-arm-2.3.2/bin: $LD_LIBRARY_PATH**

以上是加入 arm 的编译器。

[root@localhost qt]# **export TMAKEDIR=/opt/tmake-1.11**

[root@localhost qt]# **export TMAKEPATH=/opt/tmake-1.11/lib/qws/linux-arm-g++**

[root@localhost qt]# **export PATH=/opt/tmake-1.11/bin:$PATH**

以上是加入 tmake 命令。

[root@localhost qt]# **export PATH=/opt/xscalev1/bin:$PATH**

以上是加入相应的内核及库文件。

[root@localhost qt]# **tmake -o Makefile test.pro**

3）用命令 make 编译 makefile 文件。

在终端里输入下列命令:

[root@localhost qt]# **make**

编译后，可用 file 命令查看编译的应用程序格式，如图 8.18 所示。

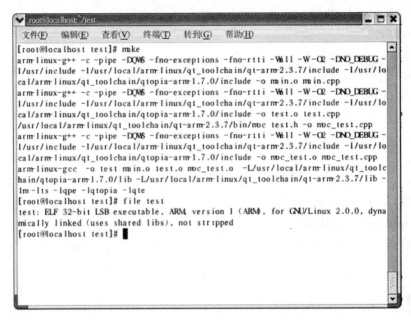

图 8.18 基于 ARM 的 Qt 应用程序编译界面

此格式表明，程序可以运行在 ARM 平台上了。

思考：完成了客户端程序和服务器端程序的测试，还可以尝试在客户端输出的文字，如何在服务器端的界面上显示？

思考与实验

1. 根据 Qt 帮助文档_____中的 uic 使用方法，写出从 ui 文件中创建一个 C++ 继承类的具体步骤。
2. 某同学在通过 NFS 方式运行编译好的应用程序时，出现以下错误，请分析产生错误的原因，应作怎样的修改才能运行？

./snake：error while loading libraries：libqpe.so.1：cannot open shared object file：No such file or directory

3. 在 PC 平台编写一个 Qt 应用程序，写出编译过程。
4. 将 PC 平台上编写的 Qt 应用程序编译成目标板上能运行的格式，写出编译过程。
5. 将 ARM 格式的 Qt 应用程序下载到目标板上，编写 desktop 文件，并运行程序，写出具体操作过程。
6. 通过 NFS 方式运行 ARM 格式程序，写出具体操作过程。

第 9 章

嵌入式 Web 环境的设置

本章重点

1. 通用网关接口（CGI）技术的工作原理。
2. thttpd 服务器。
3. Boa 服务器。

本章导读

本章讲述了嵌入式 S3C2410 平台上实现 Linux 环境下 Web 服务器的几种实现方法；讲述 thttpd 动态服务器、Boa 的动态服务器、DMF 的动态 Web 服务器的实现过程，并给出了一个通过网络远程访问温度传感器的实例。

嵌入式系统大量应用于各种场合。网络技术的发展使嵌入式系统的网络功能日益完善。在测控领域，常常需要远程查询被测控对象的实时状态，或进行某种控制操作。采用服务器－浏览器进行工作的嵌入式系统，可以仅通过浏览器就完成所有的测控任务而不依赖于其他客户端程序，具有简单网络服务器功能的嵌入式系统可以方便地提供这种功能。

9.1 Linux 环境下 Web 服务器

将嵌入式系统接入网络，一般是为了提供一种系统与外界交互的途径，由于网络的可扩展性，嵌入式系统一旦连接到网络中，其所能提供的信息和获得的信息都将成倍增加。为了更方便地通过网络向外提供信息，必须为系统构建 Web 服务器。

Linux 环境下的嵌入式主流 Web 服务器，包括 Apache、httpd、thttpd 和 Boa 等几种。httpd 是最简单的一种 Web 服务器，它的功能最弱，不支持认证，不支持 CGI。如果 Web 服务器仅需提供一些静态页面，例如简单的在线帮助、系统介绍等，完全可以用静态服务器 httpd 来实现。thttpd 和 Boa 都支持认证、CGI 等，功能都比较全。若需提高系统的安全性，或需要与用户进行交互，例如数据查询、实时状态查询等，则必须使用动态 Web 技术，可以选择这两种服务器之一来实现。其中 Boa 开放源代码、性能高，运行所需空间仅为 140KB 左右，对 CGI 的支持效果最佳。因此，在很多情况下选择 Boa 作为 ARM-Linux 系统的 Web 服务器。

9.1.1 CGI 通用网关接口技术

CGI（Common Gate Interface）通用网关接口，是一个连接外部应用程序到服务器的标准。一个简单的静态 HTML 文档是没有交互后台程序，而 CGI 程序则可以实时执行并输出动态信息。CGI 是实现 Web 页面技术的关键所在。其定义是 Web 服务器与外部应用程序之间通信的标准接口。与专用编程接口相比，其具有以下优点：

1.独立于服务器体系结构和编程语言。编程者可以自由选择适合于特定编程任务的语言。

2.提供完整的进程隔离机制。CGI 程序独立于 Web 服务器，运行在自己的进程地址空间，只与服务器交换接口信息，从而保证了服务器免受出错 CGI 进程的影响和用户的有意试探，提高了安全性和稳定性。

CGI 主要功能是在 Web 环境下，将 WWW 与 Web 数据库集成在一起，顺利实现动态 Web 页面查询。从用户端浏览器传递一些指令或参数给 Web 服务器，CGI 脚本通过标准输入 STDIN 获得输入信息，最后使用 STDOUT 输出 HTML 形式的结果文件，经 Web 服务器送回浏览器显示给用户。由于用户能传递不同的参数给 CGI 脚本，所以 CGI 技术使得浏览器和服务器之间具有很强交互性。

9.1.2 Web 动态服务的流程

目前实现动态 Web 页面有多种技术可供选择，CGI、ASP、PHP 等技术在高端平台上都能很好地实现用户所需的功能。但在嵌入式 Linux 环境下实现动态网页，目前只能采用 CGI。

使用 CGI 需要一个输入界面，一般就是一个包含了表单的页面 FORM。FORM 在 CGI 中是最常被使用的输入界面，它由一组标签所组成，目前的标准中，FORM 的标签可分为三大类：INPUT、SELECT 以及 TEXTAREA。在设置了一系列有关的标签后，每个 FORM 通常需要一个 SUBMIT 按钮用来发送表单内容。

当用户在客户端按下 FORM 上的 SUBMIT 按钮，浏览器(Browser)将客户端输入的参数传回服务器，服务器启动指定的程序并将封装的参数传入，后台程序依照传入的参数完成指定的工作。如果此时有需要传回结果的话，则程序会把结果传回给服务器并发送到浏览器。

9.2 Linux 环境下基于 thttpd 动态服务器的实现过程

1．下载服务器软件

下载服务器软件 thttpd-2.25b.tar.gz

2．安装

宿主机上操作如下：

`[root@localhost home]#` **tar zxvf thttpd-2.25b.tar.gz**

`[root@localhost home]#` **cd thttpd-2.25b**

`[root@localhost thttpd-2.25b]#` **./configure**

`[root@localhost thttpd-2.25b]#` **vim Makefile**

修改 Makefile 工程文件中的下列内容：

（1）主要把"CC=gcc"修改为"CC=arm-linux-gcc"

在此交叉编译器的版本为 2.95.3。

（2）把"LDFLAGS ="设置为"LDFLAGS = -static"，表示指定静态链接二进制文件。假如你的开发板上的文件系统是 jffs2 文件系统，那建议此项不要设置了。因为，设置了此项后，编译出来的可执行文件比较大。当把可执行文件从宿主机拷贝到开发板时，可能会提示"cp: Write Error: No space left on device"。因为采用的是 jffs2 文件系统，属于日志文件系统，拷贝文件不能超过文件系统的容量。可使用 df -h 可以查看容量的大小。然后在路径 thttpd-2.25b 执行 make 命令

```
[root@localhost thttpd-2.25b]# make
[root@localhost thttpd-2.25b]# du thttpd
```

3．修改配置文件权限

```
[root@localhost thttpd-2.25b]# chmod +777 contrib/redhat-rpm/thttpd.conf
```

4．设置配置文件 thttpd.conf 参数

主要通过设置参数 dir、user、logfile、pidfile 指定 webserver 存放网页的根目录路径、运行 thttpd 的身份、存放日志文件路径与 pid 文件路径。

```
[root@localhost thttpd-2.25b]# vim contrib/redhat-rpm/thttpd.conf
```

内容如下：

```
dir=/etc/thttpd/html     #指明webserver存放网页的根目录路径
chroot
user=root                #default = nobody 以 root 身份运行 thttpd
logfile=/etc/thttpd/log/thttpd.log    #日志文件路径
pidfile=/etc/thttpd/run/thttpd.pid    #pid 文件路径
```

5．在开发板端启动 Web 服务

在开发板上操作如下：

```
~#mount 192.168.2.181:/home /mnt
~# cd /mnt/thttpd-2.25b
/mnt/thttpd-2.25b # cp thttpd /bin/
/mnt/thttpd-2.25b # cp contrib/redhat-rpm/thttpd.conf /etc/
/mnt/thttpd-2.25b # mkdir -p /etc/thttpd/html
/mnt/thttpd-2.25b # mkdir /etc/thttpd/log
/mnt/thttpd-2.25b # mkdir /etc/thttpd/run
/mnt/thttpd-2.25b # cp ../index_1.html /etc/thttpd/html/
/mnt/thttpd-2.25b # cp ../index_2.html /etc/thttpd/html/
/mnt/thttpd-2.25b # thttpd -C /etc/thttpd.conf
```

上述操作首先把开发板的 192.168.2.181:/home 挂载到目录/mnt 中，通过宿主机的操作在开发板上建立必要的文件夹，并启动 thttpd 服务。

服务启动后，可以在其他 PC 机上，打开浏览器，并输入 http://192.168.2.120，会弹出如图 9.1 所示的画面。

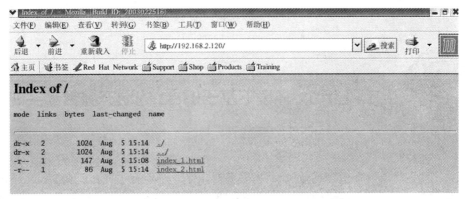

图 9.1 在宿主机中浏览到嵌入式服务器网页

在图中,点击 index_1.html 和 index_2.html 分别如图 9.2、图 9.3 所示。

图 9.2 index_1.html 显示结果

图 9.3 index_2.html 显示结果

假如要支持 CGI,那么 thttp.conf 的配置文件修改如下:

```
dir=/etc/thttpd/html      #指明 webserver 存放网页的根目录路径
#chroot                   #屏蔽 chroot 是为了运行动态编译的 CGI
user=root                 #default = nobody,以 root 身份运行 thttpd
logfile=/etc/thttpd/log/thttpd.log   #日志文件路径
pidfile=/etc/thttpd/run/thttpd.pid   #pid 文件路径
cgipat=/cgi-bin/*         #声明 CGI 程序的目录,是以 dir 为根目录的路径
```

9.3 Linux 环境下基于 Boa 的动态服务器实现

Boa 服务器是一个小巧高效的 web 服务器,是一个运行于 Unix 或 Linux 下的,支持 CGI 的、适合于嵌入式系统的单任务的 http 服务器,源代码开放、性能高。应用 Boa 软件实现动态 Web 服务器的方法较为复杂,主要通过修改配置文件 boa.conf 和 mime.types 进行,具体过程如下:

9.3.1 应用 Boa 软件实现动态 Web 服务器的方法

1. 下载服务器软件

下载地址:
http://www.boa.org/boa-0.94.13.tar.gz

2. 安装 Boa

(1) `# tar xvzf boa-0.94.13.tar.gz`
(2) `# cd boa-0.94.13/src`
(3) `# ./configure`

3. 生成 Makefile 文件

(1) `#vim Makefile`
修改 Makefile 文件,找到 CC=gcc,将其改成 CC = arm-linux-gcc(注意:此为交叉编译器 2.95.3),再找到 CPP = gcc -E,将其改成 CPP = arm-linux-gcc -E,并保存退出。
(2) `# make`
编译生成可执行文件.此时的 Boa 大小为 240kB 左右
(3) `# arm-linux-strip boa`
去除调试信息,减小体积,此时的 Boa 大小为 60kB 左右

4.修改配置文件 boa.conf

`[root@localhost boa-0.94.13]# vim boa.conf`
配置内容如下:
(1) 注释监听端口号
监听的端口号,缺省时为 80,一般无须修改。
Port 80

（2）注释 bind 地址

bind 调用的 IP 地址，一般注释掉，表明绑定到 INADDR_ANY，适用于服务器的所有 IP 地址。

（3）注释监听地址

`Listen 192.68.0.5`

（4）设置运行用户

作为哪个用户运行，即他拥有该用户的权限，一般都是 nobody，需要 /etc/passwd 中有 nobody 用户

`User nobody`

（5）设置运行用户组

作为哪个用户组运行，一般都是 nogroup，需要在/etc/group 文件中有 nogroup 组

`Group nogroup`

（6）注释发送报警的 email 地址

当服务器发生问题时发送报警的 email 地址，目前未用，一般注释掉。

`#ServerAdmin root@localhost`

（7）错误日志文件与访问日志文件

如果不用错误日志，则用#/dev/null。在下面设置时，注意一定要先建立/var/log/boa 目录

`ErrorLog /var/log/boa/error_log`

如果不用错误日志，则用#/dev/null 或直接注释掉。在下面设置时，注意一定要先建立 /var/log/boa 目录

`#AccessLog /var/log/boa/access_log`

（8）是否使用本地时间

如果没有注释掉，则使用本地时间。注释掉则使用 UTC 时间

`#UseLocaltime`

（9）是否记录 CGI 运行信息

如果没有注释掉，则记录 CGI 运行信息，注释掉则不记录。

`#VerboseCGILogs`

（10）设置服务器名字

`ServerName www.hyesco.com`

（11）是否启动虚拟主机功能

设置设备多个网络接口，每个接口都能拥有一个虚拟的 Web 服务器。一般注释掉，即不必启动。

`#VirtualHost`

（12）设置 HTML 文档主目录

HTML 文件的主目录，如果没有以/开始，则表示从服务器的根路径开始。

`DocumentRoot /var/www`

（13）如果收到一个用户请求的话，在用户主目录后再增加的目录名

`UserDir public_html`

（14）HTML 目录索引的文件名，也是没有用户只指明访问目录时返回的文件名
```
DirectoryIndex index.html
```
（15）注释 DirectoryMaker

当 HTML 目录没有索引文件，用户只指明访问目录时，Boa 会调用该程式生成索引文件然后返回给用户。因为该过程比较慢最好不执行，一般注释掉或给每个 HTML 目录加上 DirectoryIndex 指明的文件。
```
#DirectoryMaker /usr/lib/boa/boa_indexer
```
（16）索引文件设置

如果 DirectoryIndex 不存在，并且 DirectoryMaker 被注释，那么就用 Boa 自带的索引生成程式来生成目录的索引文件并输出到下面目录，该目录必须是 Boa 能读写的。
```
# DirectoryCache /var/spool/boa/dircache
```
（17）请求连接最大数目

一个连接所允许的 HTTP 持续作用请求最大数目，注释或设为 0 都将关闭 HTTP 持续作用。
```
KeepAliveMax 1000
```
（18）两次请求之间时间设置

HTTP 持续作用中服务器在两次请求之间等待的时间数，以秒为单位，超时将关闭连接。
```
KeepAliveTimeout 10
```
（19）指明 mime.types 文件位置

如果没有以/开始，则表示从服务器的根路径开始。通过注释避免使用 mime.types 文件，此时需要用 AddType 在本文件里指明。
```
MimeTypes /etc/mime.types
```
（20）使用的缺省 MIME 类型

文件扩展名没有或未知的话，使用的缺省 MIME 类型。
```
DefaultType text/plain
```
（21）提供 CGI 程式的 PATH 环境变量值
```
CGIPath /bin:/usr/bin:/usr/local/bin
```
（22）将文件扩展名和 MIME 类型关联

如果用 mime.types 文件关联，则注释掉；如果不使用 mime.types 文件，则必须使用：
```
#AddType application/x-httpd-cgi cgi
```
（23）指明文件重定向路径
```
#Redirect /bar http://elsewhere/feh/bar
```
（24）为路径加上别名
```
Alias /doc /usr/doc
```
（25）指明 CGI 脚本的虚拟路径对应的实际路径

一般所有的 CGI 脚本都要放在实际路径里，用户访问执行时输入站点+虚拟路径+CGI 脚本名

ScriptAlias /cgi-bin/ /var/www/cgi-bin/

（26）设置服务器域名

修改 ServerName www.your.org.here

为 ServerName www.your.org.here

（27）设置 CGI 的目录

修改 ScriptAlias /cgi-bin//usr/lib/cgi-bin/

为 ScriptAlias /cgi-bin//var/www/cgi-bin/

这是在设置 CGI 的目录，也可以设置成别的目录，比如用户文件夹下的某个目录。

5. 在开发板端测试

~# mkdir /var/log/boa/

~# mkdir /var/www/

~# mkdir /var/www/cgi-bin/

~#mkdir /etc/boa

~#mount 192.168.2.181:/home /mnt

~#cd mnt/boa-0.94.13

/mnt/boa-0.94.13 # cp ../mime.types /etc/ （注：此 mime.types 文件来源于 PC 机/etc 目录一的 mime.types）

/mnt/boa-0.94.13 # cp src/boa /bin/

/mnt/boa-0.94.13 # cp boa.conf /etc/boa

/mnt/boa-0.94.13 #cp ../index.html /var/www/

/mnt/boa-0.94.13 #vi /etc/passwd

添加一个 nouser 用户。

/mnt/boa-0.94.13 #vi /etc/group

添加一个 nogroup 组

/mnt/boa-0.94.13 #/bin/boa

此时，可以在宿主机（PC 机）上，打开浏览器，并输入 http://192.168.2.120(为开发板的 IP 地址)，显示如图 9.4 所示。

图 9.4　PC 机中浏览到嵌入式系统（Boa）网页

[root@localhost home]# arm-linux-gcc -o hello.cgi hello.c　　（宿主机上交叉编译）

/mnt/boa-0.94.13 # cp ../hello.cgi /var/www/cgi-bin/

此时，再打开浏览器，并输入 http://192.168.2.120/cgi-bin/hello.cgi，显示如图 9.5 所示。

图 9.5　PC 机中浏览到嵌入式系统（Boa）网页

这样配置后的 Boa 服务器将/home 目录作为服务器的根目录，CGI 程序位于\hone\cgi-bin 目录下，默认页面文件为\home\index.html。

9.3.2　通过动态 Web 页面访问远程温度传感器的例子

下面通过一个例子来说明如何实现 uCLinux 下的动态 Web 页面技术。

首先建立一个简单的表单页面：

```
<FORM METHOD=GET ACTION="/cgi-bin/mycgi">
<P>输入需要访问的温度传感器号码,并单击"确定"查看。
<INPUT NAME="m" SIZE="5">
<INPUT TYPE="SUBMIT" VALUE="确定">
</FORM>
```

CGI 规定,GET 方式下的表单被发送到服务器后,表单中的数据被保存在 QUERY_STRING 环境变量中。这种表单的处理相对简单，只要读取环境变量就可以了。在 CGI 程序中使用库函数 getenv 来把环境变量的值作为一个字符串来读取，在取得了字符串中的数据后，就可以对数据进行需要的处理。CGI 程序完成处理后的输出被重定向到客户浏览器，用户通过浏览器就可以看到相关结果。请注意，在 ACTION 后面所指向的 CGI 文件并没有扩展名。

下面就是处理这个表单的 CGI 程序 mycgi.c：

```c
#include <stdio.h>
#include <stdlib.h>
int main(void){
char *data;
long m;
printf("Content-Type:text/html%c%c",10,10);
printf("<TITLE >温度传感器状态</TITLE> ");
printf("<H3>房间温度</H3> ");
data = getenv("QUERY_STRING");
if(sscanf(data,"m=%ld",&m)!=1)
printf("<P>错误！输入数据非法。表单中必须输入 1~10 的数字。");
else
```

```
printf("<P>%ld 号房间的温度是：%ld 度。",m,readtempr(m));
return 0;
}
```

其中的 readtempr()是读取温度传感器输出的函数。在 cygwin 下使用 arm-elf-gcc 对该 CGI 源程序进行编译，获得 mycgi.exe，将该程序复制到\Linux-dist\romfs\home\cgi-bin\目录下，确保前面的表单页面文件 index.html 位于\Linux-dist\romfs\home\目录里。

9.4 用 DMF 实现 Linux 下的动态 Web 服务器

9.4.1 Web 服务器的配置

（1）安装交叉编译器。

（2）下载 web 服务器软件:webs218.tar.gz 。

官方下载：

http://data.goahead.com/Software/Webserver/2.1.8/webs218.tar.gz

假定把包下载到宿主机的/home 目录下。

（3）解压缩软件包：webs218.tar.gz

```
[root@localhost home]# tar zxvf webs218.tar.gz
```

（4）修改编译文件 Makefile：

1）在 Makefile 文件顶端添加如下两行：

```
CC = /opt/host/armv4l/bin/armv4l-unknown-linux-gcc
AR = /opt/host/armv4l/bin/armv4l-unknown-linux-ar
```

注意：增加交叉编译器 arm4l-unknown-linux-gcc 和交叉编译归档器 arm4l-unknown-linux-ar

2）找到 Makefile 中的最后一行，把 "cc -c -o $@ $(DEBUG) $(CFLAGS) $(IFLAGS) $<" 修改为 "$(CC) -c -o $@ $(DEBUG) $(CFLAGS) $(IFLAGS) $<"，然后保存退出。

（5）修改文件 main.c：

1）编辑函数 get_host_ip

在 main( )函数与 initWebs( )函数之间（大约在 127 行），添加以下代码：

```
#include <stdio.h>
#include <sys/types.h>
#include <net/if.h>
#include <netinet/in.h>
```

```c
#include <sys/socket.h>
#include <linux/sockios.h>
#include <sys/ioctl.h>
#include <arpa/inet.h>
struct in_addr get_host_ip(void)
{
    int s;
    struct ifconf conf;
    struct ifreq *ifr;
    char buff[BUFSIZ];
    int num;
    int i;
    s = socket(PF_INET, SOCK_DGRAM, 0);
    conf.ifc_len = BUFSIZ;
    conf.ifc_buf = buff;
    ioctl(s, SIOCGIFCONF, &conf);
    num = conf.ifc_len / sizeof(struct ifreq);
    ifr = conf.ifc_req;
    for(i=0;i < num;i++)
    {
struct sockaddr_in *sin = (struct sockaddr_in *)(&ifr->ifr_addr);
    ioctl(s, SIOCGIFFLAGS, ifr);
    if(((ifr->ifr_flags & IFF_LOOPBACK) == 0) && (ifr->ifr_flags & IFF_UP))
    {
return (sin->sin_addr);
    }
    ifr++;
 }
}
```

2）修改函数 initWebs( )

找到 static int initWebs( )函数，并在此函数里添加下代码：

intaddr = get_host_ip();

3）注释函数 initWebs 一段代码

[root@localhost LINUX]# **vi main.c**

找到 static int initWebs( )函数，注释下面一段代码：

```
/*
if ((hp = gethostbyname(host)) == NULL) {
    error(E_L, E_LOG, T("Can't get host address"));
    fprintf(stderr,"initWebs: host name %s\r",host);
```

```
        return -1;
}
memcpy((char*)&intaddr,(char*)hp->h_addr_list[0],(size_t)hp->h_length);
  */
```

（6）修改访问页面的路径

在函数 static int websHomePageHandler(webs_t wp, char_t *urlPrefix, char_t *webDir,
    int arg, char_t *url, char_t *path, char_t *query)中的语句

```
    if (*url == '\0' || gstrcmp(url, T("/")) == 0) {
        websRedirect(wp, T("home.asp"));
        return 1;
    }
```

把 websRedirect(wp, T("home.asp"));改为默认访问的页面。

（7）编译

执行 make 生成 webs

9.4.2 动态 Web 页面的访问

1. 新建一张网页 test.html

新建一张网页 test.html，保存到它制定的目录。

```
[root@localhost LINUX]# cd ..
[root@localhost ws031202]# cd web
[root@localhost ws031202]# vi test.html
```

网页代码如下：

```html
<html>
<head>
<meta http-equiv="Content-Type" content="text/html; charset=gb2312" />
<title>zb</title>
<style type="text/css">
<!--
.STYLE1 {
font-size: x-large;
font-weight: bold;
}
-->
</style>
</head>

<body>
```

```
<div align="center" class="STYLE1">Zhejiang University Software
College</div>
</body>

</html>
```

2.挂载到目标板

在终端使用命令 minicom 启动目标板,把/home 目录挂载到目标板的/mnt 目录下。
~ # mount 192.168.2.122:/home /mnt/

3.执行可执行程序 webs

~ # /mnt/ws031202/LINUX
/mnt/ws031202/LINUX#./webs

4.打开浏览器

打开浏览器,输入:http://192.168.2.120/test.html,便出现了刚才编写的网页,具体如图 9-6 所示。

图 9.6　PC 机中浏览到嵌入式系统(DMF)网页

思考与实验

1. 列举嵌入式系统中 Web 服务器应用的例子。
2. 在嵌入式 Linux 系统中常用的 Web 服务器有哪些?
3. CGI 的主要功能有哪些?
4. 在 Linux 环境下基于 thttpd 动态服务器的实现过程主要有哪几步?
5. 在配置文件 thttpd.conf 中的参数如下:

```
dir=/etc/thttpd/html
chroot
user=root
logfile=/etc/thttpd/log/thttpd.log
```

```
pidfile=/etc/thttpd/run/thttpd.pid
```
回答以下问题：

(1) 在什么路径下存放 Web 服务器的网页？

(2) 可以用什么身份运行 Web 服务器？

(3) 日志文件存放在什么路径下？

6. 下列配置文件 thttpd.conf 中

```
dir=/etc/thttpd/html
chroot
user=root
logfile=/etc/thttpd/log/thttpd.log
pidfile=/etc/thttpd/run/thttpd.pid
cgipat=/cgi-bin/*
```

假如要支持 CGI,那么 thttp.conf 的配置文件应如何修改？

7. 在 Linux 环境下，基于 Boa 动态服务器的实现过程主要有哪几步？

8. 在 Boa 动态服务器的设置中，要设置哪个用户运行，一般都使用 nobody，则需要在（   ）文件中有 nobody 用户。

9. 在 Boa 动态服务器的设置中，要设置运行用户组，一般都使用 nogroup，则需要在（   ）文件中有 nogroup 组。

10. 在 Boa 动态服务器的设置中要设置服务器名字为 www.hyesco.com，则配置命令写成（   ）。

11. 根据课本的内容，请调试用 DMF 实现 Linux 下的动态 Web 服务器，并在客户端进行访问。

第 10 章

设备驱动程序设计基础

 **本章重点**

1. 在 Linux 环境下设备文件的查看。
2. 主设备号与次设备号。
3. 设备驱动程序设计流程。
4. 设备的分类及相关的数据结构。
5. 简单字符设备驱动程序的设计。
6. GPIO 驱动程序的设计。

 **本章导读**

在本章的学习过程中学会如何查看设备类型、主设备号与次设备号,理解主设备号与次设备号的含义、设备的分类及不同设备所对应的数据结构。掌握设备驱动程序的设计方法、设备驱动程序的编译、模块加载与卸载的方法;掌握简单字符设备驱动、GPIO 驱动程序设计与测试方法。

10.1 设备驱动程序的概念

驱动程序，英文名为 Device Driver，全称为"设备驱动程序"，它是一种特殊的程序。首先，驱动程序是运行在内核态，是和内核连接在一起的程序。如果运行在用户态的应用程序想控制硬件设备，必须通过驱动程序来控制。当操作系统需要使用某个硬件时，例如让声卡播放音乐，先发送相应指令到声卡驱动程序，声卡驱动程序接收到指令后，马上将其翻译成声卡才能听懂的电子信号命令，从而让声卡播放音乐。可以说驱动程序是"硬件和系统之间的桥梁"。

1. 设备的分类

为了便于对设备进行读写操作，在 C 程序中把所有设备看成是对文件的操作，即设备文件，在 Linux 环境下把设备文件分为 3 类：字符设备文件（C）、块设备文件（B）和网络设备文件（S）。

（1）字符设备文件通常指可以直接读、写，不需要缓冲区的设备。如鼠标、键盘、并口、虚拟控制台等。

（2）块设备文件通常指一些需要以块（如 512B）的方式写入的设备，如 IDE 硬盘、SCSI 硬盘、光驱等。

（3）网络设备文件通常是指网络设备访问的 BSD socket 接口，如网卡等。

2. 设备文件的查看

在 Linux 系统的/dev 目录下，使用命令 ls –al |more 可以查看到设备文件的一些相关信息，如图 10.1 所示。

```
crw-rw-rw-    1   root      root     1,   3  2003-01-30  null
crw-------    1   root      root    10,   1  2003-01-30  psaux
crw-------    1   root      root     4,   1  2003-01-30  tty1
crw-rw-rw-    1   root      tty      4,  64  2003-01-30  ttys0
                                       ⁞
brw-rw----    1   root      disk    15,   0  2003-01-30  cdu31a
brw-rw----    1   root      disk    24,   0  2003-01-30  cdu535
brw-rw----    1   root      disk    30,   0  2003-01-30  cm205cd
brw-rw----    1   root      disk    32,   0  2003-01-30  cm206cd
```

图 10.1 用命令 ls 查看设备

在图 10.1 中，读者可以看出首字母 c（char）表示字符设备文件，而 b(block)则表示块设备文件。第 5 列的数字表示主设备号，如第 1 行中的第 5 列 1 表示主设备号，第 6 列 3 表示次设备号，主设备号主要标识驱动程序，次设备号对应于设备，一个驱动程序可以对应多个设备。

3. 主设备号与次设备号

主设备号标识设备对应的驱动程序，次设备号由内核使用，用于指向设备。在图 10.1 中可以看出，一个主设备号可以驱动多个设备。例如，/dev/null 和/dev/zero 都由驱动 1 来管理，而虚拟控制台和串口终端都由驱动 4 管理。

设备号在内核中的定义，体现在<linux/types.h>中一个 dev_t 类型，其不仅用来定义设备编号，还包含主、次设备号。对于 2.6.0 版本的内核，dev_t 是 32 位的，12 位用于主设备号，20 位用于次设备号。为获得一个 dev_t 的主设备号或者次设备号，可以使用以下函数：

MAJOR(dev_t dev);

MINOR(dev_t dev);

函数 MAJOR 获得主设备号，函数 MINOR 获得次设备号。

 注意：

2.6 版本内核能容纳大量设备，而以前的内核版本限制在 255 个主设备号和 255 个次设备号。

4. 设备驱动相关的数据结构

编写字符设备驱动程序会涉及 3 个结构体，即
- 结构体 file_operation（文件操作）；
- 结构体 file（文件）；
- 结构体 inode（节点）。

它们定义在 include/linux/fs.h 文件中。

编写块设备驱动程序也要涉及 3 个结构体，即
- 结构体 block_device_operation 定义在 include/linux/fs.h 文件中；
- 结构体 gendisk 定义在 include/genhd.h 文件中；
- 结构体 request 定义在 include/linux/blkdev.h 文件中。

与网络设备驱动程序相关的重要数据结构分别是：
- 结构体 net_device 和 sk_buff 定义在 include/linux/netdevice.h 文件中；
- 结构体 sk_buff 定义在 include/linux/skbuff.h 文件中。

10.2 驱动程序的设计流程

在 Linux 系统里，对用户程序而言，设备驱动程序隐藏了设备的具体细节，对各种不同设备提供了一致的接口，一般来说是把设备映射为一个特殊的设备文件，用户程序可以像对其他文件一样对此设备文件进行操作。例如，在用户的应用程序里可以通过 open、read、write 及 close 等函数来对字符设备文件进行操作。

10.2.1 字符驱动程序设计流程

在 Linux 操作系统中，除了直接修改系统核心的源代码，把设备驱动程序加进内核外（例如 LCD 驱动、SD 驱动），还可以把设备驱动程序作为可加载的模块，由系统管理员动态地加载它，使之成为核心的一部分，加载后的模块也可以卸载。用 C 语言写成的驱动模块，用 gcc 编译成目标文件时不进行链接，而是作为*.o 文件存在，为此需要在 gcc 命令行里加上-c 的参数；另一方面，还应在 gcc 的命令行里加上参数：-D_KERNEL_ -DMODULE，此参数的作用是把驱动编译成模块。由于在不进行链接时，gcc 只允许有一个输入文件，因此一个模块的所有部分都必须在一个文件里实现。编译好的模块*.o 放在/lib/modules/xxxx/misc 下（xxxx 表示核心版本，如在核心版本为 2.0.30 时应该为/lib/modules/2.0.30/misc），然后用 depmod -a 使此模块成为可加载模块。

模块化加载的驱动程序，用执行 insmod 命令加载驱动模块时，调用函数 init_module(module_init)注册设备；当执行命令 rmmod 进行卸载设备时，调用函数 cleanup_module(module_exit)释放设备，如图 10.2 所示。

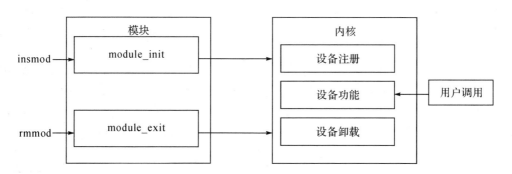

图 10.2 驱动设计的基本流程

字符设备驱动程序流程：
（1）定义设备文件 file_operation 结构体变量，定义相关设备操作函数；
（2）定义设备初始化函数
```
module_init("设备初始化函数");
```

在设备初始化函数中，调用 register_chrdev 函数向系统注册设备。

注意：

内核升级到 2.4 版本后，系统提供了两个新的函数 devfs_register 和 devfs_unregister，用于设备的注册与卸载。

（3）定义设备卸载函数

`module_exit("设备卸载函数");`

在设备卸载函数中调用 unregister_chrdev 函数释放设备。

（4）编译设备

编译成模块时，在 gcc 的命令行里加上这样的参数：-D_KERNEL_ -DMODULE -C。

（5）加载模块

当设备驱动程序以模块形式加载时，模块在调用 insmod 命令时被加载，此时的入口地址是 init_module 或 module_init 函数，在该函数中完成设备的注册。接着根据用户的实际需要，对相应设备进行读、写等操作。

模块用 insmod 命令加载，加载模块时调用函数 module_init。

（6）查看设备

用 lsmod 命令来查看所有已加载的模块状态。

（7）申请设备节点

在成功地向系统注册了设备驱动程序后（调用 register_chrdev 成功后），就可以用 mknod 命令来把设备映射为一个特别文件，其他程序使用这个设备的时候，只要对此特别文件进行操作就行了。

（8）卸载设备

同样在执行命令 rmmod 时调用函数 cleanup_module 或 module_exit，完成设备的卸载。

模块用 insmod 命令加载，用 rmmod 命令来卸载，并可以用 lsmod 命令来查看所有已加载的模块状态，与模块相关的命令及功能如表 10.1 所示。

编写驱动模块程序的时候，必须提供两个函数，一个函数是 int module_init("设备初始化函数")，供 insmod 在加载此模块的时候自动调用，负责进行设备驱动程序的初始化工作。init_module 返回 0 以表示初始化成功，返回负数表示失败。另一个函数是 void module_exit("设备卸载函数")，在模块被卸载时调用，负责进行设备驱动程序的清除工作。

表 10.1 内核模块常用命令

命 令	功 能
lsmod	列出系统中加载的模块
insmod	加载模块
rmmod	卸载模块
mknod	创建相关模块

注意：

内核升级到 2.4 版本后，系统提供了两个新的函数 module_init 与 module_exit，用于设备的加载与卸载。使用方法为：
module_init("设备初始化函数");
module_exit("设备卸载函数");

10.2.2 驱动程序流程设计举例

下列程序能验证最为基本的驱动程序模块化编译的设计流程，对学习驱动程序有较大的帮助，程序操作过程如下：

（1）在 RedHat Linux 9 的/home 文件夹下，新建文件夹 driver，在文件夹 driver 用 vi 编辑器编辑下面的驱动程序 hello.c。

```
#include <linux/module.h>
MODULE_LICENSE("Dual BSD/GPL");
#include<linux/init.h>
#include<linux/fs.h>
#define nn 200
struct file_operations gk=
{
};
static int __init hello_init(void)
{       int k;
        printk("Hello,world!\n");
        k=register_chrdev(nn  ,"drive",&gk);
        return 0;
}

static void __exit hello_exit(void)
{
        printk("Goodbye,cruel world!\n");
}

module_init(hello_init);
module_exit(hello_exit);
```

（2）编译 hello.c。
[root@localhost driver]# `gcc -O2 -DMODULE -D__KERNEL__ -c hello.c`

（3）加载驱动程序 hello.o。

    `insmod hello.o`

注意：假如出现以下信息：

`hello.o: kernel-module version mismatch`

`hello.o was compiled for kernel version 2.4.20`

`while this kernel is version 2.4.20-8.`

这是由于编译器版本/usr/include/linux/version.h 和内核源代码版本/usr/src/linux-2.4.20-8/include/linux/version.h 的版本不匹配，此时是无法加载驱动程序的。

解决方法：

`[root@localhost root]#` **`vim /usr/include/linux/version.h`**

修改" `#define UTS_RELEASE "2.4.20"`为" `#define UTS_RELEASE "2.4.20-8"`

再次编译后再次加载。

（4）使用命令 lsmod 查看

    Linux 系统中，使用命令 lsmod 查看驱动模块加载的情况与它们的关系。

（5）使用命令 cat /proc/modules

（6）卸载

格式如下：

    rmmod　模块名；　　(如 rmmod　hello)

注意：当 insmod 加载或 rmmod 卸载驱动时，无法看到 printk 语句的输出，但是可以从/var/log/messages 中查看到。

`[root@localhost hello]#` **`cat /var/log/messages |grep world`**

`Feb 26 09:11:23 localhost kernel: Hello,world!`

`Feb 26 09:34:38 localhost kernel: Goodbye,cruel world!`

假如要想在 insmod 加载或 rmmod 卸载驱动时，看到 printk 语句的输出内容。那么，hello.c 文件的可修改如下：

把 " `printk("Hello,world!\n");` " 语句

修改为 " `printk("<0>Hello,world!\n");` "

把 " `printk("Goodbye,cruel world!\n");` "

修改为 " `printk("<0>Goodbye,cruel world!\n");` "

然后，进行编译。

`[root@localhost hello]#` **`gcc -O2 -D__KERNEL__ -I /usr/src/linux-2.4.20-8/include/ -DMODULE -c hello.c`**

加载驱动`[root@localhost hello]#` **`insmod hello.o`**

显示如下：

`[root@localhost hello]#`

`Message from syslogd@localhost at Fri Feb 27 10:08:26 2009 ...`

`localhost kernel: Hello,world!`

`You have new mail in /var/spool/mail/root`

卸载驱动`[root@localhost hello]# **rmmod hello.o**`

显示如下：

`[root@localhost hello]#`
Message from syslogd@localhost at Fri Feb 27 10:10:58 2009 ...
localhost kernel: Goodbye,cruel world!

（7）创建设备文件号

```
mknod /dev/hello c 200 0
```

（8）应用下述命令查看设备类型、设备属性、主设备号与次设备号

```
ls /dev/hello -l
```

（9）编写应用程序进行测试

```c
#include<stdio.h>
#include <sys/types.h>
#include <sys/stat.h>
#include <fcntl.h>
int main()
{
 int testdev;
 char buf[100];
 testdev=open("/dev/hello",O_RDWR);
 if(testdev==-1)
 {
   printf("Cann't open file\n");
   exit(0);
 }
 printf("device open  successe!\n");
}
```

（10）编译 test.c

（11）执行 test

10.3　Linux 字符设备驱动程序设计

10.3.1　字符设备驱动程序数据结构

在字符设备驱动程序设计中涉及 3 个数据结构，即 struct file_operation、struct file、struct inode 结构。

file_operation 结构体是定义在 include/linux/fs.h 中,驱动程序很大一部分工作就是要"填写"结构体中定义的函数,或者根据实际需要,实现部分函数或全部函数的定义。file_operation 结构中的成员几乎全部是函数指针,所以实质上就是函数跳转表。每个进程对设备的操作都会根据 major、minor 设备号,转换成对 file_operation 结构的访问。

```c
struct file_operation
{
    struct module *owner;
    loff_t (*llseek) (struct file *, loff_t, int);
    ssize_t (*read) (struct file *, char __user *, size_t, loff_t *);
    ssize_t (*aio_read) (struct kiocb *, char __user *, size_t, loff_t);
    ssize_t (*write) (struct file *, const char __user *,size_t,loff_t *);
    ssize_t (*aio_write) (struct kiocb *, const char __user *, size_t,loff_t);
    int (*readdir) (struct file *, void *, filldir_t);
    unsigned int (*poll) (struct file *, struct poll_table_struct *);
    int (*ioctl) (struct inode *, struct file *, unsigned int, unsigned long);
    int (*mmap) (struct file *, struct vm_area_struct *);
    int (*open) (struct inode *, struct file *);
    int (*flush) (struct file *);
    int (*release) (struct inode *, struct file *);
    int (*fsync) (struct file *, struct dentry *, int datasync);
    int (*aio_fsync) (struct kiocb *, int datasync);
    int (*fasync) (int, struct file *, int);
    int (*lock) (struct file *, int, struct file_lock *);
    ssize_t (*readv) (struct file *, const struct iovec *, unsigned long, loff_t *);
    ssize_t (*writev) (struct file *, const struct iovec *, unsigned long, loff_t *);
    ssize_t (*sendfile) (struct file *, loff_t *, size_t, read_actor_t, void __user *);
    ssize_t (*sendpage) (struct file *, struct page *, int, size_t, loff_t *, int);
    unsigned long (*get_unmapped_area)(struct file *, unsigned long, unsigned long, unsigned long, unsigned long);
    long (*fcntl)(int fd, unsigned int cmd,unsigned long arg, struct file *filp);
};
```

其中，struct inode 提供了关于特别设备文件/dev/driver（假设此设备名为 driver）的信息，它的定义为：

```
#include <linux/fs.h>
struct inode {
        dev_t i_dev;
        unsigned long i_ino; /* Inode number */
        umode_t i_mode; /* 文件模式 */
        nlink_t i_nlink;
        uid_t i_uid;
        gid_t i_gid;
        dev_t i_rdev; /* Device major and minor numbers*/
        off_t i_size;
        time_t i_atime;
        time_t i_mtime;
        time_t i_ctime;
        unsigned long i_blksize;
        unsigned long i_blocks;
        struct inode_operations * i_op;
        struct super_block * i_sb;
        struct wait_queue * i_wait;
        struct file_lock * i_flock;
        struct vm_area_struct * i_mmap;
        struct inode * i_next, * i_prev;
        struct inode * i_hash_next, * i_hash_prev;
        struct inode * i_bound_to, * i_bound_by;
        unsigned short i_count;
        unsigned short i_flags; /* Mount flags (see fs.h) */
        unsigned char i_lock;
        unsigned char i_dirt;
        unsigned char i_pipe;
        unsigned char i_mount;
        unsigned char i_seek;
        unsigned char i_update;
        union {
            struct pipe_inode_info pipe_i;
            struct minix_inode_info minix_i;
            struct ext_inode_info ext_i;
            struct msdos_inode_info msdos_i;
            struct iso_inode_info isofs_i;
```

```
            struct nfs_inode_info nfs_i;
        } u;
};
```

struct file 主要用于存放与文件系统对应的设备驱动程序。当然，其他设备驱动程序也可以使用它。它提供关于被打开的文件的信息，定义为：

```
#include <linux/fs.h>
struct file {
        mode_t f_mode;
        dev_t f_rdev; /* needed for /dev/tty */
        off_t f_pos;  /* Curr. posn in file */
        unsigned short f_flags; /* The flags arg passed to open */
        unsigned short f_count; /* Number of opens on this file */
        unsigned short f_reada;
        struct inode *f_inode; /* pointer to the inode struct */
        struct file_operations *f_op;/* pointer to the fops struct*/
};
```

在结构 file_operation 里，指出了设备驱动程序所提供的入口点操作函数，分别如下。

（1）llseek 入口点，移动文件指针的位置，显然只能用于可以随机存取的设备。

（2）read 入口点，进行读操作，参数 buf 为存放读取结果的缓冲区，count 为所要读取的数据长度。返回值为负表示读取操作发生错误，否则返回实际读取的字节数。对于字符型，要求读取的字节数和返回的实际读取字节数都必须是 inode->i_blksize 的倍数。

（3）write 入口点，往设备上写数据。对于有缓冲区的 I/O 操作，一般是把数据写入缓冲区里。对字符特别设备文件进行写操作将调用 write 子程序。

（4）readdir 入口点，取得下一个目录入口点，只有与文件系统相关的设备驱动程序才使用。

（5）select 入口点，检查设备，看数据是否可读或设备是否可用于写数据。select 系统调用在检查与设备特别文件相关的文件描述符时使用 select 入口点。如果驱动程序没有提供 select 入口，select 操作将会认为设备已经准备好进行任何的 I/O 操作。

（6）ioctl 入口点，进行读、写以外的其他操作，参数 cmd 为自定义的命令。

（7）mmap 入口点，用于把设备的内容映射到地址空间，一般只有块设备驱动程序使用。

（8）open 入口点，打开设备准备进行 I/O 操作。返回 0 表示打开成功，返回负数表示打开失败。

如果驱动程序没有提供 open 入口，则只要/dev/driver 文件存在就认为打开成功。

（9）release 入口点，即 close 操作，关闭一个设备。当最后一次使用设备结束后，调用 close 子程序。独占设备必须标记设备可再次使用。

设备驱动程序所提供的入口点，在设备驱动程序初始化的时候向系统进行登记，以便系统在适当的时候调用。在 Linux 系统里，通过调用 register_chrdev 向系统注册字符型设备驱动程序。register_chrdev 定义为：

```
#include <linux/fs.h>
```

第 10 章 设备驱动程序设计基础

```
#include <linux/errno.h>
int register_chrdev(unsigned int major, /*主设备号*/
                    const char name,    /*设备名*/
                    struct file_operations fops);/*文件系统调用入口点*/
```

其中，major 是为设备驱动程序向系统申请的主设备号，如果为 0 则系统为此驱动程序动态地分配一个主设备号。name 是设备名。fops 就是前面所说的对各个调用的入口点的说明。此函数返回 0 表示成功。返回-EINVAL 表示申请的主设备号非法，一般来说是主设备号大于系统所允许的最大设备号。返回-EBUSY 表示所申请的主设备号正在被其他设备驱动程序使用。如果是动态分配主设备号成功，此函数将返回所分配的主设备号。如果 register_chrdev 操作成功，设备名就会出现在/proc/devices 文件里。

初始化部分一般还负责给设备驱动程序申请系统资源，包括内存、中断、时钟、I/O 端口等，这些资源也可以在 open 子程序或别的地方申请。在这些资源不用的时候，应该释放它们，以利于资源的共享。在 UNIX 系统里，对中断的处理属于系统核心的部分，因此如果设备与系统之间以中断方式进行数据交换的话，就必须把该设备的驱动程序作为系统核心的一部分。设备驱动程序通过调用 request_irq 函数来申请中断，通过 free_irq 来释放中断。它们的定义为：

```
#include <linux/sched.h>
int request_irq(unsigned int irq,
     void (*handler)(int irq,void dev_id,struct pt_regs *regs),
     unsigned long flags,
     const char *device,
     void *dev_id);
     void free_irq(unsigned int irq, void *dev_id);
```

参数 irq 表示所要申请的硬件中断号。handler 为向系统登记的中断处理子程序，中断产生时由系统来调用，调用时所带参数 irq 为中断号，dev_id 为申请时告诉系统的设备标识，regs 为中断发生时寄存器内容。device 为设备名，将会出现在/proc/interrupts 文件里。flag 是申请时的选项，它决定中断处理程序的一些特性，如其中的中断处理程序是快速处理程序还是慢速处理程序。

设备驱动程序在申请和释放内存时不是调用 malloc 和 free，而代之以调用 kmalloc 和 kfree，它们被定义为：

```
#include <linux/kernel.h>
void * kmalloc(unsigned int len, int priority);
void kfree(void * obj);
```

参数 len 为希望申请的字节数，obj 为要释放的内存指针。priority 为分配内存操作的优先级，即在没有足够空闲内存时如何操作，一般用 GFP_KERNEL。

在用户程序调用 read、write 时，因为进程的运行状态由用户态变为核心态，地址空间也变为核心地址空间。而 read、write 中参数 buf 是指向用户程序的私有地址空间，所以不能直接访问，必须通过上述两个系统函数来访问用户程序的私有地址空间。memcpy_fromfs 由用户程序地址空间往核心地址空间复制，memcpy_tofs 则反之。参数 to 为复制的目的指针，from 为源指针，n 为要复制的字节数。内核空间与用户空间的内存交互也可借助

copy_from_user()函数、copy_to_user()函数实现。

在设备驱动程序里，可以调用 printk 来打印一些调试信息，用法与 printf 类似。printk 打印的信息不仅出现在屏幕上，同时还记录在文件 syslog 里。

10.3.2 字符设备驱动程序的基本框架

设备驱动程序可以分为 3 个主要组成部分。

（1）自动配置和初始化子程序，负责检测所要驱动的硬件设备是否存在和是否能正常工作。如果该设备正常，则对这个设备及其相关的设备驱动程序需要的软件状态进行初始化。这部分驱动程序仅在初始化的时候被调用一次。

（2）服务于 I/O 请求的子程序，又称为驱动程序的上半部分，由系统调用这部分程序。这部分程序在执行的时候，系统仍认为是和进行调用的进程属于同一个进程，只是由用户态变成了核心态，具有进行此系统调用的用户程序的运行环境，因此可以在其中调用 sleep() 等与进程运行环境有关的函数。

（3）中断服务子程序，又称为驱动程序的下半部分。在 UNIX 系统中，并不是直接从中断向量表中调用设备驱动程序的中断服务子程序，而是由 UNIX 系统来接收硬件中断，再由系统调用中断服务子程序。中断可以产生在任何一个进程运行的时候，因此在中断服务程序被调用的时候，不能依赖于任何进程的状态，也就不能调用任何与进程运行环境有关的函数。因为设备驱动程序一般支持同一类型的若干设备，所以一般在系统调用中断服务子程序的时候，都带有一个或多个参数，以唯一标识请求服务的设备。

在系统内部，I/O 设备的存取通过一组固定的入口点来进行，这组入口点是由每个设备的设备驱动程序提供的。

如果采用模块方式编写设备驱动程序，通常的模块构成有：设备初始化模块、设备打开模块、数据读写与控制模块、中断处理模块、设备释放模块、设备卸载模块等几个部分。下面给出一个典型的设备驱动程序的基本框架。

```
/* 打开设备模块 */
static int xxx_open(struct inode *inode, struct file *file)
{
/*…………*/
}

/* 读设备模块 */
static int xxx_read(struct inode *inode, struct file *file)
{
/*…………*/
}

/* 写设备模块 */
static int xxx_write(struct inode *inode, struct file *file)
```

```c
{
/*............*/
}

/* 控制设备模块 */
static int xxx_ioctl(struct inode *inode, struct file *file)
{
/*............*/
}

/* 中断处理模块 */
static void xxx_interrupt(int irq, void *dev_id, struct pt_regs *regs)
{
/* ... */
}

/* 设备文件操作接口 */
static struct file_operations xxx_fops = {
read: xxx_read, /* 读设备操作*/
write: xxx_write, /* 写设备操作*/
ioctl: xxx_ioctl, /* 控制设备操作*/
open: xxx_open, /* 打开设备操作*/
release: xxx_release /* 释放设备操作*/
/* ... */
};
static int __init xxx_init_module (void)
{
/* ... */
}

static void __exit demo_cleanup_module (void)
{
pci_unregister_driver(&demo_pci_driver);
}

/* 加载驱动程序模块入口 */
module_init(xxx_init_module);
/* 卸载驱动程序模块入口 */
module_exit(xxx_cleanup_module);
```

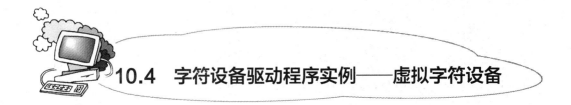

10.4 字符设备驱动程序实例——虚拟字符设备

例 10.1 虚拟字符设备驱动程序设计。此驱动程序的思路是，用一内存空间虚拟为一个设备，把此设备取名为 globalvar，通过设备驱动程序可把用户空间的数据写入设备，即用户空间向内核空间传送数据，也可以将内核空间的数据传到用户空间。具体设计为：在虚拟字符设备 globalvar 中，定义一个具有 4B 的全局变量 int global_var，通过重写 file_operations 结构体中读、写函数，实现当用户从键盘输入字符时，虚拟设备处于写的状态，把键盘输入的字符从用户空间复制到内核空间。当虚拟设备处于读的状态时，把内核空间的字符复制到用户空间。

分析：从内核空间复制到用户空间这个设备中只有一个 4B 的全局变量 int global_var，而这个设备的名字叫作 globalvar。对 globalvar 设备的读、写等操作即是对其中全局变量 global_var 的操作。随着内核不断增加新的功能，file_operations 结构体已逐渐变得越来越大，但是大多数的驱动程序只是利用了其中的一部分。对于字符设备来说，主要用到的函数有 open()、release()、read()、write()、ioctl()、llseek()、poll()等。设备驱动程序接口流程如图 10.3 所示。

图 10.3 设备驱动程序接口流程

字符设备驱动程序设计的主要模块如下。

第 10 章 设备驱动程序设计基础

10.4.1 结构体设计

设备 gobalvar 的驱动程序中的函数大多数调用结构体 file_operation 中的标准函数，只对其中两个函数 read、write 对应于硬件设备的实际函数 gobalvar_read、gobalvar_write，因此设备 gobalvar 的基本入口点结构变量 gobalvar_fops 设计如下：

```
struct file_operation gobalvar_fops =
{
  read: gobalvar_read,
  write: gobalvar_write,
};
```

注意：

上述代码中对 gobalvar_fops 的初始化方法并不是标准 C 所支持的，属于 GNU 扩展语法。

10.4.2 设备驱动读、写函数的设计

（1）read()函数

当对设备特殊文件进行 read() 系统调用时，将调用驱动程序 read()函数：
`ssize_t (*read) (struct file *, char *, size_t, loff_t *);`

read()函数用来从设备中读取数据，从结构体设计得出，相对应的硬件设备函数为 globalvar_read。当该函数指针被赋为 NULL 值时，将导致 read 系统调用出错并返回 -EINVAL（"Invalid argument，非法参数"）。函数返回非负值表示成功读取的字节数（返回值为"signed size"数据类型，通常就是目标平台上的固有整数类型）。

globalvar_read 函数中内核空间与用户空间的内存交互需要借助 copy_to_user()函数：

```
static ssize_t globalvar_read(struct file *filp, char *buf, size_t len, loff_t *off)
{
        ...
        copy_to_user(buf, &global_var, sizeof(int));
        ...
}
```

（2）write() 函数

当设备特殊文件进行 write () 系统调用时，将调用驱动程序的 write () 函数：
`ssize_t (*write) (struct file *, const char *, size_t, loff_t *);`

write() 函数向设备发送数据，从结构体设计得出，相对应的硬件设备函数为 globalvar_write。如果没有这个函数，write 系统调用会向调用程序返回一个-EINVAL。如

果返回值非负，则表示成功写入的字节数。

globalvar_write 函数中内核空间与用户空间的内存交互需要借助 copy_from_user() 函数：

```
static ssize_t globalvar_write(struct file *filp, const char *buf, size_t len, loff_t *off)
{
    ...
    copy_from_user(&global_var, buf, sizeof(int));
    ...
}
```

（3）驱动程序的设备注册

驱动程序是内核的一部分，需要给其添加模块初始化函数，用来完成对所控设备的初始化工作，并调用 register_chrdev() 函数注册字符设备：

```
static int __init globalvar_init(void)
{
    if (register_chrdev(MAJOR_NUM, " globalvar ", &globalvar_fops))
    {
      //…注册失败
    }
    else
    {
      //…注册成功
    }
}
```

其中，register_chrdev 函数中的参数 MAJOR_NUM 为主设备号，"globalvar"为设备名，globalvar_fops 为包含基本函数入口点的结构体，类型为 file_operations。当 globalvar 模块被加载时，globalvar_init 被执行，它将调用内核函数 register_chrdev，把驱动程序的基本入口点指针存放在内核的字符设备地址表中，在用户进程对该设备执行系统调用时提供入口地址。模块编译后用下列方法加载：

```
module_init(globalvar_init);
```

（4）设备驱动程序的卸载

与模块初始化函数对应的就是模块卸载函数，需要调用 register_chrdev()函数：

```
static void __exit globalvar_exit(void)
{
    if (unregister_chrdev(MAJOR_NUM, " globalvar "))
    {
      //…卸载失败
    }
    else
```

```
    {
        //…卸载成功
    }
}
```

对已加载的驱动程序模块,用以下方法卸载:
`module_exit(globalvar_exit);`

10.4.3 字符设备驱动程序设计步骤

操作步骤

步骤 1:在某个目录下执行 vi globalvar.c 编写驱动。
`[root@localhost driver]#` **`vi globalvar.c`**
完整的 globalvar.c 文件源代码:

```c
#include <linux/module.h>
#include <linux/init.h>
#include <linux/fs.h>
#include <asm/uaccess.h>
MODULE_LICENSE("GPL");
#define MAJOR_NUM 100  //主设备号
static ssize_t globalvar_read(struct file *, char *, size_t, loff_t*);
static ssize_t globalvar_write(struct file *, const char *, size_t, loff_t*);
//初始化字符设备驱动的 file_operations 结构体
struct file_operations globalvar_fops =
{
    read: globalvar_read,      //数据结构中入口函数定义
        write: globalvar_write,
        };
static int global_var = 0;     //"globalvar"设备的全局变量
static int __init globalvar_init(void)
{
    int ret;
    //注册设备驱动
    ret = register_chrdev(MAJOR_NUM, "globalvar", &globalvar_fops);
    if (ret)
    {
        printk("globalvar register failure");
    }
    else
```

第 10 章 设备驱动程序设计基础

```c
        {
            printk("globalvar register success");
        }
        return ret;
    }
    static void __exit globalvar_exit(void)
    {
        int ret;
        //注销设备驱动
        ret = unregister_chrdev(MAJOR_NUM, "globalvar");
        if (ret)
        {
            printk("globalvar unregister failure");
        }
        else
        {
            printk("globalvar unregister success");
        }
    }
    static ssize_t globalvar_read(struct file *filp,char *buf, size_t len, loff_t *off)
    {
        //将global_var从内核空间复制到用户空间buf
        if (copy_to_user(buf, &global_var, sizeof(int)))
        {
            return - EFAULT;
        }
        return sizeof(int);
    }
    static ssize_t globalvar_write(struct file *filp, const char *buf, size_t len, loff_t *off)
    {
        //将用户空间的数据复制到内核空间的global_var
        if (copy_from_user(&global_var, buf, sizeof(int)))
        {
        return - EFAULT;
        }
        return sizeof(int);
    }
```

```
module_init(globalvar_init);
module_exit(globalvar_exit);
```

注意：

在执行"#define MAJOR_NUM 100"中的设备号，应该先在目标板执行命令 cat /proc/devices 查看设备号 100 是否已经被使用，若已经被使用，则应该修改设备号，使用没被占用的设备号。

步骤 2： 编写 makefile 工程文件。

`[root@localhost driver]# vi makefile`

编辑代码如下：

```
CC = /usr/local/arm/2.95.3/bin/arm-linux-gcc
LD = /usr/local/arm/2.95.3/bin/arm-linux-ld
CFLAGS = -D__KERNEL__ -I/RJARM9-EDU/kernel/include/linux -I/RJARM9-EDU/kernel/include -Wall -Wstrict-prototypes -Wno-trigraphs -Os -mapcs
-fno-strict-aliasing -fno-common -fno-common -pipe -mapcs-32 -march=armv4
-mtune=arm9tdmi -mshort-load-bytes -msoft-float
-DKBUILD_BASENAME=s3c2410_testirq -I/opt/host/armv4l/src/linux/include
-DMODULE

    globalvar.o:globalvar.c
        $(CC) $(CFLAGS) -c $^ -o $@


    .PHONY: clean
    clean:
        -rm -f *.o
    distclean:
        @make clean
        rm -f tags *~
```

步骤 3： 在锐极提供的开发板上运行 insmod 命令来加载该驱动。

`/mnt/embedded/driver # insmod globalvar.o`

步骤 4： 在目标板上查看/proc/devices 文件，可以发现多了一行 "100 globalvar"

`/mnt/embedded/driver # cat /proc/devices`

步骤 5： 接下来在目标板上为 globalvar 创建设备节点文件，执行下列命令：

`/mnt/embedded/driver # mknod /dev/globalvar c 100 0`

创建该设备节点文件后，用户进程通过/dev/globalvar 这个路径就可以访问到这个全局变量虚拟设备了。

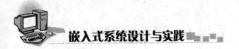

10.4.4 字符设备驱动程序测试

步骤 1：编辑 globalvartest.c 文件用来验证上述设备。

`[root@localhost driver]#` **vi globalvartest.c**

globalvartest.c 文件源代码如下：

```
#include <sys/types.h>
#include <sys/stat.h>
#include <stdio.h>
#include <fcntl.h>
main()
{
    int fd, num;
    //打开"/dev/globalvar"
    fd = open("/dev/globalvar", O_RDWR, S_IRUSR | S_IWUSR);
    if (fd != -1 )
    {
        //初次读globalvar
        read(fd, &num, sizeof(int));
        printf("The globalvar is %d\n", num);
        //写globalvar
        printf("Please input the num written to globalvar\n");
        scanf("%d", &num);
        write(fd, &num, sizeof(int));
        //再次读globalvar
        read(fd, &num, sizeof(int));
        printf("The globalvar is %d\n", num);
        //关闭"/dev/globalvar"
        close(fd);
    }
    else
    {
        printf("Device open failure\n");
    }
}
```

步骤 2：编译 globalvartest.c。

`[root@localhost driver]#` **/opt/host/armv4l/bin/ arm-linux-gcc globalvartest.c -o globalvartest**

步骤 3：运行 globalvartest。

```
/mnt/embedded/driver #  ./globalvartest
The globalvar is 0
Please input the num written to globalvar
5                       #输入数字 5
The globalvar is 5
```
输入数字 5 后测试程序并退出。
步骤 4：再次运行测试程序。
```
/mnt/embedded/driver #./globalvartest
The globalvar is 5
Please input the num written to globalvar
1                       #输入数字 1
The globalvar is 1
```
显然，"globalvar"设备可以正确读、写了。

10.5 字符设备驱动程序实例——GPIO 的驱动程序设计

10.5.1 S3C2410 可编程输入、输出 GPIO

GPIO（General Programmable Input Output Pin）表示通用可编程输入、输出。用户可以通过 GPIO 口和硬件进行数据交互（如 UART）、控制硬件工作（如 LED、蜂鸣器等）、读取硬件的工作状态信号（如中断信号）等。GPIO 口的使用非常广泛。总之，它是 CPU 与外设进行交互的一种方式。至于具体做什么，要根据实际情况进行配置。最简单的用途可能是用它来连接一个 LED，用程序来控制 LED 点亮或者关闭。

S3C2410 一共有 GPA～GPH 8 个 GPIO 口、117 个 pins。

其中，GPA：23 个 pins，GPB：11 个 pins，GPC：16 个 pins，GPD：16 个 pins，GPE：16 个 pins，GPF：8 个 pins，GPG：16 个 pins，GPH：11 个 pins。

这些 I/O 端口大部分是复用的，通常可以用作输入口（input）、输出口（output）以及特殊功能口（如中断信号）。通过相应口的配置寄存器 GPxCON 可以选择配置为不同的功能。配置好 GPIO 口的功能后就可以在相应数据寄存器 GPxDAT 读/写数据，GPxUP 用于确定是否使用内部上拉电阻。

当引脚设为输入时，读此寄存器可知相应引脚的状态是高还是低；当引脚设为输出时，写此寄存器相应位可令此引脚输出低电平或高电平。GPxUP：某位为 0 时，相应引脚无内部上拉电阻；为 1 时，相应引脚使用内部上拉电阻。

10.5.2 S3C2410 的 GPIO 设置

S3C2410 芯片采用端口控制寄存器引脚 GPBCON，设置 GPB0～GPB4 为输入端口，GPB5～GPB8 为输出端口，每个端口由两个二进制位控制，00 表示输入，01 表示输出，11 表示不使用。端口上拉寄存器 GPBUP 为 1 时，表示该引脚不接上拉电阻。

例 10.2 在本程序中采用上拉电阻使能,已知端口数据寄存器 GPBDAT 输出为 1 时 I/O 熄灭，程序段中要求低 4 位 I/O 点亮，然后低 5 位 I/O 点亮，低 6 位 I/O 点亮……，到全部点亮。有关此过程可以写成下列程序段。

```
GPBCON=~0x2A800 ;    //0010 1010 1000 0000 0000
                     //1101 0101 0111 1111 1111
GPBUP=0 ;            //上拉电阻使能
out= 0x0f ;
k=4;
while(1)
{
GPBDAT= out<<k ;
 for( i=0 ; i<10000;i++) ;  //延时
  k++  ;
if(k>=7)
  k=4 ;
}
```

例 10.3 在 S3C2410 中，有关 GPIO 端口 D 控制寄存器、端口 D 数据寄存器引脚的设置如下：

```
key_rGPDCON &= 0xfff5fff5;
key_rGPDCON |= 0x00050005;
key_rGPDDAT &= 0xfcfc;
```

请分析以上程序段，设置哪些为输出引脚？哪些为写入数据的引脚？

分析：由于控制寄存器的值为 1111 1111 1111 0101 1111 1111 1111 0101，由两个位控制一个引脚，引脚 GPD0、GPG1、GPG8、GPD9 的控制位为 01，引脚 GPD0、GPG1、GPG8、GPD9 输出都为 0。

例 10.4 程序中有下列语句，该程序段的功能是什么？

```
key_rGPCCON &= 0xffc03fff;
if ((key_rGPCDAT & 0x0080) == 0)
    row = 1;
```

分析：设置 S3C2410 端口 C 控制寄存器 GPC7、GPC8、GPC9、GPC10 端口为输入口，并判断 GPC7 引脚是否为低电平。

例 10.5 如图 10.4 所示，S3C2410 的 GPC6 与芯片 CON16 的第 7 引脚相连，要求应用宿主机上的键盘来控制 CON16 的输出端第 4 根引脚(标记中为 CON16 中的 7)的电位高低，当键盘按下 0 键时，让有 16 脚扩展口的第 4 根引脚(标记 7)为高电平，当键盘按下 1 键时，第 4 根引脚为低电平。提示应用系统函数 write_gpio_bit 来控制电平输出。

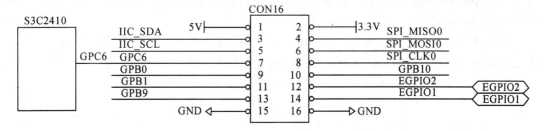

图 10.4　S3C2410 控制 16 脚扩展口的第 4 根引脚为高电平

分析：应用程序读取的键值，利用 ioctl()函数将这个值传到驱动程序中 gpio_ctl_ioctl()函数，从而来控制第 4 根管脚的高、低电平。

1. gpio 的驱动程序设计流程

1) 在 driver 路径下编辑 C 程序文件 gpio_drv.c，即 driver/gpio_drv.c。

2) 编译 gpio_drv.c 文件，由于只做编译工作，不做链接工作，所以编译 gpio_drv.c 时要加上-c 选项，这可在 makefile 文件里看到。

3) 把驱动程序链接到内核。编译后，使用 insmod 将该目标文件（gpio_drv.o）插入，这一步工作会自动完成驱动程序和内核的链接，如果模块与内核版本不一致而不能插入模块，可以在 insmod 加上-f 参数来强行插入。模块插入后，驱动程序就运行在内核态，并可使用内核的输出符号（即由内核提供的函数和全局变量、数据结构类型等），而且对于驱动程序来说，也只能使用内核的符号而不能使用 C 库的符号。

4) 卸载。

5) 整个驱动程序的进入点有两个，分别是 gpio_init (void)和 gpio_exit (void)，它们分别在模块插入和模块卸载时自动调用。内核之所以知道这两个进入点是因为使用了以下标记来显式声明：

```
module_init(gpio_init);
module_exit(gpio_exit);
```

在模块进入点 gpio_init 函数中，register_chrdev 函数是内核提供的函数，主要完成了注册新的字符设备的作用：

```
gpio_devfs_dir= devfs_register(
NULL,                //表示系统为此设备驱动程序动态地分配一个主设备号"gpiotest"
//需要创建的设备文件名
DEVFS_FL_DEFAULT,    //通常取 DEVFS_FL_DEFAULT
IOPORT_MAJOR,        //主设备号
0,                   //次设备号
S_IFCHR |S_IRUSR |S_IWUSR |S_IRGRP |S_IWGRP, //此设备文件的读、写权限
&gpio_ctl_fops,      //此设备的 file_operations 结构
NULL                 //创建设备节点信息，默认为 NULL
);
```

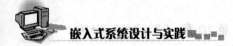

同时这条语句还注册了主号为 IOPORT_MAJOR(220) 的驱动程序，设备的名字为"gpiotest"，并传递了设备驱动程序的指针 gpio_ctl_fops，这是一个 file_operation 结构的指针变量，gpio_ctl_fops 里登记了设备驱动的所有函数。因此用户可以随时拿过来使用，不用自己编写函数了。

这里继续分析一下全局变量 gpio_ctl_fops，刚才提到它登记了所有的驱动函数，这些驱动函数是与用户的应用程序里对设备文件进行操作的函数相对应的。源程序中

```
static struct file_operation gpio_ctl_fops =
{
    ioctl:      gpio_ctl_ioctl,
    open:       gpio_open
};
```

这是一种标记化格式声明，由于 file_operation 结构庞大，包含的设备驱动函数相当丰富，而实际编写驱动时又无须实现所有的驱动函数，所以使用这个方法来提高驱动程序的可移植性。

2. 驱动程序编写

 操作步骤

步骤 1：在 /home 新建目录 gpio。
```
[root@localhost home]# mkdir gpio
```
步骤 2：进入刚建的 gpio 目录后新建 driver 目录和 app 目录。
```
[root@localhost home]# cd gpio
[root@localhost gpio]# mkdir driver
[root@localhost gpio]# mkdir app
```

> 注意：
> driver 目录用来存放驱动程序，app 目录用来存放应用程序。

步骤 3：进入刚建的 driver 目录然后编写驱动源代码。
```
[root@localhost gpio]# cd driver
[root@localhost driver]# vi gpio_drv.h
```
程序代码如下：
```
#ifndef _GPIO_H_
#define _GPIO_H_
#define IOWRITE 0xf021
#define IOCLEAR 0xf022
#endif
[root@localhost driver]# vi gpio_drv.c
```

程序代码如下：
```
//##################################################################
//此程序主要实现对I/O的读和写
//##################################################################
#include <linux/fs.h>
#include <linux/iobuf.h>
#include <linux/major.h>
#include <linux/blkdev.h>
#include <linux/capability.h>
#include <linux/smp_lock.h>
#include <asm/uaccess.h>
#include <asm/hardware.h>
#include <asm/arch/CPU_s3c2410.h>
#include <asm/io.h>
#include "gpio_drv.h"
#include <linux/vmalloc.h>
#include <linux/module.h>
#define dprintk(x...)
#define IOPORT_MAJOR 220

typedef char ioport_device_t;
devfs_handle_t gpio_devfs_dir;
static ioport_device_t gpio_devices[256];
long port_addr;
/*下面是几个函数声明 */
int gpio_open(struct inode *, struct file *);
int gpio_release(struct inode *, struct file *);
int gpio_ctl_ioctl(struct inode *, struct file *, unsigned int, unsigned long);
//##################################################################
//以下程序段是一种标记化格式声明，由于file_operation结构相当庞大，
//包含的设备驱动函数相当丰富，而实际编写驱动时又无须实现所有的驱动函数，
//所以使用这个方法来提高驱动程序的可移植性。
//##################################################################
static struct file_operation gpio_ctl_fops = {
    ioctl:       gpio_ctl_ioctl,
    open:        gpio_open
};
int gpio_open(struct inode *inode, struct file *filp)
```

```c
{
    int minor;
    minor = MINOR(inode->i_rdev);
    set_gpio_ctrl(GPIO_MODE_OUT | GPIO_C6);
    gpio_devices[minor]++;
    return 0;
}
//宏 GPIO_C6 定义成#define GPCON(x)    __REG2(0x56000000, (x) * 0x10)会更好
//注意：set_gpio_ctrl 宏就是通过写相应 GPIO 所在组的 GPXCON（X 为 A～H）的相
//应位来设置 I/O 口模式（GPACON 每一个位控制一个 I/O 口，而 GPBCON～GPHCON 都是
//两个位控制一个 I/O 口的模式），通过写 GPXUP（X 为 A～H）来决定是否启用上拉电阻。
//典型的 set_gpio_ctrl 调用方式如下：
//set_gpio_ctrl(GPIO_MODE_OUT | GPIO_PULLUP_DIS | GPIO_G12);
//这条语句是将 GPG12 设置成输出模式，并且不使用端口的上拉电阻。
//应用程序用 ioctl 函数调用 gpio_ctl_ioctl，同时传送参数
int gpio_ctl_ioctl(struct inode *inode,struct file *flip,unsigned int command, unsigned long arg)
{
    int err = 0;
    int minor = MINOR(inode->i_rdev);
    switch (command) {
    case IOWRITE:
        write_gpio_bit(GPIO_MODE_OUT | GPIO_C6,1);//输出 3.3V 电平
        printk("write ok\n");
        return 0;
    case IOCLEAR:
        write_gpio_bit(GPIO_MODE_OUT | GPIO_C6,0);//输出 0V 电平
        return 0;
    default:
        err = -EINVAL;
    }
    return err;
}
//write_gpio_bit 宏传入两个参数，第一个为 GPIO 端口号，如 GPIO_G12；
//第二个参数为 1 或 0，为相应 I/O 口设置高电平或低电平输出。
//###############################################################
//下面函数的功能是注册一个设备名为"gpiotest"的设备，主设备号 220，次设备号 0，
//以后应用程序要打开此设备即 open("/dev/gpiotest",xx)
//###############################################################
```

```c
static int __init gpio_init (void)
{
        gpio_devfs_dir=
devfs_register(NULL,"gpiotest",DEVFS_FL_DEFAULT,IOPORT_MAJOR,
                    0, S_IFCHR |S_IRUSR |S_IWUSR |S_IRGRP |S_IWGRP,
                    &gpio_ctl_fops, NULL);
        return 0;
}

static void __exit gpio_exit(void)
{
        devfs_unregister(gpio_devfs_dir);
}
module_init(gpio_init);
```
//用户加载该驱动时执行 insmod gpio_drv.o 就会自动调用 gpio_init 函数
```c
module_exit(gpio_exit);
```
//用户卸载该驱动时执行 rmmod gpio_drv 就会自动调用 gpio_exit 函数

3. 应用程序编写

操作步骤

步骤 1：进入刚建的 app 目录。

`[root@localhost driver]#` **cd /home/gpio/app**

步骤 2：编写驱动源代码。

`[root@localhost app]#` **vi gpio_test.h**

程序代码如下：

```c
#ifndef _GPIO_H_
#define _GPIO_H_
#define IOWRITE 0xf021
#define IOCLEAR 0xf022
#endif
```

`[root@localhost app]#` **vi gpio_test.c**

程序代码如下：

```c
#include <stdio.h>
#include <stdlib.h>
#include <sys/ioctl.h>
#include <unistd.h>
#include <sys/types.h>
#include <sys/stat.h>
#include <fcntl.h>
```

```c
#include <sys/mman.h>
#include "gpio_test.h"
#define DEVICE_PPCFLASH    "/dev/gpiotest"
int main()
{
    int fd;
    int val=-1;
    if((fd=open(DEVICE_PPCFLASH,O_RDONLY | O_NONBLOCK))<0)
    {
        exit(1);
    }
    while(1){
        printf("0:set ,1:clear,2: quit       :");
        scanf("%d",&val);
        if(val==0)
            ioctl(fd,IOWRITE,0);
        else if(val==1)
            ioctl(fd,IOCLEAR,0);
        else if(val==2){
            close(fd);
            return 0;
        }else{
            printf("val is %d\n",val);
            continue;
        }

    }
    return 0;
}
```

4. 编译驱动

（1）宿主机

操作步骤

步骤1：进入 driver 目录。

`[root@localhost app]#` **cd /home/gpio/driver**

步骤2：编写 makefile 文件。

`[root@localhost driver]#` **vi makefile**

程序代码如下：

CC = /usr/local/arm/2.95.3/bin/arm-linux-gcc #指定编译器

```
LD = /usr/local/arm/2.95.3/bin/arm-linux-ld  #
CFLAGS = -D__KERNEL__ -I/RJARM9-EDU/kernel/include/linux -I/RJARM9-
EDU/kernel/include -Wall -Wstrict-prototypes -Wno-trigraphs -Os -mapcs
-fno-strict-aliasing -fno-common -fno-common -pipe -mapcs-32 -march=armv4
-mtune=arm9tdmi -mshort-load-bytes -msoft-float
-DKBUILD_BASENAME=s3c2410_gpio_drv -I/opt/host/armv4l/src/linux/include
-DMODULE
    gpio_drv.o: gpio_drv.c
        $(CC) $(CFLAGS) -c $^ -o $@
    clean:
        -rm -f *.o
    distclean:
        @make clean
        rm -f tags *~
```

 注意：

这里用到锐极自带的开发工具，具体安装方法参见环境搭建部分的内容。

（2）目标板

操作步骤

步骤 1：执行挂载命令。
`~#mount 192.168.2.80:/home  /mnt`

步骤 2：进入 /mnt 目录。
`~#/cd /mnt/gpio/driver`

步骤 3：插入 gpio_drv.o 驱动模块。
`/mnt/gpio/driver # insmod gpio_drv.o`

5．编译应用程序

（1）宿主机

操作步骤

步骤 1：进入 app 目录。
`[root@localhost app]# cd /home/gpio/app`

步骤 2：编写 makefile 文件。
`[root@localhost driver]# vi makefile`

程序代码如下：
```
CROSS = /usr/local/arm/2.95.3/bin/arm-linux-
CC = $(CROSS)gcc
```

```
AR = $(CROSS)ar
STRIP = $(CROSS)strip
EXEC_PUT = gpio_test
OBJS_PUT = gpio_test.o
all: $(EXEC_PUT)
$(EXEC_PUT): $(OBJS_PUT)
    $(CC) $(LDFLAGS) -Wall -o $@ $(OBJS_PUT) $(LDLIBS)
clean:
    -rm -f $(EXEC_PUT) *.elf *.gdb *.o *~
```

步骤3：执行 make 命令。

```
[root@localhost driver]# make
```

（2）目标板

操作步骤

步骤1：执行挂载命令。

```
~#mount 192.168.2.80:/home  /mnt
```

步骤2：进入/mnt 目录。

```
~#/cd /mnt/gpio/app
```

步骤3：插入 gpio_test 驱动模块。

```
/mnt/gpio/app #./gpio_test
```

6. 结果分析

当键盘按下 0 键时，发现 16 脚扩展口的第 4 根管脚为高电平，当键盘按下 1 键时，发现第 4 根管脚为低电平。原因是应用程序读取键值，利用 ioctl()函数将这个值传到驱动程序中的 gpio_ctl_ioctl()函数，从而来控制第 4 根管脚的高、低电平。

思考与实验

一、判断题

1. 内核系统函数 copy_from_user(&global_var, buf, sizeof(int))表示数据从内核空间拷贝到用户空间。   （　　）
2. 内核系统函数 copy_from_user(&global_var, buf, sizeof(int))表示数据从用户空间拷贝到内核空间。   （　　）
3. 内核系统函数 copy_from_user(&global_var, buf, sizeof(int))中参数 global_var 表示内核空间的数据。   （　　）
4. 内核系统函数 copy_from_user(&global_var, buf, sizeof(int))中参数 global_var 表示用户空间的数据。   （　　）
5. 内核系统函数 copy_from_user(&global_var, buf, sizeof(int))中参数 buf 表示用户空

间的地址。   （   ）
6. 内核系统函数 copy_from_user(&global_var, buf, sizeof(int))中参数 buf 表示内核空间的地址。   （   ）

二、选择题

1. 在驱动程序 hello.c 的设计中，把驱动程序编译成模块，应该使用（   ）命令。
   A．gcc －O2 -DMODULE -D__KERNEL__ -c hello.c
   B．gcc －O2 -D__KERNEL__ -c hello.c
   C．arm-linux-gcc －O2 -DMODULE -D_KERNEL_ -c hello.c
   D．arm-linux-gcc －O2 -DMODULE -D_KERNEL_ -c hello.c

2. 在驱动程序 hello.c 的设计中，把驱动程序编译成模块，（   ）属于模块文件名。
   A．hello   B．he.ko
   C．he   D．he.O

3. 在驱动程序 hello.c 的设计中，把驱动程序编译成模块，（   ）属于模块文件名。
   A．hello   B．he.KO
   C．he.o   D．he.O

4. 在驱动程序 globalvar.c 的设计中，把驱动程序编译成模块 globalvar.ko，在源程序中有下列语句：
   module_init(globalvar_init);
   module_exit(globalvar_exit);
   当设备调用命令（   ），程序应用 module_init 函数完成模块的加载。
   A．insmod   globalvar   B．insmod   globalvar.ko
   C．insmod   globalvar.o   D．rmmod   globalvar.ko

5. 在驱动程序 globalvar.c 的设计中，把驱动程序编译成模块 globalvar.ko，在源程序中有下列语句：
   module_init(globalvar_init);
   module_exit(globalvar_exit);
   当设备调用命令（   ），程序应用 module_exit 函数完成模块的卸载。
   A．rmmod   globalvar   B．rmmod   globalvar.ko
   C．rmmod   globalvar.o   D．rmmod

6. 下列是对设备驱动程序模块的一些操作，其中系统中加载的模块的命令是（   ）。
   A．lsmod   B．insmod   C．rmmod   D．mknod

7. 下列是对设备驱动程序模块的一些操作，其中创建相关模块的命令是（   ）。
   A．lsmod   B．insmod   C．rmmod   D．mknod

8. 在 Linux 系统的/dev 目录下，使用命令 ls –al |more 可以查看到设备文件的一些相关信息：
   drwxr-xr-x   2 root   root   32768 2007-07-25 cciss
   lrwxrwxrwx   1 root   root   8 2007-07-25 cdrom -> /dev/hdc
   brw-rw----   1 root   disk   24, 0 2003-01-30 cdu535

```
crw-rw----    1 root      disk       67,  0 2003-01-30 cfs0
```
其中（　　）文件为字符设备文件，（　　）文件为块设备文件。
A．cfs0　　　　　B．cdu535　　　　　C．cciss　　　　　D．hdc

三、问答题

1．内核升级到 2.4 版本后，系统提供了什么样的两个函数用于设备的加载与卸载？
2．将字符设备驱动程序实例 1 中的步骤 2 改写成 makefile 文件来实现编译。
3．register_chrdev 操作成功，设备名就会出现在哪个文件里？
4．在例 10.4 中，当键盘按下 0 键时，16 脚扩展口的第 4 根管脚为高电平，能否让它过 1 分钟自动变为低电平。

四、阅读下列程序，写出程序的主要设计思路、设计方法。

```
#include <linux/module.h>
#include <linux/kernel.h>
#include <linux/init.h>
#include <linux/fs.h>
#include <asm/uaccess.h>

MODULE_LICENSE("GPL");

#define ID (*(volatile unsigned * )0x3ff5008)    //GPIO 数据寄存器
#define IM (*(volatile unsigned * )0x3ff5000)    //GPIO 模式寄存器

static int moto_write(struct file*,char*,int,loff_t*);
static int major = 212;                //定义设备号为 212
static char moto_name[] = "moto1";     //定义设备文件名为 moto
static void delay_moto(unsigned long counter)    //延时函数
{
    unsigned int a;
    while(counter--)
    {
        a = 400;
        while(a--)
        ;
    }
}

static struct file_operations moto1_fops=    //声明 file_operations 结构
{
```

```c
    write : (void(*)) moto_write,
};

//驱动程序初始化函数
static int __init moto_init_module(void)
{
    int retv;
    retv = register_chrdev(major, moto_name, &moto1_fops);
    if(retv<0)
    {
        printk("<1>Register fail! \n");
        return retv;
    }
    if (major==0)
        major = retv;
    printk("moto1 regist success\n");
return 0;
}
//驱动程序退出函数
static void motodrv_cleanup(void)
{
    int retv;
    retv = unregister_chrdev(major, moto_name);
    if(retv<0)
    {
        printk("<1>Unregister fail! \n");
        return;
    }
    printk("<1>MOTODRV: Good-bye!  \n");
}

static int moto_write(struct file*moto_file,char*buf,int len,loff_t* loff)
{
    unsigned long on;
    IM = 0xff;
    if(copy_from_user((char * )&on, buf, len))
        return -EFAULT;
    if(on)//快转
    {
```

```c
            ID |= 0x10;        //set A_bit
            delay_moto(20);
              ID &= 0xffffffef;    //clear A_bit
              ID |= 0x20;       //set B_bit
            delay_moto(20);
              ID &= 0xffffffdf;    //clear B_bit
              ID |= 0x40;       //set C_bit
            delay_moto(20);
              ID &= 0xffffffbf;    //clear C_bit
              ID |= 0x80;       //set D_bit
            delay_moto(20);
              ID &= 0xffffff7f;    //clear D_bit
         }
        else
        {
            ID |= 0x10;        //set A_bit
            delay_moto(40);
              ID &= 0xffffffef;    //clear A_bit
              ID |= 0x20;       //set B_bit
            delay_moto(40);
              ID &= 0xffffffdf;    //clear B_bit
              ID |= 0x40;       //set C_bit
            delay_moto(40);
              ID &= 0xffffffbf;    //clear C_bit
              ID |= 0x80;       //set D_bit
            delay_moto(40);
              ID &= 0xffffff7f;    //clear D_bit
           }
      return len;
}

module_init(moto_init_module);
module_exit(motodrv_cleanup);
```

设备应用程序的设计

```c
#include <fcntl.h>
void delay();
int main(void)
{
    int fd;
```

```c
    unsigned int on,i,j;//on=0 代表慢，on=1 代表快
    fd = open("/dev/moto1", O_RDWR);        //打开设备moto1
    while(1)
    {
i = (*(volatile unsigned *)0x03FF5008);     //判断连接到GPIO的按钮是否按下
    i &= 0x00003000;
    j = i;
    i &= 0x00001000;
    j &= 0x00002000;
    if(i)        //启停键按下
    {
     if(j)       //快慢键按下
     {
       on = 0x01;
       write(fd, (char *)&on, 4);
       }
     else
     {
       on = 0x0;
       write(fd, (char *)&on, 4);
      }
     }
    }
close(fd);
return 0;
}
void delay()              //延时函数
{
long int i=1000000;
while(i--);
}
```

第 11 章 步进电机驱动的设计

本章重点

1. Linux 设备驱动程序的结构。
2. 步进电机驱动的设计。
3. 步进电机驱动程序的调试。

本章导读

在一个实际的嵌入式项目设计中要涉及硬件的设计、BOOTLOADER 配置、编译和移植、内核定制和编译、根文件系统生成、驱动程序的设计、应用程序的设计及程序调试。在本章项目设计中,要求了解步进电机的控制原理,掌握步进电机的电路连接,电机驱动程序的设计与调试流程。

第 11 章　步进电机驱动的设计

在步进电机的设计中涉及硬件设计和软件编程 2 大部分。在硬件设计方面，需要根据其功能设计驱动电路原理图，进行 PCB 的制作，电路板制作，购买元器件和焊接。硬件环境的搭建是软件调试的基础，是步进电机设计的重要组成部分之一。基于操作系统的驱动程序的设计，首先就要搭建软件平台环境，需要有交叉编译器的安装、BOOTLOADER 的配置和移植、内核的移植、根文件系统的制作几个步骤，然后进行驱动程序的设计、编译和调试。通常将硬件驱动程序编写成一种可加载的内核模块并进行开发和配置，这样用户就可以将硬件驱动程序作为一个独立的系统进行升级而不必对内核进行改动。

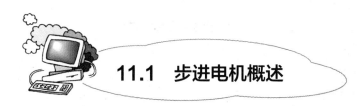

11.1　步进电机概述

步进电机是将电脉冲信号转变为角位移或线位移的开环控制元件。在非超载的情况下，电机的转速、停止的位置只取决于脉冲信号的频率和脉冲数，而不受负载变化的影响，即给电机加一个脉冲信号，电机则转过一个步距角。这一线性关系的存在，加上步进电机只有周期性的误差而无累积误差等特点，使得在速度、位置等控制领域用步进电机来控制变得非常的简单。步进电机电路连接图如图 11.1 所示。

虽然步进电机已被广泛地应用，但步进电机并不能像普通的直流电机、交流电机在常规情况下使用，它必须由双环形脉冲信号、功率驱动电路等组成控制系统方可使用。因此用好步进电机却非易事，它涉及机械、电机、电子及计算机等许多专业知识。

EELIOD 系统的步进电机使用的是四相步进电机，采用的电机控制芯片是 Allegro 公司的 UCN4202A，它的控制功能包括 PWM 波输入、电机转动方向、输出使能和复位等。它包含低功率 CMOS 逻辑控制部分和达林顿管输出驱动极，最大输出电流为 1.5A，使用单相或双相、半步激励方式，内设续流二极管和过热保护电路。

UCN4202A 的控制功能包括 PWM 波输入、电机转动方向、输出使能和复位等。OE 端使用 GPIO53 控制，为高时，电机没有输出；为低时，UCN4202A 开始工作。DIC 端为方向端，为低时为正向，为高时为反向。UCN4202A 的逻辑控制有 ABCD 四个相位，在正向时，单相激励的顺序是 A-B-C-D，两相激励的顺序是 AB-BC-CD-DA，而半步激励的顺序是 A-AB-B-BC-C-CD-D-DA。当为反向时，同理就是从 D 相开始。

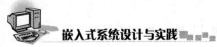

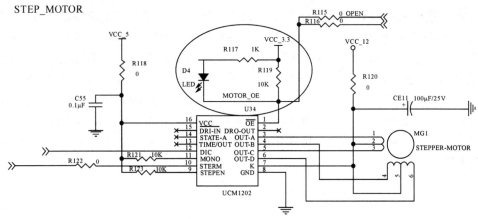

图 11.1 步进电机电路连接

编写模块程序的时候，必须提供两个函数：
- int module_init
- void module_exit

函数 int module_init 供 insmod 在加载此模块的时候自动调用，负责进行设备驱动程序的初始化工作。module_init 函数返回 0 则表示初始化成功，返回负数表示失败。

函数 void module_exit 在模块被卸载时调用，负责进行设备驱动程序的清除工作。

在成功地向系统注册了设备驱动程序后，系统提供了两个新的函数 devfs_register 和 devfs_unregister，分别用于设备的注册与卸载，用 mknod 命令来把设备映射为一个特别文件，其他程序使用这个设备的时候，只要对此特别文件进行操作就行了。

当设备驱动程序以模块形式加载时，模块在调用 insmod 命令时被加载，此时的入口地址是 module_init 函数，在该函数中完成设备的注册。接着根据用户的实际需要，对相应设备进行读、写等操作，同样在执行命令 rmmod 时调用函数 module_exit，完成设备的卸载。

步进电机驱动程序设计的主要过程如下：
1．需求分析；
2．结构体 file_operations 设计；
3．步进电机驱动读、写函数的设计；
4．步进电机驱动设备的注册；
5．步进电机驱动程序的卸载；
6．测试。

11.3 步进电机驱动程序需求分析

步进电机是将电脉冲信号转变为角位移或线位移的开环控制元件。在非超负载的情况下，电机的转速、停止的位置只取决于脉冲信号的频率和脉冲数，而不受负载变化的影响，所以在驱动程序中只需要考虑这两个方面的影响。

本例中的步进电机的四相由硬件地址 0x28000006 的 bit0~bit3 控制，bit0 对应 MOTOR_A，bit1 对应 MOTOR_B，bit2 对应 MOTOR_C，bit3 对应 MOTOR_D。本节所描述的驱动是针对 MOTOR 整步模式下的步进电机、整步模式下的步距角 18°。在整步模式下的脉冲分配信号如表 11.1 所示。

表 11.1 整步模式下的脉冲分配信号

序号	当前状态	正转脉冲	反转脉冲
1	0101	1001	0110
3	1001	1010	1010
5	1010	0110	1001
7	0110	0101	0101

因此在程序中需要通过编制脉冲分配表控制步进电机，并且通过修改脉冲分配表可以实现步进电机方向的控制。

系统的步进电机仅仅是一个输出的通道，只能顺序地进行控制的操作，因此作为一个字符设备来进行驱动。对于字符设备的操作而言驱动程序需要提供相关的几个操作分别为 open、read、write、ioctl 等相关的函数入口点。在驱动程序的实现过程中需要定义这些文件相关的操作，将其填充进入 file_operations 结构中。

第 1 步，首先把结构体 file_operations 变量 electromotor_fops 定义为：

```
static struct file_operations electromotor_fops = {
open:          electromotor_open,
read:          electromotor_read,
write:         electromotor_write,
ioctl:         electromotor_ioctl,
release:       electromotor_release,
};
```

第 2 步，分别定义下列函数：
- electromotor_open
- electromotor_read
- electromotor_write

- electromotor_ioctl
- electromotor_release

第 3 步，应用函数 module_init、module_exit 进行调用：

module_init(electromotor_init);

module_exit(electromotor_exit);

第 4 步，编写设备驱动程序的应用程序 electromotor_test.c。

第 5 步，对步进电机应用程序的测试。

11.4 步进电机驱动的设计

在步进电机驱动程序设计中，关键是对 electromotor_write 函数的设计，此函数的原型是：

ssize_t electromotor_write(struct file *fp, char * buf, size_t size) ;

在此函数中，应用了 get_user(key, buf)函数把用户空间的数据 buf 读入到内核空间变量 key，然后把 key 赋值给某个端口。此函数在程序中设计为：

```
ssize_t electromotor_write(struct file *fp, char * buf, size_t size)
{
    char key;
    if(get_user(key, buf))
        return -EFAULT;
    (*(volatile unsigned char *) ELECTROMOTOR_6) = key;
        return 1;
}
```

11.4.1 步进电机驱动程序设计过程

1. 在/home 新建目录 motor。

[root@localhost home]#　**mkdir motor**

2. 进入刚建的 motor 目录然后新建 driver 目录和 app 目录。

[root@localhost home]#　**cd motor**

[root@localhost motor]#　**mkdir driver**

[root@localhost motor]#　**mkdir app**

3. 进入刚建的 driver 目录然后编写驱动源代码。

[root@localhost motor]#　**cd driver**

[root@localhost driver]#　**vi electromotor.c**

程序代码如下：

```c
#include <linux/module.h>
#include <linux/fs.h>
#include <linux/iobuf.h>
#include <linux/major.h>
#include <linux/blkdev.h>
#include <linux/capability.h>
#include <linux/smp_lock.h>
#include <asm/uaccess.h>
#include <asm/hardware.h>
#include <asm/arch/cpu_s3c2410.h>
#include <asm/io.h>
#include <linux/vmalloc.h>
#define ELECTROMOTOR_MAJOR 140
#define ELECTROMOTOR_6 (ELECTROMOTOR_1 + 6)
/*ELECTROMOTOR_6 是在 ELECTROMOTOR_1 基础上左移位 6 位后执行 */
#define ELECTROMOTOR_7 (ELECTROMOTOR_1 + 7)
#define electromotor_sle (*(volatile unsigned long *)ELECTROMOTOR_GPACON)
#define electromotor_sle_data (*(volatile unsigned long *)ELECTROMOTOR_GPADATA)
devfs_handle_t devfs_electromotor;
unsigned long ELECTROMOTOR_1;
unsigned long ELECTROMOTOR_GPACON;
unsigned long ELECTROMOTOR_GPADATA;
int     electromotor_open(struct inode *, struct file *);
int     electromotor_release(struct inode *, struct file *);
int     electromotor_ioctl(struct inode *, struct file *, unsigned int, unsigned long);
ssize_t electromotor_read(struct file *, char *, size_t );
ssize_t electromotor_write(struct file *, char *, size_t );
static struct file_operations electromotor_fops = {
    open:       electromotor_open,
    read:       electromotor_read,
    write:      electromotor_write,
    ioctl:      electromotor_ioctl,
    release:    electromotor_release,
};

int electromotor_open(struct inode *inode, struct file *filp)
{   /* select NGCS2 */
```

```c
    electromotor_sle |= 0x2000;
    electromotor_sle_data &= (~0x2000);
    printk("open ok\n");
    return 0;
}

ssize_t electromotor_read(struct file *fp, char * buf, size_t size)
{     //put_user(key, buf);
    return 1;
}

ssize_t electromotor_write(struct file *fp, char * buf, size_t size)
{
    char key;
    if(get_user(key, buf))
        return -EFAULT;
    (*(volatile unsigned char *) ELECTROMOTOR_6) = key;
        return 1;
}

int electromotor_release(struct inode *inode, struct file *filp)
{
    electromotor_sle &= (~0x2000);
    electromotor_sle_data |= 0x2000;
    printk("release ok\n");
    return 0;
}

int __init electromotor_init(void)
{
printk("********************electromotor_init**************\n");
ELECTROMOTOR_GPACON = ioremap(0x56000000, 4);
ELECTROMOTOR_GPADATA = ioremap(0x56000004, 4);
ELECTROMOTOR_1 = ioremap(0x10000000, 8);
devfs_electromotor =devfs_register(NULL, "electromotor", DEVFS_FL_DEFAULT,
            ELECTROMOTOR_MAJOR, 0,
            S_IFCHR | S_IRUSR | S_IWUSR | S_IRGRP | S_IWGRP,
            &electromotor_fops, NULL);
    return 0;
```

}

```
static void __exit electromotor_exit(void)
{
    devfs_unregister(devfs_electromotor);
}

module_init(electromotor_init);
module_exit(electromotor_exit);
```

S3C2410 一共有 GPA～GPH 8 个 GPIO 口、117 个管脚，在函数 electromotor_init 中的语句：

```
ELECTROMOTOR_GPACON = ioremap(0x56000000, 4);
ELECTROMOTOR_GPADATA = ioremap(0x56000004, 4);
```

使用了 S3C2410 芯片的 GPA 端口配置寄存器（GPACON）与数据寄存器（GPADATA），而 GPACON 配置寄存器的物理基地址为 0x56000000，4 表示映射的空间大小，单位为字节。GPADATA 数据寄存器的物理基地址为 0x56000004。语句：

```
ELECTROMOTOR_1 = ioremap(0x10000000, 8);
```

表示把第 1 个 ELECTROMOTOR 的物理地址 0x10000000 映射为虚拟地址，空间大小为 8B。

通过函数 devfs_register 而建立的 electromotor 设备驱动文件的属性为用户及组为可读、可写。

11.4.2 步进电机应用程序设计

1. 进入刚建的 app 目录。

[root@localhost driver]# **cd /home/motor/app**

2. 编写驱动源代码。

[root@localhost app]# **vi electromotor_test.c**

程序代码如下：

```
#include <sys/types.h>
#include <sys/stat.h>
#include <fcntl.h>
#include <sys/socket.h>
#include <syslog.h>
#include <signal.h>
#include <errno.h>
#include <unistd.h>
#include <stdio.h>
#include <stdlib.h>
```

```c
#include <sys/socket.h>
#include <syslog.h>
#include <signal.h>
int main()
{
int electromotor_fd, count;
char ret;
electromotor_fd = open("/dev/electromotor", O_RDWR);
if (electromotor_fd <= 0)
{
    printf("open electromotor device error\n");
     return 0;
}
while(1)
{
    //依次设置不同的旋转模式
    ret = 0x7;
    count = write(electromotor_fd, &ret, 1);
    usleep(10000);  //延时100000μs
    ret = 0x3;
    count = write(electromotor_fd, &ret, 1);
    usleep(10000);
    ret = 0xb;
    count = write(electromotor_fd, &ret, 1);
    usleep(10000);
    ret = 0x9;
    count = write(electromotor_fd, &ret, 1);
    usleep(10000);
    ret = 0xd;
    count = write(electromotor_fd, &ret, 1);
    usleep(10000);
    ret = 0xc;
    count = write(electromotor_fd, &ret, 1);
    usleep(10000);
    ret = 0xe;
    count = write(electromotor_fd, &ret, 1);
    usleep(10000);
}
  close(electromotor_fd);
```

```
        return 0;
    }
```

11.4.3 步进电机驱动程序编译与调试

1. 宿主机端
（1）进入 driver 目录

`[root@localhost app]#` **cd /home/motor/driver**

（2）编写 Makefile 文件

`[root@localhost driver]#` **vi Makefile**

程序代码如下：

```
CC = /opt/host/armv4l/bin/armv4l-unknown-linux-gcc
LD = /opt/host/armv4l/bin/armv4l-unknown-linux-ld
CFLAGS = -D__KERNEL__ -I/RJARM9-EDU/kernel/include/linux
-I/RJARM9-EDU/kernel/include -Wall -Wstrict-prototypes -Wno-trigraphs -Os
-mapcs -fno-strict-aliasing -fno-common -fno-common -pipe -mapcs-32
-march=armv4 -mtune=arm9tdmi -mshort-load-bytes -msoft-float
-DKBUILD_BASENAME=s3c2410_testirq -I/opt/host/armv4l/src/linux/include
-DMODULE


electromotor.o: electromotor.c
    $(CC) $(CFLAGS) -c $^ -o $@
#   cp electromotor.o / -f



.PHONY: clean
clean:
    -rm -f *.o
distclean:
    @make clean
    rm -f tags *~
```

（3）编译 Makefile 文件

执行 make 命令：

`[root@localhost driver]#` **make**

2. 目标板端

（1）执行挂载命令

`~#mount 192.168.2.80:/home /mnt`

（2）进入/mnt 目录

`~#/cd /mnt/motor/driver`

(3) 插入 electromotor.o 驱动模块

/mnt/gpio/driver # insmod electromotor.o

[root@localhost app]# **cd /home/motor/app**

(2) 编写 Makefile 文件

[root@localhost app]# **vi Makefile**

程序代码如下：

```
CC = /opt/host/armv4l/bin/armv4l-unknown-linux-gcc
LD = /opt/host/armv4l/bin/armv4l-unknown-linux-ld
CFLAGS = -D__KERNEL__ -I/RJARM9-EDU/kernel/include/linux
-I/RJARM9-EDU/kernel/include -Wall -Wstrict-prototypes -Wno-trigraphs -Os
-mapcs -fno-strict-aliasing -fno-common -fno-common -pipe -mapcs-32
-march=armv4 -mtune=arm9tdmi -mshort-load-bytes -msoft-float
-DKBUILD_BASENAME=s3c2410_testirq -I/opt/host/armv4l/src/linux/include
-DMODULE


motor_test: electromotor_test.c
 $(CC) $^ -o $@
#    cp -f motor_test /



.PHONY: clean
clean:
 -rm -f *.o
 -rm -f motor_test


distclean:
 @make clean
 rm -f tags *~
```

(3) 执行 make 命令

[root@localhost driver]# **make**

4. 驱动程序调试

(1) 执行挂载命令

~#mount 192.168.2.80:/home /mnt

(2) 进入/mnt 目录

~#cd /mnt/motor/app

(3) 插入 motor_test 驱动模块

/mnt/motor/app # ./motor_test

结果分析，通过实验运行情况，结果判断步进电机的旋转情况与设计是否一致。

思考与实验

1. 阅读下列程序并进行分析。

    文件名 driver.c

```c
#include <linux/module.h>
#include <linux/kernel.h>
#include <linux/init.h>
#include <linux/fs.h>
#include <asm/uaccess.h>
MODULE_LICENSE("GPL");
#define ID  (*(volatile unsigned * )0x3ff5008)      //GPIO数据寄存器
#define IM  (*(volatile unsigned * )0x3ff5000)      //GPIO模式寄存器
static int moto_write(struct file*, char*, int, loff_t*);
static int major = 212;                 //定义设备号为212
static char moto_name[] = "moto1";            //定义设备文件名为moto

static void delay_moto(unsigned long counter)       //延时函数
{
    unsigned int a;
    while(counter--)
    {
        a = 400;
        while(a--)
            ;
    }
}

//声明file_operations结构
static struct file_operations moto1_fops=  {
 write : (void(*)) moto_write,
};


//驱动程序初始化函数
static int __init moto_init_module(void)
{
 int retv;
 retv = register_chrdev(major, moto_name, &moto1_fops);
```

```c
    if(retv<0)
    {
        printk("<1>Register fail! \n");
        return retv;
    }
    if (major==0)
        major = retv;
    printk("moto1 regist success\n");
    return 0;
}
//驱动程序退出函数
static void motodrv_cleanup(void)
{
    int retv;
    retv = unregister_chrdev(major, moto_name);
    if(retv<0)
    {
        printk("<1>Unregister fail! \n");
        return;
    }
    printk("<1>MOTODRV: Good-bye!  \n");
}

static int moto_write(struct file*moto_file, char*buf, int len, loff_t* loff)
{
    unsigned long on;
    IM = 0xff;
    if(copy_from_user((char * )&on, buf, len))
        return -EFAULT;
    if(on)//快转
        {
            ID |= 0x10;         //set A_bit
            delay_moto(20);
            ID &= 0xffffffef;   //clear A_bit
            ID |= 0x20;         //set B_bit
            delay_moto(20);
            ID &= 0xffffffdf;   //clear B_bit
            ID |= 0x40;         //set C_bit
            delay_moto(20);
```

```
        ID &= 0xffffffbf;    //clear C_bit
        ID |= 0x80;          //set D_bit
        delay_moto(20);
        ID &= 0xffffff7f;    //clear D_bit
     }
   else
     {
        ID |= 0x10;          //set A_bit
        delay_moto(40);
        ID &= 0xffffffef;    //clear A_bit
        ID |= 0x20;          //set B_bit
        delay_moto(40);
        ID &= 0xffffffdf;    //clear B_bit
        ID |= 0x40;          //set C_bit
        delay_moto(40);
        ID &= 0xffffffbf;    //clear C_bit
        ID |= 0x80;          //set D_bit
        delay_moto(40);
        ID &= 0xffffff7f;    //clear D_bit
     }
 return len;
}
module_init(moto_init_module);
module_exit(motodrv_cleanup);

应用程序，文件名 app.c
#include <fcntl.h>
void delay();
int main(void)
{
 int fd;
 unsigned int on, i, j;//on=0 代表慢，on=1 代表快
 fd = open("/dev/moto1", O_RDWR);    //打开设备moto1
 while(1)
    {
        i = (*(volatile unsigned *)0x03FF5008);  //判断连接到GPIO的按钮是否按下
        i &= 0x00003000;
        j = i;
        i &= 0x00001000;
```

```
            j &= 0x00002000;
            if(i)        //  启停键按下
            {
                    if(j)        //快慢键按下
                {
                on = 0x01;
                write(fd, (char *)&on, 4);
                }
                else
                {
                on = 0x0;
                write(fd, (char *)&on, 4);
                }
            }
    }
    close(fd);
    return 0;
}
void delay()         //延时函数
{
 long int i=1000000;
 while(i--);
}
```

第 12 章 数码驱动程序设计

本章重点

1. 数码显示设备的工作特点及硬件设计。
2. 数码管的显示、译码及驱动原理。
3. 键盘驱动程序的设计。

本章导读

掌握小键盘、LED 字符设备驱动程序模块结构,掌握小键盘、LED 字符设备驱动程序的编写流程,掌握 LED 驱动程序的测试方法。

12.1 数码驱动原理

7段LED数码管属于分段式半导体器件，LED数码管根据LED的接法不同分为共阴和共阳两类，将多只LED的阴极连在一起即为共阴式，而将多只LED的阳极连在一起为共阳式，如图12.1所示。

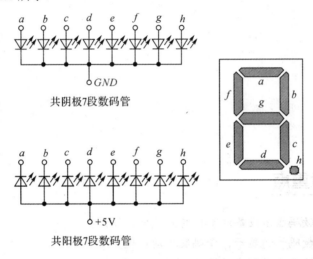

图 12.1 数码管连接方法表示

以共阴式为例，如把阴极接地，在相应段的阳极接上电源，该段即会发光。当然，LED的电流通常较小，一般均需在回路中接上限流电阻。假如在图12.1的共阴极7段数码管中将b和c段接上正电源，其他端接地或悬空，那么b和c段发光，此时，数码管显示将显示数字1。而将a、b、d、e和g段都接上正电源，其他引脚悬空，此时数码管将显示2。其他字符的显示原理类同，请读者自行分析。在表12.1给出输入二进制数据和LED显示的数字的对应关系。

表 12.1 二进制数据和 LED 显示的数字的对应关系

LED 显示的数字	e c h b a d f g → 相应 LED 段
0	1 1 0 1 1 1 1 0
1	0 1 0 1 0 0 0 0
2	1 0 0 1 1 1 0 1
3	0 1 0 1 1 1 0 1
4	0 1 0 1 0 0 1 1
5	0 1 0 0 1 1 1 1
6	1 1 0 0 1 1 1 1

续表

LED 显示的数字	echbadfg →相应 LED 段
7	01011000
8	11011111
9	01011111
.	00100000
A	11011011
B	11000111
C	10001110
D	11010101
E	10011111
F	10001011

7 段 LED 数码管驱动程序相对来说比较简单，主要工作是和 CPLD 逻辑相配合，通过向数据总线低四位 D3～D0 写不同的数据来控制 LED 的输出。

12.2　LED 数码管

12.2.1　LED 驱动电路相关器件的功能特性

1. 显示模块

以 6 位 7 段 LED 数码管组成显示模块，每位 7 段 LED 内部由多只发光二极管构成，并采用共阴极连接方式。电路特性基本一致：发光二极管导通压降为 1.2～1.8V、正向工作电流为 2～15mA。在显示驱动方式中，使用动态扫描。

2. 控制模块

以 CPLD 逻辑器件作为控制模块，CPLD 即复杂可编辑逻辑器件。内部结构为"与或门阵列"，该结构来自于典型的 PAL、GAL 器件的结构。

本实例设计主要采用塞灵思（Xilinx）公司的 XC95144XL 芯片作为可编程逻辑芯片，可以直接驱动 LED 显示，6 个 7 段的 LED 数码管可直接连接在 CPLD 上。

12.2.2 驱动电路中显示模块

图 12.2 所示为 LED 数码管的管脚分布；图 12.3 所示为 LED 数码管的内部结构，管脚 a 至管脚 g 及管脚 DP 作为驱动输入端，直接连接 CPLD 逻辑器件 I/O 口，而公共端 COM 接地。

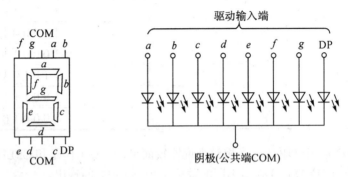

图 12.2　7 段 LED 的外部引脚分布　　　图 12.3　LED 的内部结构

12.3　数码驱动程序设计实例

应用 ARM9 芯片及其他芯片组、4×4 的小键盘、6 个 7 段 LED 共阴极数码管及一些辅助硬件，使数码管显示从小键盘输入的数据。

12.3.1　系统分析

1. 系统功能分析

加载小键盘与 LED 数码管驱动程序，运行应用程序后，通过 4×4 小键盘的按键，实现 6 个共阴极的 7 段 LED 显示最近 6 次的按键值的显示。

2. 系统开发环境分析

宿主机系统环境为 Linux（如 RedHat 9.0），配置 minicom 和 NFS 服务并开启 NFS 服务，创建交叉编译环境。

3. 系统硬件环境分析

ARM9 芯片及其他芯片组、4×4 的小键盘、6 个 7 段 LED 共阴极数码管及一些辅助硬件。小键盘的排列如图 12.4 所示。

而实验平台的小键盘是 4×4 的，比大键盘小得多，为简单起见，驱动采用轮询方式。小键盘是直接通过 GPIO 和 CPU 相连，4 行分别与 GPC7~GPC10 相连，4 列分别与 GPD 0、GPD1、GPD8、GPD9 相连，共占用 8 路 GPIO。连线构成如图 12.4 所示。

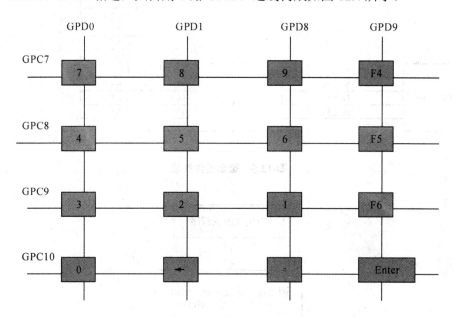

图 12.4　小键盘构成阵列

当按下小键盘上的某个键时，和该键所在行列相连的两路 GPIO 就会导通，其电平就会相同。因此驱动中只需要轮询各路 GPIO 就可以知道该键的扫描码了。比如，先将所有行设为低电平，所有列设为高电平，再依次查询每列，如果哪列变为了低电平，就可以确定该列被按下了；再将所有列设为低电平，所有行设为高电平，依次查询每行，就可以确定哪行被按下了。由得到的行值和列值就可以确定是哪个键被按下了，因此得到按键的键值。

4. 系统的电路设计分析

以下是 RJARM9-EDU 硬件资源分配情况，从图 12.5 可以看出，数码管是直接连接在逻辑芯片上的。其中 GPA[13]能复用作为 nGCS2，作为 LED 输出，这主要由 S3C2410 特性所决定。

5. 系统的软件设计分析

程序设计内容涉及键盘驱动与 LED 驱动程序。其中应用程序 keybd_led.c 获取按键值，并根据获得的按键值点亮相应的 LED 灯，6 个 LED 将显示最近的 6 次按键值，程序设计流程如图 12.6 所示。

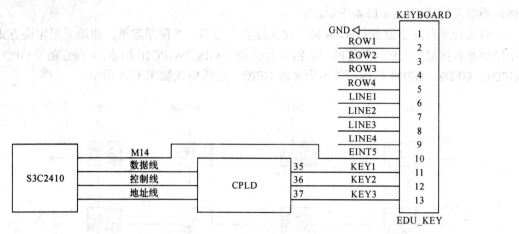

图 12.5 键盘硬件连接

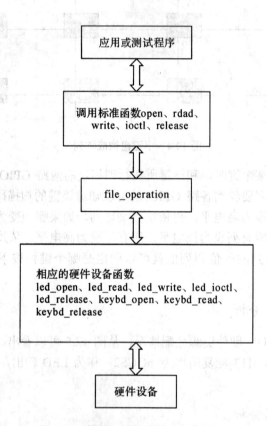

图 12.6 数码驱动程序设计流程

12.3.2 系统硬件设计

1. 键盘硬件设计

在教学实验板上有 20 个可以焊接每个键的位置，为了生产方便，在 RJARM9-EDU 新的实验系统都是通过如图 12.5 所示排线引出对应的键位置,每个键盘是串联起来的,相应的行列和 CPU 的 GPC7、GPC8、GPC9、GPC10、GPD0、GPD1、GPD8、GPD9 连接,实验板上还预留了对特殊功能键进行编程的接口(KEY1、KEY2、KEY3)。其中 M14 是当有键按下时通知 CPU 产生一个中断。

2. 数码管硬件设计

数码管硬件连接如图 12.7 所示。

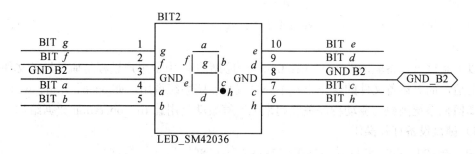

图 12.7 数码管硬件连接

这是共阴极 8 段数码管,通过 CPLD 对其进行控制。只要把相应位置设置为高电平或低电平就会有相应码段发光。

12.3.3 系统软件设计

1. 键盘驱动程序设计

通常应用程序都有一个 main()函数作为程序的入口点,而驱动程序却没有 main()函数,以本驱动程序为例,执行 insmod 命令加载驱动模块,此时的入口点为 module_init(keybd_init)函数,通常在该函数中完成设备的注册,同样,在执行 rmmod 命令卸载驱动模块时,此时的入口点为 module_exit(keybd_exit)函数。

1) 键盘驱动程序的初始化 devfs_register

```
devfs_register(NULL, "keybd", DEVFS_FL_DEFAULT,
                KEYBD_MAJOR, 0,
                S_IFCHR | S_IRUSR | S_IWUSR | S_IRGRP | S_IWGRP,
                &keybd_fops, NULL);
```

此函数用于注册设备 keybd,当执行 insmod 命令挂载设备驱动时,调用此函数向系统注册设备。参数 keybd 表示设备驱动名,参数 keybd_fops 表示文件系统调用入口点(即对 file_operation 数据结构中各个调用的入口点的说明)。

2) 键盘驱动程序的卸载 keybd_exit

```
static void __exit keybd_exit(void)
{
        devfs_unregister(devfs_keybd);//注销设备 keybd
```

}

它调用了函数 devfs_unregister(devfs_keybd)，此函数用于注销设备。

参数 devfs_keybd 表示注册设备成功后返回的句柄。当执行 rmmod 命令时，执行此函数进行设备的注销操作。

3）键盘驱动程序文件操作结构体变量定义

```
static struct file_operation keybd_fops = {
    open:           keybd_open,
    read:           keybd_read,
    release:        keybd_release,
};
```

以上是键盘设备驱动的 file_operation 结构初始化，由于用户进程是通过设备文件同硬件打交道，而对设备文件的操作方式不外乎就是一些系统调用，如 open、read、write 等函数，如何把系统函数与驱动程序关联起来呢？答案就是用此 file_operation 数据结构。

4）键盘设备打开操作

```
int keybd_open(struct inode *inode, struct file *filp)
```

此函数的作用是打开设备 keybd，并显示打开成功信息。参数 inode 为设备特殊文件的 inode（索引结点）结构的指针，参数 file 是指向这一设备的文件结构的指针。

5）键盘设备读操作

```
ssize_t keybd_read(struct file *fp, char * buf,size_t size)
```

此函数的作用就是把内核空间的数据读取到用户空间里，即从设备中读取数据到用户缓冲区中。fp：文件指针；buf：指向用户缓冲区；size：传入数据的长度。

 注意：

读操作代码中的 udelay(10000)函数起到延时的作用，单位为微秒（μs）。由于键盘按下后，会产生一种"抖动"现象，会导致多次误读取键盘数据。所以用此延时函数来防止误读取键盘数据，而且它时间值不能太大或太小。

6）键盘设备释放

```
int keybd_release(struct inode *inode, struct file *filp)
```

此函数的作用是关闭设备 keybd，当最后一个打开设备的用户进程执行 close()系统调用时，内核将调用驱动程序的 release()函数清理未结束的输入/输出操作、释放资源、用户自定义排他标志的复位等，并打印释放成功信息，与 keybd_open 函数操作相反。

7）键盘设备映射虚拟地址操作

```
void *ioremap( unsigned long offset, unsigned long size );
```

此函数的作用是把一个物理内存地址映射为一个虚拟地址。

参数 1：offset 是要映射到内核虚拟地址空间的物理地址，这样就可以直接对其中的数据进行读、写了。

参数 2：size 是要请求的虚拟地址空间大小，单位为 B。

2. 数码驱动程序设计

1）LED 初始化函数 led_init

```
int __init led_init(void)
{
        printk("********************led_init**************\n");
        LED_GPACON = ioremap(0x56000000,4);
        LED_GPADATA = ioremap(0x56000004,4);
        LED_1 = ioremap(0x10000000,8);
        devfs_led = devfs_register(NULL, "led", DEVFS_FL_DEFAULT,
            LED_MAJOR, 0,
                S_IFCHR | S_IRUSR | S_IWUSR | S_IRGRP | S_IWGRP,
                &led_fops, NULL);
        return 0;
}
```

此函数的作用是给 Port A 寄存器映射虚拟地址，并向系统注册 LED 设备。S3C2410 一共有 GPA~GPH 8 个 GPIO 口、117 个管脚。在此函数中使用了 S3C2410 芯片的 GPA 端口配置寄存器（GPACON）与数据寄存器（GPADATA），而 GPACON 配置寄存器的物理基地址为 0x56000000；GPADATA 数据寄存器的物理基地址为 0x56000004。LED_1 = ioremap(0x10000000,8)表示把第 1 个 LED 的物理地址 0x10000000 映射为虚拟地址，空间大小为 8B。对键盘操作还用到了 PGC 寄存器和 PGD 寄存器，其中 GPC[7,8,9,10]为小键盘行控制线。GPC 寄存器地址列表和 GPC 寄存器端口列表分别见第 2 章表 2.3。其中 GPD[0,1,8,9]为小键盘列控制线。GPD 寄存器地址列表和 GPD 寄存器端口列表分别见第 2 章表 2.4。

> **注意：**
> 因为 Linux 用的是页面映射机制，CPU 不能按物理地址来访问存储空间，而必须使用虚拟地址，所以必须反向从物理地址出发找到一片虚存空间并建立起映射。

2）LED 卸载函数 led_exit

```
static void __exit led_exit(void)
{
        devfs_unregister(devfs_led);
}
```

此函数的作用是当执行卸载命令 rmmod led.o 时，通过 devfs_unregister()函数注销 led 设备文件。

3）LED 驱动程序文件操作结构体变量定义

```
static struct file_operation led_fops = {
```

```
    open:           led_open,
    read:           led_read,
    write:          led_write,
    ioctl:          led_ioctl,
    release:        led_release,
};
```

这个文件操作结构中定义了设备的打开、读写、控制及释放函数指针，分别指向以下 led_open、led_read、led_write、led_ioctl、led_release 这 5 个函数，这 5 个函数应该由开发人员自己设计实现。

4）LED 驱动程序打开设备函数 led_open

```
int led_open(struct inode *inode, struct file *filp)
```

此函数的作用是设置 GPACON 控制寄存器及 GPADATA 数据寄存器的相应位，使 GPA 寄存器有效。

5）LED 驱动程序读数据函数 led_read

```
ssize_t led_read(struct file *fp, char * buf, size_t size)
{
    return 1;
}
```

此函数是对 led 数码管的读取操作，由于本设计不需要读取 led 数码管数据，所以，在此函数中就不需要做任何操作。

6）LED 驱动程序写数据函数 led_write：

```
ssize_t led_write(struct file *fp, char * buf, size_t size)
```

此函数的作用是把缓冲区的数据写入到 led 设备中。

7）LED 驱动程序控制函数 led_ioctl

```
int led_ioctl(struct inode *inode,
              struct file *flip,
              unsigned int command,
              unsigned long arg)
```

此函数是特殊的控制函数，可以通过它向设备传递控制信息或从设备取得状态信息。通过此函数可以判断点亮了哪个灯。

参数 inode：提供了关于设备文件的信息。

参数 flip：提供了关于被打开的文件信息。

参数 command：表示设备驱动程序要执行的命令的代码，由用户定义。

参数 arg：表示相应的命令提供的参数，类型可以是整型、指针等。

8）LED 驱动程序关闭设备函数 led_release

```
int led_release(struct inode *inode, struct file *filp)
```

此函数的作用是 led_open 的反操作，并打印关闭成功信息。

12.4 系统设计操作步骤

12.4.1 键盘驱动程序设计步骤

操作步骤

步骤 1：在宿主机端，创建项目目录结构。

在/home 目录下创建 keybd_led 项目文件夹，并在 keybd_led 项目文件夹中创建 app 和 driver 两个文件夹，app 文件夹用于存放应用程序；driver 文件夹用于存放驱动程序。在 driver 文件夹中创建 led 与 keybd 文件夹，这两个文件夹分别用于存放 led 和 keybd 驱动程序。

```
[root@localhost home]# mkdir keybd_led
[root@localhost home]# cd keybd_led/
[root@localhost keybd_led]# mkdir app
[root@localhost keybd_led]# mkdir driver
[root@localhost keybd_led]# cd driver/
[root@localhost driver]# mkdir keybd
[root@localhost driver]# mkdir led
[root@localhost driver]# cd keybd/
```

步骤 2：编写键盘的驱动程序 keybd.c。

```
[root@localhost keybd]# vi keybd.c
```

代码内容如下：

```c
#include <linux/module.h>
#include <linux/fs.h>
#include <linux/iobuf.h>
#include <linux/major.h>
#include <linux/blkdev.h>
#include <linux/capability.h>
#include <linux/smp_lock.h>
#include <asm/uaccess.h>
#include <asm/hardware.h>
#include <asm/arch/CPU_s3c2410.h>
#include <asm/io.h>
#include <linux/vmalloc.h>
#define KEYBD_MAJOR 138       //定义键盘的主设备号
#define NOKEY    0
```

```c
//定义键值映射数组。其中 0 表示没有任何键被按下，a～f 表示功能键
unsigned char keybd_arr[5][5] = {{0,0,0,0,0},{0,0x58,0xdf,0x5f,
0xdb},{0,0x53,0x4f,0xcf,0xc7},{0,0x50,0x9d,0x5d,0x8e},{0,0xde,0x9f,0x20,0x8b}};
/*如 keybd_arr[1][1]，0x58=01011000，而 7 段 LED 顺序为 echbadfg，所以 0x58 显示
'7',0xdf 对应'8' */
    static char key=NOKEY;
    /*定义 Port C 和 D 的控制寄存器的函数*/
    #define key_rGPCCON (*(volatile unsigned long *)key_r_GPCCON)
    #define key_rGPDCON (*(volatile unsigned long *)key_r_GPDCON)
    /*定义 Port C 和 D 的上拉寄存器的函数*/
    #define key_rGPCUP (*(volatile unsigned long *)key_r_GPCUP)
    #define key_rGPDUP (*(volatile unsigned long *)key_r_GPDUP)
    /*（上拉电阻、下拉电阻与高低电平的关系）
        上拉电阻就是置高电平
        下拉电阻就是置底电平*/

    /*定义 Port C 和 D 的数据寄存器的函数*/
    #define key_rGPCDAT (*(volatile unsigned long *)key_r_GPCDAT)
    #define key_rGPDDAT (*(volatile unsigned long *)key_r_GPDDAT)
    unsigned long key_r_GPCCON,key_r_GPCUP,key_r_GPCDAT;
    unsigned long key_r_GPDCON,key_r_GPDUP,key_r_GPDDAT;
    devfs_handle_t devfs_keybd;
    int keybd_open(struct inode *, struct file *);
    int keybd_release(struct inode *, struct file *);
    ssize_t keybd_read(struct file *, char * , size_t );
    /*键盘设备驱动所实现的操作，它的 file_operation 结构初始化如下*/
    static struct file_operation keybd_fops = {
        open:       keybd_open,
        read:       keybd_read,
        release:    keybd_release,
    };
    /*此函数为打开设备 keybd，struct inode 提供了关于设备文件的信息，struct file 提供了
关于被打开的文件信息*/
    int keybd_open(struct inode *inode, struct file *filp)
    {
        printk("open ok\n");
        return 0;
    }
    /*此函数主要任务就是把内核空间的数据复制到用户空间*/
```

```c
ssize_t keybd_read(struct file *fp, char * buf,size_t size)
{
    int row,line;
    row = 0;
    line = 0;
    key_rGPDCON &= 0xfff5fff5;     //初始化行下标,使0、1、8、9成为输出
    key_rGPDCON |= 0x00050005;
/*设置列输出,GPD0[1:0]=output,GPD1[3:2]=output,GPD8[17:16]= output, GP9[19:
18]= output*/
    key_rGPDDAT &= 0xfcfc;
 /*
```

GPD0,GPD1,GPD8,GPD9 设置底电平

0xfcfc 相当于二进制 1111 1100 1111 1100，也就是设置 GPD0、GPD1、GPD8、GPD9 为低电平。因为这几根管脚直接接键盘的第一行、第二行、第三行、第四行。上面设置 key_rGPDCON |= 0x00050005;也就是设置 GPD0、GPD1、GPD8、GPD9 管脚的工作模式为输出模式。这样使得 GPD0、GPD1、GPD8、GPD9 一直有低电平输出

```c
*/
key_rGPCCON &= 0xffc03fff;
//此时二进制 1111  1111  1100  0000  0011  1111  1111  1111,即
//GPC7[15：14]=INPUT=00，GPC8[17：16]=INUT=00
//GPC9[19：18]=INPUT=00, GPC10[21：20]=INPUT=00


//input 行作输入,依次查询行是否被按下


udelay(10000);  /*延时等待,此参数不宜太小,应大于10000μs,因为行列线需要来回切换成输入或输出模式,硬件有延迟*/


if ((key_rGPCDAT & 0x0080) == 0)
    row = 1;// bit7 位为 0,查询 GPC7 即第一行,共有 GPC7、GPC 8、GPC 9、GPC10 行
else if ((key_rGPCDAT & 0x0100) == 0)
        row = 2;    // bit8 位为 0,查询 GPC8 即第二行
      else if ((key_rGPCDAT & 0x0200) == 0)
        row = 3;   //bit9 位为 0,查询 GPC9 即第三行
 else if ((key_rGPCDAT & 0x0400) == 0)
    row = 4;      //bit10 位为 0,查询 GPC10,即查询第四行


key_rGPCCON &= 0xffd57fff;  //output 行作输出
key_rGPCCON |= 0x00154000;
//1111  1111  1101  0101 0111  1111  1111  1111
```

```
//0000  0000  0001  0101 0100  0000  0000  0000
//GPC7[15:14]=INPUT=01, GPC8[17:16]=INUT=01, GPC9[19:18]=INPUT=01
//GPC10[21:20]=INPUT=01

    key_rGPCDAT &= 0xf87f;
 // 1111 1000 0111  1111
        //GPC7,GPC8,GPC9,GPC10 设置低电平

    key_rGPDCON &= 0xfff0fff0;
//   1111  1111  1111 0000 1111 1111 1111 0000
// 列作输入,其中GPD0、GPD1、GPD8、GPD9 列输出，设置管脚GPD0[1:0]=INPUT=00
//  GPD1[3:2]=INPUT=00   GPD8[17:16]=INPUT=00
//  GPD9[19:18]=INPUT=00
        udelay(10000);

    //依次查询列是否被按下
      if ((key_rGPDDAT & 0x0001) == 0)
         line = 1; // GPD0，bit0 查询第一列
       else if ((key_rGPDDAT & 0x0002) == 0)
             line = 2; //GPD1, bit1 查询第二列
       else if ((key_rGPDDAT & 0x0100) == 0)
             line = 3; // GPD8，bit8 查询第三列
       else if ((key_rGPDDAT & 0x0200) == 0)
              line = 4; // GPD10，bit9 查询第四列

       key = keybd_arr[row][line];      //通过映射数组，获得键值
       put_user(key,buf);
       key = NOKEY;
       return 1;
  }
/*此函数用于释放设备*/
int keybd_release(struct inode *inode, struct file *filp)
{
     printk("release ok\n");
     return 0;
}
int __init keybd_init(void)
{
     printk("*******************keybd_init*************\n");
```

第 12 章 数码驱动程序设计

```
            /*初始化 I/O 端口*/
            key_r_GPCCON = ioremap(0x56000020,4);
            key_r_GPCDAT = ioremap(0x56000024,4);
            key_r_GPCUP  = ioremap(0x56000028,4);
            key_r_GPDCON = ioremap(0x56000030,4);
            key_r_GPDDAT = ioremap(0x56000034,4);
            key_r_GPDUP  = ioremap(0x56000038,4);
            key_rGPCUP  &= 0xf87f;
            key_rGPDUP  &= 0xfcfc;
        /*此函数用于注册设备, 设备名为 keybd*/
            devfs_keybd = devfs_register(NULL, "keybd", DEVFS_FL_DEFAULT,
                    KEYBD_MAJOR, 0,
                    S_IFCHR | S_IRUSR | S_IWUSR | S_IRGRP | S_IWGRP,
                    &keybd_fops, NULL);

            return 0;
        }


        static void __exit keybd_exit(void)
        {
            devfs_unregister(devfs_keybd);   //注销设备 keybd
        }
        module_init(keybd_init);   //加载 keybd 驱动时的入口函数
        module_exit(keybd_exit);   //卸载 keybd 驱动时的入口函数
```

步骤 3：编写键盘驱动程序的 makefile 文件。
`[root@localhost keybd]#` **`vi makefile`**
代码内容如下：

```
    CC =  /usr/local/arm/2.95.3/bin/arm-linux-gcc    # CC 表示指定了编译器, 此为交叉
编译器
    LD =  /usr/local/arm/2.95.3/bin/arm-linux-ld     # LD 表示指定了链接器
    CFLAGS = -D__KERNEL__-I/RJARM9-EDU/kernel/include/linux-I/RJARM9-EDU/
kernel/include-Wall-Wstrict-prototypes-Wno-trigraphs-Os-mapcs-fno-strict-
aliasing-fno-common-fno-common-pipe-mapcs-32-march=armv4-mtune=arm9tdmi-
mshort-load-bytes-msoft-float-DKBUILD_BASENAME=s3c2410_testirq-I/opt/host
/armv4l/src/linux/include -DMODULE


    keybd.o: keybd.c
    $(CC) $(CFLAGS) -c $^ -o $@        # keybd.o 与 keybd.c 为依赖关系, keybd.o 为目标
```

文件,目标文件的生成依赖于 keybd.c 文件。当读者在宿主机的命令提示符下执行 make 命令时,其实就是执行"$(CC) $(CFLAGS) -c $^ -o $@"语句进行编译。此时会生成驱动模块。

```
.PHONY: clean    #当读者要删除驱动模块.o 文件时,执行 make clean 命令,其实是执行"-rm -f *.o"语句,表示删除此目录下所有的.o 文件。
clean:
    -rm -f *.o
```

步骤 4: 编译键盘驱动程序。

`[root@localhost keybd]# make`

此时会生成 keybd.o 文件。

12.4.2 LED 驱动程序设计步骤

步骤 1: 编写 LED 驱动程序的头文件 led_ioctl.h。

`[root@localhost keybd]# cd ../led/`
`[root@localhost led]# vi led_ioctl.h`

代码内容如下:

```
#define IOCTRL_LED_1    1
#define IOCTRL_LED_2    2
#define IOCTRL_LED_3    3
#define IOCTRL_LED_4    4
#define IOCTRL_LED_5    5
#define IOCTRL_LED_6    6
```

步骤 2: 编写 LED 驱动程序 led.c。

`[root@localhost led]# vi led.c`

代码内容如下:

```c
#include <linux/module.h>
#include <linux/fs.h>
#include <linux/iobuf.h>
#include <linux/major.h>
#include <linux/blkdev.h>
#include <linux/capability.h>
#include <linux/smp_lock.h>
#include <asm/uaccess.h>
#include <asm/hardware.h>
#include <asm/arch/CPU_s3c2410.h>
#include <asm/io.h>
#include <linux/vmalloc.h>
```

第 12 章 数码驱动程序设计

```c
#include "led_ioctl.h"
#define LED_MAJOR 139


#define LED_2 (LED_1 + 1)
//第二个LED是在第一个LED基础上左移位1位显示，从左到右移位
#define LED_3 (LED_1 + 2)
//第三个LED是在第一个LED基础上左移位2位显示，从左到右移位
#define LED_4 (LED_1 + 3)
//第四个LED是在第一个LED基础上左移位3位显示，从左到右移位
#define LED_5 (LED_1 + 4)
//第五个LED是在第一个LED基础上左移位4位显示，从左到右移位
#define LED_6 (LED_1 + 5)
//第六个LED是在第一个LED基础上左移位5位显示，从左到右移位

#define led_sle (*(volatile unsigned long *)LED_GPACON)
#define led_sle_data (*(volatile unsigned long *)LED_GPADATA)
 /*GPACON为Port A的输出寄存器*/
devfs_handle_t devfs_led;

unsigned long LED_1;
unsigned long LED_GPACON;
unsigned long LED_GPADATA;

unsigned long led_write_addr;

int  led_open(struct inode *, struct file *);
int  led_release(struct inode *, struct file *);
int  led_ioctl(struct inode *, struct file *, unsigned int, unsigned long);

ssize_t led_read(struct file *, char * , size_t );
ssize_t led_write(struct file *, char * , size_t );


static struct file_operations led_fops = {
        open:           led_open,
        read:           led_read,
        write:          led_write,
        ioctl:          led_ioctl,
        release:        led_release,
```

```c
};
/*打开设备文件led*/
int led_open(struct inode *inode, struct file *filp)
{
        // 说明GPACON（13高电平复用为 nGCS2）
        led_sle |= 0x2000;       //chip_select enable

led_sle_data &= (~0x2000);//0 --> chip_select 将相应位设为低电平
        printk("open ok\n");
        return 0;


}

ssize_t led_read(struct file *fp, char * buf, size_t size)
{
    return 1;
}
//把用户缓冲区中的数据写入LED设备
ssize_t led_write(struct file *fp, char * buf, size_t size)
{
        char key;
        if (get_user(key, buf))   //从用户缓冲中获取数据
            return -EFAULT;

        (*(volatile unsigned char *) led_write_addr) = key;//写入数据

        return 1;
}

int led_release(struct inode *inode, struct file *filp)
{
        led_sle &= (~0x2000);
        led_sle_data |= 0x2000;
        printk("release ok\n");
        return 0;
}

/*LED的文件控制函数：判断点亮哪个LED灯*/
int led_ioctl(struct inode *inode,
```

```c
                        struct file *flip,
                        unsigned int command,
                        unsigned long arg)
{
  int err = 0;
  switch (command)
  {   /* judge which led want to light   */
        case IOCTRL_LED_1:
                led_write_addr = LED_1;  //点亮第1个LED灯
                break;
        case IOCTRL_LED_2:
                led_write_addr = LED_2;  //点亮第2个LED灯
                break;
        case IOCTRL_LED_3:
                led_write_addr = LED_3;  //点亮第3个LED灯
                break;
        case IOCTRL_LED_4:
                led_write_addr = LED_4;  //点亮第4个LED灯
                break;
        case IOCTRL_LED_5:
                led_write_addr = LED_5;  //点亮第5个LED灯
                break;
        case IOCTRL_LED_6:
                led_write_addr = LED_6;  //点亮第6个LED灯
                break;
        default:
                err = -EINVAL;
        }

        return err;
}
int __init led_init(void)
{

  printk("*********************led_init**************\n");

  LED_GPACON = ioremap(0x56000000,4);
  LED_GPADATA = ioremap(0x56000004,4);
```

```
    LED_1 = ioremap(0x10000000,8);

    devfs_led = devfs_register(NULL, "led", DEVFS_FL_DEFAULT,LED_MAJOR, 0,
            S_IFCHR | S_IRUSR | S_IWUSR | S_IRGRP | S_IWGRP,
            &led_fops, NULL);

    return 0;
}
static void __exit led_exit(void)
{
    devfs_unregister(devfs_led);
}

module_init(led_init);
module_exit(led_exit);
```

步骤3：编写 LED 驱动程序的 makefile 文件。

`[root@localhost led]# vi makefile`

代码内容如下：

```
CC = /usr/local/arm/2.95.3/bin/arm-linux-gcc
LD = /usr/local/arm/2.95.3/bin/arm-linux-ld
CFLAGS = -D__KERNEL__ -I/RJARM9-EDU/kernel/include/linux -I/RJARM9-EDU/kernel/include -Wall -Wstrict-prototypes -Wno-trigraphs -Os -mapcs -fno-strict-aliasing -fno-common -fno-common -pipe -mapcs-32 -march=armv4 -mtune=arm9tdmi -mshort-load-bytes -msoft-float -DKBUILD_BASENAME=s3c2410_testirq -I/opt/host/armv4l/src/linux/include -DMODULE

led.o: led.c
    $(CC) $(CFLAGS) -c $^ -o $@

all: led.o

.PHONY: clean
clean:
    -rm -f *.o
```

步骤4：编译 LED 驱动。

`[root@localhost led]# make`

此时会生成 led.o 文件。

12.5 LED 数码显示测试程序设计

1. 编写并编译应用程序

操作步骤

步骤 1：编写应用程序 keybd_led.c。

```
[root@localhost led]# cd /home/keybd_led/app/
[root@localhost app]# vi key_led.c
```

代码内容如下：

```c
#include <sys/types.h>
#include <sys/stat.h>
#include <fcntl.h>
#include <sys/socket.h>
#include <syslog.h>
#include <signal.h>
#include <errno.h>
#include <unistd.h>
#include <stdio.h>
#include <stdlib.h>
#include <sys/socket.h>
#include <syslog.h>
#include <signal.h>

#define IOCTRL_LED_1    1
#define IOCTRL_LED_2    2
#define IOCTRL_LED_3    3
#define IOCTRL_LED_4    4
#define IOCTRL_LED_5    5
#define IOCTRL_LED_6    6
#define NOKEY    0

int main()
{
```

```c
    int keybd_fd,led_fd,count;
    char ret[7];
     /*打开设备文件keybd,即键盘驱动*/
    keybd_fd = open("/dev/keybd", O_RDONLY);
    if(keybd_fd<=0)
    {
       printf("open keybd device error!\n");  /*打开失败则打印错误信息*/
        return 0;
    }
     /*打开LED设备文件*/
    led_fd = open("/dev/led",O_RDWR);
    if (led_fd <= 0){
      printf("open led device error\n");
       return 0;
    }

    ret[0] = NOKEY;
    for (count=1; count<7; count++)
    {
        ret[count] = 0xdf;   //初始化ret[0]~ret[6]为8
    }
     /*点亮第一个LED*/
     ioctl(led_fd,IOCTRL_LED_1);
    /*led_fd为led文件描述符, IOCTRL_LED_1为用户程序对设备的控制命令*/
    count = write(led_fd,ret+1,1);
    /*led_fd为led文件描述符,ret+1表示给ret[1]内写入数据,1表示写入的字节数*/
     if (count != 1){
        printf("write device led error\n");
        return 0;
     }

/*把第2至第6个LED点亮*/
ioctl(led_fd,IOCTRL_LED_2);
count = write(led_fd,ret+2,1);
ioctl(led_fd,IOCTRL_LED_3);
count = write(led_fd,ret+3,1);
ioctl(led_fd,IOCTRL_LED_4);
count = write(led_fd,ret+4,1);
ioctl(led_fd,IOCTRL_LED_5);
```

第 12 章 数码驱动程序设计

```
     count = write(led_fd,ret+5,1);
     ioctl(led_fd,IOCTRL_LED_6);
     count = write(led_fd,ret+6,1);

   /*用查询方式，查询有没有键按下去*/
   while(1)
   {
     read(keybd_fd,ret,1);//读取键盘
    /*keybd_fd为键盘文件描述符，ret为存储器读出数据的缓冲区，1为读出的字节数*/
     if (ret[0] != NOKEY)
     {
      printf("key = %c\n",ret[0]);
      //保留最新的6位数，分别以左移的方式，显示在led（1~6）上*/
      for( count=7; count>0; count--)
      {
         ret[count] = ret[count-1];    //设置左移方式
         }
     ioctl(led_fd,IOCTRL_LED_1);
     count = write(led_fd,ret+1,1);
     ioctl(led_fd,IOCTRL_LED_2);
     count = write(led_fd,ret+2,1);
     ioctl(led_fd,IOCTRL_LED_3);
     count = write(led_fd,ret+3,1);
     ioctl(led_fd,IOCTRL_LED_4);
     count = write(led_fd,ret+4,1);
     ioctl(led_fd,IOCTRL_LED_5);
     count = write(led_fd,ret+5,1);
     ioctl(led_fd,IOCTRL_LED_6);
     count = write(led_fd,ret+6,1);
    }
     usleep(100000);        //延时100000μs
    }
  close(keybd_fd);   /*关闭键盘*/
  close(led_fd);     /*关闭LED*/
  return 0;
 }
```

在测试程序中，首先，用文件操作接口函数 open 打开键盘与 LED 数码管设备文件；然后，把 6 位 LED 数码管赋值为 0xdf，设置工作方式为查询方式，在 while()循环体中，用文件操作接口 read()函数读取键盘寄存器缓冲区的数据，并设置左移方式，通过 write()

函数把数据写入指定的寄存器的缓冲区中,最后,通过 close()函数关闭键盘及 LED 数码管设备文件。

  注意:

在测试程序中,while 循环中的 usleep 是必需的。由于采用的是轮询方式,如果不加该语句,CPU 将不停地查询,严重浪费资源,并且会导致多次读取键值的误操作。usleep 函数的参数设置要适当,如果时间太短,那么按下一次键盘可能会有几次响应;如果太长,那么键盘响应将变得很慢。

步骤 2:编写 makefile 文件。

`[root@localhost app]#` **vi Makefile**

代码内容如下:

```
CROSS = /usr/local/arm/2.95.3/bin/arm-linux-
CC = $(CROSS)gcc
AR = $(CROSS)ar
STRIP = $(CROSS)strip
EXEC = key_led
OBJS = key_led.o
all: $(EXEC)
$(EXEC): $(OBJS)
 $(CC) $(LDFLAGS) -o $@ $(OBJS) $(LIBM) $(LDLIBS) $(LIBGCC) -lm
clean:
    -rm -f $(EXEC) *.elf *.gdb *.o
```

步骤 3:编译 keybd_led.c 应用程序。

`[root@localhost app]#` **make**

此时会生成 key_led 可执行文件。

2. 驱动模块加载

操作步骤

步骤 1:启动实验板,把 PC 机的/home 目录挂载到实验板的/mnt 目录下。

```
~ # mount 192.168.2.80:/home /mnt
~ # cd /mnt
/mnt # ls
```

当 mount 挂载时,假如成功则可以在/mnt 目录下,用 ls 命令查看是否存在服务器目录/home 下的文件或文件夹。以下进行对设备驱动程序的手动卸载及加载操作。lsmod 命令为查看驱动模块命令,卸载驱动模块命令为 rmmod,装载驱动模块命令为 insmod。

步骤 2:查看实验板的所有驱动模块。

```
/mnt # lsmod
```
显示如下：

Module	Size	Used by	
mmcsd_disk	3600	0	(unused)
mmcsd_slot	4048	0	(unused)
mmcsd_core	8592	1	[mmcsd_disk mmcsd_slot]
electromotor	1312	0	(unused)
2410audio	10928	0	(unused)
led	1408	0	(unused)
keybd	1728	0	(unused)
dm9000x	10320	0	(unused)
mac_eeprom	3968	0	(unused)
RTC	3952	0	(unused)
digi	6064	0	

可以看出 led 驱动与键盘 keybd 驱动都已经存在，这是由于在配置内核过程中已经把这两个驱动配置到内核当中，设备驱动程序可以使用动态加载的方式加载到内核当中，当然这需要内核配置过程中选择"允许动态加载驱动"选项。

步骤 3：卸载键盘驱动程序 keybd 与驱动程序 led。

```
/mnt # rmmod led
/mnt # rmmod keybd
/mnt # lsmod
```

此时，再用 lsmod 命令查看驱动模块，可以看出 led 驱动与键盘 keybd 驱动都不存在了。

步骤 4：加载 keybd 与 led 驱动程序，加载驱动命令为 insmod。

```
/mnt # cd keybd_led/driver/led/
/mnt/keybd_led/driver/led # insmod led.o
/mnt/keybd_led/driver/led # cd /mnt/keybd_led/driver/keybd/
/mnt/keybd_led/driver/keybd # insmod keybd.o
```

此时再用 lsmod 命令查看 led 与 keybd 驱动程序是否存在。

步骤 5：执行可执行程序 keybd_led。

```
/mnt/keybd_led/driver/keybd # cd /mnt/keybd_led/app/
/mnt/keybd_led/app # ./key_led
```

结果如下所示：

```
open ok              /*打印信息为键盘设备文件打开成功*/
open ok              /*打印信息为LED设备文件打开成功*/
key = X
key = X
key = X
key = X
key = 0
```

```
        key = .
        key = .
        key = .
        key = .
        release ok      /*退出程序,关闭键盘设备文件时,打印此信息*/
        release ok      /*关闭键盘设备文件时,打印此信息*/
```

当测试程序运行后,即可通过开发板上的小键盘按钮对 LED 数码管进行操作,如按下键盘上的 7 时,在终端上会显示 key=x,而在 led_1 数码管上则显示对应的数字 7;当按第 2 个键时,led_1 数码管显示的 7 左移至 led_2 数码管处,而 led_1 处显示第 2 个按键的值,并只能显示最近的 6 个数值。如要退出测试程序,只需按 Ctrl+C 组合键即可退出。

思考与实验

1. 轮询方式和中断方式有什么区别?
2. 在小键盘驱动代码中的 udelay 和主函数中的 usleep 各有什么作用?改变其中参数的大小会有什么效果?去掉可以吗?为什么?
3. 修改程序,改用轮询方式获取键盘按键值。
4. 做一个小的计算器,包括+、-、×、/功能,试在 LED 上显示键盘输入数值及计算值。

第 13 章

LCD 驱动参数的配置与编译

 本章重点

1. 液晶显示器种类。
2. S3C2410 内置 LCD 控制器。
3. 支持 LCD 的内核定制与内核移植。

 本章导读

本章对嵌入式中如何定制内核支持液晶显示器 LCD 驱动作了详细的介绍,并给出定制、移植的具体操作步骤。

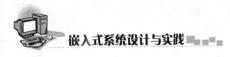

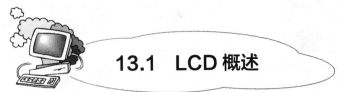

13.1 LCD 概述

电视机所采用 CRT（阴极射线管）有着体积大、重量重、尺寸受限等缺点。随着电子科技发展，使得开发新一代显示器技术变得更有必要！新一代显示器讲求几个重点：平面直角，画面显示不变形、轻薄短小耗能少，携带方便且要与现有影像信号技术兼容。目前谈论到超薄型显示器技术,应用最普及当是 TFT LCD 了，举凡数字相机、笔记型计算机、PDA 等，需要显示复杂信息的电子产品通通少不了它。

13.1.1 液晶显示器原理

描述液晶物理性质，必须先了解一般固态晶体具有方向性，而液态晶体这种特殊物质，不但具有一般固态晶体方向性，同时又具有液态流动性。改变固态晶体方向必须旋转整个晶体，改变液态晶体就不用那么麻烦，它的方向性可经由电场或磁场来控制。改变液晶方向视液晶成分而有所不同，有液晶和电场平行时位能较低，所以当外加电场时会朝着电场方向转动，相对，也有液晶是对应电场垂直时位能较低。由于液晶对于外加力量（电场或磁场）敏感，从而呈现了方向性效果，也导致了当光线入射液晶中时，必然会按照液晶分子排列方式行进，产生了自然偏转现像。电子产品中所用液晶显示器，就是利用液晶光电效应，借由外部电压控制，再透过液晶分子折射特性，以及对光线旋转能力来获得亮暗情况，进而达到显像目的。电源关闭时，液晶具有偏光效果，可将入射光线转弯，穿过极栅，呈现亮色；电源开启时液晶不具有偏光功能，因此光线不能通过极栅，呈现暗色。

13.1.2 液晶显示器种类

利用液晶制成显示器称为液晶显示器，英文称 LCD（Liquid Crystal Display）。其种类依驱动方式可分为静态驱动（Static）、单纯矩阵驱动（Simple Matrix），以及主动矩阵驱动（Active Matrix）三种。而其中，单纯矩阵型俗称被动式（Passive），可分为扭转式向列型（TN）和超扭转式向列型（STN）两种；而主动矩阵型则以薄膜式晶体管型（TFT）为目前主流。

13.2　S3C2410 内置 LCD 控制器

一块 LCD 屏显示图像，不但需要 LCD 驱动器，还需要有相应 LCD 控制器。通常 LCD 驱动器会以 COF/COG 形式与 LCD 玻璃基板制作在一起，而 LCD 控制器则由外部电路来实现。而 S3C2410 内部已经集成了 LCD 控制器，因此可以很方便地去控制各种类型 LCD 屏，例如：STN 和 TFT 屏。由于 TFT 屏将是今后应用主流，因此，本节介绍重点围绕 TFT 屏控制来进行。

13.2.1　S3C2410 LCD 控制器特性

1. STN 屏

（1）支持 3 种扫描方式：4 位单扫、4 位双扫和 8 位单扫；
（2）支持单色、4 级灰度和 16 级灰度屏；
（3）支持 256 色和 4096 色彩色 STN 屏（CSTN）；
（4）支持分辨率为 640×480、320×240、160×160 以及其他多种规格 LCD。

2. TFT 屏

（1）支持单色、4 级灰度、256 色调色板显示模式；
（2）支持 64K 和 16M 色非调色板显示模式；
（3）支持分辨率为 640×480，320×240 及其他多种规格 LCD。

13.2.2　TFT 屏与 S3C2410 内部 LCD 控制器

对于控制 TFT 屏来说，除了要给它送视频资料（VD[23:0]）以外，还有以下一些信号是必不可少的，如图 13.1 所示。分别是：
　　VSYNC（VFRAME）：帧同步信号；
　　HSYNC（VLINE）：行同步信号；
　　VCLK：像素时钟信号；
　　VDEN（VM）：数据有效标志信号。

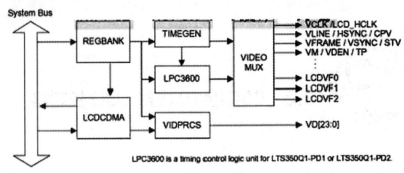

图 13.1　S3C2410 内部 LCD 控制器逻辑

在图 13.1 中，REGBANK 是 LCD 控制器寄存器组，用来对 LCD 控制器各项参数进行设置。而 LCDCDMA 则是 LCD 控制器专用 DMA 信道，负责将视频资料从系统总线（System Bus）上取来，通过 VIDPRCS 从 VD[23:0]发送给 LCD 屏。同时 TIMEGEN 和 LPC3600 负责产生 LCD 屏所需要控制时序，例如 VSYNC、HSYNC、VCLK、VDEN，然后从 VIDEO MUX 送给 LCD 屏。

　　VFRAME：LCD 控制器和 LCD 驱动器之间的帧同步信号。该信号告诉 LCD 屏新的一帧开始了。LCD 控制器在一个完整帧显示完成后立即插入一个 VFRAME 信号，开始新的一帧的显示。

　　VLINE：LCD 控制器和 LCD 驱动器之间的线同步脉冲信号，该信号用于 LCD 驱动器将水平线（行）移位寄存器的内容传送给 LCD 屏显示。LCD 控制器在整个水平线（整行）数据移入 LCD 驱动器后，插入一个 VLINE 信号。

　　VCLK：LCD 控制器和 LCD 驱动器之间的像素时钟信号，由 LCD 控制器送出的数据在 VCLK 的上升沿处送出，在 VCLK 的下降沿处被 LCD 驱动器采样。

　　VM：LCD 驱动器的 AC 信号。VM 信号被 LCD 驱动器用于改变行和列的电压极性，从而控制像素点的显示或熄灭。VM 信号可以与每个帧同步，也可以与可变数量的 VLINE 信号同步。

　　数据线：也就是我们说的 RGB 信号线，S3C2410 芯片手册上有详细的说明。

　　注意：如果 LCD 需要的电源电压是 5V，那就要注意了，S3C2410 的逻辑输出电压只有 3.3V，此时一定要把 S3C2410 的逻辑输出电压提高到 5V。屏的控制信号直接与 S3C2410 的控制信号相接，另外 S3C2410 到 LCD 屏的连线不要超过 0.5 米，过长会造成一些错误。

13.3 LCD 驱动程序设置流程

LCD 驱动程序环境配置流程为：
（1）下载软件；
（2）内核移植与内核配置使内核支持 FrameBuffer；
（3）修改 mach-smdk2410.c 文件；
（4）编译内核并生成内核镜像文件；
（5）模块加载；
（6）编写程序代码；
（7）测试。

在 Linux 2.6 中，内核已经很好地支持了 LCD，因此，驱动并不需要自己重新编写，只要进行适当的修改就可以驱动相应的 LCD 了。

下面以 2.6.22.5 内核为例，进行 LCD 驱动移植。

（1）从以下地址下载交叉编译工具

http://download.csdn.net/download/jiadebin890724/4331656

（2）内核下载

从以下地址下载 Linux 内核。

http://download.csdn.net/detail/xuwuhao/

（3）交叉编译工具配置

下载到根目录下，接着解压缩。

`[root@localhost / ]#` **tar xjvf arm-linux-gcc-3.4.1.tar.bz2**

（4）内核配置
操作步骤

步骤 1：解压缩 linux-2.6.22.5 内核包。

`[root@localhost embedded]#` **tar xjvf linux-2.6.22.5.tar.bz2**

步骤 2：进入 linux-2.6.22.5 目录。

`[root@localhost embedded]#` **cd linux-2.6.22.5**

步骤 3：修改 Makefile 文件。

`[root@localhost linux-2.6.22.5]#` **vi Makefile**

将下面两行

```
ARCH            ?= $(SUBARCH)
CROSS_COMPILE   ?=
```

修改为

```
ARCH            ?= arm
```

```
         CROSS_COMPILE   ?= /usr/local/arm/3.4.1/bin/arm-linux-
```
步骤4：在 linux-2.6.22.5 目录下输入以下命令。
```
[root@localhost linux-2.6.22.5]# make s3c2410_defconfig menuconfig
```
步骤5：修改配置。

由于使用了 s3c2410_defconfig 参数，所以大部分选项都已经预配置完成，只要修改以下配置：
```
Floating point emulation  --->
    [*] FastFPE math emulation (EXPERIMENTAL)
Device Drivers  --->
    Graphics support  --->
        [*] Bootup logo  --->
```
以上两个选项需要选中。

另外查看以下配置，要想驱动 LCD 必须保证这些选项。
```
Device Drivers  --->
    Graphics support  --->
        <*> Support for frame buffer devices
            [*]   Enable firmware EDID
        <*> S3C2410 LCD framebuffer support
```
步骤6：修改显示图像的大小、像素等参数。
```
[root@localhost linux-2.6.22.5]# vi arch/arm/mach-s3c2440/mach-smdk2440.c

         ………
#include <asm/arch/regs-serial.h>
#include <asm/arch/fb.h>
………
            .ucon       = UCON,
            .ulcon      = ULCON,
            .ufcon      = UFCON,
        }
};
………
/*LCD 的初始化参数，包括寄存器的初始值、LCD 的长宽等*/
static struct s3c2410fb_mach_info smdk2410_lcd_cfg __initdata = {
    .regs   = {   /*寄存器初始值*/

        .lcdcon1    = S3C2410_LCDCON1_TFT16BPP |
                      S3C2410_LCDCON1_TFT |
                      S3C2410_LCDCON1_CLKVAL(0x04),
```

```
        .lcdcon2    = S3C2410_LCDCON2_VBPD(7)   |
                      S3C2410_LCDCON2_LINEVAL(319) |
                      S3C2410_LCDCON2_VFPD(6)   |
                      S3C2410_LCDCON2_VSPW(3),

        .lcdcon3    = S3C2410_LCDCON3_HBPD(19)  |
                      S3C2410_LCDCON3_HOZVAL(239) |
                      S3C2410_LCDCON3_HFPD(7),

        .lcdcon4    = S3C2410_LCDCON4_MVAL(0)   |
                      S3C2410_LCDCON4_HSPW(3),

        .lcdcon5    = S3C2410_LCDCON5_FRM565    |
                      S3C2410_LCDCON5_INVVLINE  |
                      S3C2410_LCDCON5_INVVFRAME |
                      S3C2410_LCDCON5_PWREN     |
                      S3C2410_LCDCON5_HWSWP,
    },

#if 0
    .gpccon         = 0xaa940659,
    .gpccon_mask    = 0xffffffff,
    .gpcup          = 0x0000ffff,
    .gpcup_mask     = 0xffffffff,
    .gpdcon         = 0xaa84aaa0,
    .gpdcon_mask    = 0xffffffff,
    .gpdup          = 0x0000faff,
    .gpdup_mask     = 0xffffffff,
#endif

    .lpcsel         = ((0xCE6) & ~7) | 1<<4,
    .type           = S3C2410_LCDCON1_TFT16BPP,/*显示形式*/

    .width          = 240, /*长*/
    .height         = 320, /*宽*/

    .xres           = {/*坐标信息，水平方向*/
        .min        = 240,
        .max        = 240,
```

```
                .defval = 240,
        },

        .yres       = {/*坐标信息,竖直方向*/
            .min    = 320,
            .max    = 320,
            .defval = 320,
        },

        .bpp        = {/*像素信息*/
            .min    = 16,
            .max    = 16,
            .defval = 16,
        },
    };
    ..........
    ..........
    static void __init smdk2410_init(void)
    {
            s3c24xx_fb_set_platdata(&smdk2410_lcd_cfg);

            platform_add_devices(smdk2410_devices,
ARRAY_SIZE(smdk2410_devices));
            smdk_machine_init();
    }
    ..........
```

步骤7：重新编译内核并生成内核镜像 zImage。

`[root@localhost linux-2.6.22.5]# make zImage`

步骤8：复制内核镜像 zImage 到/tftpboot/目录中。

`[root@localhost linux-2.6.22.5]# cp arch/arm/boot/zImage /tftpboot/`

步骤9：下载到目标板运行。

`SMDK2410 # setenv bootargs console= ttySAC0 initrd=0x30800000,`
`0x00440000 root=/dev/ram init=/ linuxrc`

`SMDK2410 # tftp 0x30008000 zImage; go 0x30008000`

内核运行后发现 LCD 左上角出现了企鹅标记,说明 LCD 已经成功驱动。

思考与实验

一、判断下列说法是否正确

1. 在 S3C2410 内部有 LCD 控制器。　　　　　　　　　　　　　　（　）
2. 在 Linux 2.4 内核中，内核已经很好地支持了 LCD。　　　　　（　）
3. 在 Linux 2.6 内核中，内核已经很好地支持了 LCD。　　　　　（　）
4. 通过内核配置，完成对 LCD 像素的修改。　　　　　　　　　　（　）
5. LCD 像素的修改是通过参数 max 完成的。　　　　　　　　　　（　）

二、问答题

1. 写出 LCD 驱动程序设置流程。
2. 在 LCD 驱动程序的内核配置中要修改 Makefile 文件，其中有两行要修改为：

   ARCH　　　　　　?= arm

   CROSS_COMPILE　　?= /usr/local/arm/3.4.1/bin/arm-linux-

   请问含义是什么？
3. 说明内核的以下配置的含义。

   Device Drivers　--->

   　Graphics support　--->

   　　<*> Support for frame buffer devices

   　　[*]　Enable firmware EDID

   <*> S3C2410 LCD framebuffer support
4. 如果在配置中要修改 LCD 的像素，其配置文件是（　　　）。
5. 生成内核镜像文件 zImage 的方法是（　　　）。
6. 根据课本给出的操作步骤，请完成 LCD 驱动程序的内核配置。

第 14 章

SD 卡驱动参数的配置与编译

本章重点

1. SD 卡的管脚功能及接口定义。
2. 简单块设备驱动框架。
3. 块设备驱动程序设计流程。

本章导读

本章在 linux 2.6 内核和根文件系统成功移植的基础上,通过打补丁来添加 SD 卡驱动,从而可以成功挂载 SD 卡,并可以读写。

14.1 SD 卡概述

14.1.1 SD 卡应用

SD 卡（Secure Digital Memory Card）是一种基于半导体快闪记忆器的新一代记忆设备。SD 卡体积小巧，广泛应用在数码相机上，是由日本的松下公司、东芝公司和美国 SanDisk 公司于 1999 年 8 月共同开发研制。其最大的特点就是通过加密功能，保证数据资料的安全保密，音乐、电影、新闻等多媒体文件都可以方便地保存到 SD 卡中，因此 SD 卡已广泛地应用于嵌入式设备的存储系统，如数码相机等。

SD 卡在外形上同 MultiMedia Card（MMC）保持一致，并且兼容 MMC 卡接口规范，其投影面积与 MMC 卡相同，只是略微厚一点，但是 SD 卡的容量大得多，且读、写速度也比 MMC 卡快 4 倍。同时，SD 卡的接口与 MMC 卡是兼容的，支持 SD 卡的接口大多支持 MMC 卡。

14.1.2 SD 卡的辨别

目前市场上 SD 卡的品牌很多，诸如 Sandisk、Kingmax、松下和 Kingston。

1）SanDisk 产的 SD 卡是市面上最常见的，分为高速和低速 SD 卡。

2）Kingmax 的 SD 卡，采用了独特的一体化封装技术（PIP），最高传输速率达 10MB/s，具有防水、防震、防压的三防设计，它可以满足野外拍摄的各种要求。

3）松下 SD 卡，其技术可以说是市面上最好的 SD 卡之一了。

4）Kingston SD 卡，在众多的闪存类产品中，它是体积最小的一种，提供了长达 5 年的质保时间。

随着 SD 卡存储技术的发展，逐渐出现了 Mini SD 和 Micro MMC 卡，如图 14.1 所示。

图 14.1　Mini SD 和 Micro SD 卡

14.1.3 SD 卡的接口定义及管脚功能

SD 卡通过 9 针的接口与专门的驱动器相连接，不需要通过额外的电源来保持 SD 卡上存储的信息，图 14.2 所示是 SD 卡引脚功能示意图，SD 卡的引脚分配以及在 MMC/SPI 模式下的功能描述如表 14.1 所示。

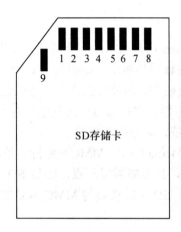

图 14.2　SD 卡引脚功能

表 14.1　SD 卡的引脚分配与功能

针脚	SD 模式名称	类型	描述	SPI 模式名称	类型	描述
1	CD/DAT3	I/O/PP	卡监测/数据位 3	CS	I	芯片选择
2	CMD	PP	命令/回复	DI	I/PP	数据输入
3	VSS1	S	地	VSS	S	地
4	VCC	S	供电电压	VDD	S	供电电压
5	CLK	I	时钟	SCLK	I	时钟
6	VSS2	S	地	VSS2	S	地
7	DAT0	I/O/PP	数据位 0	DAT0	O/PP	数据位 0
8	DAT1	I/O/PP	数据位 1	DAT1	O/PP	数据位 1
9	DAT2	I/O/PP	数据位 2	DAT2	O/PP	数据位 2

1. SD 卡总路接口模式及功能

按照 SD 卡的协议描述可分为两种总线的接口。

（1）SD BUS 模式

物理层定义：

D0～D3：数据传送；

CMD：进行 CMD 和 Response；

CLK：HOST 时钟信号线；

VDD VSS：电源和地。

（2）SPI BUS 模式

物理层定义：

CLK：HOST 时钟信号线；

DATAIN：HOST→SD Card 数据信号线；

DATAOUT：SD Card→HOST 数据信号线。

除了上述数据线外在 SPI BUS 模式下还需 CS 片选。

2．SD 卡总线的访问状态

SD 卡总线的访问状态有 3 种。

1）COMMOND：启动操作的会话，由 Host 从 CMD 连线传送到卡类设备。

2）Response：响应 CMD 的会话，由卡类设备从 CMD 连线传送至 Host。

3）Data：在 Host 与卡设备间传送数据的双向数据流，物理链路为 Data0～Data3。

> **注意：**
>
> 每一个完整的操作都需要一个 CMD 来启动，根据不同的 CMD 有相应的 Data 和 Response。

14.1.4　SD 卡的寄存器

关于寄存器的部分可以在 S3C2410 的 datasheet 中得到，如表 14.2 所示。

表 14.2　SD 卡的寄存器

SD Interface					
SDICON	0x5A000000	←	W	R/W	SDI control
SDIPRE	0x5A000004				SDI baud rate prescaler
SDICARG	0x5A000008				SDI command argument
SDICCON	0x5A00000C				SDI command control
SDICSTA	0x5A000010			R/(C)	SDI command status
SDIRSP0	0x5A000014			R	SDI response
SDIRSP1	0x5A000018				SDI response
SDIRSP2	0x5A00001C				SDI response
SDIRSP3	0x5A000020				SDI response
SDIDTIMER	0x5A000024			R/W	SDI data/busy timer
SDIBSIZE	0x5A000028				SDI block size
SDIDCON	0x5A00002C				SDI data control
SDIDCNT	0x5A000030			R	SDI data remain counter
SDIDSTA	0x5A000034			R/(C)	SDI data status
SDIFSTA	0x5A000038			R	SDI FIFO status
SDIMSK	0x5A00003C	←	W		SDI interrupt mask

关于对寄存器更详细的描述可以参考 S3C2410 的 datasheet。

14.1.5 S3C2410 与 SD 卡的连接

S3C2410 与 SD 卡的连接如图 14.3 所示，从图中可以清楚地看到 SD 卡引脚与 S3C2410 的连接情况。

各个引脚的说明如下：

SDDATA0～SDDATA3：数据传送线；

SDCMD：命令线和 Response 线；

SDCLK：SD 卡时钟信号线；

EINT7：写保护线。

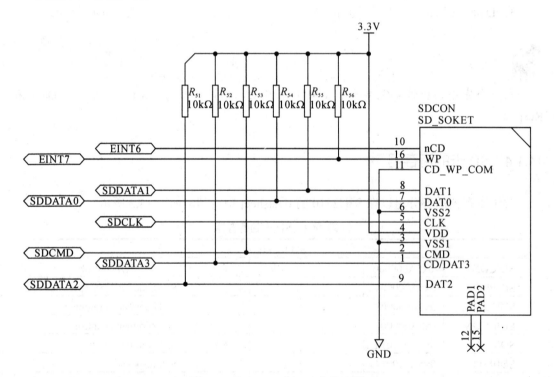

图 14.3　S3C2410 与 SD 卡的连接

14.2 SD 卡驱动参数的配置

14.2.1 SD 卡驱动参数的配置流程

SD 卡驱动参数配置流程如图 14.4 所示。

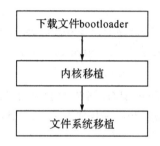

图 14.4 SD 卡驱动参数配置流程

注意：本节以内核 2.6.24 为例，使用的交叉编译为 3.4.1 版本，更新 bootloader 是为了支持 2.6 内核。

14.2.2 SD 卡配置步骤

步骤 1：利用锐极提供的 ppcboot，通过网络下载文件 ppcboot.bin 到目标板 30008000 地址上。

```
SMDK2410# tftp 30008000 ppcboot.bin
SMDK2410# protect off all
```

然后进行烧写：

```
SMDK2410# fl  0  30008000  20000
```

注意：上述命令的含义是把目标板上地址为 0x30008000 的内容传送到 Flash 的 0 地址，也就是 ppcboot 的起始地址，20000 表示要烧写的 ppcboot 的大小，单位为字节。

步骤 2：下载 Linux 内核 2.6.24.。

http://www.kernel.org/pub/linux/kernel/v2.6/

下载后解压内核。

```
[root@localhost ~]# tar -xjvf linux-2.6.24.4.tar.bz2
[root@localhost ~]# cd linux-2.6.24.4
```

步骤 3：修改 Makefile。

修改内核根目录下的 Makefile,指明交叉编译器。

`[root@localhost linux-2.6.24.4]# `**`vi Makefile`**

在第 193 行改找到 ARCH 和 CROSS_COMPILE,修改为:

```
ARCH ?= arm
CROSS_COMPILE ?= arm-linux-
```

然后设置你的 PATH 环境变量,使其可以找到你的交叉编译工具链。

`[root@localhost linux-2.6.24.4]# echo $PATH`

`/usr/local/arm/3.4.1/bin:/usr/local/arm/3.4.1/bin:`

步骤 4:复制编译配置文件到 linux-2.6.24.4 下面。

`[root@localhost linux-2.6.24.4]# cp arch/arm/configs/`**`s3c2410_defconfig .config .`**

步骤 5:修改 Flash 分区。

`[root@localhost linux-2.6.24.4]# cd drivers/mtd/maps/`

`[root@localhost maps]# cp cfi_flagadm.c s3c2410.c`

`[root@localhost maps]# vi s3c2410.c`

将 Flash_PHYS_ADDR 和 Flash_SIZE 这两个宏分别修改成自己板子的 Flash 起始地址和大小。然后修改结构体数组 flagadm_parts 添加自己的分区信息,修改以后如下:

```c
#define FLASH_PHYS_ADDR 0x01000000
#define FLASH_SIZE 0x01600000
struct map_info flagadm_map = {
    .name =      "NOR Flash on S3C2410",
    .size =      FLASH_SIZE,
    .bankwidth = 2,
};
struct mtd_partition flagadm_parts[] = {
    {
        .name = "bootloader",
        .size = 0x040000,
        .offset = 0x0
    },
    {
        .name = "kernel",
        .size = 0x0200000,
        .offset = 0x040000
    },
    {
        .name = "cramfs",
        .size = 0x300000,
        .offset = 0x240000
```

第 14 章 SD 卡驱动参数的配置与编译

```
        },
        {
            .name = "ramdisk",
            .size = 0x2c0000,
            .offset = 0x540000
        },
        {
            .name = "jffs2",
            .size = 0x700000,
            .offset = 0x800000
        }
    };
```

接下来告诉内核使用该驱动程序。修改 maps 目录下的 Kconfig 文件，该文件决定出现在 menuconfig 中的项目，在 configMTD_CDB89712 之后添加以下两行：

  config MTD_S3C2410

  tristate "RJ 2410 board"

修改该目录下的 Makefile，添加如下内容：

  obj-$(CONFIG_MTD_S3C2410) += s3c2410.o

当执行命令 make menuconfig 时，在 MTD 项目中将出现"RJ 2410 board"选项，选中它并重新编译内核就完成了分区工作，启动时将看到分区信息。

步骤6：支持启动时挂载 devfs。

为了使内核支持 devfs 以及在启动时并在/sbin/init 运行之前就能自动挂载/dev 为 devfs 文件系统，对 fs/Kconfig 文件进行修改。

```
[root@localhost linux-2.6.24.4]# vi fs/Kconfig
```

  找到 menu "Pseudo filesystems"，添加如下语句：

```
        config DEVFS_FS
        bool "/dev file system support (OBSOLETE)"
        default y
        config DEVFS_MOUNT
        bool "Automatically mount at boot"
        default y
        depends on DEVFS_FS
```

  步骤7：为了方便直接在内存中调试内核，将 arch/arm/kernel/setup.c 文件中的 parse_tag_cmdline() 函数中的 strlcpy() 函数注释掉，这样就可以使用默认的 CONFIG_CMDLINE 了，在.config 文件中它被定义为：

   "root=/dev/mtdblock/2 ro init=/bin/sh console=ttySAC0,115200"。

  步骤8：配置内核。

上面已经复制了一个编译配置文件到 linux-2.6.24.4 下面，

  以(cp arch/arm/configs/s3c2410_defconfig .config)为模板增删一些配置即可。

```
[root@localhost linux-2.6.24.4]# make menuconfig
Loadable module support >
[*] Enable loadable module support
[*] Automatic kernel module loading
System Type >
[*] S3C2410 DMA support
Boot options >
Default kernel command string:
noinitrd root=/dev/mtdblock2 init=/linuxrc console=ttySAC0,115200
```
#说明：在此mtdblock2代表第3个Flash分区
console=ttySAC0,115200使kernel启动期间的信息全部输出到串口0上
2.6内核对于串口的命名改为ttySAC0，但这不影响用户空间的串口编程
用户空间的串口编程针对的仍是/dev/ttyS0等
```
Floating point emulation >
[*] NWFPE math emulation
This is necessary to run most binaries!!!
```
#接下来要做的是对内核MTD子系统的设置
```
Device Drivers >
Memory Technology Devices (MTD) >
[*] MTD partitioning support
```
#支持MTD分区，这样我们在前面设置的分区才有意义
```
[*] Command line partition table parsing
```
#支持从命令行设置Flash分区信息
```
RAM/ROM/Flash chip drivers >
<*> Detect Flash chips by Common Flash
Interface (CFI) probe
<*> Detect nonCFI AMD/JEDECcompatible
Flash chips
<*> Support for Intel/Sharp Flash chips
<*> Support for AMD/Fujitsu Flash chips
<*> Support for ROM chips in bus mapping
Mapping drivers for chip access
#
<*>RJ 2410 board

Character devices >
[*] Nonstandard serial port support
[*] S3C2410 RTC Driver
```
#接下来做的是针对文件系统的设置，如果实验时目标板上要上的文件系统是cramfs，即做如下

配置

```
File systems >
<> Second extended fs support    #去除对ext2的支持
Pseudo filesystems >
[*] /proc file system support
[*] Virtual memory file system support (former shm fs)
[*] /dev file system support (OBSOLETE)
[*] Automatically mount at boot (NEW)
#这里会看到我们先前修改fs/Kconfig的成果，devfs已经被支持上了
Miscellaneous filesystems >
<*> Compressed ROM file system support (cramfs)
#支持cramfs
Network File Systems >
<*> NFS file system support
```

步骤9：SD卡驱动移植。

S3C2410的SD卡驱动可以在网上下载然后修改即可,具体步骤如下：

在网上找到一个补丁，直接下载即可：

http:// docs.openmoko.org/trac/browser/truck/src/target/kernel/patches/s3c_mci.patch?rev=1004

把该文件放到linux-2.6.24.4目录下，然后使用命令：

```
patch -p1 < s3c_mci.patch
```

patch完成以后，在arch/arm/mach-s3c2410/mach-smdk2410.c的smdk2410_devices[]数组中加入&s3c_device_sdi,不然的话启动的时候看不到probe函数的内容，即内核不会加载对应的驱动。然后，在driver/mmc/host/s3cmci.c中的s3cmci_def_pdata结构中的gpio_detect需要设置，板子上用的是EINT8，故应该是S3C2410_GPG0。到这里需要修改的地方基本上就没有了。

需要注意的是，make menuconfig的时候，尽量把MMC/SD Card Support下的选项全选上，不然在/dev目录下不会看到设备信息。config文件如下：

```
Device Drivers ->
  --- MMC/SD card support   [ ]   MMC debugging
  [ ]   Allow unsafe resume (DANGEROUS)
        *** MMC/SD Card Drivers ***
MMC block device driver
    Use bounce buffer for simple hosts
    SDIO UART/GPS class support
      *** MMC/SD Host Controller Drivers *** MMC/SD over SPI (EXPERIMENTAL)
    Samsung S3C24xx SD/MMC Card Interface support
```

步骤10：编译内核。

`[root@localhost linux-2.6.24.4]# `**`make zImage`**

编译完成后在 arch/arm/boot 下会有一个 zImage,拷贝到 tftpboot 目录下。

`[root@localhost linux-2.6.24.4]# cp arch/arm/boot/zImage /tftpboot/`

步骤 11：制作一个文件系统去配合内核 2.6.24 运行。

（1）下载 busybox1.1.3 软件，并解压缩；

（2）执行 make menuconfig；

（3）在 General Configuration 中，选择"Support for devfs"选项；

（4）在 Build Options 选项中，选择使用"静态库"以及设置交叉编译工具的 PREFIX；

（5）在 Linux System Utilities 选项中，"Support loopback mounts"和"Support for the old /etc/mtab file"、"mount"、"umount" 4 个选项应该选中；

（6）在 Init Utilities 选项中，"Support reading an inittab file"应该选中，这样可以根据自己编写的 inittab 文件初始化；"Support running commands with a controlling-tty"应该选中，否则会有"/bin/sh: can't access tty; job control turned off"的提示；

（7）在 Shell 选项中，应该选中默认 shell：ash，否则不会生成 sh，导致不能解释脚本文件。把 Coreutils >里面的常用的命令选上即可。

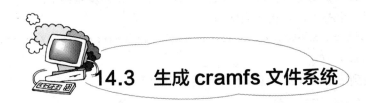

14.3 生成 cramfs 文件系统

（1）创建一个文件夹，比如 rootfs，转到 rootfs，执行命令：

mkdir bin dev etc home lib mnt proc sbin sys tmp　var us

建立相应的文件夹，再建立 etc 下的 init.d 文件夹。

（2）准备启动所需的文件：linuxrc、rcS、inittab、fstab 四个文件。

linuxrc 文件：

```
#!/bin/sh
echo "mount /etc as ramfs"
/bin/mount -f -t cramfs -o remount,ro /dev/bon/2 /
/bin/mount -t ramfs ramfs /var
/bin/mkdir -p /var/tmp
/bin/mkdir -p /var/run
/bin/mkdir -p /var/log
/bin/mkdir -p /var/lock
/bin/mkdir -p /var/empty
#/bin/mount -t usbdevfs none /proc/bus/usb
exec /sbin/init
```

rcS 文件：
```
#!/bin/sh
/bin/mount -a
```
这两个文件生成后，应该使其具有执行的权限，可使用 chmod 775 linuxrc rcS 来修改，linuxrc 应该放在 rootfs 根目录，rcS 应该放在 rootfs/etc/init.d/ 目录中。

inittab 文件：
```
# This is run first except when booting
::sysinit:/etc/init.d/rcS

# Start an "askfirst" shell on the console
#::askfirst:-/bin/bash
::askfirst:-/bin/sh

# Stuff to do when restarting the init process
::restart:/sbin/init

# Stuff to do before rebooting
::ctrlaltdel:/sbin/reboot
::shutdown:/bin/umount -a -r
```
fstab 文件：
```
none       /proc      proc    defaults    0 0
none       /dev/pts   devpts  mode=0622   0 0
tmpfs      /dev/shm   tmpfs   defaults    0 0
sd /dev/sd sd  defaults   179 1
```
这两个文件应该放在 rootfs/etc/ 目录中，注意其权限问题。

（3）如果使用 linux 2.6.xx 内核，应该实现创建节点 console、null。转到 rootfs/dev/ 目录来创建：

sudo mknod console c 5 1

sudo mknod null c 1 3

否则就会提示"Warning: unable to open an initial console. Kernel panic-not syncing: Attempted to kill init!"的类似错误。

（4）为了支持后面需要移植的 SD 卡需要建立 SD 卡节点：

sudo mknod mmc b 179 1

（5）也可以将一些常用的 lib 文件复制到 rootfs/lib/ 目录下，比如：ld-2.5.so、libc-2.5.so、libcrypt.so.1、libgcc_s.so.1、libm.so.6、ld-linux.so.3、libcrypt-2.5.so、libc.so.6、libm-2.5.so 等文件或符号链接，在复制时应该注意如果使用图形化的界面复制，需要将包解压后方可复制。(此步可以不做,不会影响内核的移植)

```
[root@localhost busybox-1.1.3]# make TARGET_ARCH=arm CROSS=arm-linux- \
PREFIX=/rootfs/ all install
```

(rootfs 目录要根据自己所建立的目录的具体路径而定)

PREFIX 指明安装路径，就是我们根文件系统所在路径。

这里需要注意一点的是，只要 install busybox，根文件系统下先前建好的 linuxrc 就会被覆盖为一同名二进制文件。

所以要事先备份自己的 linuxrc，在安装完 busybox 后，将 linuxrc 复制回去即可。

（6）转到 rootfs 的上一级目录，使用 mkcramfs 制作文件系统：mkcramfs rootfs rootfs.cramfs。

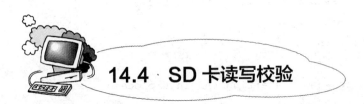

14.4 SD 卡读写校验

把 SD 卡插入开发板后，在开发板中使用 mount 命令，具体如下：

```
~# mount /dev/mmc /mnt
```

最后对编译好的内核文件和根文件系统进行烧写、启动：

```
<kernel>
SMDK2410 # tftp 30008000 zImage
SMDK2410 # fl 40000 30008000 200000

<cramfs>
SMDK2410 # tftp 30008000 rootfs.cramfs
SMDK2410 # fl 240000 30008000 300000
```

如果成功的话如下所示：

```
[root@localhost root]# minicom
Please press Enter to activate this console.
Starting pid 774, console /dev/console: '/bin/sh'
```

思考与实验

1. 在 SD 存储卡中，第 6、7、8 是数据线（   ）。
2. 为了使内核支持 devfs 以及在启动时并在/sbin/init 运行之前就能自动挂载/dev 为 devfs 文件系统，修改内核文件的语句为（   ）。

3. SD 卡可以分为哪两种总线接口？
4. 请描述 SPI BUS 模式下，数据线的数据传送情况。
5. 请描述 S3C2410 与 SD 的连接情况。
6. 写出 SD 卡驱动参数配置流程。
7. 在 SD 卡驱动参数配置中，请描述下列配置参数的含义：

   struct map_info flagadm_map = {
   .name =   "NOR Flash on S3C2410",
   .size =   FLASH_SIZE,
   .bankwidth =   2,

8. 根据课本给出的操作步骤，请完成 SD 卡驱动程序的内核配置，并进行测试。

第 15 章

嵌入式系统设计概述

 本章重点

1. 嵌入式 Linux 下 IC 卡接口设计与驱动开发。
2. 嵌入式 GPS 导航系统的设计。
3. 嵌入式 Linux 系统中触摸屏控制的研究与实现。
4. 智能家居系统分析。
5. 数字视频监控终端在 Linux 环境下的设计与实现。

 本章导读

本章给出了嵌入式系统设计的五个实例,嵌入式 Linux 下 IC 卡接口设计与驱动开发、嵌入式 GPS 导航系统的设计、嵌入式 Linux 系统中触摸屏控制的研究与实现、智能家居系统分析、数字视频监控终端在 Linux 环境下的设计与实现。请读者关注嵌入式项目开发中的硬软件需求分析、微处理器选型、硬件选择、硬件电路测试、BOOTLOADER 移植、内核定制、驱动程序设计及应用程序设计。

15.1 嵌入式 Linux 下 IC 卡接口设计与驱动开发

随着现代工业社会逐步向信息社会过渡，信息将扮演愈来愈重要的角色，成为现代经济生活中的重要要素。IC 卡作为卡基应用系统中的一种卡型，是利用安装在卡中的集成电路(IC)来记录和传递信息的，具有存储量大、数据保密性好、抗干扰能力强、存储可靠、读写设备简单、操作速度快、脱机工作能力强等优点，其应用范围极为广泛。

15.1.1 IC 卡设备触点硬件电路介绍

IC 卡硬件触点接口及信号如图 15.1 所示。

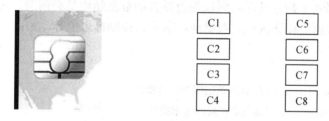

图 15.1　IC 卡的硬件触点接口及信号

C1：VCC 电源电压；
C2：RST 复位信号；
C3：CLK 时钟信号；
C4：未用；
C5：GND；
C6：VPP 编程电压；
C7：I/O，数据输入/输出口线；
C8：未用。

以上触点中，VPP 编程电压触点是厂家生产卡时编程所用，用户卡读写时没有应用，所以准确地说，只有五个触点分别连接来自外部主控制器的五个控制信号，设备复位后的后续操作可包括卡的地址设定操作、读写操作、擦除操作。

15.1.2 IC 卡读卡电路简介

IC 卡读卡接口电路框图如图 15.2 所示，采用 MPC823E 作为主处理器，因为 IC 卡触点工作电压为 5V，而主控制器的工作电压为 3.3V，所以在读卡器中设计了中间电平转化驱动电路，同时增加了控制信号的驱动能力。为了实时检测插卡操作，在插卡器电路中设置一开关电路,接主控制器的控制口线,用于检测是否插卡。

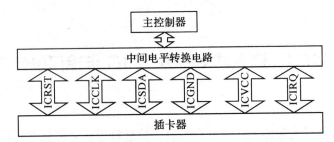

图 15.2　IC 卡读卡接口电路框

15.1.3　IC 卡设备驱动模块的实现详解

下面以公用电话机通用的 IC 卡为例,通过已实现代码来说明整个 IC 卡设备驱动模块。

（1）数据结构的确定

编辑头文件 ICDATA.H,确定在驱动模块程序中应用的公用数据结构。驱动模块的最终目的是读取和写入卡数据处理,所以规范整齐的数据结构是必需的。可以定义一个数据结构体来实现卡数据的存储区域、数据地址索引、控制标志位等,如:

```
struct ICDATA
{
 char *readbuffstart;//读入数据缓冲区首指针
 char *readbuffend;//读入数据缓冲区末指针
 char *writebuffstart;//写入数据缓冲区首指针
 char *writebuffend;//写入数据缓冲区末指针
 int readcount;//读入数据量
 int writecount;//写入数据量
 char *readp;// 当前读入数据指针
 int readnum;//当前读入量
 char *writep;//当前写入数据指针
 int writenum;//当前写入量
 int newstate;//卡当前状态,0 为无卡,1 为有卡
 int oldstate;//卡的旧状态
 int statechange;//卡状态变化标志
};
struct file_operationsic_fops=
{
 open:icopen
 read:icread
 write:icwrite
 poll:icpoll
```

};

这样在驱动模块中,只需要 struct ICDATA iccdata 一条语句便可进行全部的卡处理数据结构定义;而 ic_fops 则定义了设备操作映射函数结构,从这个数据结构看,程序实现了 IC 卡设备的打开、读、写和监控函数。

(2)硬件接口控制线控制子函数

这些函数用来控制卡复位、时钟等信号。

```
static void setclkout(void)
{
#define PB_DR26((ushort)0x0020)
volatile immap_t *immap=(immap_t*)IMAP_ADDR;
(void)immap;
immap->im_cpm.cp_pbpar&=~(PB_DR26);
immap->im_cpm.cp_pbdir|=PB_DR26;
}
```

以上为硬件系统平台的硬件控制接口操作函数之一,用于控制 IC 卡的复位信号置 1。针对不同硬件平台函数,内部操作方法不尽相同。类似的其他操作函数还有:

```
static void setrstout(void)
static void clearrst(void)
static void setclk(void)
static void setrst(void)
static void clearclk(void)
static void setsda(void)
static void clearsda(void)
static void setsdain(void)
static void setsdaout(void)
```

(3)模块初始化函数的实现

```
static int __init init_ic(void)
{
initicdata(&icdata);
init_waitqueue_head(&icdev.readq);
init_waitqueue_head(&icdev.writeq);
timer_task.routine=(void(*)(void*))timer_do_tasklet;
timer_task.data=(void*)&icdata;
m8xx_timer_setup();
m8xx_timer_start();
result=register_chrdev(major1 IC&ic_fops);
return0;
}
```

模块初始化函数是模块开发过程中必不可少的处理函数,用于实现设备的初始化、中断初始化及处理、设备注册等，在上面函数中首先应用 initicdata(&icdata)实现了卡数据的初始化，然后定义了队列数据，再进行了中断处理函数的绑定、中断申请以及中断初始化。最后实现了 IC 卡字符设备的申请，设备名为 IC。

（4）中断处理

模块采用了 MPC823E 的定时器中断，在每个定时器中断发生时对插卡状况进行检测。如果检测到插卡则进行读卡操作，如果检测到拔卡操作则进行卡数据的清零和卡状态数据的更新。程序中的中断处理采用了 timer_task 任务队列来实现中断的后续处理，其处理函数为 timer_do_tasklet。M8xx_timer_setup()函数首先进行 MPC823E 定时器的初始化和参数设定。然后应用语句 cpm_install_handler(CPMVEC_TIMER4 m8xx_timer_interrupt(void*)0)实现了中断处理的资源申请和中断处理函数 m8xx_timer_interrupt()的绑定，中断处理函数中采用语句：

```
queue_task(&timer_task&tq_immediate);
mark_bh(IMMEDIATE_BH);
```

实现了任务队列 timer_task 加入内核 tq_immediate 的任务队列处理。内核在合适的时间会自动调用 timer_task 的例行处理函数 timer_do_tasklet()进行中断的后续处理。

在 timer_do_tasklet()处理函数中有一条语句 wake_up_interruptible(&icdev.writeq)与 ic_poll 函数中的 poll_wait(flip&icdev.writeq wait)相对应，当中断发生时将等待时间队列 icdev.writeq 激活，而 poll_wait 函数则针对此队列进行监控，一旦队列被激活则可以传递给用户插卡操作信息，在用户应用软件中可立即调用读函数进行读卡操作，这样就实现了对卡的实时操作监控。

（5）模块注销函数的实现

```
static void __exit remove_ic(void)
{
 m8xx_timer_stop();
 cpm_free_handler(CPMVEC_TIMER1);
 unregister_chrdev(major1 IC);
}
```

这个函数也是模块驱动开发中必不可少的函数之一，用于模块卸载时进行资源的释放，并注销此模块。如上函数所示，首先进行了中断的停止、释放中断资源，同时进行了字符设备的注销。

（6）设备读写监控等子函数

这些函数用来实现对卡的操作，主要是通过实现卡的各种操作时序，也即在 ic_fops 结构体中定义的 4 个操作函数：

Icopen：用于打开卡设备进行一些数据的初始化操作；

icread()：用于插卡操作时读取卡数据；

icwrite()：用于写卡；

icpoll()：用于实现卡的实时监控。

综上所述，卡驱动模块的基本实现原理是：申请中断资源，当有插卡操作发生时引发中断进行读卡操作。在拔卡操作时也能引发中断，同时进行相应数据处理，同时提供 poll()

函数接口，用户可采用此函数对设备进行监控，从而实现有卡操作发生时，马上进行卡数据的更新。

注意：驱动程序源码可在网站 www.dpj.com.cn 下载。

15.1.4　驱动模块开发的编译调试

以开发平台和编译器为例编写简单的 makefile 文件为：

```
CC=ppc_8xx-gcc
DD=-nostdinc-DMODULE-D__KERNEL__-I/mykernel/include-Wall-Wstrict-prototypes-Wno-trigraphs-O2-fomit-frame-pointer-fno-strict-aliasing-fno-common-I/mykernel/arch/ppc-fsigned-char-msoft-float-pipe-ffixed-r2-Wno-uninitialized-mmultiple-mstring-fno-builtin-I/opt/hardhat/devkit/ppc/8xx/target/usr/lib/gcc-lib/powerpc-hardhat-Linux/3.2.1/include
ic.o:ic.c
    $(CC)$(DD)-cic.c
install:
    makeic.o
clean:
    rm*.o
```

执行命令 make install 便可以实现驱动模块的动态编译，内核提供了两个应用程序 insmod 和 rmmod，来实现内核模块的动态加载和去除，在模块编译当前目录下执行命令：mknod /dev/charmodule c 254 0，建立与此设备模块对应的设备文件节点。c 表示为字符设备，254 表示主设备号，0 表示子设备号，执行命令 insmod ic.o 可实现模块动态加载，而命令 rmmod ic 可实现模块的动态去除。

15.1.5　驱动模块的静态编译进内核

（1）将模块驱动源文件拷贝进/drivers/char/目录下；

（2）修改/drivers/char/Makefile 文件，添加：

```
obj-$(CONFIG_MYMODULE)+=ic.o;
```

（3）在/drivers/char/config.in 文件中添加

```
config CONFIG_MYMODULE
bool "IC" CONFIG_MYMODULE;
```

（4）进入编译内核目录，执行 make menuconfig。

在 character devices 目录下即可见到 IC 选项。选择，然后执行编译命令即可编入内核，或仅编译模块：

```
make mrproper
make menuconfig
make CROSS_COMPILE=ppc_8xx-gcc
```

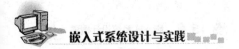

```
make modules CROSS_COMPILE=ppc_8xx-gcc
```
即可只编译内核，在源文件目录下可见到 ic.o。

15.2 嵌入式 GPS 导航系统的设计

15.2.1 与 GPS 相关的一些概念

1. GPS

GPS 全称是 Global Positioning System，中文意思是"全球定位系统"。通过 GPS 的定位功能可知道当前所处地球上的具体位置，该具体位置用一组经纬度和海拔高度数据信息来表现。

GPS 是美国国防部陆海空三军联合研制的第二代卫星导航定位系统，自 1973 年到 1993 年，GPS 全球定位系统的建立经历了 20 年，耗资过百亿美元。整个定位系统主要是通过围绕在地球表面的 24 颗人造卫星（见图 15.3）来实现全天候、全球性和高精度的连续定位，这 24 颗卫星分六条轨道围绕在地球表面，每条轨道上有四颗卫星。

图 15.3　GPS 导航卫星

2. 导航

导航就是指通过借助 GPS 全球定位功能及车载电子地图，然后在输入了目的地后导航系统就会在行驶过程中自动在电子地图上规划出到达目的地的最佳行车路线，并配有专业导航语言及文字导航信息来引导正确航行至目的地。

要实现导航功能必须满足两个基本条件：第一是有 GPS 全球定位系统的终端设备，即能接收和处理卫星信号的终端设备；第二就是要有电子地图。

3. 坐标(coordinate)

GPS 有 2 维、3 维两种坐标表示，当 GPS 能够收到 4 颗及以上卫星的信号时，它能计算出本地的 3 维坐标：经度、纬度、高度，若只能收到 3 颗卫星的信号，它只能计算出 2 维坐标：经度和纬度，这时它可能还会显示高度数据，但这数据是无效的。大部分 GPS 不仅能以经/纬度(lat/long)的方式显示坐标，而且还可以用 UTM(Universal Transverse Mercator)等坐标系统显示坐标，但我们一般还是使用 lat/long 系统，这主要是由你所使用的地图的坐标系统决定。坐标的精度在 Selective Availability(美国防部为减小 GPS 精确度而实施的一种措施)打开时，GPS 的水平精度在 50~100 米之间，视接收到卫星信号的多少和强弱而定。

4. 路标(landmark/waypoint)

路标为 GPS 内存中保存的一个点的坐标值。在有 GPS 信号时，按一下"MARK"键，就会把当前点记成一个路标，它有个默认的一般是像"LMK04"之类的名字，你可以修改成一个易认的名字(字母用上下箭头输入)，还可以给它选定一个图标。路标是 GPS 数据核心，它是构成"路线"的基础。标记路标是 GPS 主要功能之一，但是你也可以从地图上读出一个地点的坐标，手工或通过计算机接口输入 GPS，成为一个路标。一个路标可以用于作为 GOTO 功能的目标，也可以作为一条路线 router 的一个支点。一般 GPS 能记录 500 个及以上的路标。

5. 路线(route)

路线是 GPS 内存中存储的一组数据，包括一个起点和一个终点的坐标，还可以包括若干中间点的坐标，每两个坐标点之间的线段叫一条"腿"(leg)。常见 GPS 能存储 20 条线路，每条线路 30 条"腿"。各坐标点可以从现有路标中选择，或是手工或计算机输入数值，输入的路点同时作为一个路标(Waypoint/Landmark)保存。实际上一条路线的所有点都是对某个路标的引用，比如你在路标菜单下改变一个路标的名字或坐标，如果某条路线使用了它，你会发现这条线路也发生了同样的变化。可以有一条路线是"活跃"(activity)的。活跃路线的路点是导向功能的目标。

6. 前进方向(Heading)

GPS 只有在移动时才能知道自己的运动方向。GPS 每隔一秒更新一次当前地点信息，每一点的坐标和上一点的坐标作比较，就可以知道前进的方向。不同 GPS 关于前进方向的算法是不同的，基本上是最近若干秒的前进方向，所以除非你已经走了一段并仍然在走直线，否则前进方向是不准确的，尤其是在拐弯的时候你会看到数值在不停变化。方向的是以多少度显示的，这个度数是手表表盘朝上，12 点指向北方，顺时针转的角度。有很多 GPS 还可以用指向罗盘和标尺的方式来显示这个角度。一般同时还显示前进平均速度，这也是根据最近一段的位移和时间计算的。

7. 导向(bearing)

导向功能在以下条件下起作用：

1）设定"走向"(GOTO)目标。"走向"目标的设定可以按"GOTO"键，然后从列表中选择一个路标。以后"导向"功能将导向此路标。

2）目前有活跃路线(activity route)。活跃路线一般在设置—路线菜单下设定。如果目前有活动路线，那么"导向"的点是路线中第一个路点，每到达一个路点后，自动指到下一个路点。

在"导向"页面上部都会标有当前导向路点名称("route"里的点也是有名称的)。它根据当前位置，计算出导向目标相对你的方向角，以与"前进方向"相同的角度值显示，同时显示离目标的距离等信息。读出导向方向，按此方向前进即可到达目的地。有些GPS把前进方向和导向功能结合起来，只要用GPS的头指向前进方向，就会有一个指针箭头指向前进方向和目标方向的偏角，跟着这个箭头就能找到目标。

8. 足迹线(plottrail)

GPS每秒更新一次坐标信息，所以可以记载运动轨迹。一般GPS能记录1024个以上足迹点，在一个专用页面上，以可调比例尺显示移动轨迹。足迹点的采样有自动和定时两种方式，自动采样由GPS自动决定足迹点的采样方式，一般是只记录方向转折点，长距离直线行走时不记点；定时采样可以规定采样时间间隔，比如30秒、1分钟、5分钟或其他时间，每隔这么长时间记一个足迹点。在足迹线页面上可以清楚地看到自己足迹的水平投影。你可以进行开始记录、停止记录、设置方式或清空足迹线等操作。足迹线上的点都没有名字，不能单独引用，查看其坐标，主要用来画路线图和使用"回溯"功能。很多GPS有一种叫做"回溯"(traceback)的功能，使用此功能时，它会把足迹线转化为一条"路线"(route)，路点的选择是由GPS内部程序完成的，一般是选用足迹线上大的转折点。

车载定位导航系统(Vehicle Location and Navigation System，VLNS)是集中应用了自动车辆定位技术、地理信息系统与数据库技术、计算机技术、多媒体技术、无线通信技术的高科技综合系统，为车辆驾驶员提供以下重要功能：自动车辆定位、行车路线设计、路径引导服务、综合信息服务、无线通信功能。

15.2.2 嵌入式GPS导航系统

GPS系统包括三大部分：空间部分——GPS卫星星座；地面控制部分——地面监控系统；用户设备部分——GPS信号接收机。

GPS的用户设备主要由接收机硬件和处理软件组成。用户通过用户设备接收GPS卫星信号，经信号处理而获得用户位置、速度等信息，最终实现利用GPS进行导航和定位的目的。

15.2.3 嵌入式 GPS 导航系统的硬件设计

车载终端系统的硬件体系构成如图 15.4 所示。由于使用环境的特殊性，作为系统核心的导航计算机必须体积小、集成度高、功耗低、处理能力强、操作简单便捷。目前导航计算机较多地使用嵌入式操作系统，如 Windows CE 和嵌入式 Linux 等。根据车辆使用的频繁性及道路复杂性的要求，其可靠性必须高，且扩展性和兼容性要好。

导航计算机是系统的核心部分，除定位和通信外，系统的其他功能模块都以导航计算机为硬件平台，通过应用软件来实现。在性能指标上，由于必须承担地图的显示和刷新、行驶指令计算、定位数据的处理与转换等具有较高实时性要求的任务和路径规划这样的大计算量任务，因此导航计算机必需具备足够的运算能力。从功能上看，导航计算机应具备基本的多媒体功能、强大的控制和通信能力以及良好的扩展性。从车载环境的要求看，导航计算机还需要具备良好的抗震性能，其外形尺寸和功耗也要受到严格限制。

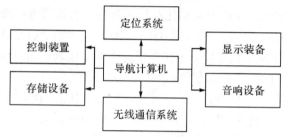

图 15.4 车载终端硬件结构

为实现上述设计目标，在系统中采用了嵌入式导航计算机系统设计方案，如图 15.5 所示。

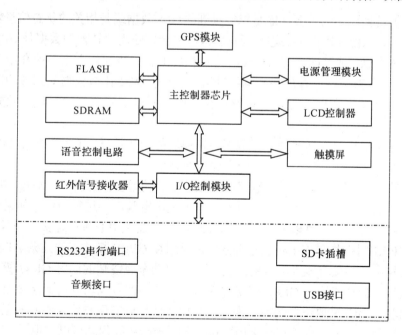

图 15.5 控制系统功能

中央处理器选用 Intel SA1110 精简指令(RISC)芯片，它具有每周期一条指令、寄存器到寄存器的操作、简单的寻址方式、简单的指令格式等特性，而且具有体积小、功耗低、低成本而高性能等特点，其强大的计算能力和控制能力很适合导航系统的需求。系统使用的存储设备有 2 种：SDRAM 用于在系统工作时加载和运行应用程序；Flash 用于保存程序和数据。为加强图形显示功能，系统配有专门的 LCD 控制电路，同时在 LCD 显示屏上装有触摸面板。另外，系统配备了串行通信端口、红外数据端口、SD 卡插槽、通用串行总线接口。电子地图数据存放在存储卡中，更换起来非常方便。为了加强对功耗的控制，系统中设计了电源管理模块。

15.2.4 嵌入式 GPS 导航系统的软件设计概述

车载 GPS 系统的应用程序在功能上可以分为 7 个功能模块，即初始化模块、控制模块、GPS 数据获取模块、上行数据转换模块、用户界面模块、通信模块和下行数据处理模块。

初始化模块主要实现对串口的初始化及把所有的标志位置零；控制模块主要是根据上位机的命令来执行相应的操作，比如采集 GPS 数据、发送当前行车状态等；用户界面模块主要功能就是把 GPS 数据、状态数据等在触摸屏上显示出来，同时还要可以响应触摸屏上的中断，以便实现通过触摸屏操作车载 GPS。

GPS 数据获取模块的主要功能就是通过与串口相连接的 GPS 模块获取当前的 GPS 信息，其思路是设置一个数据缓冲区，把接收到的 GPS 数据都放入这个缓冲区，当缓冲区满了的时候就在缓冲区中查找是否接收到 GPRMC 定位语句，如果没有接收到则重新接收 GPS 数据。如果找到了 GPRMC 定位语句则还要判断该语句在缓冲区中的位置离缓冲区的最大字节数。

上行数据转换模块的主要功能是把接收到的 GPS 数据或是相关的状态信息转换成约定好的数据格式，以便同监控中心进行通信。该模块会判断需要转换的数据是 GPS 数据信息还是相关状态信息，或是两者都有，然后选择相应的转换程序。由上面的介绍可以知道接收到的 GPS 数据都是顺序存放在数据缓冲区当中的，需要什么数据就到缓冲区中相应的位置提取就可以了。数据都是以字符形式存放的，所以实际要用的时候必须先转换成整形数据。

下行数据转换模块的功能与上行数据转换模块的功能相反，它将监控中心发送的命令进行识别后发送给车载终端，并送用户界面模块显示。

通信模块的主要任务是完成车载终端与监控中心的通信，它既可以通过 GPRS 网络实现与监控中心的无线通信，也可以通过网口与笔记本电脑连接进行通信。如果车载终端与上位机的距离隔得很远，可以直接通过 GPRS 网络与监控中心进行连接，而且通过 GR47 模块连接 GPRS 网络与监控中心也非常方便，只用往 GPRS 模块发送几条 AT 命令就可以了，但是监控中心必须有能上因特网的固定 IP。启动车载终端的同时 GR47 模块也会被启动，这时模块会自动连接上 GPRS 网络进入命令模式。拨号成功以后就连接上 GPRS 网络了，然后对与 GR47 模块连接的串口进行读写操作就可以实现与监控中心的无线通信。通过网口进行通信则比较简单，直接采用 Linux 下的 socket 编程就可以实现。

15.2.5 嵌入式 GPS 导航系统的应用

GPS 最初是为军方提供精确定位而建立的，至今它仍然由美国军方控制。军用 GPS 产品主要用来确定并跟踪在野外行进中的士兵和装备的坐标、给海中的军舰导航、为军用飞机提供位置和导航信息等。

GPS 的应用领域，上至航空航天器，下至捕鱼、导游和农业生产，目前已经无所不在了。GPS 系统的应用也十分广泛，应用 GPS 信号可以进行海、空和陆地的导航，导弹的制导，大地测量和工程测量的精密定位，时间的传递和速度的测量等。对于测绘领域，GPS 卫星定位技术已经用于建立高精度的全国性的大地测量控制网，测定全球性的地球动态参数；用于建立陆地海洋、大地测量基准，进行高精度的海岛、陆地联测以及海洋测绘；用于监测地球板块运动状态和地壳形变；用于工程测量，成为建立城市与工程控制网的主要手段；用于测定航空航天摄影瞬间的相机位置，实现仅有少量地面控制或无地面控制的航测快速成图，促进地理信息系统、全球环境遥感监测的技术革命。

许多商业和政府机构也使用 GPS 设备来跟踪车辆位置，这一般需要借助无线通信技术。一些 GPS 接收器集成了收音机、无线电话和移动数据终端来适应车队管理的需要。

15.3 嵌入式 Linux 系统中触摸屏控制的研究与实现

本节主要讨论了基于嵌入式 Linux 操作系统的研究与开发，结合 Linux 自身的优点，研究基于嵌入式 Linux 操作系统对触摸屏驱动的开发方案、驱动程序及测试应用程序的设计。

15.3.1 Linux 下的设备驱动

Linux 将设备分为最基本的两大类，字符设备和块设备。字符设备是以单个字节为单位进行顺序读写操作，通常不使用缓冲技术，如鼠标等，驱动程序实现比较简单。而块设备则是以固定大小的数据块进行存储和读写的，如硬盘、软盘等。为提高效率，系统对于块设备的读写提供了缓存机制，有干涉及缓冲区管理、调度、同步等问题，实现起来比字符设备复杂得多。Linux 的设备管理是和文件系统紧密结合的，各种设备都以文件的形式存放在/dev 目录下，称为设备文件。应用程序可以打开、关闭、读写这些设备文件，完成对设备的操作，就像操作普通的数据文件一样。为了管理这些设备，系统为设备编了号，每个设备号又分为主设备号和次设备号。主设备号用来区分不同种类的设备，而次设备号用来区分同一类型的多个设备。对于常用设备，Linux 有约定俗成的编号，如硬盘主设备号是 3。

Linux 为所有文件，包括设备文件提供了统一的操作函数接口。但是对于不同的外设，其操作方式各不相同。在本系统中触摸屏所完成的功能是感测触点坐标，将坐标值 A/D 转换后传给 CPU。驱动程序需要控制设备采集数据并且把数据送往上层的应用程序，以后的处理由应用程序来完成。

设备驱动程序要为设备提供通用的系统调用，如 open、read、write、close 等。

15.3.2 嵌入式 Linux 系统下的驱动程序

Linux 是自由的多任务操作系统，它需要 PC 桌面系统作为运行平台。而本文所讨论的嵌入式 Linux 是指经过小型化裁剪、能够烧录入容量只有几百千字节或几兆字节的闪存 (Flash Memory)内，不需要硬盘作为存储介质，也不需要键盘、鼠标之类的外设，适用于 8 位/16 位/32 位 MCU，应用于各种特定嵌入式场合的专用 Linux 操作系统。

嵌入式 Linux 设备驱动程序中有一个很重要的数据结构 file_operation{}。它是驱动程序与应用程序的接口，使编写驱动程序的工作变得简单而规律。在该触摸屏驱动程序中定义了一个数据结构为 file_operation{}的变量 touch_fops，并进行了如下的赋值：

```
static struct file_operation touch_fops =
{
 read : touch_read,
 write : touch_write,
 open : touch_open,
 release : touch_release,
 poll : touch_poll,
};
```

（1）touch_open 函数

touch_open()这个函数在 file_operatios{}中的原型是 open()函数。它的主要功能就是打开设备并初始化设备准备进行操作。下面一段程序介绍了 touch_open()函数的实现过程。

```
if((ret=request_irq(IRQ_touchRX,touch_rx," touch_rx",dev_idtouch)
{
printk("touch_rx_init:failed to register IRQ_touchRX \n");
free_irq(IRQ_touchRX , dev_idtouch) ;
return ret;
}
```

在这个 if 语句中出现了 3 个函数。printk 是内核提供的函数，功能近似标准 C 函数库中的 printf 函数。在 Linux 操作系统中，因为驱动程序是在内核空间运行的，所以必须使用内核提供的函数，printf 不能在内核空间运行。

request_irq 是申请中断的函数，其中参数 IRQ_touchRX 是所申请的中断号，touch_rx 是所安装的中断处理函数，第三个参数是用于中断管理的一些常量，这里的值为 0，表示可以进行中断的共享，字符串"touch_rx"是发送中断的设备名称，dev_idtouch 是用来共享的中断号。如果成功申请中断的话则返回 0 给 ret 变量，当返回了一个非 0 的值给 ret 变量的时候,则说明有另外一个驱动程序已经占用了要申请的中断信号线。当申请中断失败后,就必须进行中断信号线的释放,使用的是 free_irq()中断信号线释放函数。

(2) touch_read 函数

touch_read ()函数的原型是 read()函数。它的作用就是从触摸屏设备中读取数据。若在 file_operatios{}结构中用 NULL 来表示此函数的话,则说明这个设备是不允许进行读操作的,如果对其进行调用的话,内核将会返回一个错误。下面来对这个 touch_read ()函数进行一下分析。

```
while(rx_user_count>0)
{
 if((USAT0 & HCQ_RX_EMPTY_BIT)==0x40)
 {
  touch_rx_buf[rx_buf_count]=*URXBUF0;
  rx_buf_count++;
 }
 else
 interruptible_sleep_on_timeout(&rx_queue,TIME_OUT);
}
```

这个循环语句的作用是开辟一个缓冲区用来存放从触摸屏设备中传来的数据。其中 interruptible_sleep_on_timeout ()是延时函数,具体是用定时器来进行延时。延时的原因是由于触摸屏设备把数据传入缓冲区需要一定的时间,而 CPU 必须等数据进入了缓冲区后才能进行数据的读取。

(3) touch_write 函数

touch_write ()函数的原型是 write()函数,它的主要作用是向触摸屏设备发送数据和命令。原理与 touch_read()函数类似,只是数据传输的方向不同。

(4) touch_release 函数

touch_release ()函数的原型是 release()函数,用来关闭触摸屏设备的,如果用 NULL 代替,则表示设备永远是关闭的。这个函数实现起来比较简单,先调用 free_irq()释放触摸屏设备占用的中断控制线,接着使设备的引用计数为 0,这样就完成了对触摸屏设备的关闭工作。

15.3.3 触摸屏的应用程序

Linux 操作系统中应用程序工作在用户区。触摸屏应用程序通过已加载到内核模块中的驱动程序控制触摸屏。应用程序可以通过触摸屏实际使用情况来编写。在我们实际的测控系统中触摸屏作为输入设备,与液晶显示屏配合使用达到完成相应的按钮指令的功能。下面是测试触摸屏能否正常工作的应用程序。

```
#include<stdio.h>
#include<sys/types.h>
#include<sys/stat.h>
```

```c
#include<fcntl.h>
#include<unistd.h>
FILE *fp;
int main( )
{
   char  read_buf[2];
   char  write_buf[2]={GetX,GetY};
   int fd,qr;
fd=open("/dev/touch",O_RDWR);    //以可读、可写方式打开前面加载的触摸屏驱动模块
if(fd<0)
 {
     printf("Error in open Device!\n");    //如打开失败,提示错误并退出进程
    exit(-1);
 }
printf("open device ok!\n");
while(1)
 {
    write(fd,write_buf,1);
    qr=read(fd,read,1);
    if(qr>0)
    {
     GetLocation( );
    }
 }
}


void  GetLocation()
{
  fp=fopen("/home/touch.txt","w+");
  write(fd,write_buf,1);
  fwrite(read(fd,read_buf,1),1,1,fp);
  write(fd,&write_buf[1],1);
  fwrite(read(fd,read_buf,1),1,1,fp);
  fclose(fp);
}
```

主程序通过 fd=open("/dev/touch",O_RDWR) 语句进行了一个 open 函数的系统调用,用来调用这个触摸屏驱动程序,并以可读可写的方式来打开触摸屏,把该open()系统调用的值返回给 fd,判断打开该触摸屏是否成功。接下来程序用 while(1)来进行循环

检测触摸屏是否有触发动作发生,当有触发动作发生时调用按键处理程序来进行触点位置的读取。

按键处理程序用来得到触点的位置。调用一个写数据的函数向触摸屏控制器发送命令,然后触摸屏根据 CPU 所发送的命令确定返回的坐标数据。这个程序中是先发送读取 X 坐标的命令,然后发送读取 Y 坐标的命令,最后得到触点的坐标值并打印出来。

15.4 嵌入式智能家居系统分析

15.4.1 智能家居系统概况

现在人们生活、工作的节奏越来越快,流动性越来越大,在职工作人员在家庭看护、监督小孩学习方面的时间和精力越来越少,因此越来越需要一套简易可行的智能家居管理方法来管理家庭安全和生活。随着计算机技术、现代通信技术、自动化控制技术的迅速发展,智能化建筑开始在世界各地蓬勃发展。为适应我国加快住宅建设发展,增强住宅建设的科技含量的要求,智能家居安防、电器控制系统的研究也在我国应运而生。

智能家居系统主要利用 GSM(Global System for Mobile Communications 全球移动通信系统)移动通信网络中的手机短信服务来实现对家居情况进行遥测遥控。它的主要功能有:对住宅居住环境(温度、湿度)及设备进行监控;住户三防(防火、防灾、防盗);家用电器控制及使用情况查询(如电饭煲、空调、热水器等)。智能家居系统可以使你在千里之外掌控家居情况,既方便又安全,让你把家带在身边。

智能家居系统就是指利用先进的计算机技术、网络通信技术、综合布线技术,将与家居生活相关的各种子系统有机结合,从而进行统筹管理,使家居生活更加舒适、安全、有效。

随着人们消费能力的提高和技术的进步,智能家居走进千家万户只是一个时间上的问题。智能家居系统主要能实现家用电器控制、安全布防、远程监控等几方面的功能。

1. 电器控制

智能家居系统的一个主要功能是实现对家用电器的有效而方便可靠的控制,主要包括对家用电器的电源控制、功能调节、定时操作等方面。

电源控制可通过对电器插座的控制来实现,当插座控制器接收到系统发送的控制信号时,便可实现对家电的通断电管理,这样即便主人不在家,也可以不必担心家里有什么电器忘了关了。

功能调节主要针对家里的温、湿度控制设备,实现随时随地调节家庭环境舒适度的功能。

定时操作主要针对电饭煲、热水器、空调等家电，能使人一回到家就能享用温热的饭菜，感受适宜的室温。

2. 安全布防

安全布防主要包括门禁遥控、防盗告警、防火告警、煤气泄漏告警、停电通知等功能。

智能家居系统还具有主动报警的功能。将其安全布防方面的功能设置为主动报警，使得系统的一些安防装置(包括门磁感应器、无线红外传感器、烟雾传感器等)一旦被触发，中央控制器就向预先定义的用户手机或其他电话发出报警信息，以达到主动报警的目的。

3. 远程监控

远程监控主要满足部分家庭的特殊需求，如家庭看护、视频监控等等。

当家里没人的时候，或者大人外出而婴儿还在熟睡的情况下，有些家庭便会需要对家里进行视频监控。当然视频监控需要更快的网络传输速度，但是这些在不久的将来也必将越来越普及。

15.4.2 智能家居系统的实现技术与方式

目前的智能家居系统主要由中央控制器、GSM 模块和外围设备等组成。外围设备主要是一些传感器、无线发收器、无线电器控制插座、无线防盗报警传感器和电器驱动电路等。图 15.6 便是一种典型的智能家居系统实现方式。

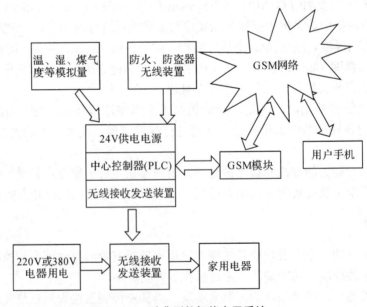

图 15.6 一种典型的智能家居系统

1. 无线通信技术

无线通信技术在智能家居系统中具有重要的地位和作用。一般来说，一个完整的智能家居系统将包括远程无线和短程无线两个模块。远程的主要实现用户和家庭之间的连接，主要有 GSM、internet 等方式，而短程的主要是家用设施和控制器之间的连接，主要有蓝牙、红外以及新兴的 ZigBee 等方式来实现。

2. GSM

GSM(Global System for Mobile communication)系统是目前基于时分多址技术的移动通信体制中比较成熟、完善，应用最广泛的一种系统。目前已建成的覆盖全国的 GSM 数字蜂窝移动通信网是我国公众移动通信的主要方式。

GSM 主要提供语音、短信息、数据等多种业务。基于 GSM 短消息功能可以做成传输各种检测、监控数据信号和控制命令的数据通信系统，能广泛用于远程监控、定位导航、个人通信终端等。因此 SMS 完全可以作为一种远程监控方式。

短消息(Shot Message)业务是 GSM 系统提供给用户的一种数字业务。通过无线控制信道进行传输，经短消息服务中心完成存储和转发功能，每个短消息的信息量限制为 140 个字。

目前，在国内使用较多的 GSM 模块有 Falcom 的 A2D 系列、Wavecon 的 WM02 系列、西门子 TC35 系列等，这些模块的功能基本相同，提供的命令接口符合 GSM07.05 和 GSM07.07 规范。在短消息模块收到网络发来的短消息时，能够通过串口发送指示消息，数据终端设备可以向短消息模块发送各种命令。GSM 模块是采用 AT 指令集进行控制的，采用 AT 指令可以实现模块参数的设置，实现数据的发送与接收。

AT 指令是使 GSM 模块工作的指令，现在市场上的大多数手机均支持 AT 指令集，该指令是由诺基亚、爱立信、摩托罗拉和 HP 等厂家共同为 GSM 系统研制的，其中包含了对 SMS 的控制。SMS 操作的基本 AT 指令如下：

AT^SMSO：关机；
AT+CMGL=0：读未读短消息，1 为已读，2 存储已发送，3 存储未发送，4 读所有消息；
AT+CMGR=l2：读存储区 l2 的短信；
AT+CMGD=7：删除存储区 7 的短信；
AT+CSCA=8613*********：设置中心号；
AT+CSCA？：读取中心号。
收发短消息模式有 BLOCK 模式、TEXT 模式等。

3. 蓝牙技术

蓝牙技术传输可靠并能穿越障碍物、功耗低、成本低廉、组网方便灵活，因此蓝牙可以作为一种有效的无线通信手段，实现室内数据的传输。作为一项即时技术，它不需要安装驱动程序，就可以无线连接各种电子产品和家用设备。

在智能家居系统中，传统的弱电布线方式容易使线缆杂乱，影响家居的美观，施工维护和使用的不方便已经无法满足智能家居的更高要求。基于蓝牙的无线网络技术可以适应这些需求。

通过安装在系统电路板上的蓝牙集中控制器，可以对嵌入了蓝牙模块的家用电器，如电冰箱、洗衣机、微波炉等进行统一控制和管理，用户在家中的任意位置可以对任意家居设备进行控制。

蓝牙硬件和软件称为蓝牙模块。蓝牙规范定义了蓝牙模块及采用蓝牙技术主机设备的标准接口和通信协议，不同厂家生产的蓝牙模块具有互操作性。当蓝牙系统中的设备发觉另一个同样支持蓝牙的设备时，它们自动同步建立一种无线网络。蓝牙设备一开始都处于待机状态，当它主动参与微微网通信或收发数据时就处于激活模式，当它需要与网络保持连接但不参与当前的数据传送时，处于低功耗的休眠状态。

4. ZigBee 技术

ZigBee 是一种新兴的近距离、低复杂度、低功耗、低数据速率、低成本的无线网络技术。ZigBee 采用自组织(Ad-hoc)方式组网，这种构架被称为无基础构架的无线局域网(Ad Hoc'Wireless LAN)，这种架构对网络内部的设备数量不加限制，并可随时建立无线通信链路协调器，并使其一直处于监听状态，一个新添加的 RFD 会被网络自动发现。ZigBee 的技术特点决定了其能很好地满足智能家居网络的上述需求。

15.4.3 中心控制系统

中心控制系统是硬件的核心部分，主要功能包括：

1. 控制 GSM 模块的短信息的接收与发送，对 GSM 模块的数据进行读取、接收并存储在寄存器中；
2. 监听各类传感器的信号，并对信号进行处理；
3. 控制蓝牙控制器等设备，实现对家用电器的控制；
4. 设置看门狗电路，以保证控制器的可靠性。

简单的控制系统可以采用单片机来实现，而负责和信息量大的控制系统则需应用嵌入式系统来实现其功能需求了。目前市场上各种类型的控制系统都存在着，成了表示各个公司身份的主要依据。

15.4.4 系统软件设计

系统主程序主要负责系统的初始化，包括单片机时钟设置、端口工作方式设置、串口设置(波特率、中断允许等)、默认系统数据的恢复(如时间设置、标志位清零等)、GPRS 模块的初始化、中断初始化等。然后反复查询 SIM 卡网络注册情况，直到注册成功。接着进行各方面输入信号的扫描检测，并采取相应的响应，如此循环。

一种典型的系统主程序流程图如图 15.7 所示。

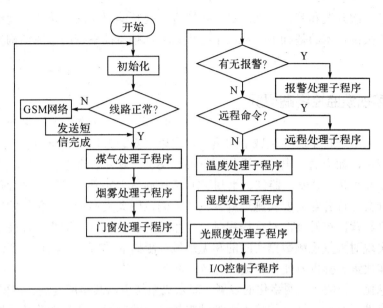

图 15.7 一种典型的主程序流程

15.4.5 客户端软件设计

客户端软件也就是用户手机上的相关软件，主要实现了用户与控制系统的"傻瓜式"交流。用户可以将智能家居系统与自己的手机号码绑定，也可以绑定数个手机号码，这样，只能通过绑定的手机才能控制家中的设备，在手机上还可设定密码，实现多重安全保护。如果采用互联网方式登录，也要求用户输入账号和密码进行登录。

客户端软件可以将用户的简单操作或输入转化为相应的控制短消息发送给控制系统，同时也负责解读翻译控制系统发送回来的消息。另外，对于某些采用语音菜单操作的智能家居系统，客户端软件主要完成拨号和传输音频信号的功能。

15.5 数字视频监控终端在 Linux 环境下的设计与实现

基于嵌入式的远程数字视频监控系统是当前嵌入式应用开发领域一个热门的课题。相比较于传统的视频监控系统，它具有高可靠性、组网方便、可远程监控等优点，因而更适用于工业控制、民用以及银行、政府等部门的安防系统。硬件平台采用基于多媒体嵌入式处理器 PXA270 的开发板，完整地建立了一个嵌入式 Linux 应用终端，包括开发环境的建立、嵌入式 Linux 的移植等。在上述基础上具体地开发了一个视频采集模块，对原有驱动的不足进行了二次开发和配置，然后进一步研究了视频编码、网络传输、视频压缩存储等功能。在以上关键技术的基础上，给出了远程数字视频监控系统的总体结构方案以及相关模块的设计。

15.5.1 数字视频监控终端概况

视频监控系统一直是监控领域中的热点，它以直观、方便、信息内容丰富而在各个行业得到广泛应用，如交通、电力、通信、石油、码头、仓库、金融、政府机关企事业单位办事窗口，以及军队、公安、监狱、水利/水厂、民航等要害部门。随着社会信息化程度的不断提高，社会各行各业需要实施远程视频监控的范围大大增加，由传统的安防监控向管理监控和生产经营监控发展，对远程视频监控系统的要求也日益增高，往往需要与网络系统相结合，实现对大量视频数据实时的和无地域性阻碍的传输，从而达到资源共享，为各级管理人员和决策者提供方便、快捷、有效的服务。

随着信息化、智能化、网络化的发展，嵌入式系统也以其集成度高、体积小、成本低、速度快、可靠性强及稳定性高等特点得到越来越广泛的应用，在视频监控领域的国内外市场上，主要推出的是数字控制的模拟视频监控和数字视频监控两类产品。前者技术发展已经非常成熟、性能稳定，并在实际工程应用中得到广泛应用，特别是在大中型视频监控工程中的应用尤为广泛；后者是新近崛起的以计算机技术及图像视频压缩为核心的新型视频监控系统，该系统解决了模拟系统部分弊端而迅速崛起，但仍需进一步结合实际情况来完善和发展。目前，视频监控系统正处在数控模拟系统与数字系统混合应用并将逐渐向数字系统过渡的阶段。这其中与嵌入式技术相结合的视频监控系统成为近年来的研究热点，嵌入式方式的视频监控系统主要是以嵌入式视频web服务器方式提供视频监控。其具有布控区域广阔、几乎无限的无缝扩展能力、易于组成非常复杂的监控网络、性能稳定可靠等特点，必将成为今后视频监控领域的主流产品。因此研究这一领域是很有现实意义的。

15.5.2 视频监控系统解决方案

目前，嵌入式网络视频服务器的解决方案主要有以下几种：

1.视频采集芯片+DSP 处理器。该方案中由视频采集芯片完成图像的预处理，由 DSP 完成图像的存储、基于 MPEG-4、H.263 或 M-JPEG 标准的压缩、网络传输。该方案的主要缺点是控制不够灵活，不适合作系统控制，因为 DSP 通常没有强大的操作系统支持。另外在视频采集部分还需要 FPGA/CPLD 的支持，设计、调试都很困难。

2.DSP 处理器+嵌入式处理器。该方案通常采用专用芯片如 SAA711lA 进行图像采集、采用 MPEG-4 或者 MJPEG20OO 标准的图像压缩、由嵌入式微处理器芯片进行系统控制和网络传输的嵌入式网络视频服务器方案。该方案的主要缺点是：由于有两个主要的芯片，设计、调试、使用较难，整个系统软件必须运行于专用的嵌入式操作系统之上，系统成本偏高。该种方案也存在第一种方案的缺点。

3.Soeket+Direetshow 方案。该方案采用 Soeket 网络编程技术以及 Directshow 技术，提出了基于 Directshew 架构实现基于 MPEG-4 的远程视频监控方案。采用微处理器完成图像

MPEG-4 编码、编码数据网络传输和本地存储，采用 CPLD 完成图像采集的控制逻辑的脱机远程视频监控方案。该方案主要缺点在于软件开发难度大，调试困难。

15.5.3 视频监控系统的研究热点

监控系统原先是零散地、分别对一些专用设备，如电力设备、工业控制设备等进行监控，其形式在 20 世纪 80 年代是集散系统，90 年代是总线技术，随着通信、计算机、自动化技术的发展，带动了监控技术的发展与应用，发展非常迅速，逐渐演变成集中监控系统。现在可以说前端一体化、视频数字化、监控网络化、系统集成化、管理智能化是现代监控系统的发展方向。而数字化是网络化的前提，网络化又是系统集成化的基础。所以，监控系统发展的最大特点就是数字化、网络化、智能化，具有这些特点的监控系统可以称为现代监控系统。

1. 数字化

监控系统的数字化是系统中的信息（包括视频、音频、控制等）从模拟状态转为数字状态的过程，监控系统从信息采集、数据处理、传输、系统控制等的方式和结构形式都与此相关。信息流的数字化、编码压缩，加上开放式的协议，才能使监控系统与信息管理系统实现无缝连接，并在统一的操作平台上实现管理和控制。

2. 网络化

监控系统的网络化将意味着系统的结构将由集总式向集散式系统过渡，集散式系统采用多层分级的结构形式，具有微内核技术的实时多任务、多用户、分布式操作系统以实现抢先任务调度算法的快速响应。组成集散式监控系统的硬件和软件均采用标准化、模块化和系列化的设计。系统设备的配置具有通用性强、开放性好、系统组态灵活、控制功能完善、数据处理方便、人机界面友好以及系统安装、调试和维修简单化等特点。系统具有运行互为热备份、容错可靠等功能。监控系统的网络化在某种程度上打破了布控区域和设备扩展的地域和数量界限。系统网络化将使整个网络系统硬件和软件资源以及任务和负载得以共享。

3. 智能化

采用计算机为控制中心，通过系统软件实现控制界面的可视化、统一化，控制环境的多媒体化，可以方便地实现对视频切换、音频切换、镜头云台控制、报警输入、行动输出录像的智能化控制，继而达到自动对事件的分析、统计、处理，实现监控的智能管理。因此，建立一个符合实际、能够满足远程管理需要的网络监控系统，具有现实意义。

15.5.4 视频监控系统的研究方案

以 DSP 和 ARM 嵌入式系统构成的嵌入式网络视频监控系统，嵌入式网络视频服务器的解决方案已经进行了多方面的研究，提出了各种不同解决方案，各方面的技术也都有很大发展，但是到目前为止，由于 DSP 技术、嵌入式技术和视频编码技术的不断发展，在具体的应用之中，还没有一个比较完善的解决方案能解决所有的问题，所以我们需要根据实际的应用构造更高可靠性、更低成本的可行方案。

对嵌入式远程视频监控解决方案，基于 ARM 内核的 PXA270 开发板和嵌入式 Linux 操作系统，本节内容提出一种新的设计结构，并根据硬件具体构造了一个具体开发环境，对系统进行了集成，对功能模块进行了开发。在该嵌入式系统设计中，利用 video for Linux 实现 USB 摄像头视频数据采集，采集的视频数据经 MPEG 压缩后，在 Xscale PXA270 为核心的系统控制下通过网络发送到监控服务端进行监控和管理。

1. 硬件设计

选择上海锐极科技推出的 PXA270 创新项目试验平台为开发平台，处理器为 Intel PXA270。设计视频监控系统要用到视频采集模块、以太网模块、IDE 硬盘接口模块。

2. 软件设计

本系统采用的操作系统为 Linux，版本是 2.6.10。主要工作为：
（1）嵌入式 Linux 开发环境建立；
（2）Linux2.6 内核在 PXA270 上的移植；
（3）u-boot 在 PXA270 上的移植；
（4）DM9000A 网络控制器的驱动在 Linux2.6 下的移植；
（5）ov9650 摄像头驱动在 Linux2.6 下的移植；
（6）IDE 硬盘驱动在 Linux2.6 下的移植；
（7）Linux2.6 网络服务器的搭建；
（8）Minigui 图形界面编程。

3. 视频系统结构

采用"视频采集模块+图像压缩模块+IDE 存储模块+网络模块+嵌入式处理器"的视频监控处理方案，具体说来，主要实现一个具有视频采集、压缩与实时传输和存储功能的 MPEG-4 硬件编码的嵌入式网络视频终端。设计总体结构如图 15.8 所示。

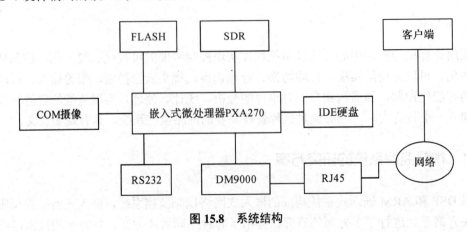

图 15.8　系统结构

第 15 章 嵌入式系统设计概述

视频监控系统从结构上可分为三部分，分别是：视频采集单元，它提供视频网络资源；网络线路与设备，它提供信息传输的途径和视频存储设备；远程客户端，它接收视频数据并且播放出来。

系统硬件处理器采用的是 PXA270，Intel 公司生产的一款基于 XScale 架构的高集成度、高性能的优秀嵌入式处理器。内核采用 ARMv5TE，外围控制器众多。内置了 Intel 的无线 MMX 技术，能够显著地提升多媒体性能，此外 PXA270 也包含了 Intel 的 SpeedStep 技术，能够根据需要动态调节 CPU 的性能，真正实现了低功耗、高性能。在硬件上完全能实现视频监控系统，并且能提供很高的性能。软件支持上 PXA270 支持多种嵌入式操作系统，包括嵌入式 Linux。

Linux 环境下嵌入式系统实验设计

实验 1　嵌入式 Linux 系统硬件环境的搭建

一、实验目的

1. 熟悉实验箱（或开发板）的硬件构成及其与宿主机（PC 机）的连接方法；
2. 初步认识开发板中各个模块，如 ARM、NAND FLASH、NOR FLASH、SDRAM、SD 卡插座、SF 卡插座、AD/DA 转换器、串口、JTAG 接口、IDE 接口、LED、LCD 等；
3. 掌握 Windows 系统下的串口各参数的正确配置；
4. 理解 JTAG 仿真器的作用；
5. 通过对课本的学习了解嵌入式系统的应用、嵌入式系统的构成及嵌入式系统的开发过程。

二、实验内容

1. 阅读设备说明书，识别实验箱或开发板的各硬件组成；
2. 分别将实验箱的串口、JTAG 接口、网络接口与 PC 机连接起来；
3. 安装厂家提供的 JTAG 软件；
4. Windows 环境下串口配置；
5. 通过对教材的学习，并查阅相关网络资料，熟悉嵌入式系统的应用、构成及开发过程。

三、实验设备

1. PC 操作系统 WIN98 或 WIN2000 或 WINXP（通常称为宿主机），至少要有一个串口，还有一个并口，如图 1.1 所示。
2. ARM9 目标板（或开发板）。
3. 一根串口线，用于宿主机与开发板通信。
4. 一根并口线，用于连接 JTAG，进行调试与烧写。
5. 一根网络线，用于宿主机与开发板间快速数据传输。

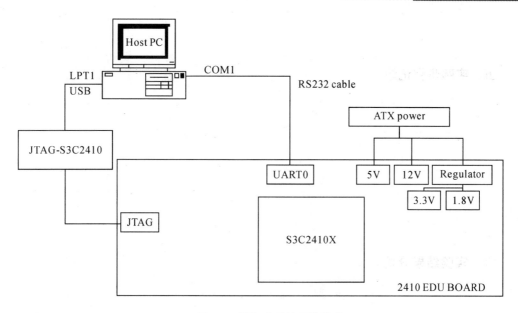

图 1.1 嵌入式系统硬件构成

四、实验步骤

1．实验硬件连接

在嵌入式设备的开发过程中，往往先在 PC 机上调试，程序调试成功后，通过串口线或网线下载到开发板，PC 机通常称为宿主机。宿主机与开发板之间的连线通常有两根：

1）串口线，一端接宿主机的串口，另一端接实验箱的串口 1 上。

2）网线，有两种连线方式。第一种方式是用交叉线一端接宿主机的网络接口，另一端接开发板的网络接口。第二种方式是用两根标准网线分别把宿主机和开发板连到交换机上。

3）JTAG 的连接，将计算机的并口通过数据线与 JTAG 仿真器相连，JTAG 仿真器接口与实验板的 JTAG 口连接。

注意：对于串口线的插拔，必须先关闭开发板电源，否则，极有可能导致开发板部分电路或模块的烧毁。

4）安装 JTAG 软件。

5）连接开发板电源，接通电源。

6）运行 JTAG 软件。

7）测试硬件连接是否成功，判断标准是实验箱或开发板上的嵌入式系统是否能在超级终端或串口工具环境中引导成功。

2．嵌入式系统的应用主要体现在哪些方面？举例说明。

3．以图例方式画出嵌入式系统的构成。

4．分别画出带操作系统与不带操作系统的嵌入式系统的开发流程图。

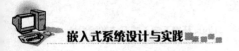

五、实验步骤记录

六、实验结果分析

七、实验心得

实验 2 ADS 安装与环境设置及 C 程序调试

一、实验目的

1. 了解字节存放顺序与字节对齐方式；
2. 了解 ADS 集成开发环境相关知识，掌握 ADS1.2 的安装方法；
3. 熟悉 Code Warrior 环境和 AXD 调试环境；
4. 掌握 JTAG 仿真器程序的安装；
5. 掌握 ADS1.2 集成开发环境与 JTAG 仿真器的结合应用；
6. 在 Code Wirrior IDE 下创建工程，设置与开发板相应的环境；
7. 创建 C 语言文件及编译 C 语言文件；
8. 对 AXD 调试器的配置，添加变量到 Watch 栏中单步执行查看变量的值。

二、实验内容

1. 了解编译环境字节存放顺序；
2. 了解字节存放方式；
3. 学习 ADS1.2 开发环境，掌握其开发的流程和简单的调试；
4. ADS1.2 环境参数设置；
5. ADS 环境下 C 程序开发流程和简单的调试。

三、实验设备

1. 教学实验箱，PentiumⅡ以上的 PC 机，硬件多功能仿真器；
2. PC 操作系统 WIN98 或 WIN2000 或 WINXP，ADS1.2 集成开发环境，仿真器驱动程序。

四、实验步骤

任务 1：字节顺序程序设计
在 Visual C++6.0 中测试下列程序：
1. 观察、记录和分析程序输出结果；
2. 画出程序中变量 i、si 的存储空间分布图。

```
#include<stdio.h>
int main(int argc,char* argv[])
{
```

```c
    int i=0x22104101;
    short int si=0x1102;
    printf("变量si Address:%x Value:0x%x\n",&si,si);
    printf("----------------------------------------\n");
    char* pAddress=(char*)&si;
    for(int j=0;j<=1;j++)
    {
        printf("Address:0x%x Value:0x%2x\n",pAddress,* pAddress);
        pAddress++;
    }
    printf("\n");
printf("变量i Address:%x Value:0x%x\n",&i,i);
printf("----------------------------------------\n");
pAddress=(char*)&i;
for(j=0;j<=3;j++)
  {
  printf("Address:0x%x Value:0x%2x\n",pAddress,* pAddress);
  pAddress++;
  }
    return 0;
}
```

任务2：字节对齐测试程序设计

在Visual C++6.0中测试下列程序：
1.观察、记录和分析程序输出结果；
2.画出程序中变量i、si的存储空间分布图。

```c
#include<stdio.h>
int main(int argc,char* argv[])
{
    struct A
    {
      unsigned char  a;
      unsigned int   b;
      unsigned short c;
    }sa;
    sa.a='a';
    sa.b=0x111111111;
    sa.c=0x1234;
    printf("Size of sturct A is %d.\n",sizeof(sa) * 8);
```

```
return 0;
}
```

1. 按 F11 进入调试界面，执行单步运行程序，至 printf 语句暂停，并双击 watch 窗口的名称栏，输入"&sa"，并按回车确定后，watch 窗口对应的值一栏中会显示 sa 的地址。

2. 单击调试工具栏中的 memory 按扭，弹出 memory 窗口，在地址输入栏中输入刚才查到的结构体变量 sa 的地址，按回车确定后，memory 窗口中显示对应地址上的值，请截图。画出 sa 的空间存储分布图，分析结构体字节对齐形式。

任务 3：ADS 安装

1. 下载 ADS1.2 的压缩包。
2. 安装 ADS1.2。

下载 ARM Developer Suite v1.2 安装包，双击打开安装包内 SETUP.EXE 安装程序（见图 2.1），点击"下一步"（见图 2.2），根据安装向导进行安装。注意：导入许可文件（见图 2.3）。

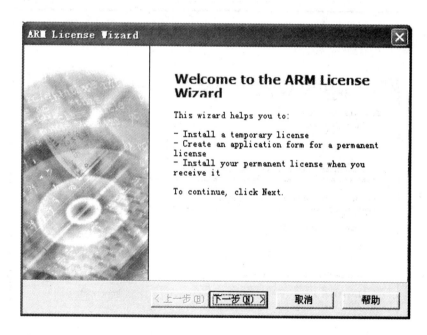

图 2.1　ADS1.2 安装向导

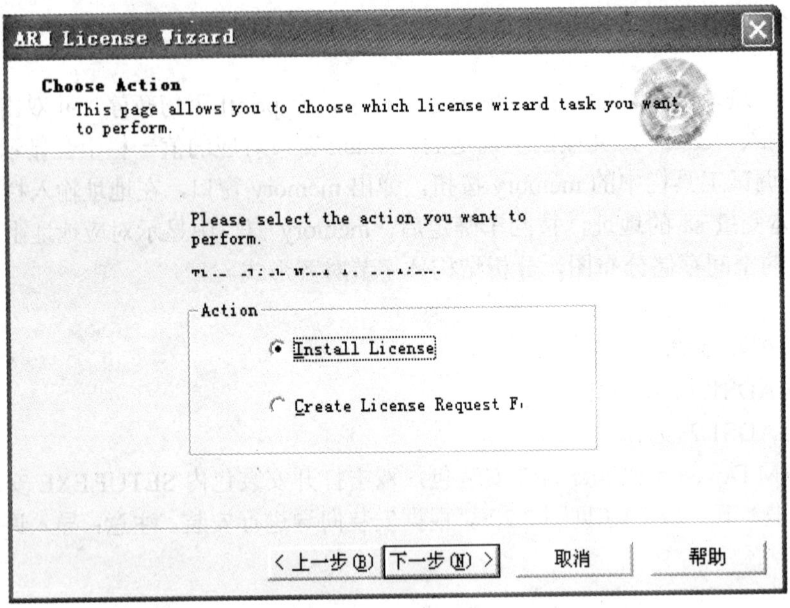

图 2.2 安装授权

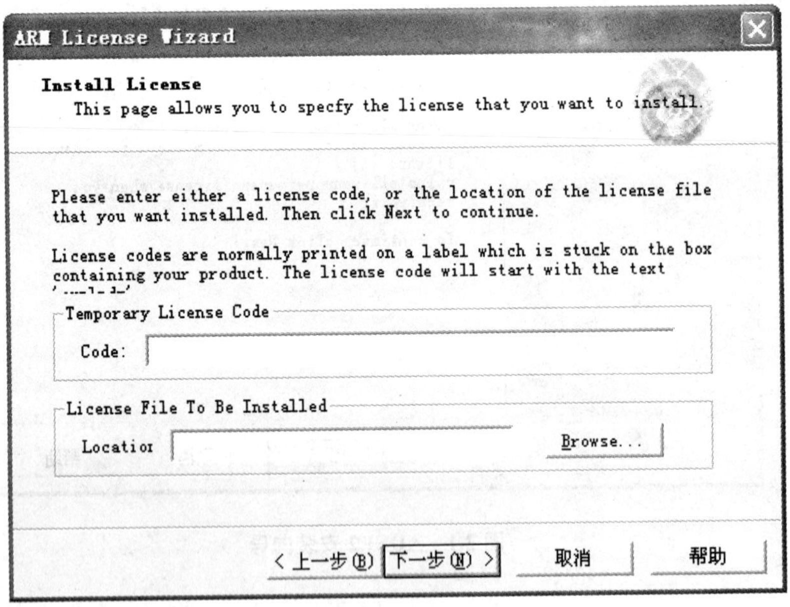

图 2.3 导入授权文件

要求导入 license，若下载的软件包中未含有 license.dat 文件，可把下述文字录入到记事本，另存为 license.dat 文件。

```
PACKAGE ads armlmd 1.200 E32F0DE5161D COMPONENTS="armasm compiler \
bats armulate axd adwu fromelf armlink codewarrior armsd"
```

```
INCREMENT ads armlmd 1.200 permanent uncounted 612C53EF47C7 \
HOSTID=ANY ISSUER="Full License by armer, only for educational purpose!" ck=0
```

然后，在 ARM license wizard 图中点击"Browse…"按钮，找到保存的 license.dat 文件进行安装（见图 2.4）。

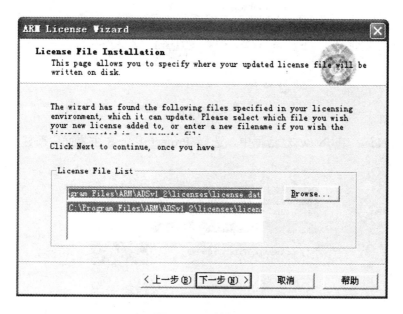

图 2.4 导入的授权文件

完成安装（见图 2.5），此时可启动 ADS 集成调试环境。

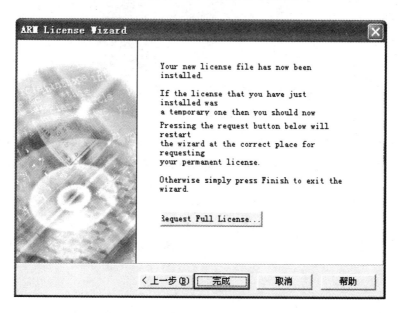

图 2.5 安装完成

任务 4：C 程序调试

1. 运行 ADS1.2 集成开发环境（CodeWarrior for ARM Developer Suite），安装后在系统中的菜单组运行界面如图 2.6 所示。

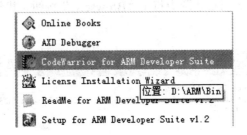

图 2.6

点击 File|New，在 New 对话框中，选择 Project 栏，在主界面中新建项目，运行界面如图 2.7 所示：

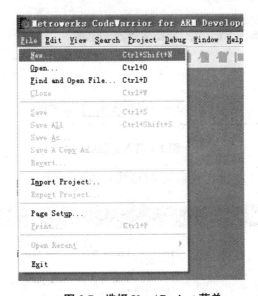

图 2.7 选择 New/ Project 菜单

其中共有 7 项，ARM Executable Image 是 ARM 的通用模板，选中它即可生成 ARM 的执行文件。同时，在图 2.8 的 Project name 栏中输入工程的名称为"test1"，以及在 Location 中输入其存放的位置为"F:\嵌入式实验\ test1"。按确定保存项目。运行界面如图 2.8 所示。

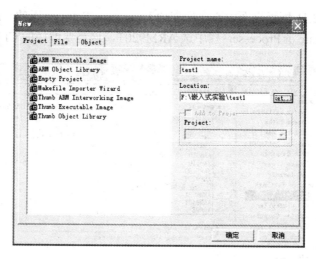

图 2.8 输入工程名 test1

2. 在新建的工程中，选择 Debug 版本，运行界面如图 2.9 所示。

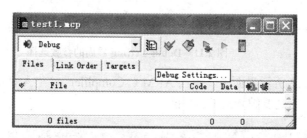

图 2.9 选择 Debug 版本

3. 点击 Debug Setting 按钮（或使用 Edit|Debug Settings 菜单对 Debug 版本进行参数设置），弹出如图 2.10 所示界面，选中 Target Setting 项，在 Post-linker 栏中选中 ARM fromELF 项。按 OK 确定。这是为生成可执行的代码的初始开关。

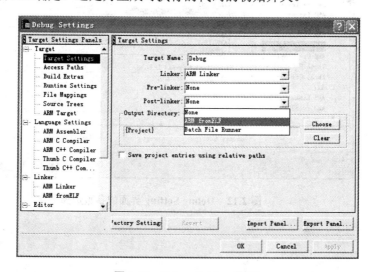

图 2.10 Debug Setting 界面

4. 在如图 2.11 所示界面中,点击左边 Languages Settings 下的 ARM Assembler 子项,然后在 Architecture or Processer 栏中选 ARM920T,这是要编译的 CPU 核。

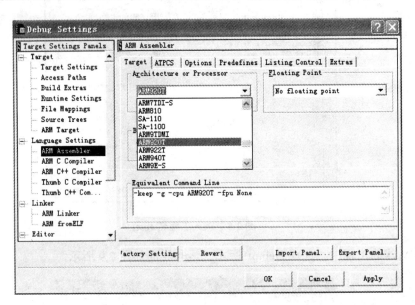

图 2.11　Debug Setting 界面的参数选择

5. 在如图 2.12 所示界面中,点击 ARM C Compliler ,在 Architecture or Processer 栏中选 ARM920T,这是要编译的 CPU 核。

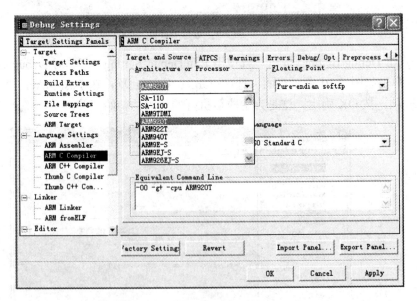

图 2.12　Debug Setting 界面的参数选择

6. 在 ARM Linker 的 Output 标签的 RO Base 地址栏中输入地址 0x4000，它是程序 Init.o 存放的地址。运行界面如图 2.13 所示。

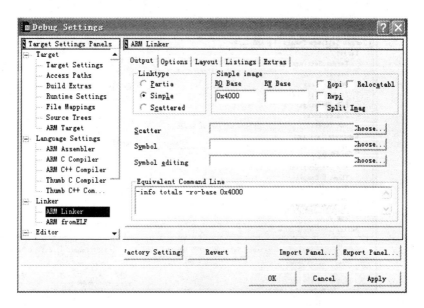

图 2.13 Debug Setting 界面 ARM Linker 的参数选择

7. 在 ARM Linker 的 Options 标签的 Image entry point 的地址栏中输入地址 0x4000，程序从此地址开始执行。运行界面如图 2.14 所示。

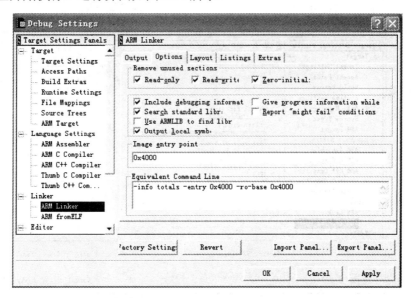

图 2.14 Debug Setting 界面 ARM Linker 的参数选择

8. 在 ARM Linker 的 Options 标签的 Layout 的 Object/Symbol 栏中输入可执行文件名 Init.o，在 Section 栏中输入 Init。运行界面如图 2.15 所示。

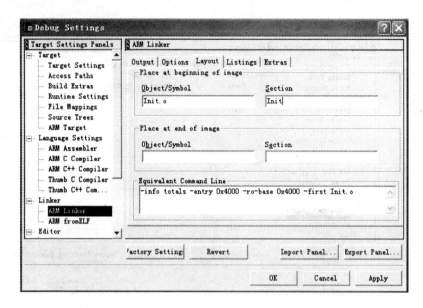

图 2.15　Debug Setting 界面 ARM Linker 的参数选择

9. 在 ARM fromELF 的 Output format 下拉列表框选择 Plain binary。然后点击 OK 按钮完成设置。运行界面如图 2.16 所示。

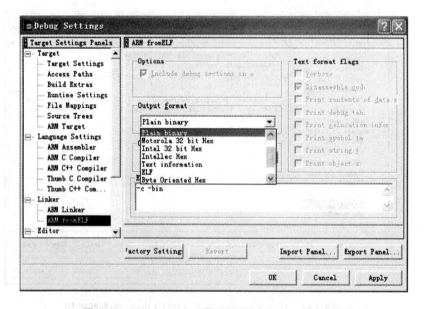

图 2.16　Debug Setting 界面 ARM fromELF 的参数选择

10. 在 CodeWarrior for ARM Developer Suite 窗口中，点击 File|New,在 New 对话框中，选择 File 栏，在 File name 中输入文件名 aaa.c，选中选项 Add to Project，并将 Targets 中 3 个选项全部选中，如图 2.17 所示，点击确定。

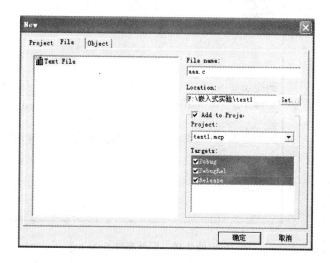

图 2.17 新建.c 源程序

11. 输入 C 源程序，并点击保存，运行界面如图 2.18 所示。

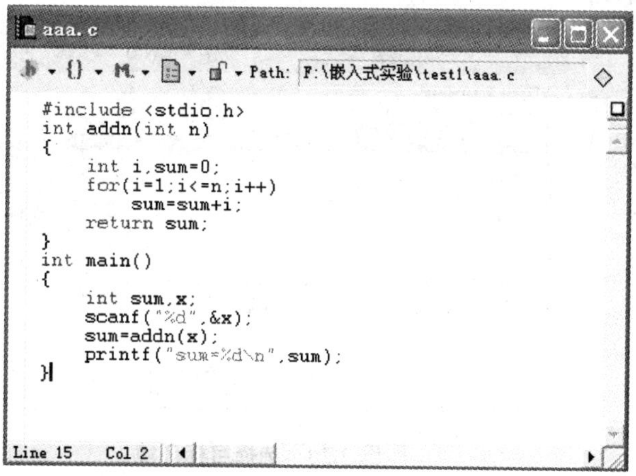

图 2.18 输入源程序

12. 运行 Project 菜单下的 Make 命令，在目录产生文件 test1/ test1_Data/Debug/ test1.axf 与 test1.bin。

13. 然后启动 AXD Debugger，点击 AXD 菜单 File/Load image，如图 2.19 所示，打开文件 test1.axf。

图 2.19　打开文件 test1.axf

14．设置 AXD 的菜单项 Options

如果是模拟调试，选择 AXD 中菜单 Options→Configure Target→选择 ARMUL，运行界面如图 2.20 所示。

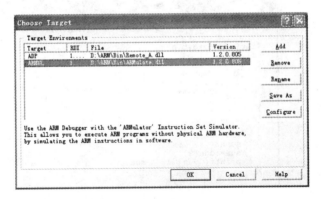

图 2.20　选择目标环境

15．在 CodeWarrior for ARM Developer Suite 窗口中，点击 Project|Run，程序自动启动 AXD，在 AXD 的 ARM 等待输入，如图 2.21 所示，输入 10 后并按回车，程序显示运行的结果。

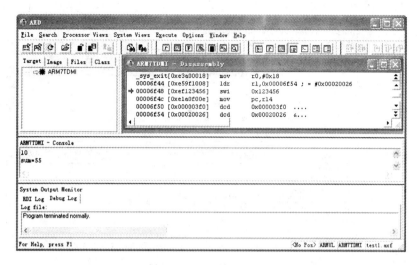

图 2.21　调试窗口

16．调试方法

（1）在 CodeWarrior for ARM Developer Suite 窗口中，运行界面如图 2.22 所示。

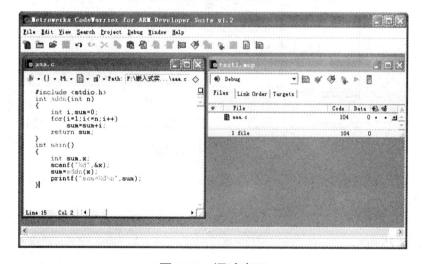

图 2.22　调试窗口

（2）点击 Project|Debug，启动 AXD 调试窗口，点击 AXD 窗口的 Execute|Go。

（3）选中 sum 变量按右键，在弹出的菜单中选择菜单项 Add to watch，如图 2.23 所示，这个变量就会增加到 Watch 窗口中，程序在调试过程中会显示变量的变化情况，每执行一步（Step in）也可以根据 aaa.c 窗口与 Disassembly 窗口进行比较。运行界面如图 2.24 所示。

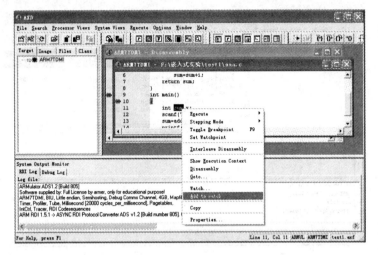

图 2.23 调试窗口

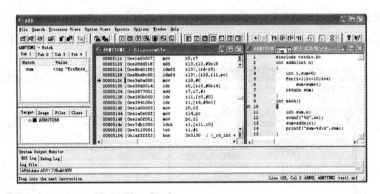

图 2.24 调试窗口

任务 5：ADS 环境下复杂 C 程序的调试

1. 自行建立一个工程，编写一个实用的 C 程序，假设 C 程序的功能是求某整数的阶乘，如图 2.25 所示。

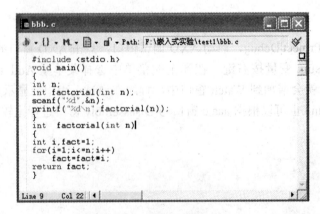

图 2.25 求某整数阶乘的源程序

2. 按照与任务 4 类似的实验步骤进行操作，显示类似于图 2.21 至图 2.24 的调试窗口，在此不再赘述，输入 4 后并按回车，程序显示运行的结果。

五、实验步骤记录

六、实验结果分析

七、实验心得

实验 3 ARM 汇编程序及 C 程序混合调试

一、实验目的

1. 掌握 CodeWirrior IDE 调试器的应用,并设置汇编程序开发的相应环境;
2. 掌握仿真器进行编译、下载、调试;
3. 掌握 ADS1.2 环境下汇编程序与 C 程序混合调用的方法。

二、实验内容

1. 学习ARM汇编程序设计基本知识,掌握汇编程序开发的流程和程序调试方法;
2. 使用ADS1.2集成开发环境的CodeWirror编辑、编译混合程序;
3. 使用ADS1.2集成开发环境的AXD Debuger调试器对程序进行调试。

三、实验设备

1. 教学实验箱,PentiumⅡ以上的PC 机,硬件多功能仿真器;
2. PC 操作系统WIN98 或WIN2000 或WINXP,ADS1.2 集成开发环境,仿真器驱动程序。

四、实验步骤

任务 1:ADS 设置

(一)建立工程

1. 运行 ADS1.2 集成开发环境(CodeWarrior for ARM Developer Suite),点击 File|New,在 New 对话框中,选择 Project 栏,其中共有 7 项,ARM Executable Image 是 ARM 的通用模板,选中它即可生成 ARM 的执行文件。同时,如图 3.1 所示,在 Project name 栏中输入项目的名称,以及在 Location 中输入其存放的位置,按确定保存项目。

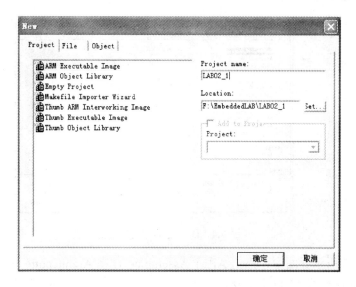

图 3.1 输入工程名

2. 在新建的工程中，选择 Debug 版本，如图 3.2 所示，使用 Edit|Debug Settings 菜单对 Debug 版本进行参数设置。

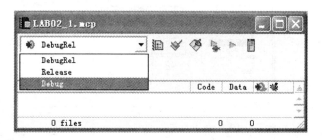

图 3.2 Debug 版本进行参数设置

3. 在图 3.3 中，点击 Debug Setting 按钮，弹出图 3.4 所示界面，选中 Target Setting 项，在 Post-linker 栏中选中 ARM fromELF 项。按 OK 确定，这是为生成可执行的代码的初始开关。

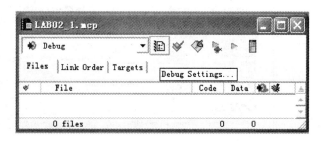

图 3.3 Debug 版本进行参数设置

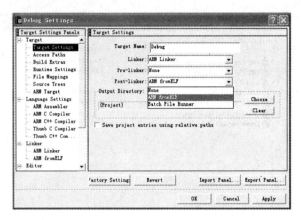

图 3.4　Debug 版本进行参数设置

4. 在图 3.5 所示界面中，点击 ARM Assembler，在 Architecture or Processer 栏中选 ARM920T，这是要编译的 CPU 核。

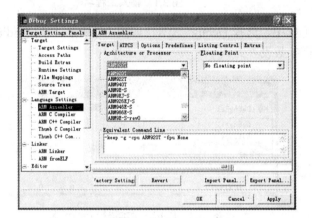

图 3.5　Debug 版本进行参数设置

5. 在图 3.6 所示界面中，点击 ARM C Compliler，在 Architecture or Processer 栏中选 ARM920T，这是要编译的 CPU 核。

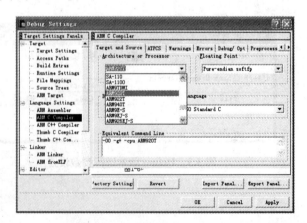

图 3.6　Debug 版本进行参数设置

6. 在图 3.7 所示界面中，点击 ARM linker，在 output 栏中设定程序的代码段地址，以及数据使用的地址。图中的 RO Base 栏中填写程序代码存放的起始地址，RW Base 栏中填写程序数据存放的起始地址，该地址是属于 SDRAM 的地址。

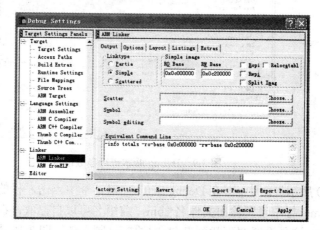

图 3.7　Debug 版本进行参数设置

在 options 栏中，如图 3.8 所示，Image entry point 要填写程序代码的入口地址，其他保持不变，如果是在 SDRAM 中运行，则可在 0x0c000000~0x0cffffff 中选值，这是16MSDRAM 的地址，但是这里用的是起始地址，所以必须把你的程序空间给留出来，并且还要留出足够的程序使用的数据空间，而且还必须是 4 字节对齐的地址（ARM 状态）。通常入口点 Image entry point 为 0xc100000，Ro_base 也为 0xc100000。

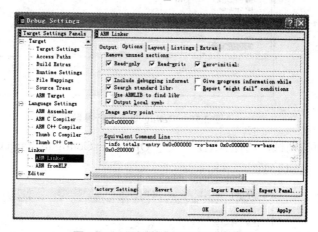

图 3.8　Debug 版本进行参数设置

在 Layout 栏中，如图 3.9 所示，在 Place at beginning of image 框内，需要填写项目的入口程序的目标文件名，如整个工程项目的入口程序是 2410init.s，那么应在 Object/Symbol 处填写其目标文件名 2410init.o，在 Section 处填写程序入口的起始段标号。它的作用是通知编译器，整个项目的开始运行是从该段开始的。

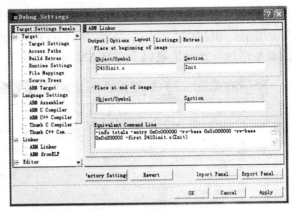

图 3.9 Debug 版本进行参数设置

7. 在图 3.10 所示界面中，即在 Debug Setting 对话框中点击左栏的 ARM fromELF 项，在 Output file name 栏中设置输出文件名*.bin，前缀名可以自己取，在 Output format 栏中选择 Plain binary，这是设置要下载到 flash 中的二进制文件，图 3.10 中使用的是 test.bin。

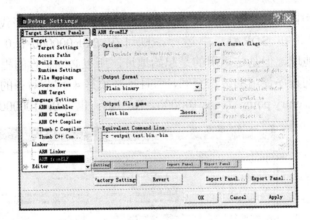

图 3.10 Debug 版本进行参数设置

8. 如果是模拟调试，选择 AXD 中菜单 Options→Configure Target→选择 ARMUL，如图 3.11 所示。

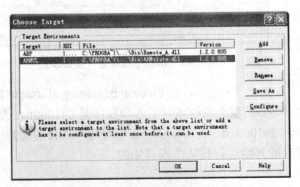

图 3.11 选择 ARMUL 调试方式

ADS 开发工具中分别支持两种情况的目标调试，ARMUL 目标环境配置，这是 AXD 链接到用软件模拟的目标机；第二是选择 ADP 目标环境配置，它是 AXD 使用 Angel 调试协议链接到开发板硬件进行的调试。

9. 到此，在 ADS1.2 中的基本设置已经完成，可以将该新建的空的项目文件作为模板保存起来。首先，要给该项目工程文件改一个合适的名字，如 S3C2410 ARM.mcp 等，然后，在 ADS1.2 软件安装的目录下的 Stationary 目录下新建一个合适的模板目录名，如 S3C2410 ARM Executable Image，再将刚刚设置完的 S3c2410 ARM.mcp 项目文件存放到该目录下即可。这样，就能在图 3.12 中看到该模板。

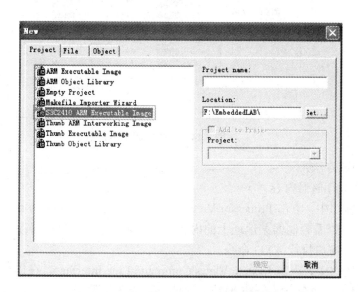

图 3.12　选择合适的工程类型

10. 新建项目工程后，就可以执行菜单 Project|Add Files 把和工程所有相关的文件加入，ADS1.2 不能自动进行文件分类，用户必须通过 Project|Create Group 来创建文件夹，然后把加入的文件选中，移入文件夹。或者鼠标放在文件添加区，右键点击，即出现如图 3.13 所示界面。

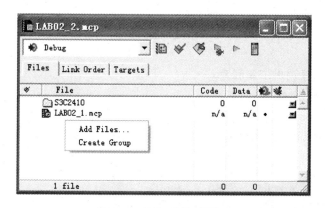

图 3.13　添加文件对话框

先选 Add Files，加入文件，再选 Create Group，创建文件夹，然后把文件移入文件夹内。读者可根据自己习惯，更改 Edit|Preference 窗口内关于文本编辑的颜色、字体大小、形状、变量、函数的颜色等设置。具体如图 3.14 所示。

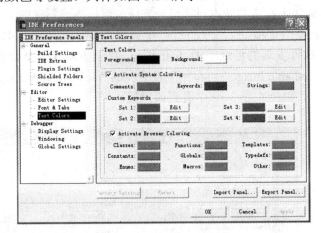

图 3.14　文本编辑环境设置

（二）调试方法

1.查看/修改存储器内容

在 AXD 窗口中，点击 Processor Views|Memory，可以在 Memory start address 输入存储器的起始地址，查看存储器某地址上的内容，双击某一数据，可以修改此存储单元的内容。

2.在命令行窗口执行 AXD 命令

在 AXD 窗口中，点击 System Views|Command Line Interface，在提示符 ">" 下可以输入命令进行调试。如命令 setmen 地址，数值，存储器位数。

　　setmen　0x0,0x2456,32

它表示在地址 0x0 存放 4 字节的数值 0x2456。

3.监视变量变化

在 AXD 窗口中，点击 Processor Views|Watch，用鼠标选中某变量，单击鼠标右键，在弹出的菜单中选中 Add to watch，此变量显示在 Watch 窗口中。

4．设置断点

将光标定位在要设置断点的某语句处，按 F9 键即可设置断点。

任务 2：C 程序调用汇编程序

1.建立文件 add.s，代码如下：

```
    EXPORT add
    AREA add,CODE,READONLY
    ENTRY
    ADD r0,r0,r1
    MOV pc,lr
    END
```

注意:在 ADS 中编写汇编语句时，每条语句之前最好用一个 TAB 键隔开，否则可能会提示语法错误。

2. C程序代码为：

```c
#include<stdio.h>
extern int add(int x,int y);
int main()
{
    int x,y;
    scanf("%d %d",&x,&y);
    printf("%d+%d=%d\n",x,y,add(x,y));
    return 0;
}
```

3.程序调试步骤

（1）首先建立一个工程test。

（2）建立源程序main.c与add.s，请注意选中"Add to Project"，并分别输入C源程序与汇编源程序，如图3.15和图3.16所示。

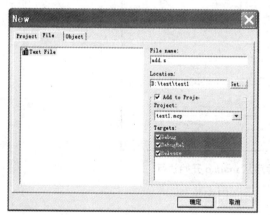

图3.15 建立程序源文件 **add.s**

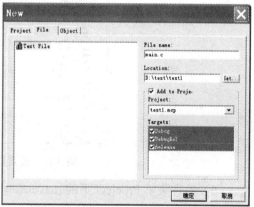

图3.16 建立源程序文件 **main.c**

（3）在图3.17所示界面中设置ARM Linker中Output的RO Base地址为0x400000。

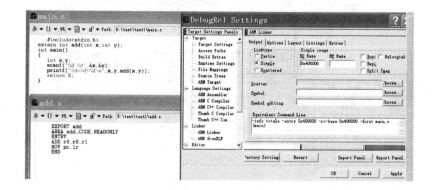

图3.17 设置 ARM Linker 中 Output 的 RO Base 地址

（4）设置程序开始执行的地址，如图3.18所示。

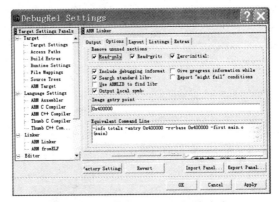

图3.18 设置程序开始执行的地址

（5）如图3.19所示，设置程序从main.o开始执行。

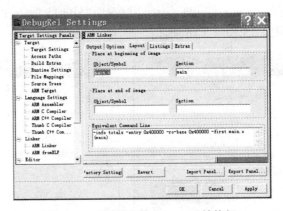

图3.19 设置程序从main.o开始执行

（6）执行菜单Procject下的make命令，编译程序。
（7）执行程序run，运行结果如图3.20所示。

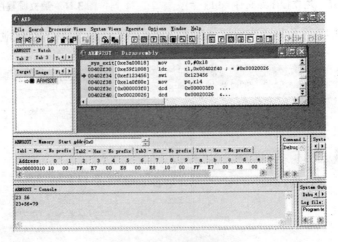

图3.20 程序调试结果

任务3：汇编程序调用C程序

从汇编程序调用C程序，格式较为简单。其格式为：

BL　C函数名

1. 新建一个工程项目 test3.mcp
2. 新建一个 init.s 文件，编写该项目文件的入口程序，程序代码为：

```
    AREA    asm,CODE,READONLY
    IMPORT  add
    ENTRY
    LDR r0,=0x1
    LDR r1,=0x20
    LDR r2,=0x2
    BL      add             ;result saved in r0
    B .
    END
```

3. 新建一个 main.c 程序，程序代码为：

```
int add(int a, int b, int c)
{
    int sum=0,i;
    for(i=a;i<=b;i=i+c)
    sum=sum+i;
    return sum;
}
```

4. 在 ADS1.2 集成开发环境（CodeWarrior for ARM Developer Suite）选择微处理器、RO Base 地址、程序执行的首地址、程序开始执行的函数 Init.o 等环境参数。

5. 选择菜单 Project|Make 后，点击 Project|Debug，转入 AXD 环境。

6. 在 AXD 环境中，调试程序，过程中把变量 a、b、c、i、sum 添加到 Watch 窗口，然后进行单步调试（按 F10），观察这些变量的变化情况。

任务4：汇编程序调用C程序

```
//main.c
int add(int a, int b, int c)
{
  int sum=0;
  sum=a+b+c;
  return sum;
}


//init.s
    AREA    asm,CODE,READONLY
```

```
    IMPORT  add
    ENTRY
    LDR r0,=0x1
    LDR r1,=0x2
    LDR r2,=0x3
    BL    add             ;result saved in r0
    B   .
    END
```

注意：在 AXD 环境中，调试程序，过程中把变量 a、b、c、sum 添加到 Watch 窗口，然后进行单步调试（按 F10），观察这些变量的变化情况。

任务5：汇编程序调用 C 程序
汇编源程序文件

```
    ;IMPORT main_entry
    AREA    Init,CODE,READONLY

    ENTRY

    IMPORT  main
    BL  main
    B   .
    END
```

C 源程序文件 main.c

```c
#define IOPMOD     (*(volatile unsigned *)0x03FF5000) //IO port mode register
#define IOPCON     (*(volatile unsigned *)0x03FF5004) //IO port control register
#define IOPDATA    (*(volatile unsigned *)0x03FF5008) //IO port data register

void delay(unsigned counter);

int main(void)
{
    IOPMOD=0XFF;
    while(1)
    {
        IOPDATA=0X00;
```

```
        delay(500);
        IOPDATA=0XF;
        delay(500);
    }
    return 0;
}


void delay(unsigned counter)
{
    unsigned i;

    while(counter--)
    {
        i = 400;
        while(i--);
    }
}
```

注意：在 AXD 环境中，调试程序，过程中把变量 counter 添加到 Watch 窗口，然后进行单步调试（按 F10），观察这些变量的变化情况。

五、实验步骤记录

六、实验结果分析

七、实验心得

实验 4 嵌入式 GPIO 驱动程序设计

一、实验目的

1. 掌握 ADS1.2 环境下汇编程序与 C 程序混合调用的方法,掌握汇编程序调用 C 程序的方法;
2. 掌握在 Linux 环境下不基于操作系统的驱动程序设计方法;
3. 掌握 S3C2410 中引脚的功能及使用的方法。

二、实验内容

1. 汇编程序的设计;
2. 汇编程序调用 C 程序;
3. 不基于操作系统的驱动程序设计;
4. S3C2410 中引脚的功能及使用。

三、实验设备

1. 教学实验箱,PentiumⅡ以上的 PC 机,硬件多功能仿真器;
2. PC 操作系统 WIN98 或 WIN2000 或 WINXP,ADS1.2 集成开发环境,仿真器驱动程序。

四、实验步骤

任务 1:调试下列汇编程序
1. 分析程序的功能。
2. 查看运行过程中各变量的值。
建立文件 armloop.s,代码如下:

```
rGPFCON EQU 0x56000050
rGPFDAT EQU 0x56000054
rGPFUP  EQU 0x56000058
AREA  Init,CODE,READONLY
ENTRY


ResetEntry
   ldr   r0,=rGPFCON
```

```
    ldr    r1,=0x4000
    str    r1,[r0]

    ldr    r0,=rGPFUP
    ldr    r1,=0xffff
    str    r1,[r0]
    ldr    r2,=rGPFDAT
ledloop
    ldr    r1,=0xff
    str    r1,[r2]
    bl     delay
    ldr    r1,=0x0
    str    r1,[r2]
    bl     delay
b   ledloop
delay
    ldr    r3,=0xbffff

delay1
    sub    r3,r3,#1
    cmp    r3,#0x0
    bne    delay1
    mov    pc,lr
END
```

任务2：调试下列程序

程序中由汇编程序 init.s 调用 C 程序文件 Main.c

1. 分析程序的功能。
2. 查看运行过程中各变量的值。

文件 init.s 代码如下：

```
AREA   Init,CODE,READONLY
ENTRY
ResetEntry
IMPORT Main
BL Main

EXPORT delay
delay
```

```
    sub  r0,r0,#1
    cmp  r0,#0x0
    bne  delay
    mov  pc,lr
END
```

文件 Main.c 代码如下:

```c
#define rGPFCON (*(volatile unsigned long *)0x56000050)
#define rGPFDAT (*(volatile unsigned long *)0x56000054)
#define rGPFUP  (*(volatile unsigned long *)0x56000058)
extern  delay(int time);
void Main()
{
  rGPFCON=0x4000;
  rGPFUP =0xffff;
  while(1)
  {
    rGPFDAT=0xff;
    delay(0xbffff);
    rGPFDAT=0x0;
    delay(0xbffff);
  }
}
```

任务 3：调试下列程序

在任务 2 中，把程序中有文件 main.c 代码改为如下代码，请重新调试程序。

1．分析程序的功能。

2．查看运行过程中各变量的值，调试过程中把各变量添加到 Watch 窗口，观察这些变量的变化情况。

3．程序中设置 rGPFCON=0x5500；rGPFUP =0xffff；rGPFDAT 分别与数据~0x10 与运算，时间延迟后再与 0x10 或运算，然后不断对值 0x20、0x40、0x80 作同样的运算，请编写程序。

```c
#define rGPFCON (*(volatile unsigned long *)0x56000050)
#define rGPFDAT (*(volatile unsigned long *)0x56000054)
#define rGPFUP  (*(volatile unsigned long *)0x56000058)
```

```
void delay(long int n)
{
   long int;
   for( ; n>0 ; n--)
        ;
}

void Main()
{
  rGPFCON=0x0100;
  rGPFUP =0xffff;
  while(1)
  {
    rGPFDAT & =~0x10;
    delay(0x2ffff);
    rGPFDAT | =0x10;
    delay(0xbffff);
  }
}
```

五、实验步骤记录

六、实验结果分析

七、实验心得

实验 5 嵌入式串口驱动程序设计

一、实验目的

1. 掌握ADS1.2环境下汇编程序与C程序混合调用的方法；
2. 掌握S3C2410中引脚的功能及应用；
3. 掌握串口参数的设置；
4. 掌握串口程序设计的方法。

二、实验内容

1. 通过汇编程序调用 C 程序；
2. 掌握不基于操作系统的嵌入式串口驱动程序设计；
3. 掌握 S3C2410 中各引脚的功能及使用。

三、实验设备

1. 教学实验箱，PentiumⅡ以上的 PC 机，硬件多功能仿真器；
2. PC 操作系统 WIN98 或 WIN2000 或 WINXP，ADS1.2 集成开发环境，仿真器驱动程序。

四、实验步骤

任务1：汇编调用C程序，在C程序通过 GPIO 引脚设置，对输入、输出进行控制。

1. 建立文件 add.s，代码如下：

```
;IMPORT  main_entry
AREA    Init,CODE,READONLY

ENTRY

IMPORT  main
BL   main
B    .
END
```

2. C 程序 main.c 代码为：

```
#define GPBCON (*(volatile unsigned long *)0x56000010)
```

```c
#define GPBDAT (*(volatile unsigned long *)0x56000014)
void delay(unsigned counter);
int main(void)
{
    while(1)
    {
    GPBDAT =0x00;
    delay(500);
    GPBDAT =0xF;
    delay(500);
    }
    return 0;
}



    void delay(unsigned counter)
    {
        unsigned i;

        while(counter--)
        {
            i = 400;
            while(i--);
        }
    }
```

任务2：汇编调用C程序，在C程序通过串口参数设置，对串口输入、输出进行控制。

1. 汇编程序 init.s

```
IMPORT Main            ;通知编译器当前文件要引用标号Main，但Main在其他源文件中
AREA    Init,CODE,READONLY   ;定义一个代码段
ENTRY                  ;定义程序的入口点
BL   Main              ;转移到Main
B    .
END;
```

2. C程序 main.c

```c
#include "s3c2410.h"    //注意调试有问题时,此头文件应包含源文件所在的目录
void Delay(unsigned int);                    //声明延时函数
void InitUART(int Port,int Baudrate);        //声明初始化串口函数
```

```c
void PrintUART(int Port,char *s);         //声明串口输出字符函数

int main()
{
    int  date;
    InitUART(0,0x500);   //19200bps  50MHz  0=COM1;1=COM2
    while(1)
    {
        while((rUTRSTAT0 & 0x1) == 0x0);
        getc( );
        date=rURXH0;
        if(data=='\r')
        {
            while(!(rUTRSTAT0 &  0x2));
            rUTXH0 = data;
            while(!(rUTRSTAT0 &  0x2));
            rUTXH0 = '\n';
        }
        else
        {
            while(!(rUTRSTAT0 &  0x2));
            rUTXH0 = data;
        }

    }
    void InitUART(int Port,int Baudrate)
    {
    GPHCON|=0xA0;
    GPHUP = 0x0C;
    if(Port==0)
    {
        ULCON0 =0x03;
        UCON0 = 0x05;
        UFCON0= 0x00;
        UMCON0= 0x00;
        UBRDIV0= Baudrate;
    }
    if( Port= =1)
    {
```

```
            ULCON0 =0x03;
            UCON0 = 0x05;
            UFCON0= 0x00;
            UMCON0= 0x00;
            UBRDIV0= Baudrate;
        }
    }

    void Delay(unsigned int x)
    {
     unsigned int i,j,k;
     for(i=0;i<=x;i++)
         for(j=0;j<0xff;j++)//J 执行 255 次，X 加 1
             for(k=0;k<0xff;k++);//K 执行 255 次，J 加 1
    }
```

3．在 ADS1.2 集成开发环境（CodeWarrior for ARM Developer Suite）选择微处理器、RO Base 地址、程序执行的首地址、程序开始执行的函数 Init.o 等环境参数。

4．选择菜单 Project|Make 后，点击 Project|Debug，转入 AXD 环境。

5．在 AXD 环境中，点击 Ecxute|Go，然后进行单步调试。

6．调试过程中把各变量添加到 Watch 窗口，观察这些变量的变化情况。

7．分析程序，写出程序的整体功能。

五、实验步骤记录

六、实验结果分析

七、实验心得

实验 6 基于虚拟机的 Linux 操作系统安装及常用命令操作

一、实验目的

1. VMware 虚拟软件的安装；
2. 在虚拟环境下 Linux 操作系统的安装；
3. 在 VMware 环境下 Linux 系统的运行；
4. 掌握 Linux 操作系统中基本命令的使用。

二、实验内容

1. 在 Windows 环境下安装虚拟机；
2. 在运行虚拟机后，安装 Linux 操作系统；
3. 启动 Linux 操作系统；
4. Linux 操作系统中文件系统命令的应用；
5. Linux 操作系统中系统管理命令的应用；
6. Linux 操作系统中网络操作命令的应用；
7. Linux 操作系统中安全常用命令的应用。

三、实验设备

1. PC 操作系统 WIN98 或 WIN2000 或 WINXP；
2. 虚拟机软件；
3. Linux 镜像文件。

四、实验步骤

任务 1：虚拟机的安装

步骤 1：在网络上下载一个最新版本的针对 Windows 系统的 VMware-workstation，下面我们安装的是 VMware-workstation 5.0 版本。双击此软件后，就会出现如图 6.1 所示画面。

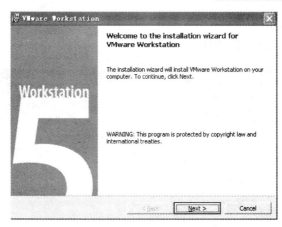

图 6.1 欢迎界面

单击"next"按钮。

步骤 2：进入安装协议界面，具体如图 6.2 所示。

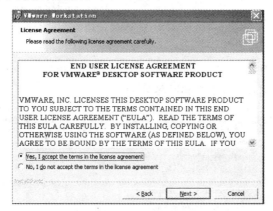

图 6.2 安装协议界面

选中"yes，I accept the terms in the license agreement"，单击"next"按钮。

步骤 3：进入选择安装路径的界面，具体如图 6.3 所示。

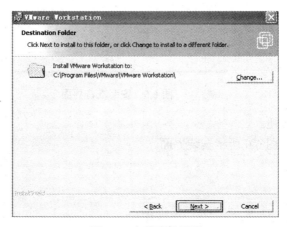

图 6.3 安装路径界面

单击"next"按钮。

步骤 4：出现如图 6.4 所示确认界面。

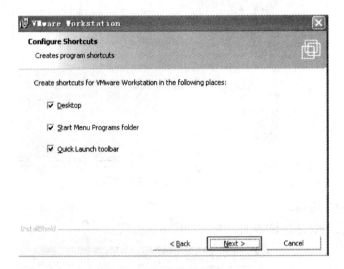

图 6.4　确认界面

单击"next"按钮。

步骤 5：出现如图 6.5 所示安装准备界面。

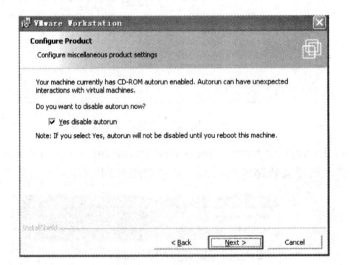

图 6.5　安装准备界面

单击"next"按钮。

步骤 6：出现如图 6.6 所示安装界面。

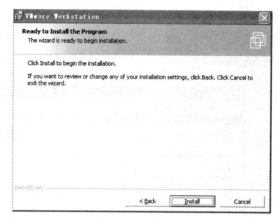

图 6.6 安装界面

单击"Install"按钮。

步骤 7：进入输入序列号的界面，具体如图 6.7 所示。

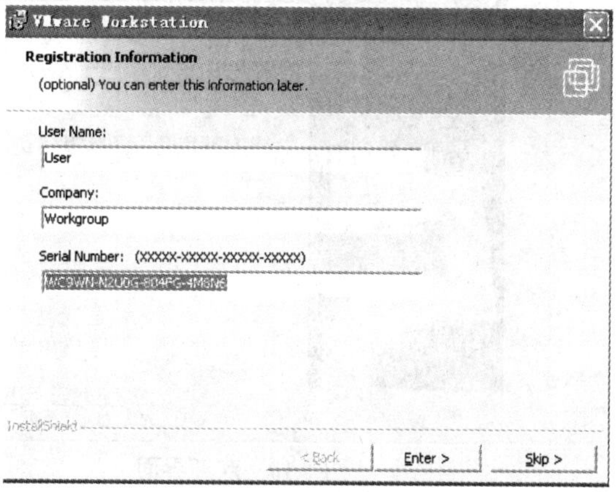

图 6.7 输入序列号界面

单击"Enter"按钮。

步骤 8：进入完成的界面，具体如图 6.8 所示。

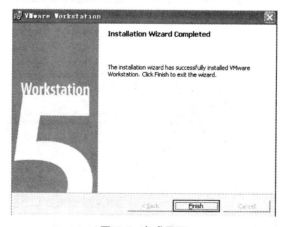

图 6.8 完成界面

单击"Finish"按钮。

步骤 9：双击桌面的虚拟机图标，即进入虚拟机的主界面，在该界面中单击 file→new→Virtual Machine 如图 6.9 所示。

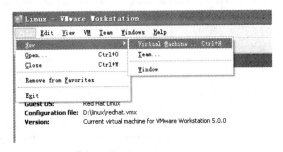

图 6.9　新建虚拟机菜单界面

步骤 10：进入欢迎新建虚拟机向导界面，具体如图 6.10 所示。

图 6.10　欢迎界面

单击"下一步"按钮。

步骤 11：出现如图 6.11 所示配置界面。

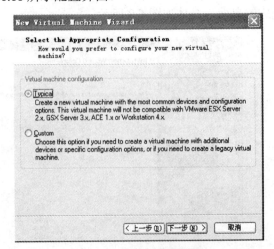

图 6.11　虚拟机配置界面

默认选择，单击"下一步"按钮。

步骤 12：进入选择虚拟机操作系统界面，具体如图 6.12 所示。

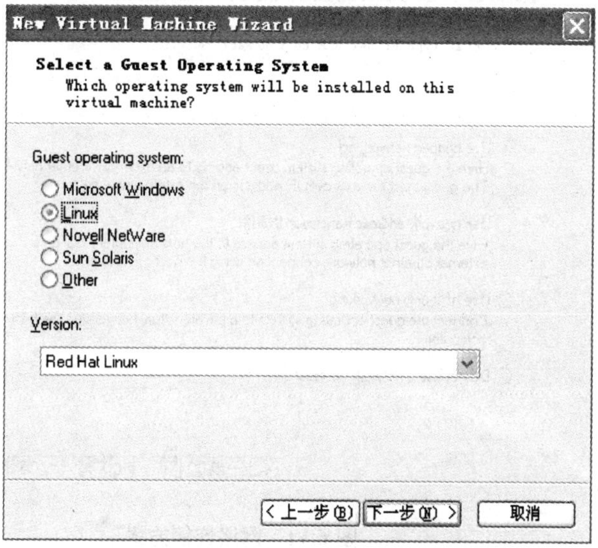

图 6.12 选择虚拟机操作系统界面

选中"Linux"，单击"下一步"按钮。

注意：在步骤 12 中选择 Linux 版本时，一般要根据自己的 CPU 支持的 32 位或 64 位来选择，假如你的 CPU 只支持 32 位，这里就不能选择 64 位。

步骤 13：进入虚拟机存放位置界面，具体如图 6.13 所示。

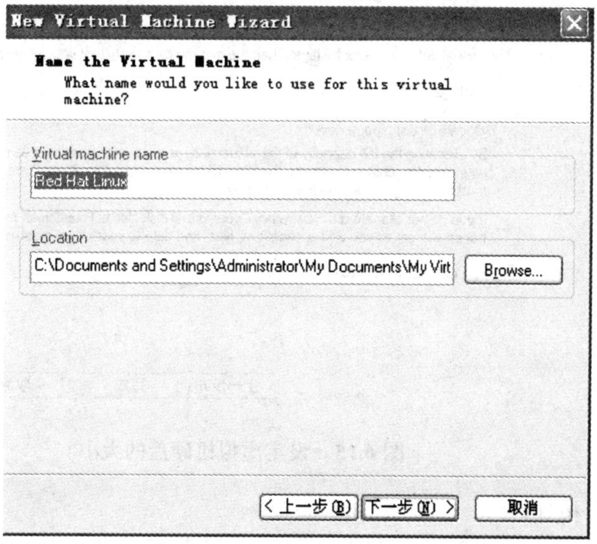

图 6.13 选择虚拟机存放的路径

步骤 14：进入选择网络连接方式界面，具体如图 6.14 所示。

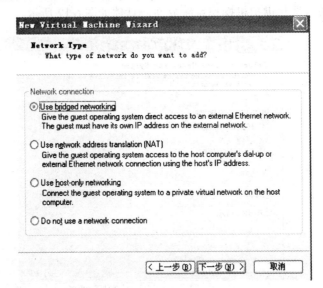

图 6.14 网络连接方式

默认选择，单击"下一步"按钮

步骤 15：进入设置虚拟机硬盘的大小界面，具体如图 6.15 所示。

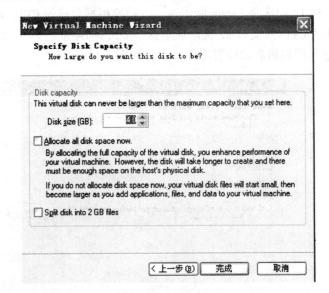

图 6.15 设定虚拟机硬盘的大小

单击"完成"按钮。

注意：建议此处的虚拟硬盘设置大点，因为随着后面的实验，使用的软件增加，可能会出现空间的问题，最好是 7~8 G。

步骤 16：为虚拟机安装 Redhat9.0 操作系统，VMware Workstation 支持光盘启动安装。双击虚拟机界面的"CD-ROM (IDE 1:0)   Auto detect"项，在出现的如图 6.16 所示的对话框中选择"Use physical drive",然后选择你的光驱盘符。

> 注意:本处的光驱盘符号"G"。

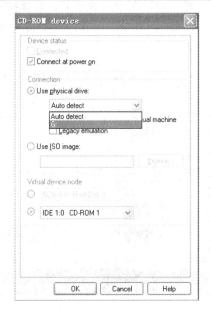

图 6.16 选择光驱安装

单击"OK"按钮。

步骤 17:单击工具栏上的绿色按钮" ▶ "就可以启动虚拟机了,单击虚拟机的窗口,就可以和使用一台真的计算机一样使用它了。如图 6.17 所示。

图 6.17 进入虚拟机界面

任务 2：安装 Linux

步骤 1：在图 6.17 所示界面中以图形方式安装，直接按 Enter 键。

步骤 2：开始安装后，系统一般要花费一段时间对计算机内配置的各种硬件进行检测，会出现如图 6.18 所示的画面。

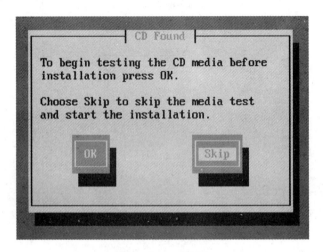

图 6.18 CD 检测

按 Tab 键，选择"Skip"，按回车。

步骤 3：进入欢迎对话框界面，如图 6.19 所示。

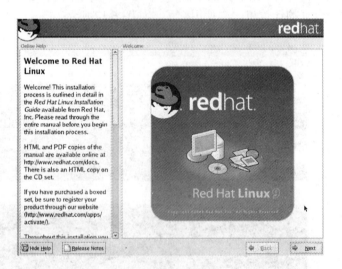

图 6.19 欢迎界面

单击"Next"。

步骤 4：进入语言选择对话框界面，如图 6.20 所示。

图 6.20　语言选择对话框

选择"简体中文"语言类型后，单击"Next"。

步骤 5：进入键盘选择对话框界面，如图 6.21 所示。

图 6.21　键盘选择对话框

默认选择，单击"下一步"。

步骤 6：进入鼠标配置对话框界面，如图 6.22 所示。

图 6.22　鼠标配置对话框

默认选择，单击"下一步"。

步骤 7：进入安装类型对话框界面，如图 6.23 所示。

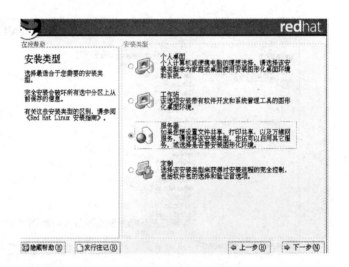

图 6.23　安装类型对话框

选择"服务器"安装类型后，单击"下一步"。

步骤 8：进入磁盘分区设置对话框界面，如图 6.24 所示。

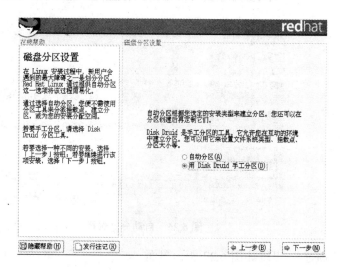

图 6.24　磁盘分区设置

选择"用 Disk Druid 手工分区"类型后，单击"下一步"。

注意：当在安装双系统时（即不在虚拟机下安装），在磁盘分区的时候，一定要特别小心，要选择空闲空间进行分区，否则一不小心就会将原来的 windows 系统的盘符格式化掉。

步骤 9：进入用 Disk Druid 手工分区对话框界面"磁盘设置"，如图 6.25 所示。

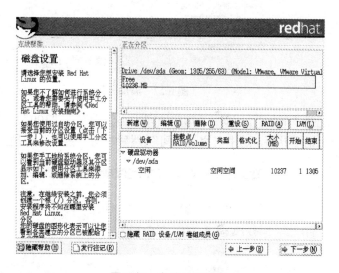

图 6.25　自动分区选择

选中"　空闲　　　空闲空间　　　10237　1 1305　"，具体如图 6.26 所示。

注意：空闲空间 10236MB，是在安装 Linux 之前，就剩余出来的。

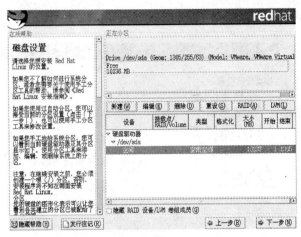

图 6.26　自动分区选择

然后单击"新建",出现如图 6.27 所示界面。

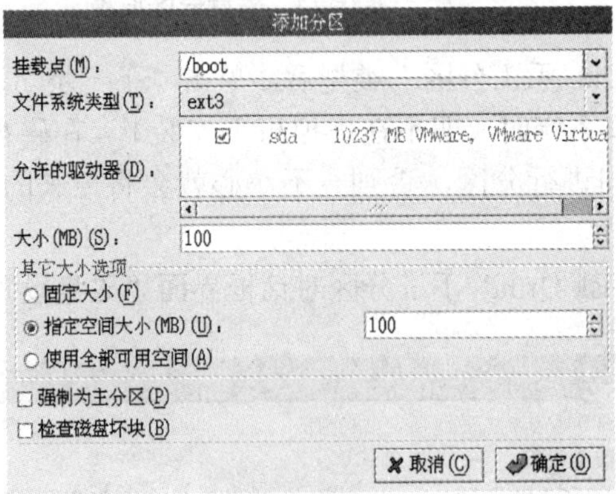

图 6.27　添加分区

"挂载点"选择"/boot",选中"指定空间大小"设置为"100",单击"确定",就回到自动分区选择对话框界面,选中"空闲空间",然后单击"新建",出现如图 6.28 所示界面。

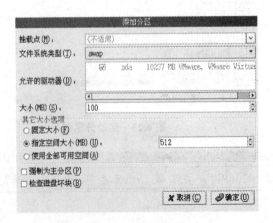

图 6.28　添加分区

"文件系统类型"选择"swap",选中"指定空间大小"设置为"512", 单击"确定"。回到"自动分区选择"对话框界面,选中"空闲空间",然后单击"新建",出现如图 6.29 所示界面。

> 注意:swap 空间大小为内存 1~2 倍。

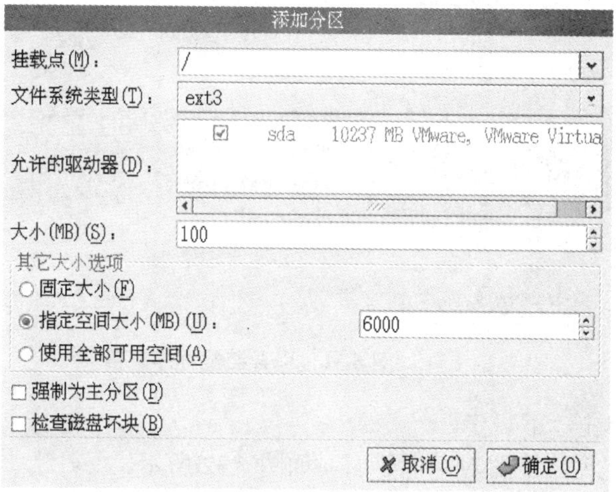

图 6.29 添加分区

"挂载点"选择"/",选中"指定空间大小"选择"6000",单击"确定"。回到"自动分区选择"对话框界面,如图 6.30 所示。

> 注意:空闲空间一般要大于等于 1.7G,当磁盘为 1.7G 时,只能安装个人桌面或工作站的内容,而大于等于 5G 时,才允许用户安装每一个软件包。

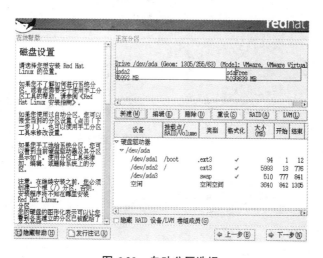

图 6.30 自动分区选择

单击"下一步"。

步骤 10：进入引导装载程序配置对话框界面，如图 6.31 所示。

图 6.31　引导装载程序配置

默认选择，单击"下一步"。

步骤 11：进入网络配置对话框界面，如图 6.32 所示。

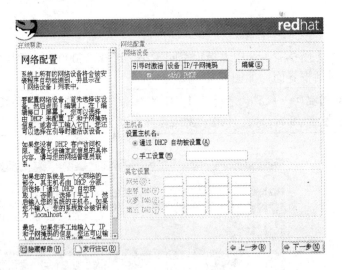

图 6.32　网络配置界面

默认选择，单击"下一步"。

步骤 12：进入防火墙配置对话框界面，如图 6.33 所示。

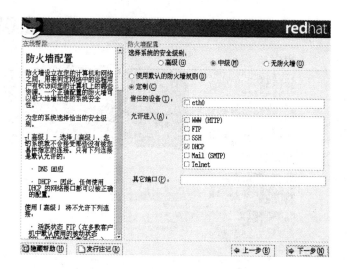

图 6.33　防火墙配置

默认选择，单击"下一步"。

步骤 13：进入语言支持选择对话框界面，如图 6.34 所示。

图 6.34　语言支持选择

默认选择，单击"下一步"。

步骤 14：进入时区选择对话框界面，如图 6.35 所示。

图 6.35　时区选择

默认选择，单击"下一步"。

步骤 15：进入设置根口令对话框，如图 6.36 所示。

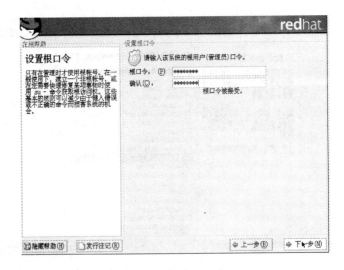

图 6.36　设置根口令

设置好根口令，单击"下一步"。

> 注意：如果不输入根口令，安装程序将不允许用户继续安装。根口令必须至少有 6 个字符，用户必须把口令输入两次；如果两次输入的口令不一样，安装程序将会提示用户重新输入口令，此口令是不能忘记的。

步骤 16：进入选择软件包组对话框，如图 6.37 所示。

图 6.37　选择软件包组

选择"全部"，单击"下一步"。

> 注意：建议在图 6.37 的选择安装软件包的时，"桌面"和"应用程序"选项下，默认即可；"服务器""开发""系统"下基本安装，最好全部安装，当然，以后的实验中当用到软件时再安装也可以。

步骤 17：进入即将安装对话框，如图 6.38 所示。

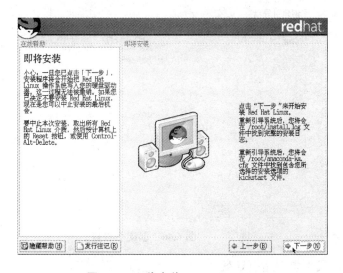

图 6.38　即将安装 Red Hat Linux

单击"下一步",就出现安装进程,具体如图 6.39 所示。

图 6.39 安装进程

注意: 待软件包安装完之后,若安装盘在重新引导时没有自动弹出,务必将光盘取出。

步骤 18: 待软件包安装完之后,系统会提示用户是否创建引导安装盘对话框,如图 6.40 所示。

图 6.40 创建引导盘

选择"否,我不想创建引导盘(D)",点击"下一步"。

步骤 19：进入图形化界面（X）配置对话框，如图 6.41 所示。

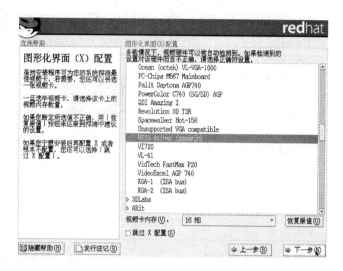

图 6.41　图形化界面（X）配置

默认选择，单击"下一步"。

步骤 20：进入显示器配置对话框，如图 6.42 所示。

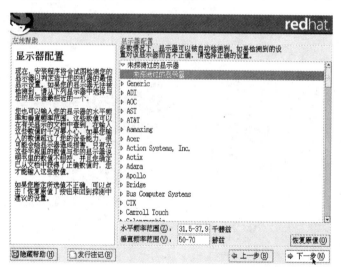

图 6.42　显示器配置

默认选择，单击"下一步"。

步骤 21：进入定制图形化配置对话框，如图 6.43 所示。

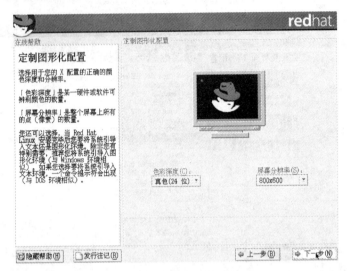

图 6.43　定制图形化配置

默认选择，单击"下一步"。

步骤 22：进入安装成功对话框，如图 6.44 所示。

图 6.44　安装成功

默认选择，单击"退出"。

步骤 23：完成 Red Hat Linux 9.0 的安装后，系统会出现欢迎界面，如图 6.45 所示。

图 6.45 欢迎界面

单击"前进"。

步骤 24：进入用户账号对话框，如图 6.46 所示。

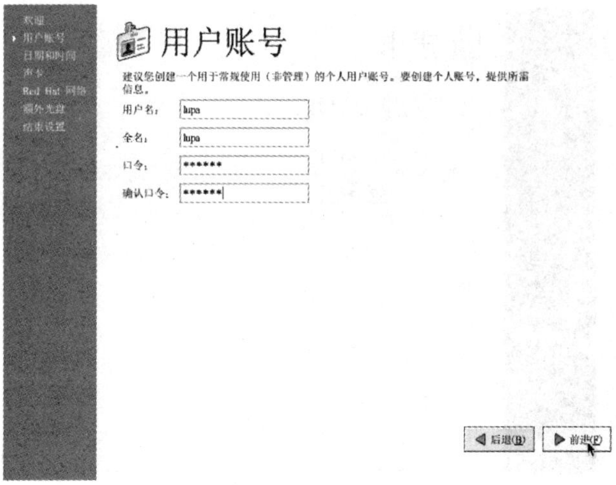

图 6.46 用户账号

创建一个个人账号（口令必须至少有 6 个字符），单击"前进"。

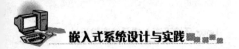

步骤 25：进入日期和时间对话框，如图 6.47 所示。

图 6.47　日期和时间

默认选择，单击"前进"。

步骤 26：进入声卡对话框，如图 6.48 所示。

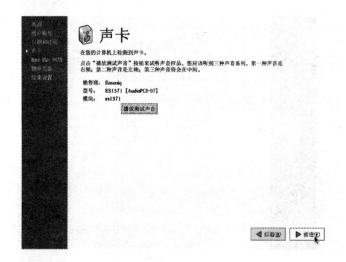

图 6.48　声卡

默认选择，单击"前进"。

步骤 27：进入 Red Hat 网络对话框，如图 6.49 所示。

图 6.49　Red Hat 网络

选择"否，我不想注册我的系统"，单击"前进"。

步骤 28：进入额外光盘对话框，如图 6.50 所示。

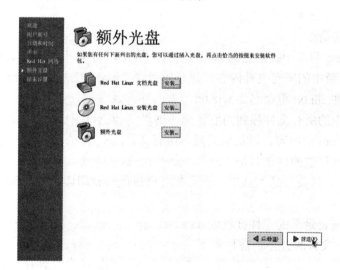

图 6.50　额外光盘

默认选择，单击"前进"。

步骤 **29**：进入结束设置对话框，如图 6.51 所示。

图 6.51　结束设置

默认选择，单击"前进"，就完成整个系统的安装。

任务 3：Linux 基本命令的操作

1．文件系统命令

（1）搜索/etc 目录中扩展名为.conf 且包含"anon"字符串的文件 grep anon　*.conf，搜索当前目录中的所有文件内容，显示不包含"lupa"的所有行 grep-v lupa　*.*

（2）将文件 cjh.txt 重命名为 wjz.txt, mv cjh.txt wjz.txt。

将/usr/cbu 中的所有文件移到当前目录（用"."表示）中, mv /usr/cbu/*　。

（3）显示/root 的内容，以长格式显示所有文件, ls /root -l。

（4）假设要创建的目录名是"zb"，mkdir zb，

假设要创建的目录名是"tsk"，让所有用户都有 rwx(即读、写、执行的权限)，mkdir -m 777 tsk。

（5）将当前目录下的文件打包成 data.tar，tar -cvf data.tar　*，

将 foo.tar.gz 文件解开至当前目录下，tar -zxvf foo.tar.gz。

（6）挂载 U 盘（设 U 盘设备名为 sda1, 具体用 fdisk-l 命令查看 U 盘设备名）中的内容至/mnt/usb 下，并查找 U 盘的内容。

[root@localhost root]# mount /dev/sda1 /mnt/usb

[root@localhost root]# cd /mnt/usb

[root@localhost root]# ls

挂载 windows(设 windows 设备驱动名为 hda6)。

[root@localhost root]# mount -t vfat /dev/hda6 /mnt/win

显示已挂载的驱动卷号。

[root@localhost root]# mount -l

(7) 卸载 U 盘。

[root@localhost root]# `umount /mnt/usb`

2．系统管理命令

(1) 建立一个新用户账户 zb。

[root@localhost root]# `useradd zb`

(2) 给 zb 设置密码。

[root@localhost root]# `passwd zb`

(3) 显示当前系统时间。

[root@localhost root]# `date`

设置系统时间为 2 月 8 日 11 点 01 分。

[root@localhost root]# `date 02081101`

3．网络操作命令

由于 Linux 系统是在 Internet 上起源和发展的，拥有强大的网络功能和丰富的网络应用软件，尤其是 TCP/IP 网络协议的实现尤为成熟。Linux 的网络命令比较多，其中一些命令像 ping、ftp、telnet、route、netstat 等在其他操作系统上也能使用，但也有一些 Unix/Linux 系统独有的命令，如 ifconfig、 finger、mail 等。

(1) 给 eth0 接口设置 IP 地址为 192.168.1.15，并且马上激活它。

[root@localhost root]# `ifconfig eth0 192.168.1.15 netmask 255.255.255.68 broadcast 192.168.1.158 up`

(2) ping：检测主机网络接口状态，使用权限是所有用户。记录主机 `192.168.1.15` 的路由过程。

[root@localhost root]# `ping 192.168.1.15`

设置完成要求回应的次数为 4 次。

[root@localhost root]# `ping 192.168.1.15 -c 4`

(3) netstat：检查整个 Linux 网络状态。

显示处于监听状态的端口。

[root@localhost root]# `netstat`

显示本机路由表。

[root@localhost root]# `netstat -r`

(4) telnet：开启终端机阶段作业，并登入远端主机。

远程登录到 192.168.1.15。

[root@localhost root]# `telnet 192.168.1.15`

(5) ftp：进行远程文件传输。

登录 IP 为 192.168.1.15 的 `ftp` 服务器。

[root@localhost root]# `ftp 192.168.1.15`

4．安全常用命令

(1) chmod：用改变文件或目录的访问权限，用户可以用它控制文件或目录的访问权限，使用权限是超级用户。

以数字方式设定，使一个表格(tem)能让所有用户填写。

[root@localhost root]# `chmod 666 tem`
用字符权限设定文件权限。
[root@localhost root]# `chmod a=wr tem`
（2）ps：显示瞬间进程的动态，使用权限是所有使用者。
显示所有包含其他使用者的进程。
[root@localhost root]# `ps -aux`
以长列表的形式显示当前正在运行的进程。
[root@localhost root]# `ps -l`
5．rpm 命令
rpm：用来安装 rpm 形式的软件包。
安装 dhcp 服务器，而它的软件包名为 dhcp-3.0pll-23.i386.rpm。
[root@localhost root]# `rpm -ivh dhcp-3.0pll-23.i386.rpm`
用 rpm 安装 dns 服务器（软件包名为：bind-9.2.1-16.i386.rpm、bind-utils-9.2.1-16.i386.rpm 和 redhat-config-bind-1.9.0-13.norch.rpm）。

五、实验步骤记录

六、实验结果分析

七、实验心得

实验 7　Linux 环境下嵌入式软件环境的设置

一、实验目的

1. 掌握宿主机上的防火墙和串口进行配置；
2. 掌握宿主机的 IP 地址、tftp 服务的设置；
3. 设置实验箱（或开发板）的网络环境设置，使实验箱或开发板与宿主机同在一个网段；
4. 掌握 NFS 服务的配置；
5. 掌握交叉编译器、交叉调试器的安装及应用。

二、实验内容

1. 设置防火墙；
2. 串口设置；
3. 安装交叉编译器；
4. 安装调试器客户端 gdb 和服务端 gdbserver；
5. 使用 gdb 调试器调试 test.c；
6. 使用 gdbserver 调试器调试 test.c。

三、实验设备

1. Pentium II 以上的 PC 机，操作系统为 Redhat Linux 9

四、实验步骤

任务 1：防火墙设置

1. 启动 Linux。
2. 关闭防火墙。

打开终端并关闭防火墙，命令如下：

`[root@localhost root]#` **`service iptables stop`**

清除所有链：	[　确定　]
删除用户定义的链：	[　确定　]
将内建链重设为默认的"ACCEPT"策略：	[　确定　]

任务 2：minicom 端口配置及使用

（1）使用命令：

`[root@localhost root]#` **minicom -s**

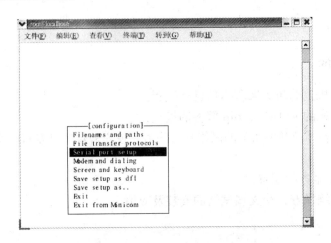

图 7.1　minicom -s 命令执行结果

此命令运行的结果如图 7.1 所示，选择 Serial port setup 选项，并按回车，出现如图 7.2 所示的界面。

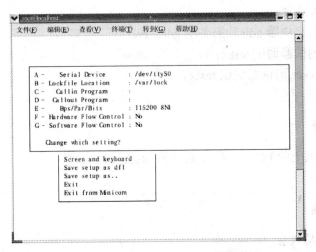

图 7.2　Serial port setup 参数选项

设置参数如下：

按 A 键进行串口号的设置，此处指定为/dev/ttyS0。

按 F 键进行硬件流控制的设置，设置为 No。

按 E 键设置串口的波特率为 115200；设置奇偶校验位为无奇偶校检；设置数据位为 8；按 V 键；设置停止位为 1；按 W 键；可以直接按 Q 键，使数据位为 8，奇偶位为无，停止位为 1，如图 7.3 所示。

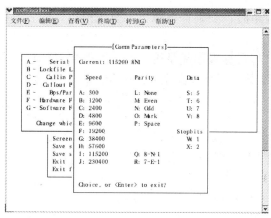

图 7.3　Serial port setup 参数设置

配置正确后,按回车返回上一级 minicom 配置界面,如图 7.4 所示。

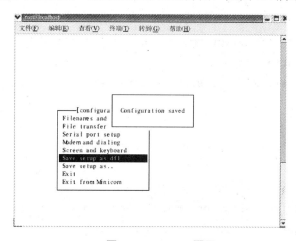

图 7.4　minicom 配置

选择 Save setup as dfl 选项对所做的修改进行保存,然后,选择 Exit 选项退出配置界面,进入到 minicom 启动界面,如图 7.5 所示。

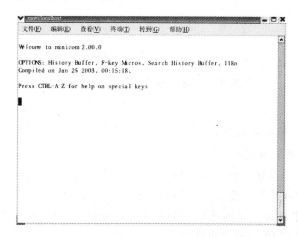

图 7.5　minicom 启动界面

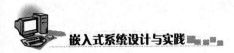

注意：在引导实验箱时，要确保虚拟机上有虚拟串口，否则，将看不到以下的引导画面。

最后，检查宿主机与目标板连线是否正确，并开启目标板，对目标板进行引导，若 minicom 配置正确，则会显示类似如图 7.6 所示的信息。

```
**********************keybd_init**************
**********************led_init**************
the date write is: ba65
the read data is: ba65
Init uda1380 finished.
s->dma_ch = 2
s->dma_ch = 1
UDA1380 audio driver initialized
**********************electromotor_init**************
MMC/SD Slot initialized
/usr/etc/rc.local: 22: /jffs2/sbin/iptables: not found
open ok
open ok
chmod: /jffs2/etc/ipset: No such file or directory
release ok
release ok
mount: Mounting /dev/sda1 on /mnt failed: No such device or address
cp: /mnt/hn1.wav: No such file or directory
#此处由于系统找不到hn1.wav文件，需要读者按CTRL+C键进入系统。

BusyBox v1.00-pre10 (2005.06.14-09:21+0000) Built-in shell (ash)
Enter 'help' for a list of built-in commands.


~ #                                    #此提示符表明进入了目标板的系统当中
```

图 7.6　minicom 配置成功的信息

任务 3：tftp 服务的安装与配置

1.在 Linux 下的网络设置

步骤①：点击"主菜单"→"系统设置"→"网络"，打开网络配置窗口。

步骤②：点击"编辑"，进入以太网设备窗口。

步骤③：设置 IP 地址、子网掩码、网关等。此处把 IP 地址设为 192.168.2.80，读者可以按照自己的情况设置 IP 地址。设置如图 7.7 所示。

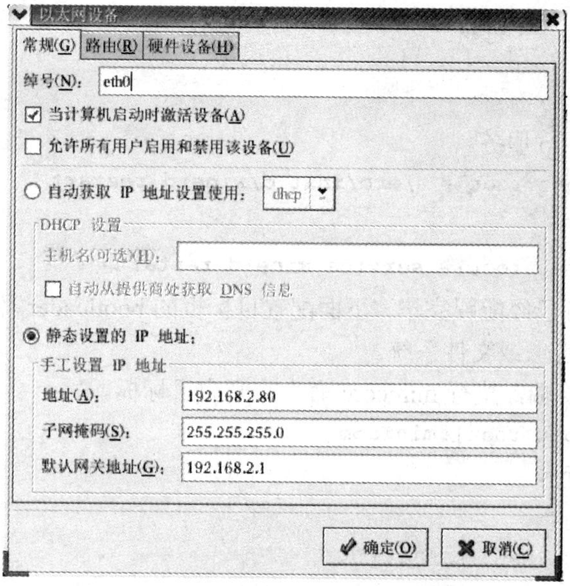

图 7.7 设置 IP 地址、子网掩码、网关等

2．在 Linux 下的 tftp 配置

步骤 1：检测 tftp 服务是否安装。

`[root@localhost root]# `**`rpm -qa|grep tftp`**

`tftp-0.32-4`

`tftp-server-0.32-4`

显示以上信息表明系统已安装了 tftp 服务，否则需要安装 tftp-server-0.32-4.i386.rpm 和 tftp-0.32-4.i386.rpm 包，这两个包在第 3 张光盘上。插入光盘后，执行以下命令：

`[root@localhost root]# `**`rpm -ivh /mnt/cdrom/Redhat/RPMS/tftp*.rpm`**

步骤 2：创建 tftpboot 目录。（注：建立此目录是为了下面设置 tftp 服务的根目录）

`[root@localhost root]# `**`mkdir /tftpboot`**

步骤 3：编辑/etc/xinetd.d/tftp。

`[root@localhost root]# `**`vi /etc/xinetd.d/tftp`**

```
service tftp
{
  disable = no
  socket_type = dgram
  protocol = udp
  wait = yes
  user = root
  server = /usr/sbin/in.tftpd
  server_args = -s /tftpboot      #此处设置/tftpboot 为 tftp 服务的根目录（此目录供客户端下载所需文件）
  per_source = 11
```

```
    cps = 100 2
    flags = IPv4
}
```

步骤 4：重启 tftp 服务。

`[root@localhost root]#` **/etc/init.d/xinetd restart**

或

`[root@localhost root]#` **service xinetd restart**

到此，tftp 服务已经配置完毕，下面配置目标板的 bootloader 环境变量，让目标板可以通过 tftp 下载内核镜像或文件系统。

步骤 5：打开终端，执行 minicom 命令，开启目标板。

`[root@localhost root]#`**minicom**

会出现以下画面：

```
PPCBoot 2.0.0 (Sep  1 200


PPCBoot code: 33F00000 -> 33F15D68  BSS: -> 33F191FC
DRAM Configuration:
Bank #0: 30000000 64 MB
Flash Memory Start 0x0
Device ID of the Flash is 18
intel E28F128J3A150 init finished!!!
Flash: 16 MB
Write 18 to Watchdog and it is 18 now
start linux now(y/n):           #此处快速按 n 键，进入 ppcboot 命令提示符界面
SMDK2410 #
```

步骤 6：查看当前的环境变量。

```
SMDK2410 # printenv
bootdelay=3              #定义执行自动启动的等候秒数
baudrate=115200          #定义串口控制台的波特率
ethaddr=08:00:3e:26:0a:5b          #定义以太网近的 MAC 地址
filesize=dd947
gatewayip=192.168.2.1         #此为网关
netmask=255.255.255.0         #此为子网掩码
serverip= 192.168.2.122       #当前的服务器 IP 地址
ipaddr=192.168.2.120          #此为目标板的 IP
```

步骤 7：修改当前的环境变量。

目标板上的 serverip 应当配置成宿主机的 IP 地址，而自身 IP 地址根据宿主机的 IP 选择一个同网段的就行，在这里设置成 192.168.2.82。

```
SMDK2410 # setenv serverip 192.168.2.80
```

SMDK2410 # setenv ipaddr 192.168.2.82
#修改目标板自身的IP地址
SMDK2410 # setenv serverip 192.168.2.80   #用setenv命令修改serverip（即宿主机的IP）
SMDK2410 # saveenv   #保存当前设置的环境变量
Saving Environment to Flash...
Protect off 00020000 ... 0002FFFF
.
Un-Protected 1 sectors
Erasing Flash...   [XXXXX]
Erased 1 sectors
Writing to Flash...   ********#
done
.
Protected 1 sectors
SMDK2410 # printenv   #再次查看环境变量
bootdelay=3
baudrate=115200
ethaddr=08:00:3e:26:0a:5b
filesize=dd947
gatewayip=192.168.2.1
netmask=255.255.255.0
ipaddr=192.168.2.82
serverip=192.168.2.80

注意：宿主机及目标板上的IP地址，切勿跟局域网内其他设备的IP地址相冲突。

任务4：下载内核镜像文件zImage
步骤1：拷贝zImage和ramdisk.image.gz到/tftpboot目录中。
[root@localhost root]# **cp /RJARM9-EDU/Images/zImage /tftpboot/**
[root@localhost root]# **cp /RJARM9-EDU/Images/ramdisk.image.gz /tftpboot/**
做此步骤的前提是先安装厂家自带的光盘，参见后面安装厂家自带的交叉编译环境部分的内容。
步骤2：下载内核镜像文件zImage。(注：此内核文件是锐极厂家提供)
SMDK2410 # tftpboot 0x33000000 zImage
#用tftpboot命令把zImage从地址为192.168.2.80的宿主机上下载到目标板的地址为0x33000000上
<DM9000> I/O: 8000300, VID: 90000a46
NetOurIP =c0a8025a
NetServerIP = c0a8024c

```
NetOurGatewayIP = c0a80201
NetOurSubnetMask = ffffff00
ARP broadcast 1
ARP broadcast 2
TFTP from server 192.168.2.80; our IP address is 192.168.2.82
Filename 'zImage'.
Load address: 0x33000000          #下载到 0x33000000 地址上
Loading:
#################################################################
         ########################################################
         ######################################################
Done
```
#表示下载完毕（注意：此时的内核在 RAM 下，系统复位后 0x33000000 地址上的内核 zImage 也就消失了）
```
Bytes transferred = 933672 (e3f28 hex)      #下载的字节大小
SMDK2410 #
```
以上信息表明已经成功地把内核通过 tftp 下载到目标板上的 RAM 中。

任务5：NFS 服务的配置

步骤1：编辑/etc/exports 文件。

```
[root@localhost root]# vim /etc/exports
/home (rw)
```
#新建空行中写入该内容，/home 和 (rw) 之间有一个空格
#此处表示根目录作为共享目录，并且权限为可读、可写

步骤2：启动 nfs 服务。

```
[root@localhost root]# /etc/init.d/nfs restart              （方法1）
```
或
```
[root@localhost root]#service nfs restart                   （方法2）
```
显示如下：

```
关闭 NFS mountd:                                          [ 确定 ]
关闭 NFS 守护进程:                                        [ 确定 ]
Shutting down NFS quotas:                                 [ 确定 ]
关闭 NFS 服务:                                            [ 确定 ]
启动 NFS 服务:                                            [ 确定 ]
Starting NFS quotas:                                      [ 确定 ]
启动 NFS 守护进程:                                        [ 确定 ]
启动 NFS mountd:                                          [ 确定 ]
```

步骤3：在目标机上执行挂载命令。

```
~ # mount 192.168.2.80:/home /mnt
```

此命令在目标机上执行，表示把 IP 地址为 192.168.2.80 的宿主机的根目录挂载到目标机的/mnt 目录下。

步骤 4：查看目标板上/mnt 目录下的内容。

~ # cd /mnt/
/mnt # ls

显示内容如下：（以下都是宿主机的/home 目录下的文件，说明挂载成功）

1	k	linux-2.6.14.tar.bz2
gpio_drv.o	k.c	pax_global_header
gpio_test	linux-2.6.14	zImage

任务 6. 交叉编译器安装

1. 安装 cross-2.95.3.tar.bz2

步骤 1：安装 cross-2.95.3.tar.bz2。

把 cross-2.95.3.tar.bz2 下载后存放在 / root 目录下。

下载地址：http://download.csdn.net/tag/cross-2.95.3.tar.bz2

步骤 2：在 / usr/local 目录下创建 arm 目录。

[root@localhost root]# **mkdir /usr/local/arm**

步骤 3：把 cross-2.95.3.tar.bz2 复制到/usr/local/arm 目录下。

[root@localhost root]# **cp cross-2.95.3.tar.bz2 /usr/local/arm/**

[root@localhost root]# **cd /usr/local/arm/**

步骤 4：解压 cross-2.95.3.tar.bz2 包。

[root@localhost arm]# **tar -jxvf cross-2.95.3.tar.bz2**

解压后，生成一个 2.95.3 的文件夹，而交叉编译工具的目录在/usr/local/arm/2.95.3/bin。解压完成后最好把 cross-2.95.3.tar.bz2 压缩包删除，以释放磁盘空间。

步骤 5：在环境变量 PATH 中添加路径。

[root@localhost 2.95.3]# **vi ~/.bashrc**

添加内容如图 7.8 所示。

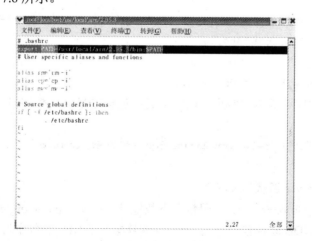

图 7.8 添加路径

注意：添加好后，重新打开终端或执行 source .bashrc 后，此设置才能生效。

步骤 6：查看环境变量。

`[root@localhost root]#` `echo $PATH`

显示如下：

/usr/local/arm/2.95.3/bin:/usr/local/sbin:/usr/local/bin:/sbin:/bin:/usr/sbin:/usr/bin:/usr/X11R6/bin

如果显示有/usr/local/arm/2.95.3/bin，表明此时就可以在终端直接运用 arm-linux-gcc 编译器，而不用指定其路径，如没有在~/.bashrc 文件中添加路径，则需要指明路径，才能编译程序。

步骤 7：编辑一个 hello.c 文件，内容如下：

```
#include<stdio.h>
int main()
{
  printf("Hello world!\n"):
  return 0;
}
```

步骤 8：交叉编译操作。

方法一：在~/.bashrc 文件中添加路径后，代码如下。

`[root@localhost root]#` `arm-linux-gcc-o liu liu.c`

方法二：没有添加路径的情况下，代码如下。

`[root@localhost root]#` `/usr/local/arm/2.95.3/bin/arm-linux-gcc-o liu liu.c`

可以看出，方法二需要指明具体路径，比方法一烦琐多了。

2. 安装 arm-linux-gcc-3.4.1.tar.bz2

由于 cross-2.95.3 交叉编译器对新的内核编译支持不够好，因此下载一个较新版本的交叉编译器。

步骤 1：下载交叉编译器。

http://download.csdn.net/tag/arm-linux-gcc-3.4.1.tar.bz2

步骤 2：解压缩。

`[root@localhost root]#` `tar xjvf linux-gcc-3.4.1.tar.bz2 -C /`

步骤 3：简单测试嵌入式程序。

编辑文件 test.c

`[root@localhost home]#` `vi test.c`

注意：test.c 程序中需有字符串输出，并且有循环变量及函数调用，以便调试。

（2）交叉编译。

`[root@localhost home]#` `arm-linux-gcc -o test test.c`

任务 7. GDBServer 调试环境搭建

步骤 1：下载 gdb-6.6.tar.bz2 源码包，下载地址：http://ftp.gnu.org/gnu/gdb/.

步骤 2：解压 GDB 软件包。（注：为了方便移植，在 NFS 服务主目录下创建 embedded 目录）

```
[root@localhost embedded]# tar jxvf gdb-6.6.tar.bz2
```
步骤3：进入gdb-6.6。
```
[root@localhost embedded]# cd gdb-6.6
```
步骤4：配置gdb编译参数，要求安装到/usr/local/arm/arm-gdb，默认的交叉编译器为2.95.3。
```
[root@localhost gdb-6.6]# ./configure --target=arm-linux --prefix=/usr/local/arm/arm-gdb
```
步骤5：编译gdb。
```
[root@localhost gdb-6.6]# make
```
步骤6：安装gdb。
```
[root@localhost gdb-6.6]# make install
```
步骤7：设置gdb环境变量路径，加入搜索路径。
```
[root@localhost gdb-6.6]# export PATH=$PATH:/usr/local/arm/arm-gdb/bin/
```
或者写入.bashrc文件中。

步骤8：进入gdb/gdbserver目录并配置gdbserver的编译参数。
```
[root@localhost gdb-6.6]# cd gdb/gdbserver/
[root@localhost gdbserver]# ./configure --target=arm-linux --host=arm-linux
```
步骤9：编译gdbserver。
```
[root@localhost gdbserver]# make CC=arm-linux-gcc
```
以上gdb的服务端与客户端均已安装完成。

步骤10：将交叉编译器2.95.3的libthread_db*库文件拷贝到gdbserver目录下。
```
[root@localhost gdbserver]# cp -d /usr/local/arm/2.95.3/arm-linux/lib/libthread_db* ./
```
步骤11：将gdbserver目录挂载到实验箱上。
```
~ # mount 192.168.2.100:/home   /mnt
```
注：192.168.2.100为宿主机的IP地址；/home为NFS服务的主目录；/mnt为实验箱的挂载点。

步骤12：将宿主机上的libthread_db库文件拷贝到实验箱的/lib目录下。
```
~ # cd /mnt/embedded/gdb-6.6/gdb/gdbserver/
/mnt/embedded/gdb-6.6/gdb/gdbserver # cp -d libthread_db*  /lib/
```
步骤13：调试嵌入式程序。

（1）文件test.c源码如下：
```
#include<stdio.h>
int add(int x,int y)
{
     int z;
     z=x+y;
     return z;
}
```

```
int main()
{
    int i,j;
    for(i=1;i<=5;i++)
    {
        j=6-2*i;
        printf("%d\n",add(i,j));
    }
    return 0;
}
```

（2）交叉编译，其中参数-g 表示在可执行程序包含调试信息，否则无法用 gdb 来调试程序。

`[root@localhost gdbserver]#` **arm-linux-gcc -g test.c -o test**

（3）在实验箱或开发板上，执行./gdbserver :1234 test，其中 1234 为端口号。

`/mnt/embedded/gdb-6.6/gdb/gdbserver # ./gdbserver :1234 test`

（4）在宿主机上，执行交叉调试程序。

`[root@localhost gdbserver]#` **arm-linux-gdb test**

（5）将宿主机的 gdb 客户端连接到实验箱或开发板的 gdbServer 服务端，

`(gdb) target remote 192.168.2.120:1234`

其中，192.168.2.120 为实验箱的 IP 地址。

注：此 IP 地址不要与实验箱的 PPCboot 的 IP 地址混淆。

（6）查看源文件。

`(gdb) l`

（7）设置断点，并查看设置的断点。

`(gdb) b 6`
`(gdb) info b`

（8）分别执行 r、c、s。

（9）输出变量 i、j 的值。

`(gdb) b 14`
`(gdb) c`
`(gdb) p i`
`(gdb) p j`

五、实验步骤记录

六、实验结果分析

七、实验心得

实验 8　使用 Busybox 构造 cramfs 根文件系统

一、实验目的

1. 认识常见的根文件系统，包括 cramfs、romfs、jffs、yaffs 等；
2. 使用 Busybox 工具制作一个 cramfs 根文件系统。

二、实验内容

1. 下载 Busybox-1.10.1.tar.bz2 压缩包；
2. 生成根文件系统。

三、实验设备

1. 教学实验箱，Pentium II 以上的 PC 机。
2. PC 机、Linux 操作系统。

四、实验步骤

步骤 1：下载 Busybox-1.10.1.tar.bz2。

步骤 2：在 embedded 目录中创建 ramdisk 的文件系统镜像文件。

`[root@localhost embedded]# dd if=/dev/zero of=myramdisk bs=1k count=8000`

dd 命令的作用是用指定大小的块拷贝一个文件，并在拷贝的同时进行指定的转换，if=/dev/zero 指输入文件是/dev/zero，of=myramdisk 指输出文件是 myramdisk，bs=1k 指读写块的大小为 1024B，count=8000 指拷贝 8000 个块。执行该命令后/home/embedded 目录中就会产生一个 8MB 的文件，文件名为 myramdisk。

步骤 3：格式化 myramdisk 为 ext2 文件系统。

`[root@localhost embedded]# mke2fs -F -m 0 myramdisk`

将 myramdisk 文件用 mke2fs 命令格式化成 ext2 文件系统。

步骤 4：在/mnt 目录中创建 ramdisk 目录，用于挂载 myramdisk。

`[root@localhost embedded]# mkdir /mnt/ramdisk`

步骤 5：挂载 myramdisk 到/mnt/ramdisk。

`[root@localhost embedded]# mount -o loop myramdisk /mnt/ramdisk`

将 myramdisk 文件系统镜像挂载到/mnt/ramdisk 目录。

步骤 6：下载并拷贝 Busybox1.1.0 到 embedded 目录中，并解压缩 Busybox-1.1.0.tar.bz2。

`[root@localhost embedded]# tar xjvf busybox-1.1.0.tar.bz2`

步骤 7：进入 Busybox-1.1.0 目录中。

`[root@localhost embedded]# cd busybox-1.1.0/`

步骤 8：让 Busybox 预配置。

`[root@localhost busybox-1.1.0]# make defconfig`

预配置会把常用选项都选上，提高配置效率。若不进行预配置，则在步骤 8 中，每个选项都要手工进行配置。

步骤 9：进行 Busybox 配置。

`[root@localhost busybox-1.1.0]# make menuconfig`

```
==========================================
特别注意下面的修改，其他根据需要进行添加
==========================================
General Configuration --->
 [*] Support for devfs
Build Options --->
 [*] Build BusyBox as a static binary (no shared libs)
 [*] Do you want to build BusyBox with a Cross Compiler?
 (/usr/local/arm/3.4.1/bin/arm-linux-) Cross Compiler prefix
#注意这里指明交叉编译器是 3.4.1
```

配置过程通过光标键、空格键、回车键组合使用实现，每个选项左边的[ ]表明不选择，[*]表明选择，若最右边有--->，则表明其下有子选项，选中并回车后可进入其子选项。

步骤 10：进行编译。

`[root@localhost busybox-1.1.0]#make`

步骤 11：产生安装文件。

`[root@localhost busybox-1.1.0]#make install`

产生的安装文件存放在_install 子目录中。

步骤 12：拷贝生成的文件到/mnt/ramdisk 目录中。

`[root@localhost _install]# cp -rf _install/* /mnt/ramdisk`

步骤 13：在/mnt/ramdisk 目录建立 dev 目录。

`[root@localhost _install]# mkdir /mnt/ramdisk/dev`

步骤 14：在/mnt/ramdisk/dev 目录中，建立 cosole 和 null 两个字符设备文件。

`[root@localhost _install]# mknod /mnt/ramdisk/dev/console c 5 1`

`[root@localhost _install]# mknod /mnt/ramdisk/dev/null c 1 3`

若不建立这两个字符设备文件，内核加载 ramdisk 后将不能进入命令提示符界面，而出现错误提示 Warning: unable to open an initial console。

步骤 15：在/mnt/ramdisk 目录中建立 etc、proc 目录。

`[root@localhost _install]# mkdir /mnt/ramdisk/etc`

`[root@localhost _install]# mkdir /mnt/ramdisk/proc`

etc、proc、dev 目录通常是系统必需的。

步骤16：在/mnt/ramdisk/etc 目录中建立 init.d 目录。

[root@localhost _install]# **mkdir /mnt/ramdisk/etc/init.d**

步骤17：在/mnt/ramdisk/etc/init.d 目录中创建文件 rcS。

[root@localhost _install]# **touch /mnt/ramdisk/etc/init.d/rcS**

步骤18：编辑/mnt/ramdisk/etc/init.d/rcS。

[root@localhost _install]# **vi /mnt/ramdisk/etc/init.d/rcS**

添加如下内容：

```
#!/bin/sh
#mount for all types
/bin/mount -a


#lcd
mknod /dev/video0 c 81 0
mknod /dev/fb0 c 29 0
mknod /dev/tty0 c 4 0
```

Busybox 通过运行/etc/init.d/下的 rcS 来做一些系统初始化工作。

步骤19：添加 rcS 的执行权限。

[root@localhost _install]# **chmod +x /mnt/ramdisk/etc/init.d/rcS**

步骤20：卸载/mnt/ramdisk 目录。

[root@localhost _install]# **umount /mnt/ramdisk**

步骤21：对文件 myramdisk 进行文件系统检查。

[root@localhost embedded]# **cd /home/embedded**

[root@localhost embedded]# **e2fsck myramdisk**

步骤22：对 myramdisk 进行压缩打包。

[root@localhost embedded]# **gzip -9 myramdisk**

步骤23：拷贝 myramdisk.gz 文件到/tftpboot 目录中。

[root@localhost embedded]# **cp myramdisk.gz /tftpboot/**

步骤24：测试生成的文件系统。

在另一终端中打开 minicom，复位开发板，进入 PPCBoot 的命令行界面，执行下面两行语句。

```
SMDK2410 # setenv bootargs console=ttyS0 initrd=0x30800000 root=/dev/ram init=/linuxrc
SMDK2410 # tftp 0x30008000 zImage; tftp 0x30800000 myramdisk.gz; go 0x30008000
```

看到 "Please press Enter to accivate this console." 信息就说明制作的文件系统成功了，按回车后就进入 linux 命令提示符状态了。如下所示：

```
BusyBox v1.1.0 (2007.09.03-06:36+0000) Built-in shell (ash)
Enter 'help' for a list of built-in commands.
```

```
-sh: can't access tty; job control turned off
/ #
```

注意：

问题：可能在引导 cramfs 根文件系统时，当出现"Freeing init memory:104"时，就卡住没有任何反应。

解决办法：在实验 9 内核配置的基础上，再配置如下选项：

```
Floating point emulation    --->
--- At least one emulation must be selected
[*] NWFPE math emulation
[*] Support extended precision
[*] FastFPE math emulation (EXPERIMENTAL)
```

然后，重新编译内核，并下载至实验板，问题应该可以解决。

五、实验步骤记录

六、实验结果分析

七、实验心得

实验 9 Linux 内核定制与编译

一、实验目的

1．学习内核的裁剪与编译过程；
2．了解 Linux 内核源代码的目录结构及各目录的相关内容，了解 Linux 内核各配置选项的内容和作用；
3．学会配置内核的方法。

二、实验内容

1．下载 Linux 内核 linux-2.6.22.5.tar.bz2；
2．解压缩文件；
3．执行 make menuconfig 配置内核；
4．生成 zImage 内核镜像文件；
5．复制 zImage 到/tftpboot 目录中；
6．测试生成的新内核能否启动。

三、实验设备

1．PC 机及 S3C2410 开发板；
2．Linux 操作系统。

四、实验步骤

1．下载软件压缩包。
从以下地址下载交叉编译工具。
http://www.lupaworld.com/action_download_itemid_4724.html
从以下地址下载 Linux 内核。
http://embedded.lupaworld.cn/oss/kernel/linux-2.6.22.5.tar.bz2

2．拷贝 linux-2.6.22.5 内核压缩包到 embedded 目录中，并解压缩。
`[root@localhost embedded]# tar xjvf linux-2.6.22.5.tar.bz2`

3．进入 linux-2.6.22.5 目录中。
`[root@localhost embedded]# cd linux-2.6.22.5/`

4．修改 Makefile 文件。
`[root@localhost linux-2.6.22.5]# vi Makefile`

```
#ARCH          ?= $(SUBARCH)                              #注释该行
#CROSS_COMPILE ?=                                         #注释该行
ARCH           ?= arm                                     #添加该行
CROSS_COMPILE  ?= /usr/local/arm/3.4.1/bin/arm-linux-     #添加该行
```

5．执行 make menuconfig 配置内核。

`[root@localhost linux-2.6.22.5]# `**`make menuconfig`**

修改如下相关内容，要注意选的是 [*] 还是 [M]。

```
General setup --->
    [*] Initial RAM filesystem and RAM disk (initramfs/initrd) support

System Type --->
    ARM system type (ARM Ltd. Versatile family) --->
        (X) ARM Ltd. Versatile family
    改成(X) Samsung S3C2410, S3C2412, S3C2413, S3C2440, S3C2442, S3C2443
    再在 ARM system type (Samsung S3C2410, S3C2412, S3C2413, S3C2440, S3C2442,
S3C2443) --->
    [ ] S3C2410 DMA support (NEW)
    改成[*] S3C2410 DMA support
    S3C2410 Machines --->
        [ ] SMDK2410/A9M2410 (NEW)
        改成[*] SMDK2410/A9M2410


Boot options --->
    () Default kernel command string
    改成 (console=ttySAC0 root=/dev/ram init=/linuxrc) Default kernel
command string


Device Drivers --->
    Character devices --->
        Serial drivers --->
            < > Samsung S3C2410/S3C2440/S3C2442/S3C2412 Serial port support
(NEW)
            改成<*> Samsung S3C2410/S3C2440/S3C2442/S3C2412 Serial port support
                [*]   Support for console on S3C2410 serial port
    LED devices --->
        [ ] LED Support (NEW)
        改成[*] LED Support
            <M>   LED Class Support
```

```
        < > LED Support for Samsung S3C24XX GPIO LEDs (NEW)
        改成<M> LED Support for Samsung S3C24XX GPIO LEDs
        [ ] LED Trigger support (NEW)
        改成[*] LED Trigger support
            <M>   LED Timer Trigger
            <M>   LED Heartbeat Trigger
    Multimedia devices --->
        <M> Video For Linux
        改成< > Video For Linux
        [*] DAB adapters (NEW)
        改成[ ] DAB adapters
    Graphics support --->
        < > S3C2410 LCD framebuffer support (NEW)
        改成<M> S3C2410 LCD framebuffer support
        Console display driver support --->
            [*] VGA text console (NEW)
            改成[ ] VGA text console
            < > Framebuffer Console support (NEW)
            改成<M> Framebuffer Console support
                [*]   Framebuffer Console Rotation
                [*] Select compiled-in fonts
                    [*]   VGA 8x16 font
                    [*]   Mini 4x6 font
        [ ] Bootup logo (NEW) --->
        改成[*] Bootup logo --->
```

上述的修改是必需的,其他的修改是根据需要进行的。
增删的内核配置项如下:
Loadable module support >
[*] Enable loadable module support
[*] Automatic kernel module loading
System Type >
[*] S3C2410 DMA support
Boot options > Default kernel command string:
noinitrd root=/dev/mtdblock2 init=/linuxrc console=ttySAC0,115200
#说明: mtdblock2代表第3个flash分区,它是rootfs及文件系统所在分区
console=ttySAC0,115200使kernel启动期间的信息全部输出到串口0上
2.6内核对于串口的命名改为ttySAC0,但这不影响用户空间的串口编程
用户空间的串口编程针对的仍是/dev/ttyS0等,下面一项是必选的:

```
Floating point emulation >
[*] NWFPE math emulation
```

3. 配置MTD子系统

接下来要做的是对内核MTD子系统的设置。进入驱动模块配置选项：

```
Device Drivers >
Memory Technology Devices (MTD) >
  [*] MTD partitioning support
  #支持MTD分区，这样我们在前面设置的分区才有意义
  [*] Command line partition table parsing
  #支持从命令行设置flash分区信息，更加灵活

  RAM/ROM/Flash chip drivers >
  <*> Detect flash chips by Common Flash
  Interface (CFI) probe
  <*> Detect nonCFI AMD/JEDECcompatible flash chips
  <*> Support for Intel/Sharp flash chips
  <*> Support for AMD/Fujitsu flash chips
  <*> Support for ROM chips in bus mapping
  NAND Flash Device Drivers >
  <*> NAND Device Support
  <*> NAND Flash support for S3C2410/S3C2440 SoC
  Character devices >
  [*] Nonstandard serial port support
  [*] S3C2410 RTC Driver
```

4. 配置文件系统支持

接下来做的是针对文件系统的设置，如果目标板上的文件系统是cramfs，做如下配置：

```
File systems >
<> Second extended fs support  #去除对ext2的支持

Pseudo filesystems >
[*] /proc file system support
[*] Virtual memory file system support (former shm fs)
[*] /dev file system support (OBSOLETE)
[*] Automatically mount at boot (NEW)
#这里会看到前先修改fs/Kconfig的结果，devfs已经被支持了。


Miscellaneous filesystems >
<*> Compressed ROM file system support (cramfs)  #支持cramfs
```

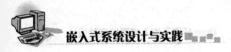

```
Network File Systems >
<*> NFS file system support
```

保存退出，产生.config文件。

注意：.config文件能从提供的2.4.14.1的内核包中找到,文件名为config.back。

内核移植关键的步骤就在于配置哪些选项是必须选择，哪些选项是不用选的。实际上在配置时，大部分选项可以使用其默认值，只有少部分需要根据用户不同的需要选择。选择的原则，是将与内核其他部分关系较远且不经常使用的部分功能代码编译成可加载模块，有利于减少内核的大小，减小内核消耗的内存，简化该功能相应的环境改变时对内核的影响。不需要的功能就不选，与内核关系紧密而且经常使用的部分功能代码直接编译到内核中。

6. 生成 zImage 内核镜像文件。

`[root@localhost kernel]# make zImage`

7. 复制 zImage 到/tftpboot 目录中。

`[root@localhost kernel]# cp arch/arm/boot/zImage /tftpboot/`

8. 测试生成的新内核能否启动。

在另一终端中打开 minicom，复位开发板，进入 PPCBoot 的命令行界面，执行下面两行语句：

`SMDK2410 #setenv bootargs console=ttySAC0 initrd=0x30800000,0x00440000 root=/dev/ram init=/linuxrc`

注意：如在配置内核中已经配置 Default kernel command string 项，此句可以省略。

`SMDK2410 #tftp 0x30008000 zImage; go 0x30008000`

注意：

问题：引导内核时，出现"Uncompressing Linux. done, booting the kernel.."，就没有显示了。

解决方法：将 drivers/serial/s3c2410.c 文件中的

`#define S3C24XX_SERIAL_NAME    "ttySAC"`

修改为

`#define S3C24XX_SERIAL_NAME    "ttyS"`

然后，重新 make zImage 编译。

思考：

1. 简述 Linux 源代码各目录中的内容，包括 arch、include、init、mm、Kernel、Drives、lib、net、ipc、fs、scripts。

2. 分析 make config、make menuconfig、make xconfig 三个 linux 内核配置界面的区别。

3. 指出 linux 内核编译命令 make、make zImage、make bzImage 的区别。

五、实验步骤记录

六、实验结果分析

七、实验心得

实验 10 嵌入式图形环境 MiniGUI 的安装与设置

一、实验目的

1. 掌握 MiniGUI 的安装与配置方法；
2. 熟悉 MiniGUI 的开发编程环境；
3. 初步了解 MiniGUI 图形程序设计方法。

二、实验内容

1. 下载 MiniGUI 软件包；
2. 安装与配置 MiniGUI 图形开发环境；
3. 了解 MiniGUI 图形程序设计方法。

三、实验设备

1. 教学实验开发板，PentiumⅡ以上的 PC 机，硬件多功能仿真器；
2. Linux 操作系统、Windows 环境下 ADS1.2 集成开发环境，仿真器驱动程序。

四、实验步骤

步骤 1：下载需要的文件（本项目共需 6 个文件）。

http://sourceforge.net/project/showfiles.php?group_id=231764&package_id=281013&release_id=617949

在上面网站地址上下载下面 5 个文件：

（1）libminigui-1.6.10.tar.gz   库文件
（2）minigui-res-1.6.10.tar.gz   源文件
（3）mg-samples-1.6.10.tar.gz   例子程序
（4）mde-1.6.10.tar.gz   演示程序
（5）qvfb-1.1.tar.gz   虚拟 FrameBuffer 工具

在 http://nchc.dl.sourceforge.net/sourceforge/freetype/freetype-1.3.1.tar.gz 网站上下载此文件：

（6）freetype-1.3.1.tar.gz   字体文件

步骤 2：安装、编译 MiniGUI 相关包：（下述过程要求在 root 下操作）

`[root@localhost root]# mkdir /home/minigui`

将以上 6 个文件均拷贝至/home/minigui 目录下。

`[root@localhost root]# cd /home/minigui`

(1) 安装 MiniGUI 源码（minigui-res）与库（libminigui-1.6.10）。

`[root@localhost minigui]# tar zxvf libminigui-1.6.10.tar.gz`

`[root@localhost minigui]# tar zxvf minigui-res-1.6.10.tar.gz`

`[root@localhost minigui]# cd minigui-res-1.6.10`

`[root@localhost minigui-res-1.6.10]# make install`

`[root@localhost minigui-res-1.6.10]# cd ../libminigui-1.6.10`

`[root@localhost libminigui-1.6.10]# ./configure`

`[root@localhost libminigui-1.6.10]# make`

`[root@localhost libminigui-1.6.10]# make install`

修改 grub.conf 文件的内容。

`[root@localhost libminigui-1.6.10]# gedit /boot/grub/grub.conf`

内容修改如下：

```
default=0
timeout=10
splashimage=(hd0,0)/grub/splash.xpm.gz
title Red Hat Linux (2.4.20-8)
  root (hd0,0)
  kernel /vmlinuz-2.4.20-8 ro root=LABEL=/  vga=0x0317
  initrd /initrd-2.4.20-8.img
```

在 kernel 语句后，添加"vag=0X0317"，表示激活 FrambeBuffer，即设置 MiniGUI 运行环境。

重启系统，在系统引导时屏幕左上角会出现一只小企鹅。

修改 ld.so.conf 文件，在 ld.so.conf 文件最后一行添加"/usr/local/lib"。

`[root@localhost libminigui-1.6.10]# gedit /etc/ld.so.conf`

```
 /usr/kerberos/lib
/usr/X11R6/lib
/usr/lib/sane
/usr/lib/qt-3.1/lib
/usr/lib/mysql
```
/usr/local/lib

其功能是设置连接路径，便于使 MiniGUI 应用程序能正确找到所需要的 MiniGUI 函数库。

执行以下命令：

`[root@localhost libminigui-1.6.10]# /sbin/ldconfig`

此句表示更新共享函数库系统的缓冲。

(2) 安装演示包（mde-1.6.10）和实例包（mg-samples-1.6.10）。

`[root@localhost libminigui-1.6.10]# cd ..`

`[root@localhost minigui]# tar zxvf mde-1.6.10.tar.gz`

`[root@localhost minigui]# tar zxvf mg-samples-1.6.10.tar.gz`

```
[root@localhost minigui]# cd mg-samples-1.6.10
[root@localhost mg-samples-1.6.10]# ./configure
[root@localhost mg-samples-1.6.10]# make
[root@localhost mg-samples-1.6.10]# cd ../mde-1.6.10
[root@localhost mde-1.6.10]# ./configure
[root@localhost mde-1.6.10]# make
```

（3）安装 qvfb。

```
[root@localhost mde-1.6.10]# cd ..
[root@localhost minigui]# tar zxvf qvfb-1.1.tar.gz
[root@localhost minigui]# cd qvfb-1.1
[root@localhost qvfb-1.1]# ./configure
```

错误提示：checking for Qt... configure: error: Qt (>= Qt 3.0.3) (headers and libraries) not found. Please check your installation!

解决方法：首先，应安装 qt-devel 包，它在第二张光盘中，

```
rpm -ivh qt-devel-3.1.1-6.i386.rpm
```

当再次 ./configure 后，同样出现如上错误，此时用以下命令查看：

```
rpm -qpl qt-devel-3.1.1-6.i386.rpm | head -30
```

显示如下（只选取了一部分）：

/usr/lib/qt-3.1/include

/usr/lib/qt-3.1/include/private

/usr/lib/qt-3.1/include/private/qapplication_p.h

/usr/lib/qt-3.1/include/private/qcolor_p.h

/usr/lib/qt-3.1/include/private/qcom_p.h

可以发现 include 路径为/usr/lib/qt-3.1,所以,在配置 qvfb 时,应当指定/usr/lib/qt-3.1。

执行以下命令：

```
[root@localhost qvfb-1.1]# ./configure --with-qt-dir=/usr/lib/qt-3.1
[root@localhost qvfb-1.1]# make
[root@localhost qvfb-1.1]# make install
[root@localhost root]# qvfb &
```

查看 qvfb 安装是否成功，如成功会出现一个窗口。

（4）安装字体 freetype。

```
[root@localhost qvfb-1.1]# cd ..
[root@localhost minigui]# tar zxvf freetype-1.3.1.tar.gz
[root@localhost minigui]# cd freetype-1.3.1
[root@localhost freetype-1.3.1]# ./configure
[root@localhost freetype-1.3.1]# make
[root@localhost freetype-1.3.1]# make install
```

至此安装准备工作全部完成。

步骤 3：运行 mg-samples-1.6.10 下的实例程序。

（1）在终端后台运行 qvfb 命令；

[root@localhost root]# **qvfb &**

然后，按 Ctrl+Alt+C 键打开配置窗口，选择屏幕分辨率为 640×480 后确认。按 Ctrl+C 键回到提示符下，qvfb 程序仍在运行。

（2）进入 mg-samples-1.6.10/src 目录，运行程序 **helloworld**。

[root@localhost freetype-1.3.1]# **cd ../mg-samples-1.6.10/src**

[root@localhost src]# **./helloworld**

qvfb 下显示如图 10.1 所示的窗口。

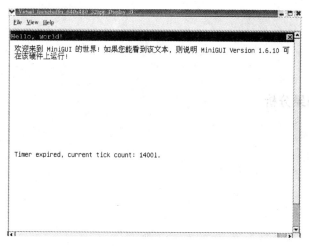

图 10.1　程序运行的图形窗口

步骤 4：运行自己编写的程序。

[root@localhost src]# **cd /home/minigui/**

[root@localhost minigui]# **mkdir debug**

[root@localhost minigui]# **cd debug**

[root@localhost debug]# **gedit hello.c**

内容如下：

```
/*包含MiniGUI的头文件*/
#include<minigui/common.h>
#include<minigui/minigui.h>
#include<minigui/gdi.h>
#include<minigui/window.h>
/*用户程序入口函数MiniGUIMain()*/
int MiniGUIMain(int argc, const char *argv[])
{
    MessageBox(HWND_DESKTOP,"HelloMiniGUI!","Hello",MB_OK);
    return(0);
}
```

```
[root@localhost debug]# gcc -o hello hello.c -lpthread -lminigui -ljpeg -lpng -lz -lttf
[root@localhost debug]# ./hello
```

五、实验步骤记录

六、实验结果分析

七、实验心得

实验 11 嵌入式图形环境 QT 的设置

一、实验目的

1. 掌握 QT 的安装与配置方法；
2. 熟悉 QT 的开发编程环境；
3. 初步了解 QT 图形程序设计方法。

二、实验内容

1. 安装与配置 QT 图形开发环境；
2. 了解 QT 图形程序设计方法。

三、实验设备

1. 教学实验开发板；
2. Pentium II 以上的 PC 机，系统为 RH Linux 9.0 操作系统。

四、实验步骤

步骤 1：Qt/E 在宿主机上的环境配置。

把以下软件下载到 Linux 的/opt 目录下。所需文件如下：

（1）qtopia-arm-1.7.0.tar.gz；

下载地址 1：

http://www.lupaworld.com/action_download_itemid_4676.html

下载地址 2：

http://www.rjpeixun.com/DownloadInfo.aspx

（2）tmake-1.11.tar.gz；

下载地址 1：

http://www.lupaworld.com/action_download_itemid_4676.html

下载地址 2：

http://www.rjpeixun.com/DownloadInfo.aspx

（3）qt-2.3.2.tar.gz；

下载地址 1：

http://www.lupaworld.com/action_download_itemid_4676.html

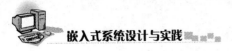

下载地址 2：

http://www.rjpeixun.com/DownloadInfo.aspx

（4）qt-arm-2.3.7.tar.gz。

下载地址 1：

http://www.lupaworld.com/action_download_itemid_4676.html

下载地址 2：

http://www.rjpeixun.com/DownloadInfo.aspx

进入到/opt 目录并解压上述文件，如下所示：

[root@ localhost opt]# tar zxvf qtopia-arm-1.7.0.tar.gz

[root@ localhost opt]# tar zxvf tmake-1.11.tar.gz

[root@ localhost opt]# tar zxvf qt-2.3.2.tar.gz

[root@ localhost opt]# tar zxvf qt-arm-2.3.7.tar.gz

步骤 2：Qt 工具链的配置。

[root@localhost opt]# export QPEDIR=/opt/qtopia-arm-1.7.0/

[root@localhost opt]# export LD_LIBRARY_PATH=/opt/qt-2.3.2/bin:$LD_LIBRARY_PATH

[root@localhost opt]# export LD_LIBRARY_PATH=/opt/qt-arm-2.3.7/bin:$LD_LIBRARY_PATH

[root@localhost opt]# export TMAKEDIR=/opt/tmake-1.11

[root@localhost opt]# export TMAKEPATH=/opt/tmake-1.11/lib/qws/linux-arm-g++

[root@localhost opt]# export PATH=/opt/tmake-1.11/bin:$PATH

步骤 3：安装交叉编译环境。

Qt 编译的交叉工具使用 xscale（xscalev1_010001.tar.gz，建议用 firefox 浏览器，不然下载会出错），下载到 Linux 的/opt 目录下。

下载地址 1：

http://www.lupaworld.com/action_download_itemid_4724.html

下载地址 2：

http://www.rjpeixun.com/DownloadInfo.aspx

进入到/opt 目录并进行解压，然后指定交叉编译工具 arm-linux-gcc 的路径：

[root@ localhost opt]# tar xzvf xscalev1_010001.tar.gz

[root@ localhost opt]# export PATH=/opt/xscalev1/bin:$PATH

到此宿主机上的环境已经配置成功。

步骤 4：新建工程文件。

利用 Qt 开发应用程序，首先应建立一个工程文件，从 File 菜单选中 New 命令，从弹出的对话框中选中 C++ Project 图标，单击 OK 按钮将新建工程保存为 test.pro（Qt 工程的扩展名为.pro）。

步骤 5：建立窗体和添加控件。

选中 File 菜单中的 New 命令，双击 dialog 图标，建立一个对话框图形界面，可以在属性编辑栏中修改窗体或控件的相关属性。根据设计需要，在窗体上添加一些常用控件，如按钮、文本框等。

步骤 6：保存窗体。

选中 File 菜单中的 Save 命令或单击工具条中的保存图标，将新建的界面窗体保存为 test.ui，用户界面窗体文件扩展名为.ui。

步骤 7：main.cpp 文件自动配置。

如果在工程中具有 ui 界面文件，Qt 可以自动配置生成 main.cpp 文件，选中 File 菜单中的 New 命令，双击 C++ Main-File 图标，Qt 自动将当前窗体文件作为主界面，并自动生成 main.cpp 文件。

步骤 8：Qt 的 uic 工具的使用。

在嵌入式平台中无法对 ui 界面文件进行编译，因此 Qt 提供将 ui 文件转换成标准的 C++头文件（.h）与实现文件(.cpp)的 uic 工具。uic 工具可以完成 C++子类继承文件的转换和将图片文件转换成头文件的形式。现介绍利用 uic 工具将前面建立的 test.ui 文件转换成标准的 C++头文件和实现文件。

（1）生成 C++头文件；

[root@localhost test]$ **uic -o test.h test.ui**

（2）生成 C++应用程序文件（.cpp 文件）。

[root@localhost test]$ **uic -o test.cpp -impl test.h test.ui**

将 ui 文件转换为标准 C++头文件和实现文件后，便可以利用转换后的 C++头文件和实现文件替代原来的 ui 文件。在工程预览中选中 test.ui，单击右键，从弹出的快捷菜单中选中 remove form from project 命令，移除 Qt 界面文件 test.ui，然后选中 Project 菜单中的 Add File 命令，将转换后的 C++ 头文件和实现文件添加到工程中。

步骤 9：Qt 应用程序的编译。

（1）基于 PC 平台的 Qt 应用程序编译。

1）用 qmake 命令生成 makefile 文件。

在 PC 平台编译 Qt 应用程序，只需利用 Qt 提供的 qmake 工具生成编译应用程序所需的 Makefile 文件，格式为：

qmake -o Makefile pro 工程文件

然后利用 make 命令对应用程序进行编译，例如：

[root@localhost test]$ **qmake -o Makefile test.pro**

2）编译 makefile 文件。

[root@localhost test]$ **make**

3）在宿主机端执行程序。

编译成功后，可利用 file 命令查看编译的应用程序格式，并可直接在 PC 终端运行编译好的应用程序。

[root@localhost test]$ **./test**

（2）基于 ARM 平台的 Qt 应用程序编译。

在编译基于 ARM 开发板的 Qt 应用程序时，应确保交叉编译工具 arm-linux-g++在环境参数 PATH 中和 tmake 的正确配置。

1）修改应用程序 pro 工程文件。由于嵌入式平台中无法对 ui 界面文件进行编译，除了将 ui 界面文件转换为标准的 C++文件外，还要对利用 Qt 集成开发平台生成的工程文件进行修改，否则无法编译，Qt 集成开发平台生成的原始工程文件 test.pro 内容为：

```
SOURCES += main.cpp \
test.cpp
HEADERS += test.h unix {
UI_DIR = .ui MOC_DIR = .moc OBJECTS_DIR = .obj
}
TEMPLATE    =app
CONFIG += qt warn_on release
LANGUAGE  = C++
```

修改后的工程文件内容为（加粗部分为新增内容，用于支持 qtopia）：

```
SOURCES += main.cpp \
test.cpp
HEADERS += test.h
TEMPLATE    =app
CONFIG += qtopia qt warn_on release
LANGUAGE  = C++
```

2）用 tmake 命令生成 makefile 文件。

工程文件修改后利用 tmake 工具生成用于编译应用程序的 makefile 文件。

`[root@localhost test]$` **tmake –o Makefile test.pro**

3）编译 makefile 文件。

`[root@localhost test]$` **make**

编译后，可用 file 命令查看编译的应用程序格式。

五、实验步骤记录

六、实验结果分析

七、实验心得

实验 12 基于 thttpd 嵌入式 Web 服务器设置

一、实验目的

1. 了解通用网关接口（CGI）技术的工作原理；
2. 掌握使用 thttpd 工具来搭建嵌入式系统的 web 服务器，用宿主机作为客户端进行访问；
3. 掌握在 Linux 环境下应用 DMF 配置动态 web 服务器；
4. 掌握在嵌入式系统下搭建 web 服务器的常用方法。

二、实验内容

1. 下载 thttpd-2.25b.tar.gz 压缩包软件；
2. 应用 thttpd 实现 Linux 下的 web 服务器；
3. 编写一个通过 web 远程访问的程序。

三、实验设备

1. 教学实验开发板，PentiumⅡ以上的 PC 机，硬件多功能仿真器。
2. Linux 操作系统及各服务器软件。

四、实验步骤

任务 1：安装 thttpd
步骤 1：下载软件。
下载地址：http://www.acme.com/software/thttpd/thttpd-2.25b.tar.gz
步骤 2：设置 IP 地址。
设置开发板的 IP 地址为：192.168.2.120。
步骤 3：在宿主机端解压缩软件。
`[root@localhost home]#` **tar zxvf thttpd-2.25b.tar.gz**
`[root@localhost home]#` **cd thttpd-2.25b**
步骤 4：修改配置文件。
`[root@localhost thttpd-2.25b]#` **./configure**
`[root@localhost thttpd-2.25b]#` **vim Makefile**
修改内容：
（1）主要修改 "CC=gcc" 改为 "CC=arm-linux-gcc"；（指定交叉编译器，此为 2.95.3）。

（2）此项本例不选。"LDFLAGS ="设置为" LDFLAGS = -static"(表示指定静态链接二进制文件)，假如你的开发板上的文件系统是 jffs2 文件系统，那建议此项不设置，因为设置了此项后，编译出来的可执行文件比较大。当拷贝可执行文件时(从宿主机到开发板)可能会提示"cp: Write Error: No space left on device"。因为采用的是 jffs2 文件系统，是日志文件系统，拷贝文件不能超过文件系统的容量。使用 df -h 可以查看容量的大小。

[root@localhost thttpd-2.25b]# **make**

[root@localhost thttpd-2.25b]# **du thttpd**

步骤 5：修改配置文件权限。

[root@localhost thttpd-2.25b]# **chmod +777 contrib/redhat-rpm/thttpd.conf**

步骤 6：修改配置文件 thttpd.conf 参数。

[root@localhost thttpd-2.25b]# **vim contrib/redhat-rpm/thttpd.conf**

内容如下：

dir=/etc/thttpd/html   #指明 webserver 存放网页的根目录路径
#chroot
#屏蔽 chroot 是为了运行动态编译的 CGI
user=root# default = nobody   #以 root 身份运行 thttpd
logfile=/etc/thttpd/log/thttpd.log   #日志文件路径
pidfile=/etc/thttpd/run/thttpd.pid   #pid 文件路径
cgipat=/cgi-bin/*
#声明 CGI 程序的目录是以 dir 为根目录的路径

注意：请事先编译好网页 index_1.html、index_2.html。

步骤 7：启动服务(开发板)。

~ # mount 192.168.2.181:/home /mnt
~ # cd /mnt/thttpd-2.25b
/mnt/thttpd-2.25b # cp thttpd /bin/
/mnt/thttpd-2.25b # cp contrib/redhat-rpm/thttpd.conf /etc/
/mnt/thttpd-2.25b # mkdir -p /etc/thttpd/html
/mnt/thttpd-2.25b # mkdir /etc/thttpd/log
/mnt/thttpd-2.25b # mkdir /etc/thttpd/run
/mnt/thttpd-2.25b # cp ../index_1.html /etc/thttpd/html/
/mnt/thttpd-2.25b # cp ../index_2.html /etc/thttpd/html/
/mnt/thttpd-2.25b # thttpd -C /etc/thttpd.conf

thttpd8.浏览网页

此时，服务已经启动,可以在其他 PC 机上，打开浏览器，并输入 http://192.168.2.120，会弹出如图 12.1 所示的界面。

图 12.1 运行结果

在图中，点击 index_1.html 和 index_2.html 分别显示网页内容。

任务 2：Web 服务器的安装与配置
步骤 1：安装交叉编译。
步骤 2：下载 web 服务器软件 webs218.tar.gz。
假定把包下载到宿主机的/home 目录下。
步骤 3：解压缩软件包 webs218.tar.gz。
[root@localhost home]# `tar zxvf webs218.tar.gz`
步骤 4：进入 ws030325/LINUX 目录。
[root@localhost home]# `cd ws031202/`
[root@localhost ws031202]# `cd LINUX/`
步骤 5：修改编译文件 Makefile。
1）在 Makefile 文件顶端添加如下两行：
CC = arm-linux-gcc
AR = arm-linux-ar
2）找到 Makefile 中的最后一行，把"cc -c -o $@ $(DEBUG) $(CFLAGS) $(IFLAGS) $<"
修改为
"$(CC) -c -o $@ $(DEBUG) $(CFLAGS)$(IFLAGS) $<"，然后保存退出。
步骤 6：修改文件 main.c。
1）编辑函数 get_host_ip。
在 main( )函数与 initWebs( )函数之间(大约在 127 行)，添加以下代码：
#include <stdio.h>
#include <sys/types.h>
#include <net/if.h>
#include <netinet/in.h>
#include <sys/socket.h>
#include <linux/sockios.h>
#include <sys/ioctl.h>
#include <arpa/inet.h>

```c
struct in_addr get_host_ip(void)
{
    int s;
    struct ifconf conf;
    struct ifreq *ifr;
    char buff[BUFSIZ];
    int num;
    int i;
    s = socket(PF_INET, SOCK_DGRAM, 0);
    conf.ifc_len = BUFSIZ;
    conf.ifc_buf = buff;
    ioctl(s, SIOCGIFCONF, &conf);
    num = conf.ifc_len / sizeof(struct ifreq);
    ifr = conf.ifc_req;
    for(i=0;i < num;i++)
    {
        struct sockaddr_in *sin = (struct sockaddr_in *)(&ifr->ifr_addr);
        ioctl(s, SIOCGIFFLAGS, ifr);
        if(((ifr->ifr_flags & IFF_LOOPBACK) == 0) && (ifr->ifr_flags & IFF_UP))
        {
            return (sin->sin_addr);
        }
        ifr++;
    }
}
```

2）修改函数 initWebs( )。

找到 static int initWebs( )函数，并在此函数里添加以下代码：

`intaddr = get_host_ip();`

3）注释函数 initWebs 一段代码。

`[root@localhost LINUX]# vi main.c`

找到 static int initWebs( )函数，注释下面一段代码：

```c
/*
if ((hp = gethostbyname(host)) == NULL) {
error(E_L, E_LOG, T("Can't get host address"));
fprintf(stderr,"initWebs: host name %s\r",host);
return -1;
}
memcpy((char*)&intaddr,(char*)hp->h_addr_list[0],(size_t)hp->h_length);
*/
```

步骤 7：修改访问页面的路径。

```
static int websHomePageHandler(webs_t wp, char_t *urlPrefix, char_t *webDir,
int arg, char_t *url, char_t *path, char_t *query)
if (*url == '\0' || gstrcmp(url, T("/")) == 0) {
    websRedirect(wp, T("home.asp"));
    return 1;
}
```

把 websRedirect(wp, T("home.asp"))改为默认访问的页面。

步骤 8：编译。

执行 make 生成 webs。

任务 3：动态 web 页面的访问。

步骤 1：新建一张网页 test.html。

新建一张网页 test.html，保存到它制定的目录。

```
[root@localhost LINUX]# cd ..
[root@localhost ws031202]# cd web
[root@localhost ws031202]# vi test.html
```

网页代码如下：

```html
<html>
<head>
<meta http-equiv="Content-Type" content="text/html; charset=gb2312" />
<title>zb</title>
<style type="text/css">
<!--
.STYLE1 {
 font-size: x-large;
 font-weight: bold;
}
-->
</style>
</head>

<body>
<div align="center" class="STYLE1">Zhejiang University Software College</div>
</body>

</html>
```

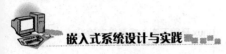

步骤 2：挂载到目标板。

在终端使用命令 minicom 启动目标板，把/home 目录挂载到目标板的/mnt 目录下。

~ # mount 192.168.2.122:/home /mnt/

步骤 3：执行可执行程序 webs。

~ # /mnt/ws031202/LINUX

/mnt/ws031202/LINUX#./webs

步骤 4：浏览网页。

打开浏览器，输入：http://192.168.2.120/test.html，浏览网页 。

五、实验步骤记录

六、实验结果分析

七、实验心得

实验 13 驱动程序的加载与卸载

一、实验目的

1. 掌握在 Linux 环境下设备的分类及设备文件的查看；
2. 理解主设备号与次设备号的概念；
3. 掌握驱动程序编译方法；
4. 理解驱动程序模块加载的概念、卸载、查看驱动模块的方法；
5. 掌握设备驱动程序设计流程及驱动程序相关的数据结构；
6. 理解字符设备驱动程序的设计原理，掌握 Linux 驱动程序的加载方法。

二、实验内容

1. 查看设备号；
2. 编写程序代码；
3. 驱动程序的模块编译；
4. 驱动模块加载与卸载；
5. 虚拟字符驱动程序设计；
6. 应用程序的设计；
7. 驱动程序的模块编译；
8. 设备节点的申请；
9. 驱动程序测试。

三、实验设备

1. 教学实验箱，PentiumⅡ以上的 PC 机，硬件多功能仿真器；
2. PC 操作系统 WIN98 或 WIN2000 或 WINXP，ADS1.2 集成开发环境，仿真器驱动程序。

四、实验步骤

任务 1：驱动模块的基本操作

步骤 1：在 Linux 操作系统终端应用命令：ls、-l、/dev、|more。

步骤 2：在 RedHat Linux 9 的 /home 文件夹下，新建文件夹 driver，用 vi 编辑下面的驱动程序。

```
#include <linux/module.h>
```

```
MODULE_LICENSE("Dual BSD/GPL");
#include <linux/init.h>
static int __init hello_init(void)
{
        printk("Hello,world!\n");
        return 0;
}

static void __exit hello_exit(void)
{
        printk("Goodbye,cruel world!\n");
}

module_init(hello_init);
module_exit(hello_exit);
```

步骤3：应用模块加载的方式编译 hello.c。

`[root@localhost driver]# gcc -O2 -DMODULE -D__KERNEL__ -c hello.c`

步骤4：加载驱动程序 hello.o。

`[root@localhost driver]#insmod hello.o`

注意：假如出现以下信息：

```
hello.o: kernel-module version mismatch
hello.o was compiled for kernel version 2.4.20
while this kernel is version 2.4.20-8.
```

解决方法：

`[root@localhost root]# vim /usr/include/linux/version.h`

修改"`#define UTS_RELEASE "2.4.20"`"

为"`#define UTS_RELEASE "2.4.20-8"`"

再次编译，再次加载。

步骤5：使用命令 lsmod 查看。

Linux 系统中，使用命令 lsmod 查看驱动模块加载的情况与它们的关系。

步骤6：使用命令 cat /proc/modules。

步骤7：卸载。

格式如下：

rmmod　模块名　　（如 rmmod　hello）

注：当 insmod 加载或 rmmod 卸载驱动时，无法看到 printk 语句的输出，但是可以从 /var/log/messages 中查看到。

`[root@localhost hello]# cat /var/log/messages |grep world`

```
Feb 26 09:11:23 localhost kernel: Hello,world!
Feb 26 09:34:38 localhost kernel: Goodbye,cruel world!
```

假如要想当 insmod 加载或 rmmod 卸载驱动时，看到 printk 语句的输出内容。那么将 hello.c 文件的修改如下：

把 "`printk("Hello,world!\n");`" 语句

修改为 "`printk("<0>Hello,world!\n");`"

把 "`printk("Goodbye,cruel world!\n");`"

修改为 "`printk("<0>Goodbye,cruel world!\n");`"

`[root@localhost hello]# gcc -O2 -D__KERNEL__ -I /usr/src/linux-2.4.20-8/include/ -DMODULE -c hello.c`

加载驱动：

`[root@localhost hello]# insmod hello.o`

显示如下：

`[root@localhost hello]#`

`Message from syslogd@localhost at Fri Feb 27 10:08:26 2009 ...`

`localhost kernel: Hello,world!`

`You have new mail in /var/spool/mail/root`

卸载驱动：

`[root@localhost hello]# insmod hello.o`

显示如下：

`[root@localhost hello]#`

`Message from syslogd@localhost at Fri Feb 27 10:10:58 2009 ...`

`localhost kernel: Goodbye,cruel world!`

步骤 8：创建设备文件号。

`mknod /dev/hello c 200 0`

步骤 9：应用下述命令查看设备类型、设备属主、主设备号与次设备号。

`ls /dev/hello  -l`

步骤 10：编写应用程序进行测试。

```
#include<stdio.h>
#include <sys/types.h>
#include <sys/stat.h>
#include <fcntl.h>
int main()
{
 int testdev;
 char buf[100];
 testdev=open("/dev/hello",O_RDWR);
 if(testdev= =-1)
 {
   printf("Cann't open file\n");
```

```
        exit(0);
}
    printf("device open successe!\n");
}
```
步骤11：编译 test.c。
步骤12：执行 test。
```
    ./test
```
步骤13：重写文件 driver.c，重新执行步骤(3)、(4)、(5)、(6)。
```
#include <linux/module.h>
#include<linux/init.h>
#include<linux/fs.h>
#define nn  200
struct file_operations gk=
{
};
static int __init hello_init(void)
{       int k;
        printk("Hello,world!\n");
        k=register_chrdev(nn  ,"drive",&gk);
        return 0;
}
static void __exit hello_exit(void)
{
        printk("Goodbye,cruel world!\n");
}

module_init(hello_init);
module_exit(hello_exit);.
```

步骤14：执行查看命令 cat /proc/devices 是否已有 200driver 一行。
步骤15：执行 test。
```
    ./test
```
注意：
驱动源程序文件在交叉编译后下载到开发板/mnt/embedded/driver 路径下。
交叉编译器为/usr/local/arm/2.95.3/bin/arm-linux-gcc。
因为驱动程序在编译时的工程文件 makefile 中涉及环境设置问题。

任务2：字符驱动程序的设计
步骤1：设计驱动源程序 globalvar.c 文件

```c
#include <linux/module.h>
#include <linux/init.h>
#include <linux/fs.h>
#include <asm/uaccess.h>
MODULE_LICENSE("GPL");
#define MAJOR_NUM 100  //主设备号
static ssize_t globalvar_read(struct file *, char *, size_t, loff_t*);
static ssize_t globalvar_write(struct file *, const char *, size_t, loff_t*);
//初始化字符设备驱动的 file_operations 结构体
struct file_operations globalvar_fops =
{
 read: globalvar_read,      //数据结构中入口函数定义
 write: globalvar_write,
};
static int global_var = 0;      //"globalvar"设备的全局变量
static int __init globalvar_init(void)
{
 int ret;
//注册设备驱动
 ret = register_chrdev(MAJOR_NUM, "globalvar", &globalvar_fops);
 if (ret)
 {
     printk("globalvar register failure");
 }
 else
 {
     printk("globalvar register success");
 }
 return ret;
}
static void __exit globalvar_exit(void)
{
 int ret;
//注销设备驱动
 ret = unregister_chrdev(MAJOR_NUM, "globalvar");
 if (ret)
 {
     printk("globalvar unregister failure");
 }
```

```c
    else
    {
        printk("globalvar unregister success");
    }
}
static ssize_t globalvar_read(struct file *filp,char *buf, size_t len, loff_t *off)
{
    //将global_var从内核空间复制到用户空间
    if (copy_to_user(buf, &global_var, sizeof(int)))
    {
        return - EFAULT;
    }
    return sizeof(int);
}
static ssize_t globalvar_write(struct file *filp, const char *buf, size_t len, loff_t *off)
{
    //将用户空间的数据复制到内核空间的global_var
    if (copy_from_user(&global_var, buf, sizeof(int)))
    {
    return - EFAULT;
    }
    return sizeof(int);
}
module_init(globalvar_init);
module_exit(globalvar_exit);
```

步骤2： 编写驱动程序的makefile工程文件。
`[root@localhost driver]# gcc -O2 -D__KERNEL__ -I /usr/src/linux-2.4.20-8/include/ -DMODULE -c globalvar.c`

步骤3： 在开发板上运行insmod命令来加载该驱动。
`/mnt/embedded/driver # insmod globalvar.o`

步骤4： 在开发板上查看/proc/devices文件，可以发现多了一行"100 globalvar"。
`/mnt/embedded/driver # cat /proc/devices`

步骤5： 在开发板上为globalvar创建设备节点文件，执行下列命令：
`/mnt/embedded/driver # mknod /dev/globalvar c 100 0`

创建该设备节点文件后，用户进程通过/dev/globalvar这个路径就可以访问到这个全局变量虚拟设备了。

步骤 6：字符设备驱动应用程序设计。

globalvartest.c 文件源代码如下：

```c
#include <sys/types.h>
#include <sys/stat.h>
#include <stdio.h>
#include <fcntl.h>
main()
{
    int fd, num;
    //打开"/dev/globalvar"
    fd = open("/dev/globalvar", O_RDWR, S_IRUSR | S_IWUSR);
    if (fd != -1 )
    {
        //初次读globalvar
        read(fd, &num, sizeof(int));
        printf("The globalvar is %d\n", num);
        //写globalvar
        printf("Please input the num written to globalvar\n");
        scanf("%d", &num);
        write(fd, &num, sizeof(int));
        //再次读globalvar
        read(fd, &num, sizeof(int));
        printf("The globalvar is %d\n", num);
        //关闭"/dev/globalvar"
        close(fd);
    }
    else
    {
        printf("Device open failure\n");
    }
}
```

步骤 7：编译 globalvartest.c。

[root@localhost driver]# **/opt/host/armv4l/bin/ arm-linux-gcc globalvartest.c -o globalvartest**

步骤 8：应用 globalvartest 测试驱动程序。

/mnt/embedded/driver #   **./globalvartest**
The globalvar is 0
Please input the num written to globalvar
5   #输入数字 5

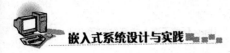

```
The globalvar is 5
```
输入数字 5 后测试程序退出。

步骤 9：再次运行测试程序。

```
/mnt/embedded/driver #./globalvartest
The globalvar is 5
Please input the num written to globalvar
1                          #输入数字1
The globalvar is 1
```

注意：假如出现以下信息：
```
hello.o: kernel-module version mismatch
hello.o was compiled for kernel version 2.4.20
while this kernel is version 2.4.20-8.
```
这是由于编译器版本/usr/include/linux/version.h 和内核源代码版本 /usr/src/linux-2.4.20-8/include/linux/version.h 的版本不匹配，此时,是无法加载驱动程序的。解决方法：

`[root@localhost root]# vim /usr/include/linux/version.h`

修改"`#define UTS_RELEASE "2.4.20"`"
为"`#define UTS_RELEASE "2.4.20-8"`"
再次编译,再次加载。

五、实验步骤记录

六、实验结果分析

七、实验心得

实验 14 LCD 驱动参数的配置与编译

一、实验目的

1. 理解嵌入式 linux 中如何定制内核支持液晶显示器 LCD 驱动；
2. 掌握定制、移植的具体操作方法。

二、实验内容

1. 下载软件；
2. 内核移植与内核配置，使内核支持 FrameBuffer；
3. 修改 mach-smdk2410.c 文件；
4. 编译内核并生成内核镜像文件；
5. 模块加载；
6. 编写程序代码；
7. 测试。

三、实验设备

1. PC 机及 S3C2410 开发板；
2. PC 机、Linux 操作系统。

四、实验步骤

在 Linux 2.6 中，内核已经很好地支持了 LCD，因此，驱动并不需要自己重新编写，只要进行适当地修改就可以驱动相应的 LCD 了。

下面以 2.6.22.5 内核为例，进行 LCD 驱动移植。

步骤 1. 从以下地址下载交叉编译工具。

　　http://www.lupaworld.com/action_download_itemid_4724.html

步骤 2. 内核下载。

下载 Linux 内核。

　　linux-2.6.22.5.tar.bz2

步骤 3. 交叉编译工具配置。

下载到根目录下，接着解压缩。

　　`[root@localhost  /]# tar xjvf arm-linux-gcc-3.4.1.tar.bz2`

步骤 4. 内核配置。

（1）解压缩 linux-2.6.22.5 内核包。

`[root@localhost embedded]# tar xjvf linux-2.6.22.5.tar.bz2`

（2）进入 linux-2.6.22.5 目录。

`[root@localhost embedded]# cd linux-2.6.22.5`

（3）修改 Makefile 文件。

`[root@localhost linux-2.6.22.5]# vi Makefile`

将下面两行

```
ARCH             ?= $(SUBARCH)
CROSS_COMPILE    ?=
```

修改为

```
ARCH             ?= arm
CROSS_COMPILE    ?= /usr/local/arm/3.4.1/bin/arm-linux-
```

（4）在 linux-2.6.22.5 目录下输入命令：

`[root@localhost linux-2.6.22.5]# make s3c2410_defconfig menuconfig`

（5）修改配置。

由于使用了 s3c2410_defconfig 参数，所以大部分选项都已经预配置完成，只要修改以下配置：

```
Floating point emulation  --->
[*] FastFPE math emulation (EXPERIMENTAL)
Device Drivers  --->
   Graphics support  --->
      [*] Bootup logo  --->
```

以上两个选项需要选中。

另外查看以下配置，要想驱动 LCD 必须保证这些选项。

```
Device Drivers  --->
   Graphics support  --->
      <*> Support for frame buffer devices
         [*]   Enable firmware EDID
      <*> S3C2410 LCD framebuffer support
```

步骤 5．修改显示图像的大小、像素等参数。

`[root@localhost linux-2.6.22.5]# vi arch/arm/mach-s3c2440/mach-smdk2440.c`

（1）添加头文件。

`#include <asm/arch/fb.h>`

（2）在文件 mach-smdk2440.c 添加以下一段程序。

```
/* LCD driver info */
static struct s3c2410fb_mach_info smdk2410_lcd_cfg __initdata = {
 .regs    = {


    .lcdcon1    = S3C2410_LCDCON1_TFT16BPP |
```

```
                S3C2410_LCDCON1_TFT |
                S3C2410_LCDCON1_CLKVAL(0x04),

    .lcdcon2    = S3C2410_LCDCON2_VBPD(7) |
                S3C2410_LCDCON2_LINEVAL(319) |
                S3C2410_LCDCON2_VFPD(6) |
                S3C2410_LCDCON2_VSPW(3),
    .lcdcon3    = S3C2410_LCDCON3_HBPD(19) |
                S3C2410_LCDCON3_HOZVAL(239) |
                S3C2410_LCDCON3_HFPD(7),

    .lcdcon4    = S3C2410_LCDCON4_MVAL(0) |
                S3C2410_LCDCON4_HSPW(3),

    .lcdcon5    = S3C2410_LCDCON5_FRM565 |
                S3C2410_LCDCON5_INVVLINE |
                S3C2410_LCDCON5_INVVFRAME |
                S3C2410_LCDCON5_PWREN |
                S3C2410_LCDCON5_HWSWP,
},

#if 0
/* currently setup by downloader */
.gpccon      = 0xaa940659,
.gpccon_mask = 0xffffffff,
.gpcup       = 0x0000ffff,
.gpcup_mask  = 0xffffffff,
.gpdcon      = 0xaa84aaa0,
.gpdcon_mask = 0xffffffff,
.gpdup       = 0x0000faff,
.gpdup_mask  = 0xffffffff,
#endif

.lpcsel     = ((0xCE6) & ~7) | 1<<4,
.type       = S3C2410_LCDCON1_TFT16BPP,

.width      = 240,
.height     = 320,
```

```
        .xres       = {
            .min    = 240,
            .max    = 240,
            .defval = 240,
        },

        .yres       = {
            .min    = 320,
            .max    = 320,
            .defval = 320,
        },

        .bpp        = {
            .min    = 16,
            .max    = 16,
            .defval = 16,
        },
};
```

步骤 6：在 smdk2410_init 函数中，添加以下一条语句：
`s3c24xx_fb_set_platdata(&smdk2410_lcd_cfg);`

步骤 7：重新编译内核并生成内核镜像 zImage。
`[root@localhost linux-2.6.22.5]# make zImage`

步骤 8：复制内核镜像 zImage 到/tftpboot/目录中。
`[root@localhost linux-2.6.22.5]# cp arch/arm/boot/zImage /tftpboot/`

步骤 9：下载到目标板运行。
`SMDK2410 # setenv bootargs console= ttySAC0 initrd=0x30800000,0x00440000 root=/dev/ram init=/ linuxrc`
`SMDK2410 # tftp 0x30008000 zImage; go 0x30008000`

内核运行后发现 LCD 左上角出现了企鹅标记，说明 LCD 已经成功驱动。

五、实验步骤记录

六、实验结果分析

七、实验心得

附录

Linux 内核配置选项介绍

内核配置中，有配置成 Y、N、M 三种模块方式，它们分别表示：
Y：将驱动程序编译进内核。
N：不提供驱动程序的支持。
M：将驱动编译成可加载模块。
注意：
➢ 有的只能选 Y，有的只能选 M。
➢ 在 make menuconfig 下，＊表示 Y，M 表示 M，空白表示 N。
➢ 在 make xconfig 下，√ 表示 Y，· 表示 M，空白表示 N。
➢ 菜单中，有的选项没有提供选择项，或许你选了 Y，它的选项也不会出现。

主要的配置选项有：

1. Code maturity level options(代码成熟度选项)
Prompt for development and/or incomplete code/drivers (CONFIG_EXPERIMENTAL) [N/Y/?]
解释：如果想使用处于测试阶段的代码或驱动，可以选择 Y；如果要编译一个稳定的内核，可以选择 N。

2. Processor type and features（处理器类型和特性）
（1）Processor family(386,486/Cx486,586/K5/5x86/6x86,Pentinum /K6/TSC, PPro/6x86MX) [PPro/6x86MX]
解释：选择处理器类型，缺省为 PPro/6x86MX。
（2）Maximum Physical Memory(1GB,2GB)[1GB]
解释：内核支持的最大物理内存，缺省为 1GB。
（3）MTRR(Memory Type Range Register)support (CONFIG_MTRR)[N/Y/?]
解释：选择该选项，系统将生成/proc/mtrr 文件对 MTRR 进行管理，供 X Server 使用。
（4）Symmetric multi-processing support(CONFIG_SMP)
解释：选择 Y，内核将支持对称多处理器。

3. Loadable module support（可加载模块支持）
（1）Enable loadable module support(CONFIG_MODULES)
解释：选择 Y，内核将支持加载模块。
（2）Kernel module loader(CONFIG_KMOD)
解释：选择 Y，内核将自动加载可加载模块。

4. General Setup（一般设置）

（1）Networking support(CONFIG_NET)

解释：选择 Y，内核将提供网络支持。

（2）PCI Support(CONFIG_PCI)

解释：选择 Y，内核提供对 PCI 支持。

（3）PCI access mode(BIOS,Direct,Any)

解释：设置内核探测 PCI 设置的方式，BIOS 内核将使用 BIOS，Direct 内核将不通过 BIOS，Any 内核将直接探测 PCI 设备，如果失败再使用 BIOS。

（4）Parallel port support（CONFIG_PARPORT）

解释：选择 Y，内核将支持平行口。

5. Plug and Play Configuration（即插即用设备支持）

（1）Plug and Play support(CONFIG_PNP)

解释：选择 Y，内核将自动配置即插即用设备。

（2）ISA Plug and Play support(CONFIG_ISAPNP)

解释：选择 Y，内核将自动配置基于 ISA 总线的即插即用设备。

6. Block Devices（块设备）

（1）Normal PC floppy disk support(CONFIG_BLK_DEU_FD)

解释：选择 Y，内核将提供对软盘的支持。

（2）Enhanced IDE/MFM/RLL disk/cdrom/tape/floppy support (CONFIG_BLK_DEV_IDE)

解释：选择 Y，内核将提供对增强 IDE、硬盘 CDROM 和磁带机的支持。

7. Networking Options（网络选项）

（1）Packet socket(CONFIG_PACKET)

解释：选择 Y，一些应用程序将使用 Packet 协议直接同网络设备通信，而不通过内核中的其他中介协议。

（2）Network firewalls(CONFIG_FIREWALL)

解释：内核将支持防火墙。

（3）TCP/IP networking (CONFIG_INET)

解释：内核将支持 TCP/IP 协议。

（4）The IPX Protocol(CONFIG_IPX)

解释：内核将支持 IPX 协议。

（5）Appletalk DDP(CONFIG_ATALK)

解释：内核将支持 AppleTalk DDP 协议。

8. SCSI support（SCSI 设备支持）

解释：如果要使用 SCSI 设备可配置相应选项。

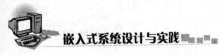

9. Network device support（网络设备支持）
解释：内核将提供对网络驱动程序的支持。

10. Etnernet（10 or 100Mbit）（10/100M 以太网）
解释：内核提供了许多网卡驱动程序，只要选择自己的网卡驱动就可以了。

11. Character devices（字符设备）
（1）Virtual terminal(CONFIG_VI)
解释：内核将支持虚拟终端。
（2）Support for console on Virtual terminal(CONFIG_VI_CONSOLE)
解释：内核可将一个虚拟终端用作系统控制台。
（3）Standard/generic(dumb)serial support(COPNFIG_SERIAL)
解释：内核将支持串行口。
（4）Support for console on serial port(CONFIG_SERIAL_CONSOLE)
解释：内核可将一个串行口用作系统控制台。

12. Mice(鼠标)
PS/2 mouse (aka"auxiliary device")support(CONFIG_PSMOUSE)
解释：如果使用 PS/2 鼠标则应该选择 Y。

13. Filesystems(文件系统)
（1）Quota support(CONFIG_QUOTA)
解释：内核将支持磁盘限额。
（2）Kernel automounter support(CONFIG_AUTOFS_FS)
解释：内核将提供对自动挂载远程文件系统的支持。
（3）DOS FAT fs support(CONFIG_FAT_FS)
解释：内核将支持 DOS FAT 文件系统。
（4）ISO 9660 CDROM filesystem support(CONFIG_ISO9660_FS)
解释：内核将支持 ISO9660 CDROM 文件系统。
（5）NTFS filesystem support(read only)(CONFIG_NTFS_FS)
解释：可以以只读方式访问 NTFS 文件系统。
（6）/proc filesystem support(CONFIG_PROC_FS)
解释：Linux 运行时的虚拟文件系统，必须选择 Y
（7）Second extended fs support(CONFIG_EXT2_FS)
解释：Ext2 是标准文件系统，必须选择 Y。

14. Network filesystem（网络文件系统）
（1）NFS filesystem support(CONFIG_NFS_FS)
解释：内核将支持 NFS 文件系统。

（2）SMB filesystem support(to mount WFM shares etc.)(CONFIG_SMB_FS)
解释：内核将支持 SMB 文件系统。
（3）NCP filesystem support(to mount NetWare volumes)(CONFIG_NCP_FS)
解释：内核支持 NCP 文件系统。

15. Partition Types（分区类型）
解释：提供一些不太常用的分区类型，如果需要可以选择 Y。

16. Console drivers（控制台驱动）
VGA text console(CONFIG_VGA_CONSOLE)。
解释：选择 Y 可以在标准的 VGA 显示模式下使用 Linux。

17. Sound（声音）
Sound card support(CONFIG_SOUND)
解释：内核提供对声卡的支持。

18. Kernel hacking（内核监视）
Magic SysRq key(CONFIG_MAGIC_SYSRQ)
解释：选择可以对系统进行部分控制,一般选择 N。

部分选项	选项含义
Code maturity level options	代码成熟等级选项
Prompt for development and/or incomplete code/drivers	对开发中的或者未完成的代码和驱动进行提示，可以选 N
General setup	常规安装选项
Local version - append to kernel release	在内核后面加上一串字符来表示版本
Automatically append version information to the version string	自动生成版本信息
Support for paging of anonymous memory	内核支持虚拟内存
System V IPC	使得进程能够同步和交换信息，选 Y
POSIX Message Queues	可移植操作系统接口信息队列
BSD Process Accounting BSD	进程统计
Export task/process statistics through netlink	通用的网络输出工作/进程的相应数据
UTS Namespaces	终端系统的命名空间
Auditing support	审计支持
Kernel .config support	可以把编译时的 .config 文件保存在内核中
Cpuset support	多 CPU 支持
Kernel->user space relay support (formerly relayfs)	内核系统区和用户区进行传递通信的支持
Optimize for size	GCC 启用 "-Os" 代替 "-O2"参数，可以得到更小的内核

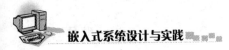

续表

Loadable module support	引导模块支持
Enable loadable module support	让模块动态地加入内核，选 Y
Module unloading	可以卸载不再使用的模块，选 Y
Module versioning support	编译模块时会添加一些版本信息
Source checksum for all modules	为了防止在编译模块时造成版本冲突，允许内核自动加载模块，选 Y
Automatic kernel module loading	
Block layer	块设备
Enable the block layer (BLOCK)	使得块设备可以从内核移除
Support for Large Block Devices (LBD)	如果要用大于 2TB 的硬盘，选这个
Support for tracing block io actions	对块设备进行跟踪和分析的功能
Support for Large Single Files (LSF)	准备建的文件大于 2TB，选这个
IO Schedulers	磁盘 I／O 调度器
Anticipatory I/O scheduler	抢先式 I/O 调度方式
Deadline I/O scheduler	调度器简单方式
CFQ I/O scheduler	CFQ 调度器尝试为所有进程提供相同的带宽
Default I/O scheduler	默认的 I／O 调度器
Processor type and features	处理器类型及特性
Symmetric multi-processing support (SMP)	对称多处理器支持，如系统有多个 CPU，选 Y
Subarchitecture Type	子构架类型
PC-compatible	如果机器是标准 PC 选这个
Processor family	针对自己的 CPU 类型，选取相应的选项
Generic x86 support	通用 X86 支持
HPET Timer Support	HPET 时钟支持
Maximum number of CPUs (2-255)	设置最高支持的 CPU 数，无法选择
SMT (Hyperthreading) scheduler support	超线程调度器支持
Multi-core scheduler support	多核调度机制支持，双核的 CPU 要选
Preemptible Kernel	抢先式内核
Preempt The Big Kernel Lock	抢先式大内核锁
Machine Check Exception	机器例外检查
Dell laptop support	DELL 笔记本支持
Enable X86 board specific fixups for reboot	X86 板的重启修复功能
/dev/cpu/microcode-Intel IA32 CPU microcode support	是否支持 Intel IA32 架构的 CPU 是否打开 CPU 特殊功能寄存器的功能
dev/cpu/*/msr - Model-specific register support	是否打开记录 CPU 相关信息功能
/dev/cpu/*/cpuid - CPU information support	
High Memory Support (4GB)	高容量内存支持
Memory model	内存模式

续表

64 bit Memory and I/O resources (EXPERIMENTAL)	64 位内存和 I/O 资源
Math emulation	数学仿真
MTRR (Memory Type Range Register) support	内存类型区域寄存器
Boot from EFI support	EFI 启动支持
Enable kernel irq balancing (IRQBALANCE)	中断平衡
Use register arguments (REGPARM)	寄存器参数使用
Enable seccomp to safely compute untrusted bytecode	允许 SECCOMP（快速计算）安全地运算非信任代码
Timer frequency	时钟频率
kexec system call (KEXEC)	快速重启调用
Support for hot-pluggable CPUs (EXPERIMENTAL)	对热拔插 CPU 的支持
Compat VDSO support (COMPAT_VDSO)	Compat VDSO 支持
Firmware Drivers	指板上的 BIOS、显卡芯片之类能记录数据的固件驱动
BIOS Enhanced Disk Drive calls determine boot disk	BIOS 加强磁盘功能，确定启动盘
BIOS update support for DELL systems via sysfs	用于 DELL 机器的 BIOS 升级支持
Power management options (ACPI, APM)	电源管理选项（ACPI、APM）
Power Management support	电源管理支持
Legacy Power Management API (PM_LEGACY)	电源管理继承接口，选 Y
Power Management Debug Support	电源管理调试支持
Driver model /sys/devices/.../power/state files	驱动模式文件
ACPI Support	高级电源配置接口支持
AC Adapter AC	交流电源适配器，此驱动给 AC 交流电源适配器提供支持
Battery	驱动通过/proc/acpi/battery 提供电池信息，使用电池选 Y
Button	这个驱动通过电源、休眠、锁定按钮来提交事件
Video (ACPI_VIDEO)	提供 ACPI 对主板上的集成显示适配器的扩展支持驱动
Generic Hotkey (EXPERIMENTAL)	通用热键驱动
<*> Fan	这个驱动对 ACPI 风扇设备提供支持
Dock	提供 ACPI Docking station 支持
Processor	这个驱动支持 CPU 频率调节功能
APM (Advanced Power Management) BIOS Support	高级电源管理 BIOS 支持
CPU Frequency scaling	CPU 变频控制

续表

Bus options (PCI, PCMCIA, EISA, MCA, ISA)	总线选项
PCI support	PCI 总线支持（一定要进内核，不能编成模块）
PCI access mode (Any)	PCI 访问模式
PCI Express support	PCI Express 支持
Message Signaled Interrupts (MSI and MSI-X)	允许设备驱动开启 MSI
Interrupts on hypertransport devices	允许高速传输设备使用中断
ISA support ISA 总线	ISA 总线支持
EISA support	扩展工业标准架构总线
MCA support	IBM PS/2 上的总线，建议关闭
PCCARD (PCMCIA/CardBus) support	只有笔记本电脑上才会有 PCMCIA 插槽
PCI Hotplug Support	选 Y 支持 PCI 热插拨，选 M 将编译为模块
Executable file formats	可执行文件格式
Kernel support for ELF binaries	可执行和可链接格式支持，选 Y
Kernel support for a.out and ECOFF binaries	对 a.out 和 ECOFF 二进制文件的支持，选 Y
Kernel support for MISC binaries	内核对 MISC 二进制文件的支持

图书在版编目(CIP)数据

嵌入式系统设计与实践.Linux篇／刘加海，厉晓华主编．—杭州：浙江大学出版社，2016.7
ISBN 978-7-308-15775-9

I.①嵌… II.①刘… ②厉… III.①微型计算机—统计设计 IV.①TP360.21

中国版本图书馆 CIP 数据核字(2016)第 086839 号

内容简介

本书内容包括在嵌入式系统概述中论述了嵌入式微处理器与嵌入式操作系统、嵌入式开发流程，分析了嵌入式最小系统与 S3C2410 开发板、ARM 处理器指令、ARM9 的 S3C2410 主要部件及参数设置，论述了嵌入式系统开发环境的构建、嵌入式 Linux 引导程序概述与移植、内核定制与根文件系统制作、嵌入式图形环境的设置与编程初步、嵌入式 Web 环境的设置、设备驱动程序设计基础、步进电机驱动的设计、数码驱动程序设计、LCD 驱动参数的配置与编译、SD 卡驱动参数的配置与编译、嵌入式系统设计分析，最后给出了十四个 Linux 环境下嵌入式系统实验设计。

本书结构合理、概念清晰、重点突出、案例实用性强，可以直接应用在项目设计中，是一本技能型嵌入式系统设计教材，适合于 Linux 环境下嵌入式工程技术人员、计算机专业、软件专业及理工类的本、专科生、研究生使用，希望能够为本科生、研究生、嵌入式工程技术人员、Linux 程序设计师及 Linux 程序爱好者提供有效的帮助。

嵌入式系统设计与实践——Linux 篇
主　编　刘加海　厉晓华
副主编　胡　珺　鲍福良

责任编辑	周卫群
责任校对	王文舟　汪淑芳
封面设计	刘依群
出版发行	浙江大学出版社
	（杭州市天目山路 148 号　邮政编码 310007）
	（网址：http://www.zjupress.com）
排　　版	杭州中大图文设计有限公司
印　　刷	杭州杭新印务有限公司
开　　本	787mm×1092mm　1/16
印　　张	30.5
字　　数	742 千
版 印 次	2016 年 7 月第 1 版　2016 年 7 月第 1 次印刷
书　　号	ISBN 978-7-308-15775-9
定　　价	56.00 元

版权所有　翻印必究　　印装差错　负责调换

浙江大学出版社发行中心联系方式　(0571)88925591；http://zjdxcbs.tmall.com